"十三五"国家重点出版物
出版规划项目

"中国制造2025"
出版工程

机器视觉技术

陈兵旗　编著

化学工业出版社
·北　京·

本书分上下两篇介绍机器视觉的构成、图像处理方法以及应用实例。

上篇“机器视觉理论与算法”包括：机器视觉、图像处理、目标提取、边缘检测、图像平滑处理、几何参数检测、Hough 变换、几何变换、单目视觉测量、双目视觉测量、运动图像处理、傅里叶变换、小波变换、模式识别、神经网络、深度学习、遗传算法。

下篇“机器视觉应用系统”包括：通用图像处理系统 ImageSys、二维运动图像测量分析系统 MIAS、三维运动测量分析系统 MIAS 3D、车辆视觉导航系统。

本书汇集了图像处理绝大多数现有流行算法，以浅显的图文并茂的方法讲解复杂的理论算法，每个算法都给出了实际处理案例。

书中所讲案例均来自生产实践，都得到了实际应用的检验。

本书不仅适用于机器视觉和图像处理专业理论结合实践的教学，对于本专业及相关专业的课题研究人员和专业技术人员也具有重要的参考价值。

图书在版编目（CIP）数据

机器视觉技术/陈兵旗编著. —北京：化学工业出版社，2018.3（2022.7 重印）
“中国制造 2025”出版工程
ISBN 978-7-122-31312-6

Ⅰ.①机… Ⅱ.①陈… Ⅲ.①计算机视觉 Ⅳ.①TP302.7

中国版本图书馆 CIP 数据核字（2018）第 001593 号

责任编辑：贾　娜　　　　文字编辑：陈　喆
责任校对：宋　夏　　　　装帧设计：尹琳琳

出版发行：化学工业出版社（北京市东城区青年湖南街 13 号　邮政编码 100011）
印　　装：北京虎彩文化传播有限公司
710mm×1000mm　1/16　印张 22¾　字数 419 千字　　2022 年 7 月北京第 1 版第 6 次印刷

购书咨询：010-64518888　　　　售后服务：010-64518899
网　　址：http://www.cip.com.cn
凡购买本书，如有缺损质量问题，本社销售中心负责调换。

定　　价：98.00 元

序

制造业是国民经济的主体，是立国之本、兴国之器、强国之基。近十年来，我国制造业持续快速发展，综合实力不断增强，国际地位得到大幅提升，已成为世界制造业规模最大的国家。但我国仍处于工业化进程中，大而不强的问题突出，与先进国家相比还有较大差距。为解决制造业大而不强、自主创新能力弱、关键核心技术与高端装备对外依存度高等制约我国发展的问题，国务院于 2015 年 5 月 8 日发布了“中国制造 2025”国家规划。随后，工信部发布了“中国制造 2025”规划，提出了我国制造业“三步走”的强国发展战略及 2025 年的奋斗目标、指导方针和战略路线，制定了九大战略任务、十大重点发展领域。2016 年 8 月 19 日，工信部、发展改革委、科技部、财政部四部委联合发布了“中国制造 2025”制造业创新中心、工业强基、绿色制造、智能制造和高端装备创新五大工程实施指南。

为了响应党中央、国务院做出的建设制造强国的重大战略部署，各地政府、企业、科研部门都在进行积极的探索和部署。加快推动新一代信息技术与制造技术融合发展，推动我国制造模式从“中国制造”向“中国智造”转变，加快实现我国制造业由大变强，正成为我们新的历史使命。当前，信息革命进程持续快速演进，物联网、云计算、大数据、人工智能等技术广泛渗透于经济社会各个领域，信息经济繁荣程度成为国家实力的重要标志。增材制造（3D 打印）、机器人与智能制造、控制和信息技术、人工智能等领域技术不断取得重大突破，推动传统工业体系分化变革，并将重塑制造业国际分工格局。制造技术与互联网等信息技术融合发展，成为新一轮科技革命和产业变革的重大趋势和主要特征。在这种中国制造业大发展、大变革背景之下，化学工业出版社主动顺应技术和产业发展趋势，组织出版《“中国制造 2025”出版工程》丛书可谓勇于引领、恰逢其时。

《“中国制造 2025”出版工程》丛书是紧紧围绕国务院发布的实施制造强国战略的第一个十年的行动纲领——“中国制造 2025”的一套高水平、原创性强的学术专著。丛书立足智能制造及装备、控制及信息技术两大领域，涵盖了物联网、大数据、3D 打印、机器人、智能装备、工业网络安全、知识自动化、人工智能等一系列的核心技术。丛书的选题策划紧密结合“中国制造 2025”规划及 11 个配套实施指南、行动计划或专项规划，每个分册针对各个领域的一些核心技术组织内容，集中体现了国内制造业领域的技术发展成果，旨在加强先进技术的研发、推广和应用，为“中国制造 2025”行动纲领的落地生根提供了有针对性的方向引导和系统性的技术参考。

这套书集中体现以下几大特点：

首先，丛书内容都力求原创，以网络化、智能化技术为核心，汇集了许多前沿科技，反映了国内外最新的一些技术成果，尤其国内的相关原创性科技成果得到了体现。这些图书中，包含了获得国家与省部级诸多科技奖励的许多新技术，图书的出版对新技术的推广应用很有帮助！这些内容不仅为技术人员解决实际问题，也为研究提供新方向、拓展新思路。

其次，丛书各分册在介绍相应专业领域的新技术、新理论和新方法的同时，优先介绍有应用前景的新技术及其推广应用的范例，以促进优秀科研成果向产业的转化。

丛书由我国控制工程专家孙优贤院士牵头并担任编委会主任，吴澄、王天然、郑南宁等多位院士参与策划组织工作，众多长江学者、杰青、优青等中青年学者参与具体的编写工作，具有较高的学术水平与编写质量。

相信本套丛书的出版对推动“中国制造 2025”国家重要战略规划的实施具有积极的意义，可以有效促进我国智能制造技术的研发和创新，推动装备制造业的技术转型和升级，提高产品的设计能力和技术水平，从而多角度地提升中国制造业的核心竞争力。

中国工程院院士　潘云鹤

前言

《中国制造 2025》的核心内容是装备生产和应用的信息化与智能化，机器视觉是实现这一目标的关键技术。提起“机器视觉”或者“图像处理”（机器视觉的软件部分），许多人并不陌生，但是没有专门学习过的人，往往会把“图像处理”与用于图像编辑的 Photoshop 软件等同起来，其实两者之间具有本质的区别。机器视觉中的图像处理是由计算机对现有的图像进行分析和判断，然后根据分析判断结果去控制执行其他相应的动作或处理；而 Photoshop 软件是基于人的判断，通过人手的操作来改变图像的颜色、形状或者剪切与编辑。也就是说，一个是由机器分析判断图像并自动执行其他动作，一个是由人分析判断图像并手动修改图像，这就是两者的本质区别。本书内容就是介绍机器视觉的构成、图像处理理论算法及应用系统。

目前，市面上图像处理方面的书比较多，一般都是着眼于讲解图像处理算法理论或者编程方法，笔者本人也编著了两本图像处理 VC++ 编程和一本机器视觉理论及应用实例介绍方面的书，这些书的主要适用对象是图像处理编程人员。然而，从事图像处理编程工作的人毕竟是少数，将来越来越多的人会从事与机器人和智能装备相关的操作及技术服务工作，目前国内针对这个群体的机器视觉教育书籍还比较少。近年来，经常有地方理工科院校来咨询图像处理实验室建设事项，他们的目的是图像处理理论教学，而不是学习图像处理程序编写，给他们推荐教材和进行图像处理实验室配置都是很困难的事。为了适应这个庞大群体的需要，本书以普及教学为目的，尽量以浅显易懂、图文并茂的方法来说明复杂的理论算法，每个算法都给出实际处理案例，使一般学习者能够感觉到机器视觉其实并不深奥，也给将来可能从事机器视觉项目开发的人增强信心。

本书汇集了图像处理绝大多数现有流行算法，对于专业图像处理研究和编程人员，也具有重要的参考价值。

本书在撰写过程中得到了田浩、欧阳娣、曾宝明、王桥、杨明、乔妍、朱德利、梁习卉子、陈洪密、代贺等不同程度的帮助，也获得了北京现代富博科技有限公司的技术支持，在此对他们表示衷心的感谢!

由于笔者水平所限，书中不足之处在所难免，敬请广大读者与专家批评指正。

编著者

目录

上篇　机器视觉理论与算法

2　第1章　机器视觉

1.1　机器视觉的作用　/2
1.2　机器视觉的硬件构成　/3
1.2.1　计算机　/4
1.2.2　图像采集设备　/6
1.3　机器视觉的软件及编程工具　/7
1.4　机器视觉、机器人和智能装备　/8
1.5　机器视觉的功能与精度　/9

12　第2章　图像处理

2.1　图像处理的发展过程　/12
2.2　数字图像的采样与量化　/18
2.3　彩色图像与灰度图像　/20
2.4　图像文件及视频文件格式　/22
2.5　数字图像的计算机表述　/23
2.6　常用图像处理算法及其通用性问题　/24
参考文献　/25

26　第3章　目标提取

3.1　如何提取目标物体　/26
3.2　基于阈值的目标提取　/26

3.2.1 二值化处理 / 26
3.2.2 阈值的确定 / 27
3.3 基于颜色的目标提取 / 30
3.3.1 色相、亮度、饱和度及其他 / 30
3.3.2 颜色分量及其组合处理 / 33
3.4 基于差分的目标提取 / 38
3.4.1 帧间差分 / 38
3.4.2 背景差分 / 39
参考文献 / 40

42 第4章 边缘检测

4.1 边缘与图像处理 / 42
4.2 基于微分的边缘检测 / 44
4.3 基于模板匹配的边缘检测 / 45
4.4 边缘图像的二值化处理 / 47
4.5 细线化处理 / 48
4.6 Canny算法 / 48
参考文献 / 52

53 第5章 图像平滑处理

5.1 图像噪声及常用平滑方式 / 53
5.2 移动平均 / 54
5.3 中值滤波 / 54
5.4 高斯滤波 / 56
5.5 模糊图像的清晰化处理 / 59
5.5.1 对比度增强 / 59
5.5.2 自动对比度增强 / 61
5.5.3 直方图均衡化 / 63
5.5.4 暗通道先验法去雾处理 / 65
5.6 二值图像的平滑处理 / 67
参考文献 / 69

70 第6章 几何参数检测

6.1 基于图像特征的自动识别 / 70
6.2 二值图像的特征参数 / 70
6.3 区域标记 / 73
6.4 基于特征参数提取物体 / 74
6.5 基于特征参数消除噪声 / 75
参考文献 / 76

77 第7章 Hough 变换

7.1 传统 Hough 变换的直线检测 / 77
7.2 过已知点 Hough 变换的直线检测 / 79
7.3 Hough 变换的曲线检测 / 81
参考文献 / 81

82 第8章 几何变换

8.1 关于几何变换 / 82
8.2 放大缩小 / 83
8.3 平移 / 87
8.4 旋转 / 87
8.5 复杂变形 / 88
8.6 齐次坐标表示 / 90
参考文献 / 91

92 第9章 单目视觉测量

9.1 硬件构成 / 92
9.2 摄像机模型 / 93
9.2.1 参考坐标系 / 94
9.2.2 摄像机模型分析 / 95
9.3 摄像机标定 / 97
9.4 标定尺检测 / 98

9.4.1 定位追踪起始点 / 98
9.4.2 蓝黄边界检测 / 100
9.4.3 确定角点坐标 / 102
9.4.4 单应矩阵计算 / 103
9.5 标定结果分析 / 103
9.6 标识点自动检测 / 104
9.7 手动选取目标 / 110
9.8 距离测量分析 / 110
9.8.1 透视畸变对测距精度的影响 / 110
9.8.2 目标点与标定点的距离对测距精度的影响 / 112
9.9 面积测量算法 / 113
9.9.1 获取待测区域轮廓点集 / 113
9.9.2 最小凸多边形拟合 / 114
9.9.3 多边形面积计算 / 115
9.9.4 测量实例 / 116
参考文献 / 117

118 第10章 双目视觉测量

10.1 双目视觉系统的结构 / 118
10.1.1 平行式立体视觉模型 / 119
10.1.2 汇聚式立体视觉模型 / 120
10.2 摄像机标定 / 122
10.2.1 直接线性标定法 / 123
10.2.2 张正友标定法 / 124
10.2.3 摄像机参数与投影矩阵的转换 / 128
10.3 标定测量试验 / 129
10.3.1 直接线性标定法试验 / 130
10.3.2 张正友标定法试验 / 131
10.3.3 三维测量试验 / 134
参考文献 / 135

136 第11章 运动图像处理

11.1 光流法 / 136
11.1.1 光流法的基本概念 / 136
11.1.2 光流法用于目标跟踪的原理 / 137
11.2 模板匹配 / 138
11.3 运动图像处理实例 / 139
11.3.1 羽毛球技战术实时图像检测 / 139
11.3.2 蜜蜂舞蹈行为分析 / 145
参考文献 / 154

155 第12章 傅里叶变换

12.1 频率的世界 / 155
12.2 频率变换 / 156
12.3 离散傅里叶变换 / 159
12.4 图像的二维傅里叶变换 / 161
12.5 滤波处理 / 162
参考文献 / 163

164 第13章 小波变换

13.1 小波变换概述 / 164
13.2 小波与小波变换 / 165
13.3 离散小波变换 / 167
13.4 小波族 / 167
13.5 信号的分解与重构 / 168
13.6 图像处理中的小波变换 / 175
13.6.1 二维离散小波变换 / 175
13.6.2 图像的小波变换编程 / 177
参考文献 / 179

180 第14章 模式识别

14.1 模式识别与图像识别的概念 / 180
14.2 图像识别系统的组成 / 181

14.3 图像识别与图像处理和图像理解的关系 / 182
14.4 图像识别方法 / 183
14.4.1 模板匹配方法 / 183
14.4.2 统计模式识别 / 183
14.4.3 新的模式识别方法 / 187
14.5 人脸图像识别系统 / 189
参考文献 / 192

193 第15章 神经网络

15.1 人工神经网络 / 193
15.1.1 人工神经网络的生物学基础 / 194
15.1.2 人工神经元 / 195
15.1.3 人工神经元的学习 / 195
15.1.4 人工神经元的激活函数 / 196
15.1.5 人工神经网络的特点 / 197
15.2 BP神经网络 / 198
15.2.1 BP神经网络简介 / 198
15.2.2 BP神经网络的训练学习 / 200
15.2.3 改进型BP神经网络 / 202
15.3 BP神经网络在数字字符识别中的应用 / 203
15.3.1 BP神经网络数字字符识别系统原理 / 204
15.3.2 网络模型的建立 / 205
15.3.3 数字字符识别演示 / 207
参考文献 / 209

210 第16章 深度学习

16.1 深度学习的发展历程 / 210
16.2 深度学习的基本思想 / 212
16.3 浅层学习和深度学习 / 212
16.4 深度学习与神经网络 / 213
16.5 深度学习训练过程 / 214
16.6 深度学习的常用方法 / 215

16.6.1 自动编码器 / 215

16.6.2 稀疏编码 / 218

16.6.3 限制波尔兹曼机 / 220

16.6.4 深信度网络 / 222

16.6.5 卷积神经网络 / 225

16.7 基于卷积神经网络的手写体字识别 / 228

16.7.1 手写字识别的卷积神经网络结构 / 228

16.7.2 卷积神经网络文字识别的实现 / 231

参考文献 / 231

232 第17章 遗传算法

17.1 遗传算法概述 / 232

17.2 简单遗传算法 / 234

17.2.1 遗传表达 / 234

17.2.2 遗传算子 / 235

17.3 遗传参数 / 238

17.3.1 交叉率和变异率 / 238

17.3.2 其他参数 / 238

17.3.3 遗传参数的确定 / 238

17.4 适应度函数 / 239

17.4.1 目标函数映射为适应度函数 / 239

17.4.2 适应度函数的尺度变换 / 240

17.4.3 适应度函数设计对GA的影响 / 241

17.5 模式定理 / 242

17.5.1 模式的几何解释 / 244

17.5.2 模式定理 / 246

17.6 遗传算法在模式识别中的应用 / 248

17.6.1 问题的设定 / 248

17.6.2 GA的应用方法 / 250

17.6.3 基于GA的双目视觉匹配 / 252

参考文献 / 255

下篇　机器视觉应用系统

258　第18章　通用图像处理系统 ImageSys

18.1　系统简介　/258
18.2　状态窗　/259
18.3　图像采集　/259
　18.3.1　DirectX 直接采集　/259
　18.3.2　VFW PC 相机采集　/260
　18.3.3　A/D 图像卡采集　/260
18.4　直方图处理　/261
　18.4.1　直方图　/261
　18.4.2　线剖面　/261
　18.4.3　3D 剖面　/262
　18.4.4　累计分布图　/263
18.5　颜色测量　/264
18.6　颜色变换　/264
　18.6.1　颜色亮度变换　/264
　18.6.2　HSI 表示变换　/265
　18.6.3　自由变换　/265
　18.6.4　RGB 颜色变换　/266
18.7　几何变换　/266
　18.7.1　仿射变换　/266
　18.7.2　透视变换　/267
18.8　频率域变换　/267
　18.8.1　小波变换　/267
　18.8.2　傅里叶变换　/268
18.9　图像间变换　/270
　18.9.1　图像间演算　/270
　18.9.2　运动图像校正　/270
18.10　滤波增强　/271
　18.10.1　单模板滤波增强　/271

18.10.2 多模板滤波增强 / 272
18.10.3 Canny 边缘检测 / 273
18.11 图像分割 / 273
18.12 二值运算 / 274
18.12.1 基本运算 / 274
18.12.2 特殊提取 / 275
18.13 二值图像测量 / 276
18.13.1 几何参数测量 / 276
18.13.2 直线参数测量 / 281
18.13.3 圆形分离 / 281
18.13.4 轮廓测量 / 281
18.14 帧编辑 / 282
18.15 画图 / 283
18.16 查看 / 284
18.17 文件 / 284
18.17.1 图像文件 / 284
18.17.2 多媒体文件 / 286
18.17.3 多媒体文件编辑 / 289
18.17.4 添加水印 / 290
18.18 系统设置 / 291
18.18.1 系统帧设置 / 291
18.18.2 系统语言设置 / 292
18.19 系统开发平台 Sample / 293
参考文献 / 293

294 第 19 章 二维运动图像测量分析系统 MIAS

19.1 系统概述 / 294
19.2 文件 / 295
19.3 运动图像及 2D 比例标定 / 296
19.4 运动测量 / 298
19.4.1 自动测量 / 298
19.4.2 手动测量 / 301
19.4.3 标识测量 / 302

19.5　结果浏览　/ 305

19.5.1　结果视频表示　/ 305

19.5.2　位置速率　/ 308

19.5.3　偏移量　/ 310

19.5.4　2点间距离　/ 311

19.5.5　2线间夹角　/ 311

19.5.6　连接线图一览　/ 312

19.6　结果修正　/ 313

19.6.1　手动修正　/ 313

19.6.2　平滑化　/ 313

19.6.3　内插补间　/ 314

19.6.4　帧坐标变换　/ 314

19.6.5　人体重心测量　/ 314

19.6.6　设置事项　/ 315

19.7　查看　/ 315

19.8　实时测量　/ 315

19.8.1　实时目标测量　/ 315

19.8.2　实时标识测量　/ 316

19.9　开发平台 MSSample　/ 316

参考文献　/ 317

318　第20章　三维运动测量分析系统 MIAS 3D

20.1　MIAS 3D 系统简介　/ 318

20.2　文件　/ 319

20.3　2D 结果导入、 3D 标定及测量　/ 319

20.4　显示结果　/ 321

20.4.1　视频表示　/ 322

20.4.2　点位速率　/ 323

20.4.3　位移量　/ 323

20.4.4　2点间距离　/ 324

20.4.5　2线间夹角　/ 325

20.4.6　连接线一览图　/ 326

20.5　结果修正　/ 326

20.6　其他功能　/ 327

参考文献　/ 327

328 第21章　车辆视觉导航系统

21.1　车辆无人驾驶的发展历程及趋势　/328

21.2　视觉导航系统的硬件　/330

21.3　视觉导航系统的软件　/331

21.4　导航试验及性能测试比较　/334

337 索引

上篇

机器视觉理论与算法

第1章

机器视觉

1.1 机器视觉的作用

提起“视觉”，自然就联想到了“人眼”，机器视觉通俗点说就是“机器眼”。同理，由人眼在人身上的作用，也可以联想到机器视觉在机器上的作用。不过，虽然功能大同小异，但是也有一些本质的差别。相同点在于都是主体（人或者机器）获得外界信息的“器官”，不同点在于获得信息和处理信息的能力不同。

对于人眼，一眼望去，人可以马上知道看到了什么东西，其种类、数量、颜色、形状、距离，八九不离十地都呈现在人的脑海里。由于人有从小到大的长期积累，不假思索就可以说出看到东西的大致信息，这是人眼的优势。但是，请注意前面所说的人眼看到的只是“大致”信息，而不是准确信息。例如，你一眼就能看出自己视野里有几个人，甚至知道有几个男人、几个女人以及他们的胖瘦和穿着打扮等，包括目标（人）以外的环境都很清楚，但是你说不准他们的身高、腰围、离你的距离等具体数据，最多能说“大概是XX吧”，这就是人眼的劣势。假如让一个人到工厂的生产线上去挑选有缺陷的零件，即使在人能反应过来的慢速生产线上，干一会也会发牢骚“这哪里是人干的事”，对于那些快速生产线就更不是人干的活了。是的，这些不是人眼能干的事，是机器视觉干的事。

对于机器视觉，上述的工厂在线检测就是它的强项，不仅能够检测产品的缺陷，还能精确地检测出产品的尺寸大小，只要相机解像度足够，精度达到0.001mm，甚至更高都不是问题。而像人那样，一眼判断出视野中的全部物品，机器视觉一般没有这样的能力。机器视觉不像人眼那样会自动存储曾经“看到过”的东西，如果没有给它输入相关的分析判断程序，它就是个“瞎子”，什么都不知道。当然，也可以像人那样，通过输入学习程序，让它不断学习东西，但是也不可能像人那样什么都懂，起码目前还没有达到这个水平。

总之，机器视觉是机器的眼睛，可以通过程序实现对目标物体的分析判断，可以检测目标的缺陷，可以测量目标的尺寸大小和颜色，可以为机器的特定动作提供特定的精确信息。

机器视觉具有广阔的应用前景，可以使用在社会生产和人们生活的各个方面。在替代人的劳动方面，所有需要用人眼观察、判断的事物，都可以用机器视觉来完成，最适合用于大量重复动作（例如工件质量检测）和眼睛容易疲劳的判断（例如电路板检查）。对于人眼不能做到的准确测量、精细判断、微观识别等，机器视觉也能够实现。表1.1是机器视觉在不同领域的应用事例。

表1.1 机器视觉的应用领域及应用事例

应用领域	应用事例
医学	基于X射线图像、超声波图像、显微镜图像、核磁共振(MRI)图像、CT图像、红外图像、人体器官三维图像等的病情诊断和治疗，病人监测与看护
遥感	利用卫星图像进行地球资源调查、地形测量、地图绘制、天气预报，以及农业、渔业、环境污染调查、城市规划等
宇宙探测	海量宇宙图像的压缩、传输、恢复与处理
军事	运动目标跟踪、精确定位与制导、警戒系统、自动火控、反伪装、无人机侦查
公安、交通	监控、人脸识别、指纹识别、车流量监测、车辆违规判断及车牌照识别、车辆尺寸检测、汽车自动导航
工业	电路板检测、计算机辅助设计(CAD)、计算机辅助制造(computer aided manufacturing,CAM)、产品质量在线检测、装配机器人视觉检测、搬运机器人视觉导航、生产过程控制
农业、林业、生物	果蔬采摘、果蔬分级、农田导航、作物生长监测及3D建模、病虫害检测、森林火灾检测、微生物检测、动物行为分析
邮电、通信、网络	邮件自动分拣，图像数据的压缩、传输与恢复，电视电话，视频聊天，手机图像的无线网络传输与分析
体育	人体动作测量、球类轨迹跟踪测量
影视、娱乐	3D电影、虚拟现实、广告设计、电影特技设计、网络游戏
办公	文字识别、文本扫描输入、手写输入、指纹密码
服务	看护机器人、清洁机器人

1.2 机器视觉的硬件构成

人眼的硬件构成笼统点说就是眼珠和大脑，机器视觉的硬件构成也可以大概说成是摄像机和电脑，如图1.1所示。作为图像采集设备，除了摄像机之外，还有图像采集卡、光源等设备。以下从计算机和图像输入采集设备。两方面做较详细的说明。

1.2.1 计算机

计算机的种类很多，有台式计算机、笔记本计算机、平板电脑、工控机、微型处理器等，但是其核心部件都是中央处理器、内存、硬盘和显示器，只不过不同计算机核心部件的形状、大小和性能不一样而已。

(1) 中央处理器

中央处理器，也叫CPU (central processing unit)，如图1.2所示，属于计算机的核心部位，相当于人的大脑组织，主要功能是执行计算机指令和处理计算机软件中的数据。其发展非常迅速，现在个人计算机的计算速度已经超过了10年前的超级计算机。

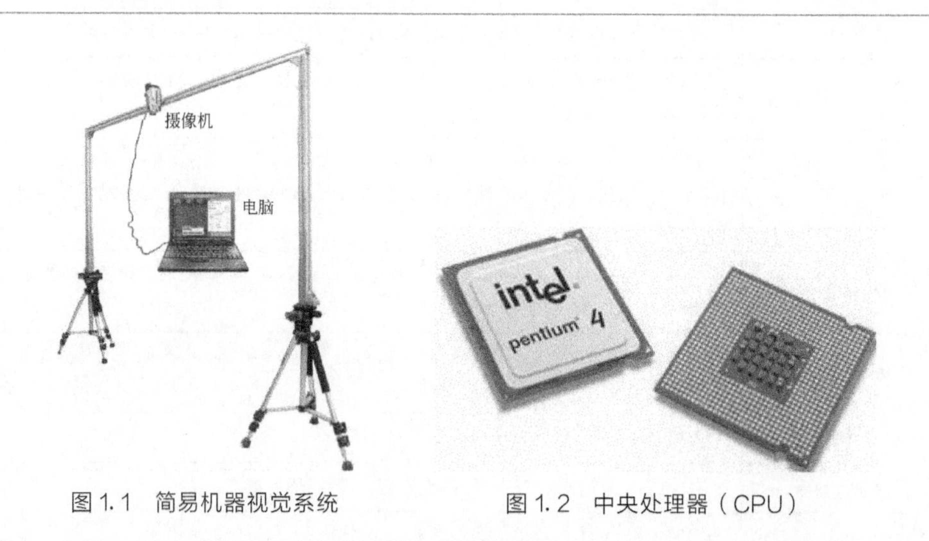

图1.1 简易机器视觉系统　　图1.2 中央处理器(CPU)

(2) 硬盘

电脑的主要存储媒介，用于存放文件、程序、数据等。由覆盖有铁磁性材料的一个或者多个铝制或者玻璃制的碟片组成，如图1.3所示。

硬盘的种类有：固态硬盘 (solid state drives，SSD)、机械硬盘 (hard disk drive，HDD) 和混合硬盘 (hybrid hard disk，HHD)。SSD采用闪存颗粒来存储，HDD采用磁性碟片来存储，HHD是把磁性硬盘和闪存集成到一起的一种硬盘。绝大多数硬盘都是固定硬盘，被永久性地密封固定在硬盘驱动器中。

数字化的图像数据与计算机的程序数据相同，被存储在计算机的硬盘中，通过计算机处理后，将图像表示在显示器上或者重新保存在硬盘中以备使用。除了计算机本身配置的硬盘之外，还有通过USB连接的移动硬盘，最常用的就是通常说的U盘。随着计算机性能的不断提高，硬盘容量也是在不断扩大，现在一般计算机的硬盘容量都是TB数量级，1TB=1024GB。

(3) 内存

内存（memory）也被称为内存储器，如图1.4所示，用于暂时存放CPU中的运算数据，以及与硬盘等外部存储器交换的数据。只要计算机在运行中，CPU就会把需要运算的数据调到内存中进行运算，当运算完成后CPU再将结果传送出来，例如，将内存中的图像数据拷贝到显示器的存储区而显示出来等。因此，内存的性能对计算机的影响非常大。

图1.3 硬盘　　图1.4 内存

现在数字图像一般都比较大，例如，900万像素照相机，拍摄的最大图像是3456×2592=8957952像素，一个像素是红绿蓝（RGB）3个字节，总共是8957952×3=26873856字节，也就是26873856÷1024÷1024≈25.63MB内存。实际查看拍摄的JPEG格式图像文件也就是2MB左右，没有那么大，那是因为将图像数据存储成JPG文件时进行了数据压缩，而在进行图像处理时必须首先进行解压缩处理，然后再将解压缩后的图像数据读到计算机内存里。因此，图像数据非常占用计算机的内存资源，内存越大越有利于计算机的工作。现在32位计算机的内存一般最小是1GB，最大是4GB（2^{32}Byte）；64位计算机的内存，一般最小是8G，最大可以达到128GB（2^{64}Byte）。

(4) 显示器

显示器（display）通常也被称为监视器，如图1.5所示。显示器是电脑的I/O设备，即输入输出设备，有不同的大小和种类。根据制造材料的不同，可分为：阴极射线管显示器CRT（cathode ray tube）、等离子显示器PDP（plasma display panel）、液晶显示器LCD（liquid crystal display）等。显示器可以选择多

图1.5 显示器

种像素及色彩的显示方式，从 640×480 像素的 256 色到 1600×1200 像素以及更高像素的 32 位的真彩色（true color）。

1.2.2 图像采集设备

图像采集设备包括摄像装置、图像采集卡和光源等。目前基本上都是数码摄像装置，而且种类很多，包括 PC 摄像头、工业摄像头、监控摄像头、扫描仪、摄像机、手机等，如图 1.6 所示。当然，观看微观的显微镜和观看宏观的天文望远镜，也都是图像输入装置。

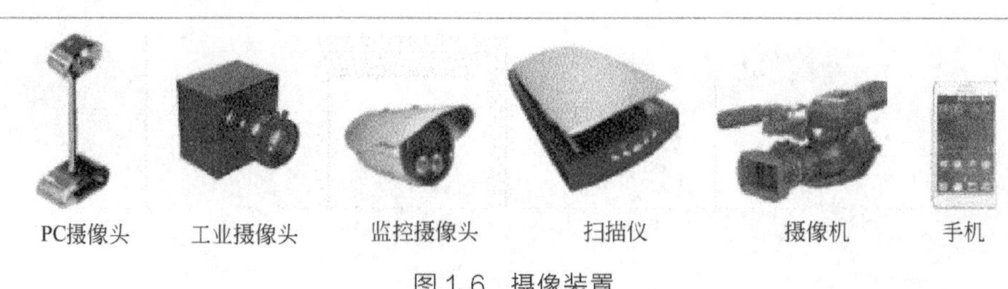

图 1.6 摄像装置

摄像头的关键部件是镜头，如图 1.7 所示。镜头的焦距越小，近处看得越清楚；焦距越大，远处看得越清楚，相当于人眼的眼角膜。对于一般的摄像设备，镜头的焦距是固定的；一般 PC 摄像头、监控摄像头等常用摄像设备镜头的焦距为 4～12mm。工业镜头和科学仪器镜头有定焦镜头，也有调焦镜头。

图 1.7 镜头

摄像装置与电脑的连接一般是通过专用图像采集卡、IEEE1394 接口和 USB 接口，如图 1.8 所示。计算机的主板上都有 USB 接口，有些便携式计算机除了 USB 接口之外，还带有 IEEE1394 接口。台式计算机在用 IEEE1394 接口的数码图像装置进行图像输入时，如果主板上没有 IEEE1394 接口，需要另配一枚 IEEE1394 图像采集卡。由于 IEEE1394 图像采集卡是国际标准图像采集卡，价格非常便宜，市场价从几十元到三四百元不等。IEEE1394 接口的图像采集帧率比较稳定，一般不受计算机配置影响，而 USB 接口的图像采集帧率受计算机性能影响较大。现在，随着计算机和USB接口性能的不断提高，一般数码设备都趋向于采用USB接口，而IEEE1394接口多用于高性能摄像设备。对于特殊的高性能工业摄像头，例如，采集帧率在每秒一千多帧的摄像头，一般都自带配套的图像采集卡。

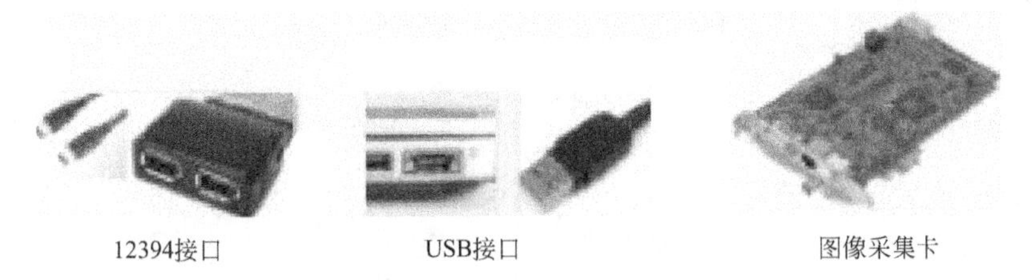

图1.8 图像输入接口

在室内生产线上进行图像检测，一般都需要配置一套光源，可以根据检测对象的状态选择适当的光源，这样不仅可以减轻软件开发难度，也可以提高图像处理速度。图像处理的光源一般需要直流电光源，特别是在高速图像采集时必须用直流电光源，如果是交流电光源会产生图像一会亮一会暗的闪烁现象。直流光源一般采用发光二极管LED（light emitting diode），根据具体使用情况做成圆环形、长方形、正方形、长条形等不同形状，如图1.9所示。有专门开发和销售图像处理专用光源的公司，这样的专业光源一般都很贵，价格从几千元到几万元不等。

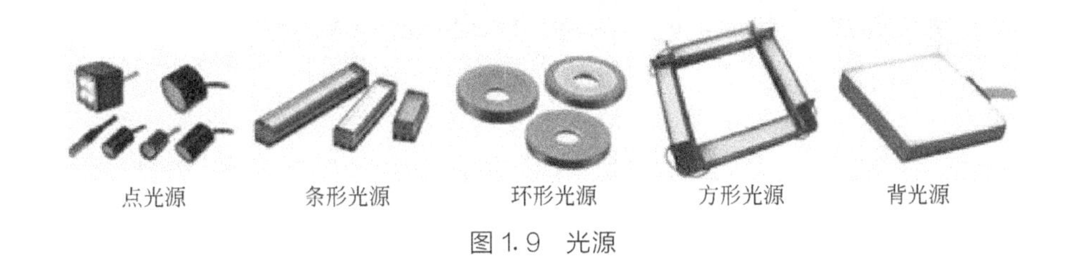

图1.9 光源

1.3 机器视觉的软件及编程工具

将机器视觉的硬件连接在一起，即使通上电，如果没有软件也动弹不了。还是以人体来打比方，机器视觉的硬件就相当于人眼的肉体结构，人眼要起作用，首先必须得是活人，也就是说心脏要跳动供血，这相当于给电脑插电源供电。但是，只是人活着还不行，如果是脑死亡，人眼也不能起作用。机器视觉的软件功能就相当于人脑的功能。人脑功能可以分为基本功能和特殊功能，基本功能一般指人的本性功能，只要活着，不用学习就会，而特殊功能是需要学习才能实现的功能。图像处理软件就是机器视觉的特殊功能，是需要开发商或者用户来开发完成的功能，而电脑的操作系统（如 Windows 等）和软件开发工具是由专业公司供应，可以认为是电脑的基本功能。这里说的机器视觉的软件是指机器视觉的软件开发工具和开发出的图像处理应用软件。

计算机的软件开发工具包括 C、C＋＋、Visual C＋＋、C♯、Java、BASIC、FORTRAN 等。由于图像处理与分析的数据处理量很大，而且需要编写复杂的运算程序，从运算速度和编程的灵活性来考虑，C 和 C＋＋是最佳的图像处理与分析的编程语言。目前的图像处理与分析的算法程序多数利用这两种计算机语言来实现。C＋＋是 C 的升级，C＋＋将 C 从面向过程的单纯语言升级成为面向对象的复杂语言，C＋＋语言完全包容 C 语言，也就是说 C 语言的程序在 C＋＋环境下可以正常运行。Visual C＋＋是 C＋＋的升级，是将不可视的 C＋＋变成了可视型，C 和 C＋＋语言的程序在 Visual C＋＋环境下完全可以执行，目前最流行的版本是 Visual C＋＋10，全称是 Microsoft Visual Studio 2010（也称 VC＋＋2010、VS2010 等）。有一些提供通用图像处理算法的软件，例如，国外的 OpenCV 和 MATLAB、国内的通用图像处理系统 ImageSys 开发平台等，这些都可以在 Visual C＋＋平台使用。

1.4 机器视觉、机器人和智能装备

提起机器人，一般人都会联想到人形机器人，有些人会以为只有外形和功能都像人的机器才叫机器人。其实不然，人形机器人只是机器人的一种，而且还不算普及。更多的机器人则是形状千奇百怪、具备不同专业功能的机器，也被称为智能装备，如图 1.10 所示。同样是机器，有些能被称为机器人或者智能装备，有些则不能，衡量标准就是看它有没有具备人脑那样的分析判断功能。具体具备多大的分析判断功能并不重要。

人眼（视觉）是人脑从外界获取信息的主要途径，占总信息量的 70% 多，除此之外，还有皮肤（触觉）、耳朵（听觉）、鼻子（嗅觉）、嘴巴（味觉）等。与此对应，机器视觉是机器的电脑从外界获得信息的主要途径，其他还有接触传感器、光电传感器、超声波传感器、电磁传感器等。由此可知，机器视觉对于机器人或者智能装备是多么重要。

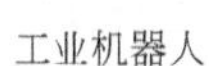

工业机器人　农田机器人　人形机器人　探测机器人　智能装备

图 1.10　不同机器人及智能装备

1.5 机器视觉的功能与精度

机器视觉的功能，与人眼相似，简单来说就是判断和测量。每项功能又包含了丰富的内容。判断功能可以分为有没有、是不是、缺陷等的判断，一般不需要借助工具。测量功能包括尺寸、形状、角度等几何参数的测量和速度、加速度等运动参数的测量。像人眼一样，测量功能一般需要借助工具。例如，要求0.1mm的尺寸误差，人眼测量一般需要借助精度为0.1mm以上的卡尺。而机器视觉测量，除了需要借助0.1mm的卡尺（标定物）之外，还需要相机有足够的解像度，也就是说需要一个像素所代表的实际尺寸能够小于等于0.1mm。对于不同的功能，虽然精度的概念不一样，但是测量时需要镜头焦距固定、预先标定是其共同的特点。以下分别说明不同功能的精度。

（1）判断功能

判断功能也有精度问题。如图1.11所示，只有缺陷的大小在图像上用人眼能够看出来，才能进行自动判断。对于静态图像，只要缺陷的面积大于物体自身的纹理结构就可以判断。而对于生产线上的动态判断，除了缺陷的静态大小之外，还需要考虑生产线运行速度和相机采集帧率的关系。例如，假设生产线运动速度是每秒100毫米（100mm/s），相机的图像采集帧率是每秒100帧（100fps），那么每帧图像间的位移就是1mm，这样1mm以下的缺陷就判断不了。

图 1.11　有缺陷的图像

（2）精密测量

如图 1.12 所示，精密测量一般用于对静态目标的尺寸测量，摄像头垂直于被测量目标进行图像采集，通过在测量平台放置标尺来进行相机标定。

图 1.13 是相机标定的实例。图面上“2”到“3”的白线代表实际距离的 1cm，总共有 146 个像素，那么确定后一个像素就表示 1/146（0.00685）cm。

图 1.12 精密测量

图 1.13 标定图

（3）摄影测量

摄影测量（也叫摄像测量）分为单目测量和双目测量，测量内容一般包括位置、距离、角度等。单目测量就是用一台摄像机拍摄一幅图像，根据标定数据推算测量数据，如图 1.14(a) 所示，在摄像机视野中心附近有个平铺在地上的标定物。双目摄影测量是用两台相机同时拍摄两幅图像，根据标定数据和测量的图像数据计算出被测物体的三维数据，如图 1.14(b) 所示，几个竖直杆是其标定物。

(a) 单目

(b) 双目

图 1.14 摄影测量

摄影测量与上述精密测量的最大差别是，摄影测量的相机一般是斜对被测物体，由于相机有倾斜角度，而且一般视野比较大，不能简单地用某处像素所代表的实际大小来作为标定值，需要经过几何透视变换来计算标定矩阵，这也决定了摄影测量一般不会有很高的精度，摄影测量的精度表达方式一般是用百分数来表示相对精度，例如，误差1%等，而不是用毫米或者厘米等来表示绝对数精度。根据经验，10m之内的测量误差一般在5%之内，距离越远误差越大，被测物偏离标定物越远，误差也越大。

（4）运动测量

运动测量的内容一般包括位置、距离、速度、加速度、角度、角速度和角加速度。其中的位置、距离和角度就是上述摄像测量的内容。因此，也可以说，运动测量就是对运动目标的连续摄像测量。速度、加速度、角速度和角加速度等运动参数则是由目标在每个帧上的位置、距离和角度等数据结合帧间的时间差计算获得。帧间的时间差也就是帧率，例如，30fps帧率的帧间时间差就是1/30s（0.3333s）。图1.15是一个二维运动测量的标定界面，上面包含了距离比例标定、时间（帧率）标定和用于原点选定的坐标变换。三维标定比较复杂，将在后面的章节说明。

运动测量的精度和摄影测量相似，一般精度不高，也是用相对精度来描述。

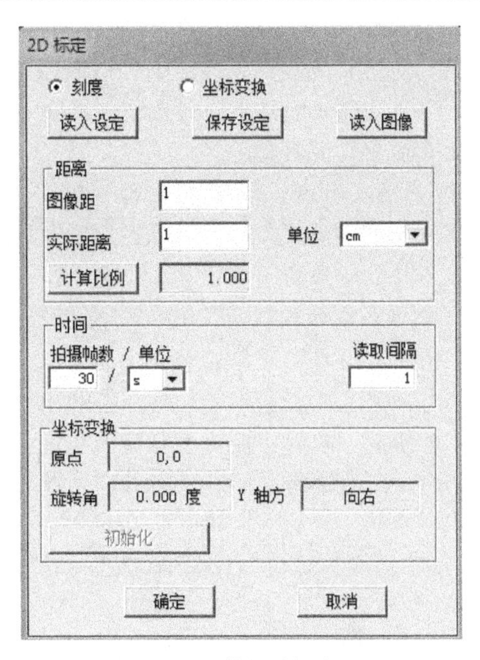

图1.15　二维运动标定界面

第2章

图像处理

图像处理是机器视觉的核心软件功能，本章介绍图像处理的发展过程和基本知识。

2.1 图像处理的发展过程 [1, 2]

图像处理是个古老的话题。以记录和宣传为目的的图像处理，可以追溯到西班牙阿尔塔米拉石窟壁画的旧石器时代。在以埃及、美索不达米亚为首的古代文明中能够看到很多实例。中国的绘画史也可以上溯到原始社会的新石器时代，距今至少有七千余年的历史。工匠通过手工作业进行绘画和刻制版画，对雕刻技术和图像处理技术的发展做出了独特的贡献。从图像信息处理技术角度来说，活字印刷术（1445 年左右）和复印机的发明（1839 年左右）可以认为是图像处理的起点，这些技术奠定了当今的电子排版、扫描仪、摄像机、照相机等电子设备的技术基础。现在所谓的图像处理一般是指通过电子设备进行的图像处理，处理的图像形式由模拟图像发展到了数字图像。

1925 年出现了机械扫描式电视，1928 年出现了电子扫描式显像管接收器，1933 年出现了电子扫描式摄像管成像器，再到当今的电子扫描技术，这些共同构筑了电视技术的基础。电子设备的图像最初都是模拟图像，包括模拟电视机、模拟照相机、模拟摄像机、X 线照相机等，这些都是基于电子扫描式成像管技术，其记录材料主要是胶片，由电子显像管显示。模拟图像处理的内容主要有：①针对图像的输入、输出、记录、表示等的处理；②利用胶卷和镜头的特性，对照片进行对比强化、边缘强化、浓度特性变化等显像和定影操作的处理；③通过模拟电路，突出强调电视画面的边缘、抑制重像等。这些处理很多也都用在了当今的数字图像处理中。

20 世纪 40 年代出现了数字计算机，1964 年第 3 代计算机 IBM360、1965 年迷你计算机 DEC/PDP-8 相继问世。随着计算机技术的迅速发展，数字图像处理所必需的计算机环境得到了很大的改善。

数字图像处理的应用开始于人造卫星图像的处理。1965 年美国国家航空航天局（NASA）发表了 Mariner4 号卫星拍摄的火星图像，1969 年登陆月球表面的阿波罗11号传回了月球表面的图像，这些都是数字图像处理的空前应用。在该领域，由于环境恶劣，传输的图像画质非常低，需要经过庞大的数字图像处理后才能使用。

与此同时，数字图像处理被尝试应用于医用领域。例如，开展了显微镜图像的计量测定、诊断、血球分类、染色体分类、细胞诊断的研究。另外，1965年左右还初次尝试了胸部X光照片的处理，包括：改善X光照片的画质、检验出对象物体（区分物体）、提取特征、分类测量以及模式识别等。然而，与人造卫星图像不同，因为这些图像是模拟图像，首先需要进行数字化处理，由于当时处于基础性研究阶段，还存在很多困难。该时期，在物理学领域自动解析了加速器内粒子轨迹的照片。

20世纪60年代后半期，数字图像处理开始应用于一般化场景和三维物体。该时期的研究工作以美国麻省理工学院人工智能研究所为中心展开。理解电视摄像机输入简单积木画面的“积木世界”问题，成为早期人工智能领域中的一个具有代表性的研究课题。随后该领域出现了图像分析、计算机视觉、物体识别、场景分析、机器人处理等研究课题。这一时代的二维模拟识别研究以文字识别为中心，是一项庞大的研究工程。日本在1968年采用邮政编码制度而研制的国内文字识别装置，成为加快文字识别研究进展的一大主要因素。其中产生的很多算法，例如，细线化、临界值处理、形状特征提取等，成为日后图像处理基本算法的重要组成部分，并被广泛使用。1968年，出现了最早的有关图像处理的国际研讨会论文集。

20世纪70年代初期，数字图像处理开始加速发展，出现了医学领域的计算机断层摄像术（computed tomography，CT）和地球观测卫星。这些从成像阶段开始就进行了复杂的数字图像处理，数据量庞大。CT是将多张投影图像重构成截面图像的仪器，其数理基础拉东变换（radon transform）是于1917年由拉东提出，50年后随着计算机及其相关技术的进步，开始了实用化应用。CT不仅对医学产生了革命性影响，也对整个图像处理技术产生了很大的促进作用，同时开辟了获取立体三维数字图像的途径。大约20年后，出现了利用多幅CT图像在计算机内进行人体三维虚拟重建的技术，可以自由移动三维图像的视角，从任意方位观察人体，帮助进行诊断和治疗。

地球观测卫星以一定周期在地球上空轨道运行，将地球表面发出的反射能量，通过不同光谱波段的传感器进行检测，将检测数据连续传送回地面，还原成详尽的地球表面图像之后，对全世界公开，并开发了提取其信息的各种算法。此后，又形成了将海洋观测卫星、气象观测卫星等的图像进行合成的遥感图像处理，并广泛应用于地质、植保、气象、农林水产业、海洋、城市规划等领域。

CT图像和遥感图像在应用层面都具有极其重要的意义，为了对其进行处理，开发出了非常多的算法。例如，对于CT图像，首先开发出了图像重构算法，通过空间频率处理以及灰度等级处理来改善画质，还开发出了各种图像测量算法。在此基础上，进一步开发出了表示人体三维构造的立体三维图像处理的算法。关于遥感图像，出现了图像几何变换、倾斜校正、彩色合成、分类、结构处理、领域分割等处理算法。随着技术的发展，CT图像和遥感图像的精度也在不断提高，现在CT的分辨率可以达到0.5mm以下，卫星观察地球表面的分辨率达到了1m以下。

在其他领域，为了实现检测自动化、节省劳动力和提高产品质量，规模生产应用开始进入实用化阶段。例如，图像处理技术在集成电路的设计和检测方面实现了大规模应用。随着研究的不断投入，推进了其实用化进程。然而，从产业应用的整体来看，实用化的成功例子比较有限。与此同时，以物体识别和场景解析为目的的应用开启了对一般三维场景进行识别、理解的人工智能领域的研究。但是，物体识别、场景解析的问题比预想的要难，即使到现在实用化的应用例子也很少。

与前述文字识别紧密相关的图纸、地图、教材等的办公自动化处理，也成为图像处理的一个重要领域。例如，传真通信和复印机就使用了二值图像的压缩、编码、几何变换、校正等诸多算法。日本在1974年开始了地图数据库的开发工作，目前这些技术积累被广泛应用于地理信息系统（geographical information system，GIS）和汽车导航等领域。

在医学领域，除了前述的CT以外，首先是实现了血球分类装置的商业化，并开始试制细胞诊疗装置，这些作为早期模拟图像识别的实用化装置引起了广泛关注。另外，还进行了根据胸部X光照片来诊断硅肺病、心脏病、结核、癌症的计算机诊断研究。同时，超声波图像、X光图像、血管荧光摄影图像、放射性同位素（radio isotope，RI）图像等的辅助诊断也成了研究对象。在这些研究中，开发出了差分滤波、距离变换、细线化、轮廓检测、区域生成等灰度图像处理的相关算法，成为之后图像处理的算法基础。

硬件方面，在20世纪70年代中有了几项重要的发展。例如，帧存储器的出现及普及为图像处理带来了便利。另一方面，数字信号处理器（digital signal processor，DSP）的发展，开创了包括快速傅里叶变换（fast fourier transform，FFT）在内的高级处理的新途径。随着CCD（charge coupled device）图像输入装置的开发与进步，出现了利用激光测量距离的测距仪。而在计算机技术方面，20世纪70年代前半期，美国Intel公司的微软处理器i4004和i8008相继登场，并与随后出现的微软计算机（Altair 1975年、AppleⅡ和PET 1977年、PC8001 1979年）相连接。1973年开发出了被称为第一个工作站的美国Xerox公司的Alto。1976年大型超级计算机Cray-1的问世，扩大了处理器规模和能力的选择范围，对开发各种规模的图像处理系统做出了贡献。

软件方面，并行处理、二值图像处理等基础性算法逐步提出。在这些基础理论中，图像变换（如离散傅里叶变换、离散正交变换等）、数字图形几何学以及以此为基础的诸多方法形成了体系，并且开发出了一些具有通用性的图像处理程序包。

总之，该时期图像处理的价值和发展前景被广泛认知，各个应用领域认识到了其用途，纷纷开始了基础性研究，到了后半期就进入了全面铺开的时代。尤其是基础方法、处理程序框架、算法等软件和方法论的研究，进入了快速发展时期。实际上，现在被实用化的领域或继续研究中的许多问题基本上在这一时代已经被解决了。支撑其发展的基础性方法大多始于20世纪六七十年代。

20世纪70年代广泛展开的图像处理，到了20世纪80年代进一步快速普及，前面介绍的图像处理的几个应用领域进入到实用化、大众化阶段。工作站、内存以及CCD输入装置的组合，形成了当时在性价比上更为优秀的专用系统，使得多样化的图像处理系统实现了商业化，很多通用软件工具被开发出来，许多用户的技术人员也能够开发各种问题的处理算法。20世纪80年代，图像处理硬件的核心是搭载有专用图像处理设备的工作站。

进入20世纪90年代，迅速在全球普及的因特网（internet）对图像处理产生了不小的影响。而且，20世纪90年代，由于个人计算机性能的飞跃性提升及其应用的广泛普及，获得了前所未有的强大信息处理能力和多种多样的图像获取手段，在我们所能到达的任何地方都可以获得与以前超级计算机相同的图像处理环境。由于大量图像要通过网络高速传输，促使图像编码、压缩等研究工作活跃起来，且JPEG（joint photographic experts group）、MPEG（motion picture experts group）等图像压缩方式制定了世界统一标准。现如今，在家中通过英特网络就可以自由访问各种Web地址，下载自己想要的图像。例如，美国航天局（NASA）的Web主页上公开了由人造卫星拍摄到的各种行星图像，任何人均可通过英特网络自由访问，并且当发射火箭时可以实时观看到动画。

20世纪90年代后半期，随着高性能廉价的数字照相机和图像扫描仪的普及，数字图像的处理也得到了进一步普及。当今，广泛普及的计算机环境使声音、文字、图像、视频都可以自由转换成为数字数据，进入了多媒体处理时代。

20世纪90年代的另外一个重要事件就是出现了虚拟现实（virtual reality，VR），其设计理念和实质内容从20世纪90年代初开始得到了世界承认。虚拟现实的目的不只是将“在那里记录的事物让世界看到和理解”，而是以“记录、表现事物，体验世界”为目的，概念性地改变了图像信息的利用方法。

在一些领域，随着基础性理论的建立，逐步形成了体系，并得到确认。例如，包含三维数字图像形式的数字几何学、单目和双目生成图像、立体光度测定法等在内，人们根据三维空间中的物体（或场景）和将它们以二维平面形式记录的二维图像间的关系，从形状以及灰度分布这两方面进行了理论性阐述，并相继提出了以此为基础的可行图像解析方法。与此同时，还明确了记录三维空间物体运动图像时间系列（视频图像）的性质以及视频图像处理的基本方法。另外，随着对象变得复杂，强调“利用与对象相关知识”的重要性，即提倡采用知识型计算机视觉，并开展了对象相关知识的利用方法和管理方法等研究和试验。另一方面，在这一时期还尝试开展了图像处理方法自身知识库化的工作，开发出了各种方式的图像处理专业系统。针对人工智能的解析空间探索、最佳化、模型化、学习机能等诸多问题，出现了作为新概念、新方法的分数维、混沌、神经网络、遗传算法等技术工具。同时，图像处理以感性信息为新的视点，开始了感性信息处理的研究工作。

在应用领域，医用图像处理在 20 世纪 80 年代初期不再使用 X 射线，而改用 CT 的核磁共振成像（magnetic resonance imaging，MRI）实现了实用化。从 20 世纪 80 年代末至 20 世纪 90 年代，超高速 X 光 CT、螺旋形 CT 相继登场。以数字射线照片的实用化为代表的各种进步，推动了医用图像整体向数字化迈进，促进了医用图像整体的一元化管理、远程医疗等的研究和普及。这些是将图像的传输、记录、压缩、还原等广义的图像处理综合起来的系统化技术。特别是以螺旋形 CT 为基础，在计算机内再构成患者的三维图像的“虚拟人体”的应用，使得外科手术的演示和虚拟化内视镜变为可能。1995～1998 年，日本和美国分别在以人体全身 X 射线 CT 以及 MRI 图像为基础上实现了可视化人体工程。20 世纪 90 年代，针对 X 射线图像计算机诊断，在胸部、胃以及乳房 X 射线图像乳腺摄影法等方面分别投入大量精力展开研究，其中一部分在 90 年代末期达到了实用化水平，1998 年美国公布了第一台用于医用 X 光照片计算机诊断的商用装置。

在产业方面，其实用化应用范围得到了广泛拓展，并开始产生效果。不仅可用于检查产品外观尺寸、擦伤、表面形状，还应用于 X 射线图像等的非破坏性检查、机器人视觉判断、组装自动化、农水产品加工、等级分类自动化、在原子反应堆等恶劣环境下进行作业等各个领域。

在遥感领域，20 世纪 80 年代多国相继发射了各种地球观测卫星，用户可以利用的卫星图像种类和数量有了一个飞跃性增长。此外，由于计算机等技术的进步，廉价系统也可以进行数据解析，用户的视野飞速扩展。20 世纪 90 年代前半期，搭载装备有主动式微波传感器的合成孔径雷达（synthetic aperture radar，SAR）的卫星相继发射升空，很多人投入到 SAR 数据的处理、解析等技术的研究之中。这其中，利用 2 组天线观测到的微波相位信息进行地高测量和地球形变测量的研究有了很大进展。1999 年高分辨率商业卫星 IKONOS-1 发射升空，卫星遥感分辨率进入到1m的时代。

文件与教材处理、传真通信的普及、计算机手写输入的图形处理、设计图的自动读取、文件的自动输入等，在不断的需求中也逐步发展起来。

在监测和通信方面，在图像高压缩比的智能编码、环境监测、人脸识别、行为识别、人机交互等众多领域中得到了广泛应用。

在视频图像处理方面，作为机器视觉的应用，将视觉系统搭载在汽车和拖拉机上实现了汽车和拖拉机的无人驾驶。在智能交通系统（intelligent transportation system，ITS）中，通过对公路监控视频的处理，自动提示交通拥堵状况。出现了视频图像的自动编辑技术，达到了一般用户也能操作的程度。视频处理的主要技术包括图像的压缩编码、译码、特征提取和生成等。提出了智能编码的概念，视频图像的解析、识别和通信也开始了快速发展。

20世纪90年代后半期，开始关注于构筑将现实世界、现实图像和计算机图形学（computer graphics，CG）与虚拟图像自由结合的复合现实。CG、图像识别作为其中的主要技术发挥着重要作用，现在已经实现了实时体验与三维虚拟空间的互动。此外，在这些动向中，“计算机是媒体”的认识也被确定下来，而其中“图像媒体”的定位、利用方法以及多媒体处理中的图像媒体作用等，将会成为今后图像处理中的关键词。

三维CAD（computer aided design）中各种软件模块的出现使得在制造业、建筑业、城市规划中应用CAD成为家常便饭。此外，在利用各种媒体对数字图像进行普及的过程中，为了防止图像的非法复制、不正当使用，20世纪90年代产生了处理图像著作权及其保护的重要课题，开展了大量的电子水印技术等方面的研究工作。

图像处理技术的发展基石是计算机和通信的环境，在网络环境不断发展的同时，随着以大容量图像处理为前提的高速信号处理、大容量数据记录、数据传送、移动计算（mobile computing）、可穿戴计算（wearable computing）等技术的发展，以及包括普适计算（ubiquitous computing）在内的技术进一步推进，将给图像处理环境带来更大的变革。

在成像技术方面，从CT的实用化、MRI和超声波图像的新发展可以看到与人体相关的成像技术的发展前景。扫描仪、数字照相机、数字摄像机（摄像头）、数字电视、带有数字照相机的手机等，都可以方便地获得图像数据，也就是说图像数据的获取方法已经大众化。

在软件方面，处理系统的智能化水平越来越高。在图像识别与认知、生成以及传送与存储之间，或虚拟环境和现实世界及其记录图像之间，各种融合正在逐步形成。例如，机器宠物和人型机器人已经出现，医学应用方面的计算机辅助诊断（computer aided diagnosis，CAD）以及计算机辅助外科（computer aided surgery，CAS）已经实用化。作为对物品的智能化识别、定位、跟踪和监控的重要手段，图像处理同时也是物联网技术的重要组成部分。

20世纪80～90年代，随着个人电脑和互联网的普及，人们的生产和生活方式发生了很大的变化。21世纪能够影响人类生存方式的事件，将是各类机器人的推广和普及，机器视觉作为机器人的“眼睛”，在新的时代必将发挥举足轻重的作用。

2.2 数字图像的采样与量化[3]

在计算机内部，所有的信息都表示为一连串的0或1码（二进制的字符串）。每一个二进制位（bit）有0和1两种状态，八个二进制位可以组合出256（$2^8=256$）种状态，这被称为一个字节（byte）。也就是说，一个字节可以用来表示从0000000到11111111的256种状态，每一个状态对应一个符号，这些符号包括英文字符、阿拉伯数字和标点符号等。采用国标GB 2312—1980编码的汉字是2字节，可以表示256×256÷2=32768个汉字。标准的数字图像数据也是采用一个字节的256个状态来表示。

计算机和数码照相机等数码设备中的图像都是数字图像，在拍摄照片或者扫描文件时输入的是连续模拟信号，需要经过采样和量化两个步骤，将输入的模拟信号转化为最终的数字信号。

（1）采样

采样（sampling）是把空间上的连续的图像分割成离散像素的集合。如图2.1所示，采样越细，像素越小，越能精细地表现图像。采样的精度有许多不同的设定，例如，采用水平256像素×垂直256像素、水平512像素×垂直512像素、水平640像素×垂直480像素的图像等，目前智能手机相机1200万像素（水平4000像素×垂直3000像素）已经很普遍。我们可以看出一个规律，图像长和宽的像素个数都是8的倍数，也就是以字节为最小单位，这是计算机内部标准操作方式。

（2）量化

量化（quantization）是把像素的亮度（灰度）变换成离散的整数值的操作。最简单是用黑（0）和白（1）的2个数值即1比特（bit）（2级）来量化，称为二值图像（binary image）。图2.2表示了量化比特数与图像质量的关系。量化越细致（比特数越大），灰度级数表现越丰富，对于6比特（64级）以上的图像，人眼几乎看不出有什么区别。计算机中的图像亮度值一般采用8比特（$2^8=256$级），也就是一个字节，这意味着像素的亮度是0～255之间的数值，0表示最黑，255表示最白。

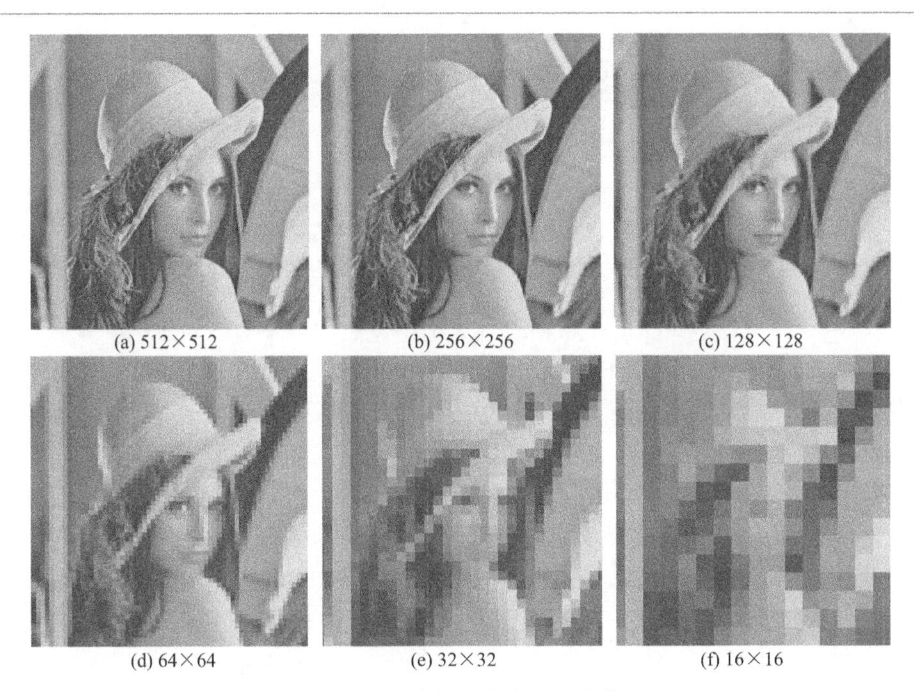

图 2.1 不同空间分辨率的图像效果

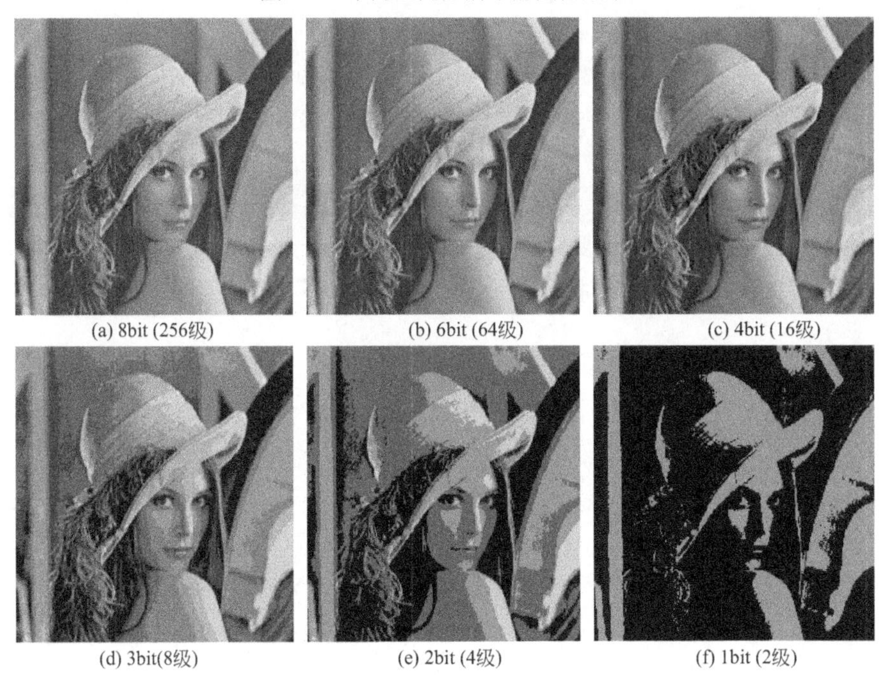

图 2.2 灰度分辨率的影响

2.3 彩色图像与灰度图像[3]

(1) 彩色图像

所有颜色都是由 R（红）、G（绿）、B（蓝）3 个单色调配而成，每种单色都人为地从 0～255 分成了 256 个级，所以根据 R、G、B 的不同组合可以表示 256×256×256=16777216 种颜色，被称为全彩色图像（full-color image）或者真彩色图像（true-color image）。一幅全彩色图像如果不压缩，文件将会很大。例如，一幅 640×480 像素的全彩色图像，一个像素由 3 个字节来表示 R、G、B 各个分量，需要保存 640×480×3=921600（约 1MB）字节。

除了全彩色图像之外，还有 256 色、128 色、32 色、16 色、8 色、2 色图像等，这些非全彩色图像在保存时，为了减少保存的字节数，一般采用调色板（palette）或颜色表（look up table，LUT）来保存。颜色表中的每一行记录一种颜色的 R、G、B 值，即（R，G，B）。例如，第一行表示红色（255，0，0），那么当某个像素为红色时，只需标明索引 0 即可，这样就可以通过颜色索引来减少表示图像的字节数。例如，对于 16 色图像，用颜色索引的方法来表示 16 种状态，可以用 4 位（2^4），也就是半个字节来表示，整个图像数据需要用 640×480×0.5=153600 个字节，另加一个颜色表的字节数。颜色表在 Windows 上是固定的结构格式，有 4 个参数，各占一个字节，前 3 个参数分别代表 R、G、B，第 4 个参数为备用，这样 16 个颜色的颜色表共需要 4×16=64 个字节。这样采用颜色表来表示 16 色图像时，总共需要 153600+64=153664 个字节，只占前述保存方法的 1/6 左右，节省了许多存储空间。历史上由于计算机和数码设备的内存有限，为了节省存储空间，用非全彩色图像的情况较多，现在所有彩色数码相机都是全彩色图像。

上述用 R、G、B 三原色表示的图像被称为位图（bitmap），有压缩和非压缩格式，后缀是 BMP。除了位图以外，图像的格式还有许多。例如，TIFF 图像一般用于卫星图像的压缩格式，压缩时数据不失真；JPEG 图像是被数码相机等广泛采用的压缩格式，压缩时有部分信号失真。

(2) 灰度图像

灰度图像（gray scale image）是指只含亮度信息，不含色彩信息的图像。在 BMP 格式中没有灰度图像的概念，但是如果每个像素的 R、G、B 完全相同，也就是 $R=G=B$，该图像就是灰度图像（或称单色图像 monochrome image）。

彩色图像可以由式(2.1)变为灰度图像其中Y为灰度值，各个颜色的系数由国际电讯联盟（International Telecommunication Union，ITU）根据人眼的适应性确定。

$$Y=0.299R+0.587G+0.114B \tag{2.1}$$

彩色图像的R、G、B分量，也可以作为3个灰度图像来看待，根据实际情况对其中的一个分量处理即可，没有必要用式(2.1)进行转换，特别是对于实时图像处理，这样可以显著提高处理速度。图2.3是彩色图像由式(2.1)转换的灰度图像及R、G、B各个分量的图像，可以看出灰度图像与R、G、B等的分量图像比较接近。

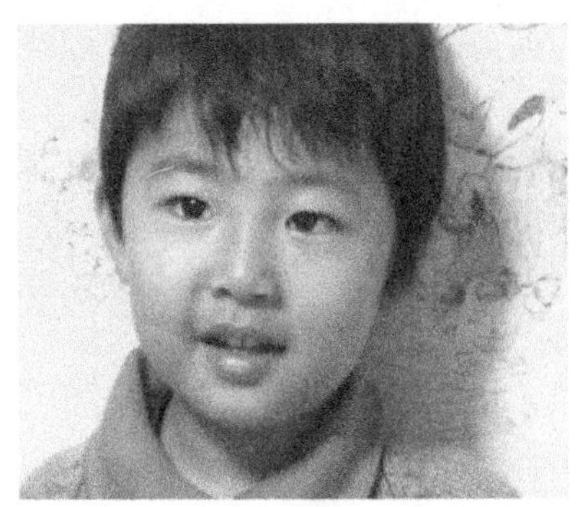

(a) 灰度图像

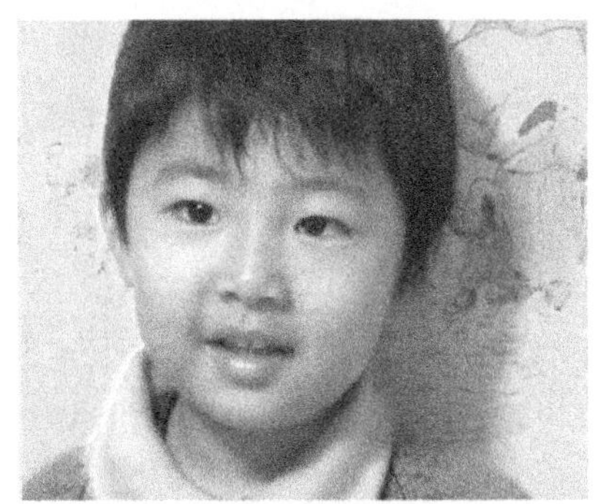

(b) R分量图像

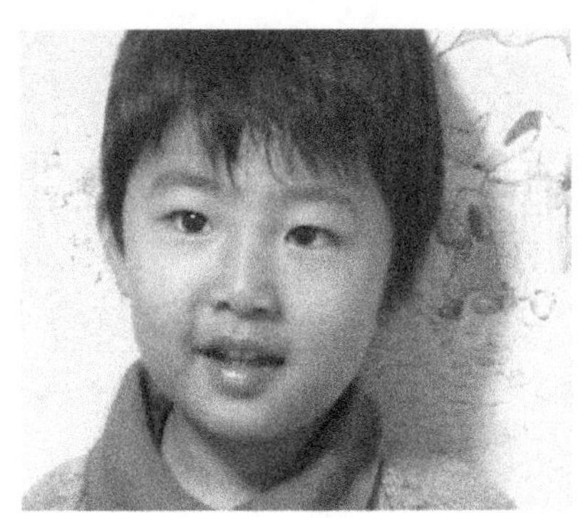

(c) G分量图像

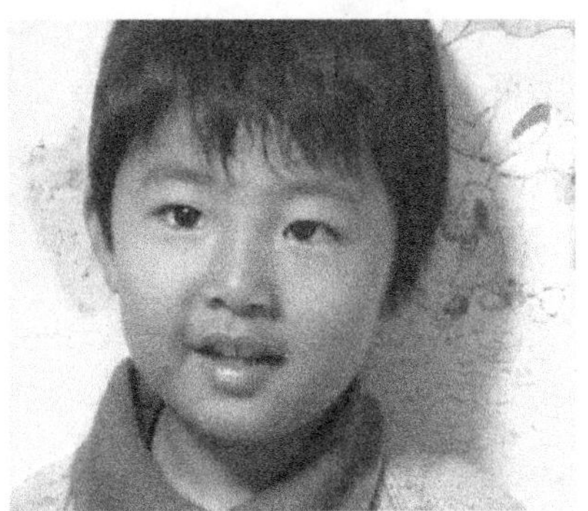

(d) B分量图像

图2.3 灰度图像及各个分量图像

除了彩色图像的各个分量以及彩色图像经过变换获得的灰度图像之外，还有专门用于拍摄灰度图像的数码摄像机，这种灰度摄像机一般用于工厂的在线图像检测。历史上的黑白电视机、黑白照相机等，显示和拍摄的也是灰度图像，这种设备的灰度图像是模拟灰度图像，现在已经被淘汰。

2.4 图像文件及视频文件格式

(1) 图像文件格式

图像文件格式有很多，可以列举如下：BMP、ICO、JPG、JPEG、JNG、KOALA、LBM、MNG、PBM、PBMRAW、PCD、PCX、PGM、PGMRAW、PNG、PPM、PPMRAW、RAS、TARGA、TIFF、WBMP、PSD、CUT、XBM、XPM、DDS、GIF、HDR、IF等。主要格式有：BMP、TIFF、GIF、JPEG等，以下对主要格式分别进行说明。

① BMP格式。BMP（bitmap，位图格式）是DOS和Windows兼容计算机系统的标准Windows图像格式。BMP格式支持RGB、索引颜色、灰度和位图颜色模式。BMP格式支持1、4、24、32位的RGB位图。有非压缩格式和压缩格式，多数是非压缩格式。文件后缀：bmp。

② TIFF格式。TIFF（tag image file format，标记图像文件格式）用于在应用程序之间和计算机平台之间交换文件。TIFF是一种灵活的图像格式，被所有绘画、图像编辑和页面排版应用程序支持。几乎所有的桌面扫描仪都可以生成TIFF图像。属于一种数据不失真的压缩文件格式。文件后缀：tiff、tif。

③ GIF格式。GIF（graphic interehange format，图像交换格式）是一种压缩格式，用来最小化文件大小和减少电子传递时间。在网络HTML（超文本标记语言）文档中，GIF文件格式普遍用于现实索引颜色和图像，也支持灰度模式。文件后缀：gif。

④ JPEG格式。JPEG（joint photographic experts group，联合图片专家组）是目前所有格式中压缩率最高的格式。目前大多数彩色和灰度图像都使用JPEG格式压缩图像，压缩比很大（约95%），而且支持多种压缩级别的格式。在网络HTML文档中，JPEG用于显示图片和其他连续色调的图像文档。JPEG格式保留RGB图像中的所有颜色信息，通过选择性地去掉数据来压缩文件。JPEG是数码设备广泛采用的图像压缩格式。文件后缀：jpeg、jpg。

(2) 视频文件格式

常用的视频格式有：AVI、WMV、MPEG等，以下分别进行说明。

① AVI格式。AVI（audio video interleaved，音频视频交错）是由微软公司制定的视频格式，历史比较悠久。AVI格式调用方便、图像质量好，压缩标准可任意选择，是应用最广泛的格式。文件后缀：avi。

② WMV格式。WMV（windows media video，视窗多媒体视频）是微软公司开发的一组数位视频编解码格式的通称，是ASF（advanced systems format，高级系统格式）格式的升级。文件后缀：wmv、asf、wmvhd。

③ MPEG格式。MPEG（moving picture experts group，运动图像专家组）格式是国际标准化组织（ISO）认可的媒体封装形式，包括了MPEG1、MPEG2和MPEG4在内的多种视频格式，受到大部分机器的支持。

MPEG1和MPEG2采用的是以仙农信息论为基础的预测编码、变换编码、熵编码及运动补偿等第一代数据压缩编码技术。MPEG1的分辨率为352×240像素，帧速率为每秒25帧（PAL），广泛应用在VCD的制作、游戏和网络视频上。使用MPEG1的压缩算法，可以把一部120分钟长的电影压缩到1.2GB左右大小。MPEG2主要应用于DVD的制作，同时在一些HDTV（高清晰电视广播）和一些高要求视频的编辑、处理上面也有相当多的应用。使用MPEG2的压缩算法压缩一部120分钟长的电影可以压缩到5～8GB的大小，MPEG2的图像质量是MPEG1无法比拟的。

MPEG4（ISO/IEC 14496）是基于第二代压缩编码技术制定的国际标准，它以视听媒体对象为基本单元，采用基于内容的压缩编码，以实现数字视音频、图形合成应用及交互式多媒体的集成。

MPEG系列标准对VCD、DVD等视听消费电子及数字电视和高清晰度电视（DTV&HDTV）、多媒体通信等信息产业的发展产生了巨大而深远的影响。MPEG的控制功能丰富，可以有多个视频（即角度）、音轨、字幕（位图字幕）等。MPEG的一个简化版本3GP还被广泛用于3G手机上。文件后缀：dat（用于DVD）、vob、mpg/mpeg、3gp/3g2/mp4（用于手机）等。

2.5 数字图像的计算机表述

图2.4表示了以“+”符号为中心7×7范围的像素（pixel）R、G、B颜色值。在计算机中，图像就是这样由像素构成，各个像素的颜色值被整数化（或称数字化，digitization）。图2.5显示了局部放大后的图像，放大后可以看见图中的各个小方块即为像素。

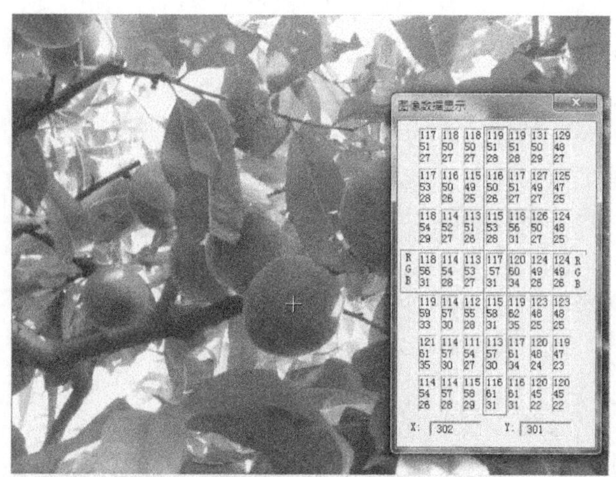

图 2.4 像素值

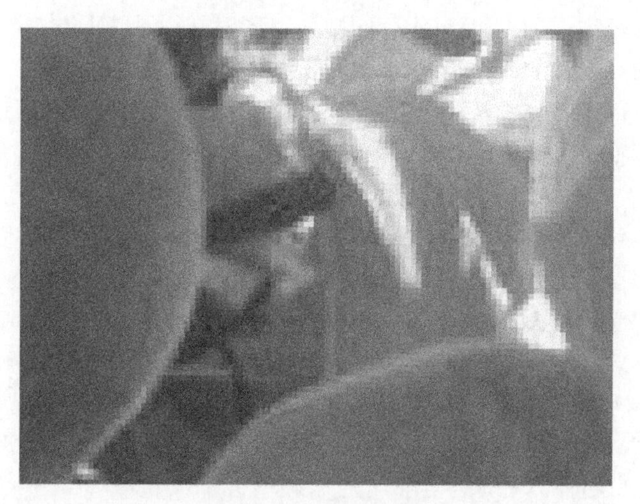

图 2.5 局部放大图

2.6 常用图像处理算法及其通用性问题

图像处理的基本算法包括：图像增强、去噪声处理、图像分割、边缘检测、特征提取、几何变换等；经典算法有：Hough（哈夫）变换、傅里叶变换（FFT）、小波（wavelet）变换、模式识别、神经网络、遗传算法等。这些算法中还包含许多处理细节。图像处理最大的难点在于，没有任何一种算法能够独立完成千差万别的图像处理，针对不同的处理对象，需要对多种图像处理算法进行组合和修改。不同的处理对象和环境，图像处理的难点不同。例如，工业生产的在线图像检测，其难点在于满足生产线的快速流动检测；农田作业机器人，其图像处理的难点在于适应复杂多变的自然环境和光照条件。一个优秀的图像处理算法开发者，可以设计出巧妙的算法组合和处理方法，使图像处理既准确又快速。正是由于图像处理算法的复杂性和多变性，更增加了挑战者的乐趣。

参考文献

[1] 孙卫东.图像处理技术手册［M］.北京：科学出版社，2007.
[2] 陈兵旗.机器视觉技术及应用实例详解［M］.北京：化学工业出版社，2014.
[3] 陈兵旗.实用数字图像处理与分析［M］.第2版.北京：中国农业大学出版社，2014.

第3章

目标提取

3.1 如何提取目标物体

判断目标为何物或者测量其尺寸大小的第一步是将目标从复杂的图像中提取出来。例如：

- 在街景中只提取人；
- 在智能交通系统中识别车辆牌照和交通标志；
- 从邮件中查找邮政编码来进行分类；
- 使用监控摄像机，当发现有贸然进入的人时，发送警报；
- 在流动的生产线上提取零件；
- 判别农作物果实的大小，依据其大小进行分类等。

人眼在杂乱的图像中搜寻目标物体时，主要依靠颜色和形状差别，具体过程人们在无意识中完成，其实利用了人们常年生活积累的常识（知识）。同样道理，机器视觉在提取物体时，也是依靠颜色和形状差别，只不过电脑里没有这些知识积累，需要人们利用计算机语言（程序）通过某种方法将目标物体知识输入或计算出来，形成判断依据。

以下分别介绍利用形状和颜色进行目标物提取的方法。

3.2 基于阈值的目标提取[1]

3.2.1 二值化处理

二值化处理（binarization）是把目标物从图像中提取出来的一种方法。二值化处理的方法有很多，最简单的一种叫做阈值处理（thresholding），就是对于输入图像的各像素，当其灰度值在某设定值（称为阈值，threshold）以上或以下，赋予对应的输出图像的像素为白色（255）或黑色（0）。可用式(3.1) 或式(3.2)

表示。

$$g(x,y)=\begin{cases}255 & f(x,y)\geqslant t\\ 0 & f(x,y)<t\end{cases} \tag{3.1}$$

$$g(x,y)=\begin{cases}255 & f(x,y)\leqslant t\\ 0 & f(x,y)>t\end{cases} \tag{3.2}$$

其中 $f(x,y)$、$g(x,y)$ 分别是处理前和处理后的图像在 (x,y) 处像素的灰度值，t 是阈值。

根据图像情况，有时需要提取两个阈值之间的部分，如式(3.3) 所示。这种方法称为双阈值二值化处理。

$$g(x,y)=\begin{cases}\text{HIGH} & t_1\leqslant f(x,y)\leqslant t_2\\ \text{LOW} & \text{other}\end{cases} \tag{3.3}$$

3.2.2 阈值的确定

我们知道，灰度图像像素的最大值是 255（白色），最小值是 0（黑色），从 0～255，共有 256 级，一幅图像上每级有几个像素，把它数出来（计算机程序可以瞬间完成），做个图表，就是直方图。如图 3.1 所示，直方图的横坐标表示 0～255 的像素级，纵坐标表示像素的个数或者占总像素的比例。计算出直方图，是灰度图像目标提取的重要步骤之一。

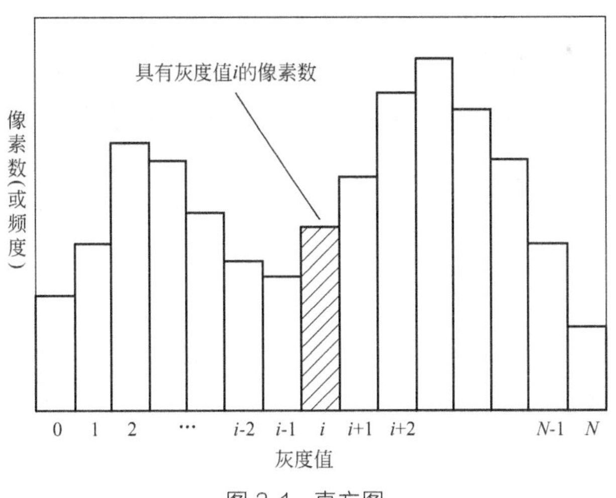

图 3.1 直方图

对于背景单一的图像，一般在直方图上有两个峰值，一个是背景的峰值，一个是目标物的峰值。例如，图 3.2(a) 是一粒水稻种子的 G 分量灰度图像，图 3.2(c) 是其直方图。直方图左侧的高峰（暗处）是背景峰，像素数比较多，右侧的小峰（亮处）是籽粒，像素数比较少。对这种在直方图上具有明显双峰的图像，把阈值设在双峰之间的凹点，即可较好地提取出目标物。图 3.2(b) 是将阈值设置为双峰之间的凹点 50 时的二值图像，提取效果比较好。

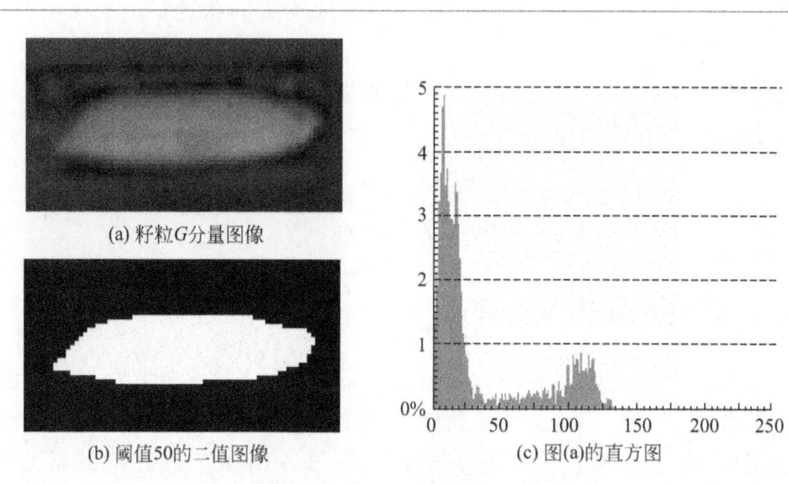

图 3.2 籽粒图像及其直方图

如果原始图像的直方图凹凸激烈，计算机程序处理时就不好确定波谷的位置。为了比较容易地发现波谷，经常采取在直方图上对邻域点进行平均化处理，以减少直方图的凹凸不平。图 3.3 是图 3.2(c) 经过 5 个邻域点平均化后的直方图，该直方图就比较容易通过算法编写来找到其波谷位置。像这样取直方图的波谷作为阈值的方法称为模态法(mode method)。

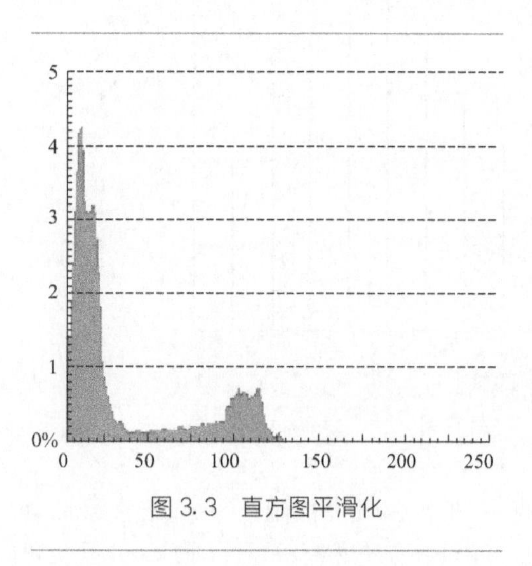

图 3.3 直方图平滑化

在阈值确定方法中除了模态法以外，还有 p 参数法（p-tile method)、判别分析法（discriminant analysis method)、可变阈值法（variable thresholding)、大津法（OTSU method）等。p 参数法是当物体占整个图像的比例已知时（如 $p\%$)，在直方图上，暗灰度（或者亮灰度）一侧起的累计像素数占总像素数 $p\%$

的地方作为阈值的方法。判别分析法是当直方图分成物体和背景两部分时，通过分析两部分的统计量来确定阈值的方法。可变阈值法在背景灰度多变的情况下使用，对图像的不同部位设置不同的阈值。

其中，大津法在各种图像处理中得到了广泛的应用，下面具体介绍一下大津法。

大津法也叫最大类间方差法，是由日本学者大津（OTSU）于 1979 年提出的。它是按图像的灰度特性，将图像分成背景和目标两部分。背景和目标之间的类间方差越大，说明构成图像的两部分的差别越大。因此，使类间方差最大的分割意味着错分概率最小。

设定包含两类区域，t 为分割两区域的阈值。由直方图经统计可得：被 t 分离后的区域 1 和区域 2 占整个图像的面积比 θ_1 和 θ_2，以及整幅图像、区域 1、区域 2 的平均灰度 μ、μ_1、μ_2。整幅图像的平均灰度与区域 1 和区域 2 的平均灰度值之间的关系为：

$$\mu=\mu_1\theta_1+\mu_2\theta_2 \tag{3.4}$$

同一区域常常具有灰度相似的特性，而不同区域之间则表现为明显的灰度差异，当被阈值 t 分离的两个区域间灰度差较大时，两个区域的平均灰度 μ_1、μ_2 与整幅图像的平均灰度 μ 之差也较大，区域间的方差就是描述这种差异的有效参数，其表达式为：

$$\sigma_B^2(t)=\theta_1(\mu_1-\mu)^2+\theta_2(\mu_2-\mu)^2 \tag{3.5}$$

式中，$\sigma_B^2(t)$ 表示了图像被阈值 t 分割后两个区域间的方差。显然，不同的 t 值就会得到不同的区域间方差，也就是说，区域间方差、区域 1 的均值、区域 2 的均值、区域 1 面积比、区域 2 面积比都是阈值 t 的函数，因此上式可以写成：

$$\sigma_B^2(t)=\theta_1(t)[\mu_1(t)-\mu]^2+\theta_2(t)[\mu_2(t)-\mu]^2 \tag{3.6}$$

经数学推导，区域间方差可表示为：

$$\sigma_B^2(t)=\theta_1(t)\theta_2(t)[\mu_1(t)-\mu_2(t)]^2 \tag{3.7}$$

被分割的两区域间方差达到最大时，被认为是两区域的最佳分离状态，由此确定阈值 T。

$$T=\max[\sigma_B^2(t)] \tag{3.8}$$

以最大方差决定阈值不需要人为地设定其他参数，是一种自动选择阈值的方法。但是大津法的实现比较复杂，在实际应用中，常常用简单迭代的方法进行阈值的自动选取。其方法如下：首先选择一个近似阈值作为估计值的初始值，然后连续不断地改进这一估计值。比如，使用初始阈值生成子图像，并根据子图像的特性来选取新的阈值，再用新阈值分割图像，这样做的效果好于用初始阈值分割图像的效果。阈值的改进策略是这一方法的关键。例如，一种方法如下：

① 选择图像的像素均值作为初始阈值 T；

② 利用阈值 T 把图像分割成两组数据 R_1 和 R_2；

③ 计算区域 R_1 和 R_2 的均值 u_1、u_2；

④ 选择新的阈值 $T=(u_1+u_2)/2$；

⑤ 重复②～④步，直到 u_1 和 u_2 不再发生变化。

图 3.4 是采用上述大津法对 G 分量图像进行的二值化处理结果，对于该图像，大津法计算获得的分割阈值为 52。

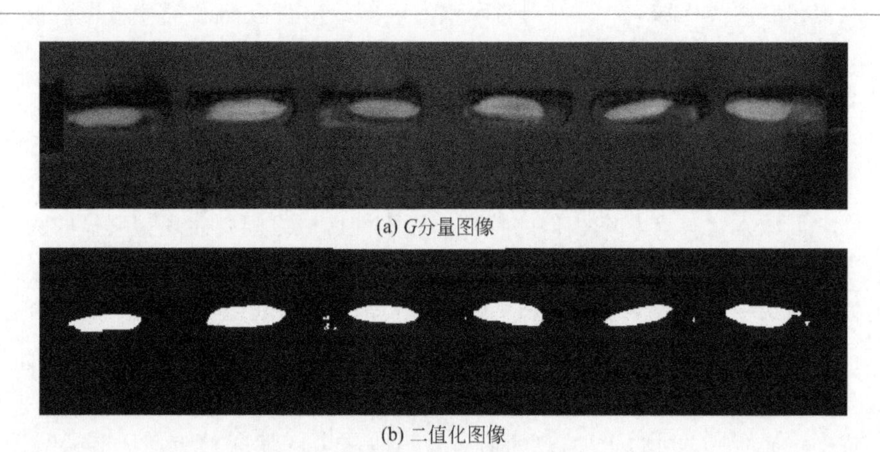

(a) G分量图像

(b) 二值化图像

图 3.4 大津法二值化图像

3.3 基于颜色的目标提取

3.3.1 色相、亮度、饱和度及其他 [1]

在 2.3 节介绍了彩色图像是由红（R）、绿（G）、蓝（B）三个分量的灰度图像组成。当拍摄绿草地时，与 R、B 分量相比，G 分量较强；对于蓝天来说，与 R、G 分量相比，B 分量较强。根据 R、G、B 分量值的不同，人们可以见到各种各样的颜色。在进行彩色图像处理时，不仅要考虑位置和灰度信息，还要考虑彩色信息。

对于同一种颜色，不同的人，脑子里所想的颜色可能不相同。为了定量地表现颜色，可以把颜色分成三个特性来表现，第一个特性是色调或者色相 H (hue)，用来表示颜色的种类。第二个特性是明度 V（value）或者亮度 Y (brightness) 或 I（intensity），用来表示图像的明暗程度。第三个特性是饱和度或彩度 S（saturation），用来表示颜色的鲜明程度。这三个特性被称为颜色的三个基本属性。颜色的这三个基本属性可以用一个理想化的双锥体 HSI 模型来表示，图 3.5 显示了彩色双锥体 HSI 模型。双锥体轴线代表亮度值。垂直于轴线的平面表示色调与饱和度，用极坐标形式表示，即夹角表示色调，径向距离表示在一定色调下的饱和度。

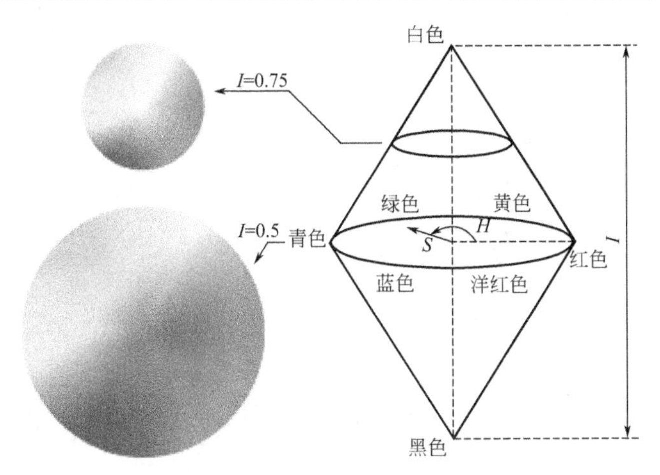

图 3.5 颜色的理想模型

模拟彩色电视信号也是把 R、G、B 信号变换到亮度信号 Y 和色差信号 C_1、C_2 的。其关系式如下：

$$\begin{aligned} Y &= 0.3R + 0.59G + 0.11B \\ C_1 &= R - Y = 0.7R - 0.59G - 0.11B \\ C_2 &= B - Y = -0.3R - 0.59G + 0.89B \end{aligned} \tag{3.9}$$

式(3.10) 表示了 R、G、B 信号与 Y、C_1、C_2 的关系。其中亮度信号 Y 相当于灰度图像，色差信号 C_1、C_2 是除去了亮度信号所剩下的部分。从亮度信号、色差信号求 R、G、B 的公式如下：

$$\begin{aligned} R &= Y + C_1 \\ G &= Y - \frac{0.3}{0.9}C_1 - \frac{0.11}{0.59}C_2 \\ B &= Y + C_2 \end{aligned} \tag{3.10}$$

上述的色差信号与色调、饱和度之间有如图 3.6 所示的关系。这个图与

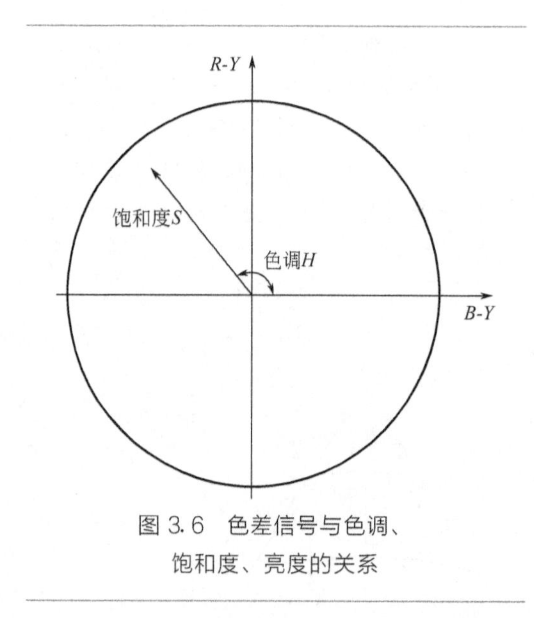

图 3.6 色差信号与色调、饱和度、亮度的关系

图 3.5 所示垂直于亮度轴线方向上的投影平面，即彩色圆是一致的。从图 3.6 可以看出，色调 H 表示从以色差信号 B-Y（即 C_2）为基准的坐标轴开始旋转了多少角度，饱和度 S 表示离开原点多大的距离。用公式表示的话，色调 H、饱和度 S 与色差的关系表示如下：

$$
\begin{aligned}
H &= \arctan(C_1/C_2) \\
S &= \sqrt{C_1^2 + C_2^2}
\end{aligned} \tag{3.11}
$$

相反，从色调 H、饱和度 S 变换到色差信号的公式如下：

$$
\begin{aligned}
C_1 &= S\sin H \\
C_2 &= S\cos H
\end{aligned} \tag{3.12}
$$

把彩色图像的 R、G、B 变换为亮度、色调、饱和度的图像。将亮度信号图像可视化得到的就是灰度图像。色调和饱和度是各自将它们的差值作为灰度差来进行图像可视化。色调的表示是从某基准的颜色开始计算在 0°～180°之间旋转多少角度，当与基准颜色相同（色调的旋转角为 0°）时为 255，相对方向的补色（色调的旋转角为 180°）时为 0，中间用 254 级的灰度表示。在色调的表示中，当饱和度为 0（即无颜色信号）时不计算色调，常常给予 0 灰度级。饱和度的图像是将饱和度的最小值作为像素的最小值 0，将饱和度的最大值作为像素的最大值 255，依次按比例将饱和度的数据转换为图像数据。

对实际图像进行上述变换的结果如图 3.7 所示，其中图 3.7(a) 是原始图像，图 3.7(b) 是其亮度信号的图像。原始图像中宠物兔的红色成分较多，由于色调信号以红色为基准，因此图 3.7(c) 所示的色调信号图像整体偏亮。由于整个图像的颜色不是很深，所以图 3.7(d) 的饱和度信号偏暗，特别是背景地板砖的饱和度最低。

可以看出，对于该图像，利用 H 或者 S 信号图像，对目标物兔子进行二值化提取，应该更容易一些。因此将 RGB 转换成 HSI 有时更有利于目标物的提取，但是与利用 RGB 信号相比，将会付出多倍的处理时间。

对于颜色的描述，除了 RGB 和 HSI 之外，还有 $L^*a^*b^*$、UYV、XYZ 等诸多模型。这些模型可以根据情况应用于不同的目的和场景。

(a) 原始图像

(b) 亮度信号I

(c) 以红色为基准的色调信号H

(d) 饱和度信号S

图 3.7 颜色的三个基本属性

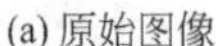

3.3.2 颜色分量及其组合处理

对于自然界的目标提取，可以根据目标的颜色特征，尽量使用 R、G、B 分量及它们之间的差分组合，这样可以有效避免自然光变化的影响，快速有效地提取目标。以下举例说明基于颜色差分的目标提取。

（1）果树上红色桃子的提取[2]

① 原图像。图 3.8 为采集的果树上桃子彩色原图像的例图像，分别代表了单个果实、多个果实成簇、果实相互分离或相互接触等生长状态以及不同光照条件和不同背景下的图像样本。图 3.8(a) 为顺光拍摄，光照强，果实单个生长，有树叶遮挡，背景主要为树叶。图 3.8(b) 为强光照拍摄，果实相互接触，有树叶遮挡，背景主要为枝叶。图 3.8(c) 为逆光拍摄，图像中既有单个果实又存在果实相互接触，且果实被树叶部分遮挡，背景主要为枝叶和直射阳光。图 3.8(d) 为弱光照、相机自动补光拍摄，果实相互接触，无遮挡，背景主要为树叶。

图 3.8(e) 为顺光拍摄，既有单个果实，又存在果实相互接触及枝干干扰。图 3.8(f) 为强光照拍摄，既有单果实，又存在果实间相互遮挡，并含有枝干干扰及树叶遮挡。

(a) 单果实、树叶遮挡　(b) 多果实、树叶遮挡　(c) 直射光、多果实接触

(d) 弱光、多果实接触　(e) 顺光、多果实、枝干干扰　(f) 强光、多果实接触、枝干干扰

图 3.8　彩色原图像

② 桃子的红色区域提取。由于成熟桃子一般带红色，因此对彩色原图像首先利用红、绿色差信息提取图像中桃子的红色区域，然后再采用与原图进行匹配膨胀的方法来获得桃子的完整区域。

对图像中的像素点（x_i，y_i）（x_i、y_i 分别为像素点 i 的 x 坐标和 y 坐标，$0 \leqslant i < n$，n 为图像中像素点的总数），设其红色（R）分量和绿色（G）分量的像素值分别为 $R(x_i, y_i)$ 和 $G(x_i, y_i)$，其差值为 $\beta_i = R(x_i, y_i) - G(x_i, y_i)$，由此获得一个灰度图像（RG 图像），若 $\beta_i > 0$，设灰度图像上该点的像素值为 β_i，否则为 0（黑色）。之后计算 RG 图像中所有非零像素点的均值 α（作为二值化的阈值）。逐像素扫描 RG 图像，若 $\beta_i > \alpha$，则将该点像素值设为 255（白色），否则设为 0（黑色），获得二值图像，并对其进行补洞和面积小于 200 像素的去噪处理（见第 5 章）。

图 3.9 分别为图 3.8 采用 R-G 色差均值为阈值提取桃子红色区域的二值图像。从图 3.9 的提取结果可以看出，该方法对图 3.8 中的各种光照条件和不同背景情况都能较好地提取出桃子的红色区域。

对于图 3.9 的二值图像，再进行边界跟踪、匹配膨胀、圆心点群计算、圆心点群分组、圆心及半径计算等步骤，获得图 3.10 所示的桃子中心及半径的检测结果。由于其他各步处理超出了本章内容范围，不做详细介绍。

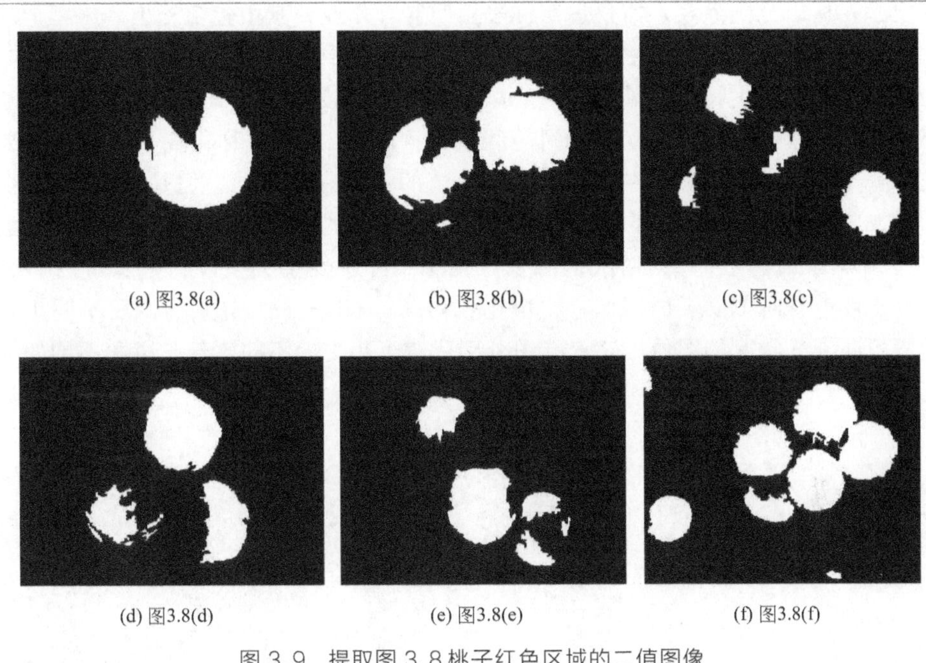
(a) 图3.8(a)　(b) 图3.8(b)　(c) 图3.8(c)
(d) 图3.8(d)　(e) 图3.8(e)　(f) 图3.8(f)

图 3.9　提取图 3.8 桃子红色区域的二值图像

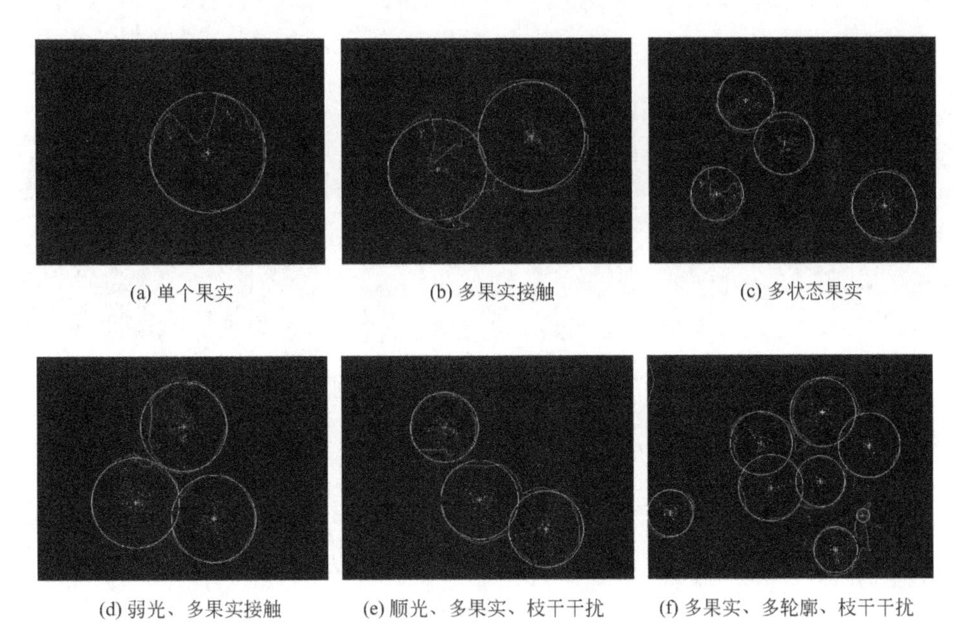
(a) 单个果实　(b) 多果实接触　(c) 多状态果实
(d) 弱光、多果实接触　(e) 顺光、多果实、枝干干扰　(f) 多果实、多轮廓、枝干干扰

图 3.10　轮廓提取及拟合结果

(2) 绿色麦苗的提取[3]

小麦从出苗到灌浆，需要进行许多田间管理作业，其中包括松土、施肥、除草、喷药、灌溉、生长检测等。不同的管理作业又具有不同的作业对象。例如，在喷药、喷灌、生长检测等作业中，作业对象为小麦列（苗列）；在松土、除草等作业中，作业对象为小麦列之间的区域（列间）。无论何种作业，首先都需要把小麦苗提取出来。虽然在不同季节小麦苗的颜色有所不同，但是都是呈绿色。如图 3.11 所示，(a) 为 11 月（秋季）小麦生长初期阴天的图像，土壤比较湿润；(b) 为 2 月（冬季）晴天的图像，土壤干旱，发生干裂；(c) 为 3 月（春季）小麦返青时节阴天的图像，土壤比较松软；(d)～(f) 分别为以后不同生长阶段不同天气状况的图像。这 6 幅图分别代表了小麦的不同生长阶段和不同的天气状况。

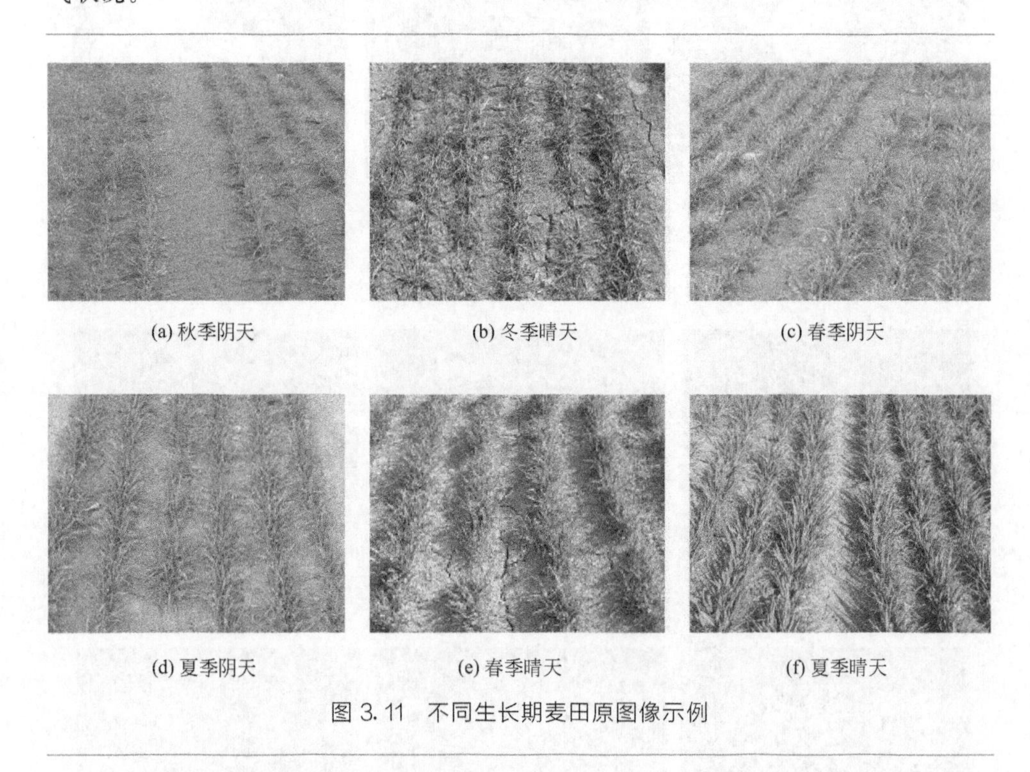

(a) 秋季阴天　(b) 冬季晴天　(c) 春季阴天

(d) 夏季阴天　(e) 春季晴天　(f) 夏季晴天

图 3.11　不同生长期麦田原图像示例

由于麦苗的绿色成分大于其他两个颜色成分，为了提取绿色的麦苗，可以通过强调绿色成分、抑制其他成分的方法把麦田彩色图像变化为灰度图像。具体方法如式(3.13) 所示。

$$\text{pixel}(x,y)=\begin{cases}0 & 2G-R-B\leqslant 0\\ 2G-R-\mathrm{B} & \text{other}\end{cases} \tag{3.13}$$

其中，G、R、B 表示点（x，y）在彩色图像中的绿、红、蓝颜色值，pixel(x，y）表示点（x，y）在处理结果灰度图像中的像素值。图 3.12 是经过上述处理获得的灰度图像。

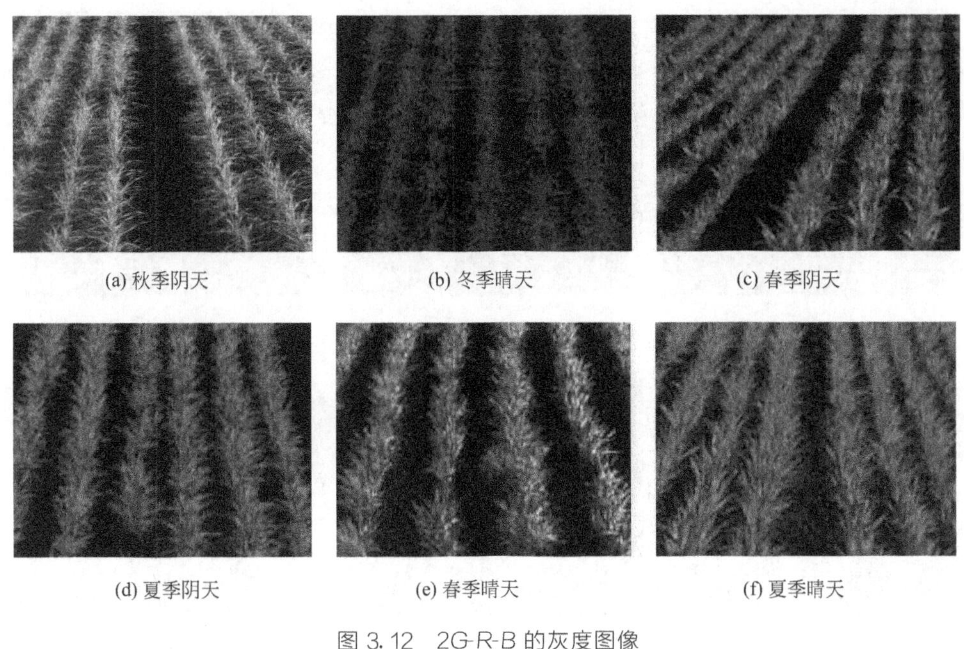

(a) 秋季阴天　(b) 冬季晴天　(c) 春季阴天

(d) 夏季阴天　(e) 春季晴天　(f) 夏季晴天

图 3.12　2G-R-B 的灰度图像

针对灰度图 3.12 的灰度图像，利用大津法确定二值化处理的分割阈值，具体步骤如下：

① 计算灰度图像的灰度平均值，作为初始阈值 t_0。

② 利用 t_0 把灰度图像划分为 Q_1 和 Q_2 两个区域，即将像素值小于 t_0 的像素归于 Q_1 区域、大于 t_0 的像素归于 Q_2 区域。

③ 分别计算 Q_1 和 Q_2 两个区域内的灰度平均值 t_1 和 t_2，设 t_1、t_2 的平均值为新阈值 t_d，即 $t_d=(t_1+t_2)/2$。

④ 判断 t_0 与 t_d 是否相等。

a. 如果相等，设最终阈值 $T=t_d$。

b. 如果不相等，令 $t_0=t_d$，转到步骤②，循环执行，直到获得最终阈值 T 为止。

以 T 为分割阈值对灰度图像进行二值化处理，设像素值大于 T 的像素为白色（255）代表苗列，像素值小于 T 的像素为黑色（0）代表列间。处理结果如图 3.13 所示，二值图像上的白色细线是后续处理检测出的导航线。

二值化处理结果表明，该自适应阈值方法不受光照、背景等自然条件的影响，能够把麦苗较好地提取出来，并且不需要消除噪声、滤波等其他的辅助处理。由于阈值的确定不需要人为设定，完全根据图像本身的像素值信息来自动确定，大大提高了处理精度。

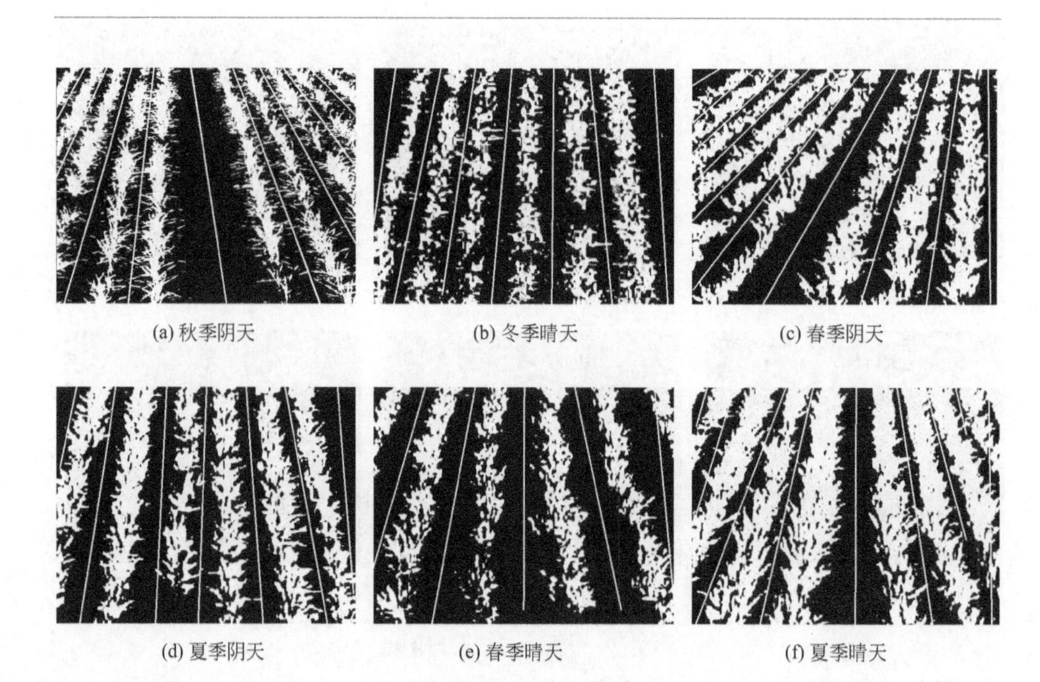

(a) 秋季阴天　(b) 冬季晴天　(c) 春季阴天

(d) 夏季阴天　(e) 春季晴天　(f) 夏季晴天

图 3.13 大津法二值化处理结果

3.4 基于差分的目标提取

基于差分的目标提取，一般用于运动图像的目标提取，有帧间差分和背景差分两种方式，以下分别利用工程实践项目来说明两种差分目标提取方式。

3.4.1 帧间差分 [4]

所谓帧间差分，就是将前帧图像的每个像素值减去后帧图像上对应点的像素值（或者反之），获得的结果如果大于设定阈值，在输出图像上设为白色像素，否则设为黑色像素。可以用下式表示。

$$f(x,y)=|f_1(x,y)-f_2(x,y)|=\begin{cases}255 & \geq thr \\ 0 & other\end{cases} \tag{3.14}$$

其中，$f_1(x,y)$，$f_2(x,y)$ 和 $f(x,y)$ 分别表示序列图像1、序列图像2和结果图像的（x，y）点像素值；‖为绝对值；thr 为设定的阈值。

本书通过羽毛球技战术统计项目（具体参考11.3.1节）说明帧间差分提取羽毛球目标的方法。

图3.14是一段视频中的相邻两帧及差分后的二值化图像，阈值设定为5。二值图像上的白色像素表示检测出来的羽毛球和运动员的运动部分。由于摄像机没有动，因此序列帧上固定部分的像素值基本相同，差分后接近于零，而羽毛球、运动员等运动区域，会差分出较大值来，由此提取出运动区域。

(a) 序列图像的前帧

(b) 序列图像的后帧

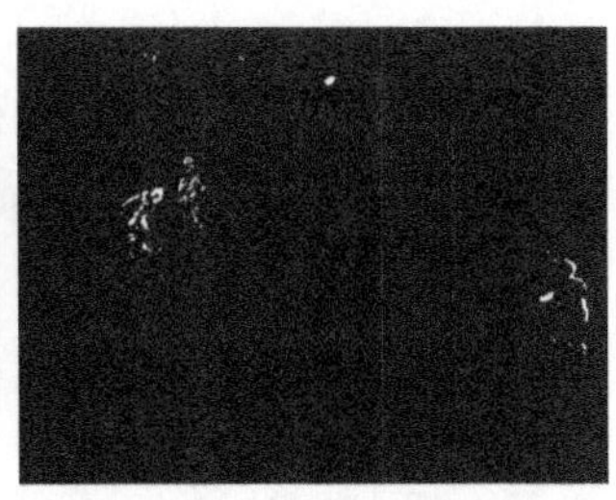

(c) 两帧差分及阈值处理结果

图3.14 帧间差分及二值化结果

3.4.2 背景差分[5]

交通流量检测是智能交通系统ITS（intelligent transportation system）中的一个重要课题。传统的交通流量信息的采集方法有：地埋感应线圈法、超声波探测器法和红外线检测法等，这些方法的设备成本高、设立和维护也比较困难。随着机器视觉技术的飞速发展，交通流量的视觉检测技术正以其安装简单、操作容易、维护方便等特点，逐渐取代传统的方法。

本项目的目标是要开发一种不受天气状况、阴影等影响的道路车流量图像检测算法。技术要点如下：

① 实时获取背景图像；

② 提取每一帧图像上的车辆；

③ 去除车辆阴影的影响；

④ 区分每一帧上的不同车辆；

⑤ 判断连续帧上车辆的同一性，实现对通过车辆的计数。

本项目使用笔记本电脑，通过 IEEE1394 接口连接数码摄像机，进行视频图像采集并保存，图像大小为 640×480 像素，图像采集帧率为 30 帧/秒。摄像机的安装位置距地面高约 6.6m，俯角约 60°。采集的视频图像为彩色图像，以其红色分量 R 为处理对象。

本项目需要首先计算没有车辆的背景图像，而且由于天气的昼夜转换，背景图像需要不断计算和定时更新。本节内容不介绍背景图像的计算、更新以及其他相关算法，只关注基于背景差分的目标车辆提取方法。如果已知背景图像，将当前图像与背景进行差分处理，即可提取运动的车辆。

利用帧间差分算式(3.14)，将 f_1 代入当前的图像，f_2 代入背景图像，阈值设定为背景图像像素值的标准偏差，对处理结果图像 f 再进行去除噪声处理（见第 5 章），即可获得理想的车辆提取结果。图 3.15 是一组背景差分的图像示例。其中，图（a）是公路的背景图像，图（b）是某一瞬间的现场图像，图（c）是对图（a）与图（b）差分图像进行阈值分割和去除噪声处理的结果。背景图像是由一段实际图像计算获得。

(a) 背景图像

(b) 现场图像

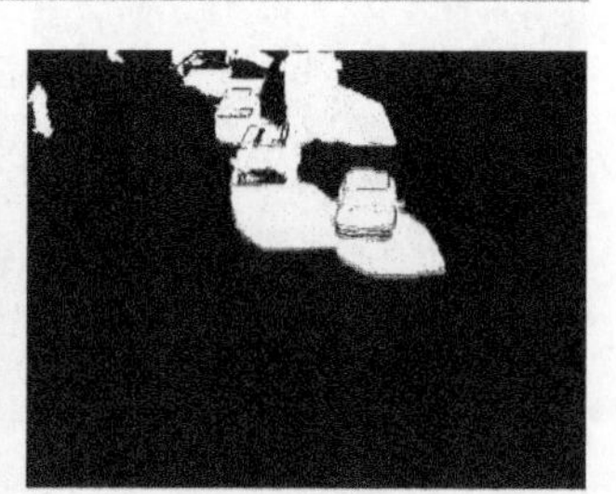

(c) 车辆提取结果

图 3.15 基于背景差分的车辆提取

参考文献

[1] 陈兵旗.实用数字图像处理与分析［M］.第 2 版.北京：中国农业大学出版社，2014.

[2] Y.Liu, B.Chen, J.Qiao.Development of a Machine Vision Algorithm for Recognition of Peach Fruit in Natural Scene［J］.Transaction of the ASABE, 2011, 54(2):694-702.

[3] H.Zhang, B.Chen, L.Zhang.Detection Algorithm for Crop Multi-centerlines Based on

Machine Vision [J] .Transaction of the ASABE,2008, 51(3):1089-1097.

[4] Bingqi Chen, Zhiqiang Wang: A Statistical Method for Technical Data of a Badminton Match based on 2D Seriate Images [J]. Tsinghua Science and Technology.2007,12 (5): 594-601.

[5] 陈望，陈兵旗.基于图像处理的公路车流量统计方法的研究 [J] .计算机工程与应用，2007,43(6)，236-239.

第4章

边缘检测[1]

4.1 边缘与图像处理

在图像处理中，边缘（Edge，或称轮廓 Contour）不仅仅是指表示物体边界的线，还应该包括能够描绘图像特征的线要素，这些线要素就相当于素描画中的线条。当然，除了线条之外，颜色以及亮度也是图像的重要因素，但是日常所见到的说明图、图表、插图、肖像画、连环画等，很多是用描绘对象物的边缘线的方法来表现的，尽管有些单调，我们还是能够非常清楚地明白在那里画了一些什么。所以，似乎有点不可思议，简单的边缘线就能使我们理解所要表述的物体。对于图像处理来说，边缘检测（edge detection）也是重要的基本操作之一。利用所提取的边缘可以识别出特定的物体、测量物体的面积及周长、求两幅图像的对应点等，边缘检测与提取的处理进而也可以作为更为复杂的图像识别、图像理解的关键预处理来使用。

由于图像中的物体与物体或者物体与背景之间的交界是边缘，能够设想图像的灰度及颜色急剧变化的地方可以看作边缘。由于自然图像中颜色的变化必定伴有灰度的变化，因此对于边缘检测，只要把焦点集中在灰度上就可以了。

图 4.1 是把图像灰度变化的典型例子模型化的表现。图 4.1(a) 表示的阶梯型边缘的灰度变化，这是一个典型的模式，可以很明显地看出是边缘，也称之为轮廓。物体与背景的交界处会产生这种阶梯状的灰度变化。图 4.1(b) 是线条本身的灰度变化，当然这个也明显地可看作是边缘。线条状的物体以及照明程度不同使物体上带有阴影等情况都能产生线条型边缘。图 4.1(c) 有灰度变化，但变化平缓，边缘不明显。图 4.1(d) 是灰度以折线状变化的，这种情况不如图 4.1(b) 明显，但折线的角度变化急剧，还是能看出边缘。

图 4.2 是人物照片轮廓部分的灰度分布，相当清楚的边缘也不是阶梯状，有些变钝了，呈现出斜坡状，即使同一物体的边缘，地点不同，灰度变化也不同，可以观察到边缘存在着模糊部分。由于大多数传感元件具有低频特性，从而使得阶梯型边缘变成斜坡型边缘，线条型边缘变成折线型边缘是不可避免的。

因此，在实际图像中（由计算机图形学制作出的图像另当别论），即使用眼睛可清楚地确定为边缘，也或多或少会变钝、灰度变化量会变小，从而使得提取清晰的边缘变成意想不到的困难，因此人们提出了各种各样的算法。

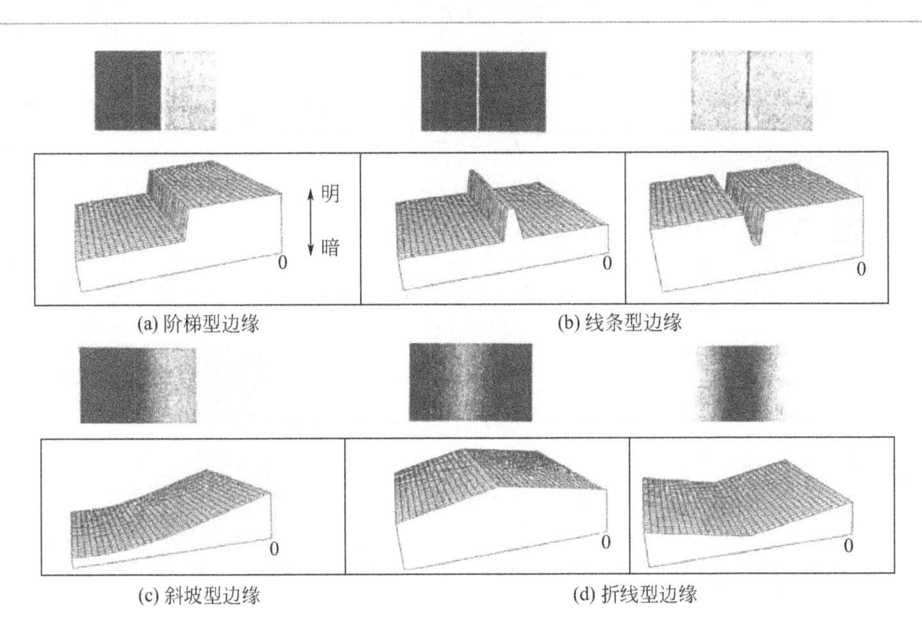

图 4.1 边缘的灰度变化模型

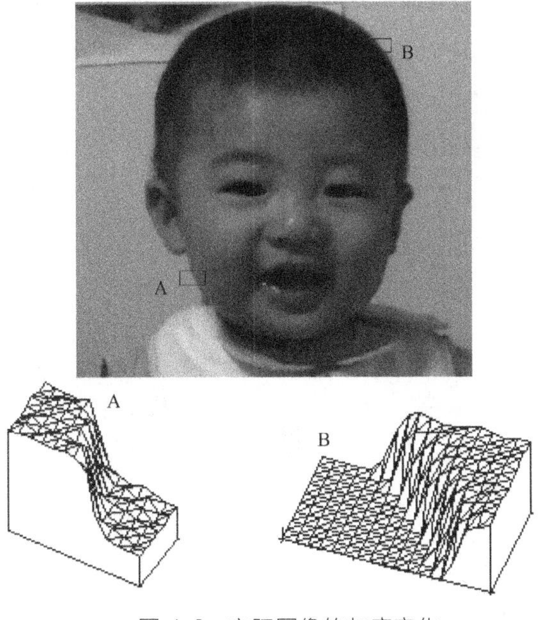

图 4.2 实际图像的灰度变化

4.2 基于微分的边缘检测

由于边缘为灰度值急剧变化的部分，很明显微分作为提取函数变化部分的运算能够在边缘检测与提取中利用。微分运算中有一阶微分（first differential calculus，也称梯度运算 gradient）与二阶微分（second differential calculus，也称拉普拉斯运算 Laplacian），都可以应用在边缘检测与提取中。

（1）一阶微分（梯度运算）

作为坐标点（x，y）处的灰度倾斜度的一阶微分值，可以用具有大小和方向的向量$\boldsymbol{G}(x,y)=(f_x,f_y)$来表示。其中 f_x 为 x 方向的微分，f_y 为 y 方向的微分。

f_x、f_y 在数字图像中是用下式计算的：

$$\left.\begin{aligned} &x\text{ 方向的微分} \qquad f_x=f(x+1,y)-f(x,y) \\ &y\text{ 方向的微分} \qquad f_y=f(x,y+1)-f(x,y) \end{aligned}\right\} \tag{4.1}$$

微分值 f_x、f_y 被求出后，由以下的公式就能算出边缘的强度与方向。

【强度】：
$$G=\sqrt{f_x^2+f_y^2} \tag{4.2}$$

【方向】：
$$\theta=\arctan\left(\frac{f_x}{f_y}\right) \quad \text{向量}(f_x,f_y)\text{的朝向} \tag{4.3}$$

边缘的方向是指其灰度变化由暗朝向亮的方向。可以说梯度算子更适于边缘（阶梯状灰度变化）的检测。

（2）二阶微分（拉普拉斯运算）

二阶微分 $L(x,y)$ 是对梯度再进行一次微分，只用于检测边缘的强度（不求方向），在数字图像中用下式表示：

$$\begin{aligned} L(x,y)=4f(x,y)-|f(x,y-1)+f(x,y+1)+ \\ f(x-1,y)+f(x+1,y)| \end{aligned} \tag{4.4}$$

因为在数字图像中的数据是以一定间隔排列着，不可能进行真正意义上的微分运算。因此，如式(4.1）或式(4.4）那样用相邻像素间的差值运算实际上是差分（calculus of finite differences），为方便起见称为微分（differential calculus）。用于进行像素间微分运算的系数组被称为微分算子（differential operator）。梯度运算中的 f_x、f_y 的计算式(4.1)，以及拉普拉斯运算的式(4.4)，都是基于这些微分算子而进行的微分运算。这些微分算子如表 4.1、表 4.2 所示的那样，有多个种类。实际的微分运算就是计算目标像素及其周围像素分别乘上微分算子对应数值矩阵系数的和，其计算结果被用作微分运算后目标像素的灰度值。扫描整幅图像，对每个像素都进行这样的微分运算，称为卷积（convolution）。

表 4.1 梯度计算的微分算子

算子名称	一般差分	Roberts 算子	Sobel 算子
求 f_x 的模板	0 0 0 0 1 −1 0 0 0	0 0 0 0 1 0 0 0 −1	−1 0 1 −2 0 2 −1 0 1
求 f_y 的模板	0 0 0 0 1 0 0 −1 0	0 0 0 0 0 1 0 −1 0	−1 −2 −1 0 0 0 1 2 1

表 4.2 拉普拉斯运算的微分算子

算子名称	拉普拉斯算子 1	拉普拉斯算子 2	拉普拉斯算子 3
模　板	0 −1 0 −1 4 −1 0 −1 0	−1 −1 −1 −1 8 −1 −1 −1 −1	1 −2 1 −2 4 −2 1 −2 1

4.3 基于模板匹配的边缘检测

模板匹配（template matching）就是研究图像与模板（template）的一致性（匹配程度）。为此，准备了几个表示边缘的标准模式与图像的一部分进行比较，选取最相似的部分作为结果图像。如图 4.3 所示的 Prewitt 算子，共有对应于 8 个边缘方向的 8 种掩模（mask）。图 4.4 说明了这些掩模与实际图像如何进行比较。与微分运算相同，目标像素及其周围（3×3 邻域）像素分别乘以对应掩模的系数值，然后对各个积求和。对 8 个掩模分别进行计算，其中计算结果中最大的掩模的方向即为边缘的方向，其计算结果即为边缘的强度。

	①	②	③	④	⑤	⑥	⑦	⑧
掩模模式	1 1 1 1 -2 1 -1 -1 -1	1 1 1 1 -2 -1 1 -1 -1	1 1 -1 1 -2 -1 1 1 -1	1 -1 -1 1 -2 -1 1 1 -1	-1 -1 -1 1 -2 1 1 1 1	-1 -1 1 -1 -2 1 1 1 1	-1 1 1 -1 -2 1 -1 1 1	1 1 1 -1 -2 1 -1 -1 1
所对应的边缘	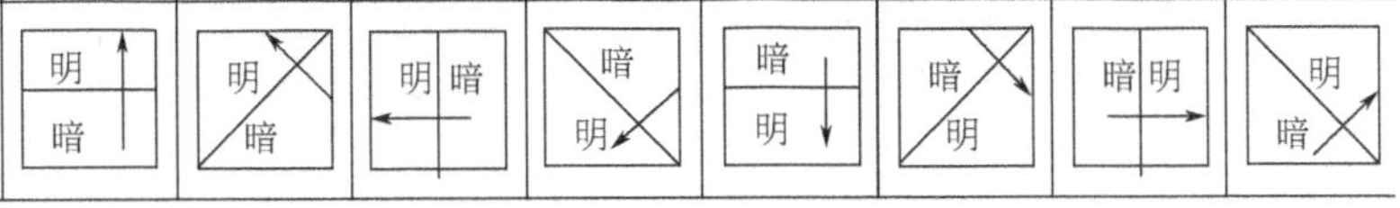 明 暗	明 暗	明 暗	暗 明	暗 明	暗 明	暗 明	明 暗

图 4.3 用于模板匹配的各个掩模模式（Prewitt 算子）

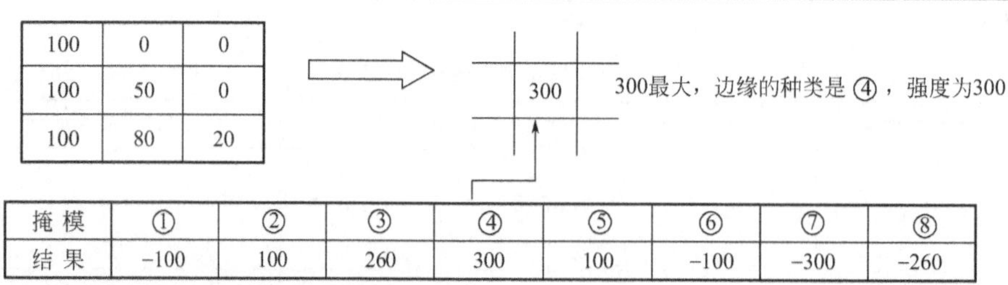

100	0	0
100	50	0
100	80	20

掩 模	①	②	③	④	⑤	⑥	⑦	⑧
结 果	−100	100	260	300	100	−100	−300	−260

图 4.4 模板匹配的计算例

图 4.5 是一帧图像采用不同微分算子处理的结果。可以看出，采用不同的微分算子，处理结果是不一样的。在实际应用时，可以根据具体情况选用不同的微分算子，如果处理效果差不多，要尽量选用计算量少的算子，这样可以提高处理速度。例如，在图 4.5 中，(b) 和 (d) 的微分效果差不多，但是 (b) Sobel 算子的计算量就会比 (d) Prewitt 算子少很多。

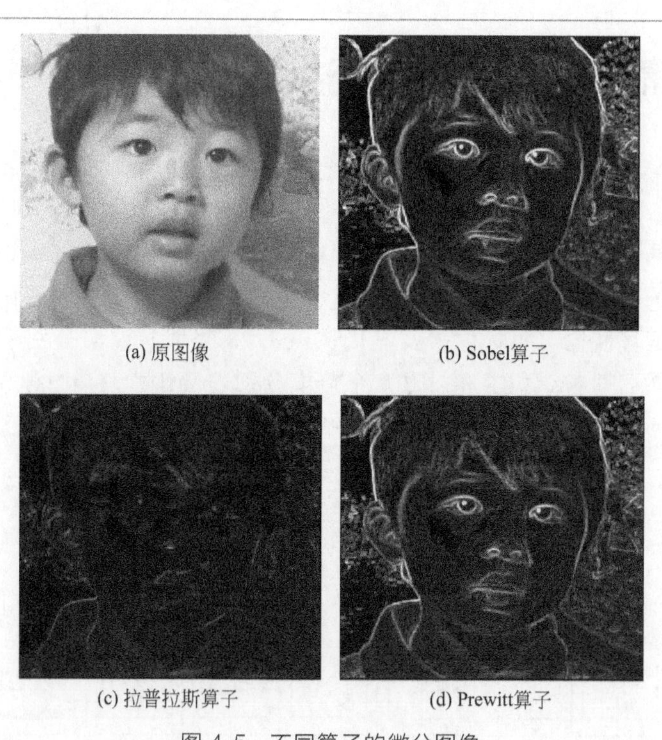

(a) 原图像　(b) Sobel算子

(c) 拉普拉斯算子　(d) Prewitt算子

图 4.5 不同算子的微分图像

另外，当目标对象的方向性已知时，如果使用模板匹配算子，就可以只选用方向性与目标对象相同的模板进行计算，这样可以在获得良好检测效果的同时，大大减少计算量。例如，在检测公路上的车道线时，由于车道线是垂直向前的，也就是说需要检测左右边缘，如果选用 Prewitt 算子，可以只计算检测左右边缘的③和⑦，这样就可以使计算量减少到使用全部算子的 1/4。减少处理量，对于实时处理，具有非常重要的意义。

此外，在模板匹配中，经常使用的还有图 4.6 所示的 Kirsch 算子和图 4.7 所示的 Robinson 算子等。

M1	M2	M3	M4	M5	M6	M7	M8
5 5 5	−3 5 5	−3 −3 5	−3 −3 −3	−3 −3 −3	−3 −3 −3	5 −3 −3	5 5 −3
−3 0 −3	−3 0 5	−3 0 5	−3 0 5	−3 0 −3	5 0 −3	5 0 −3	5 0 −3
−3 −3 −3	−3 −3 −3	−3 −3 5	−3 5 5	5 5 5	5 5 −3	5 −3 −3	−3 −3 −3

图 4.6　Kirsch 算子

M1	M2	M3	M4	M5	M6	M7	M8
1 2 1	2 1 0	1 0 −1	0 −1 −2	−1 −2 −1	−2 −1 0	−1 0 1	0 1 2
0 0 0	1 0 −1	2 0 −2	1 0 −1	0 0 0	−1 0 1	−2 0 2	−1 0 1
−1 −2 −1	0 −1 −2	1 0 −1	2 1 0	1 2 1	0 1 2	−1 0 1	−2 −1 0

图 4.7　Robinson 算子

4.4 边缘图像的二值化处理

微分处理后的图像还是灰度图像，一般需要进一步进行二值化处理。对于微分图像的二值化处理，采用第 3 章介绍的 p 参数法，设定直方图上位（明亮部分）5%的位置为阈值会获得较好且稳定的处理效果。图 4.8 是对图 4.5 中的微分图像采用此方法的二值化效果。

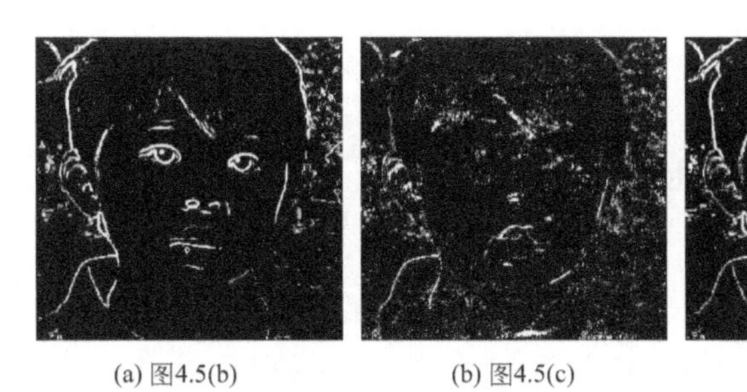

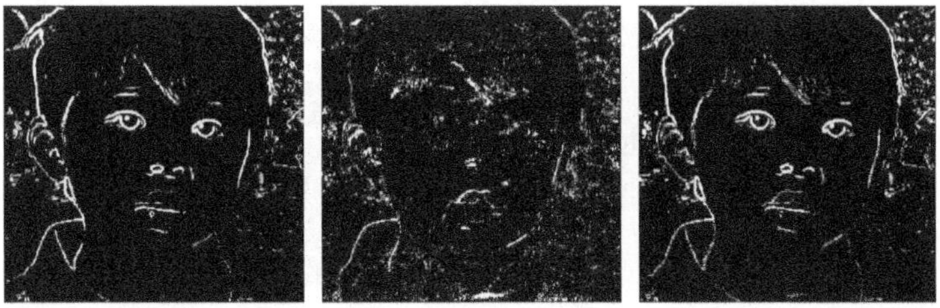

(a) 图4.5(b)　　(b) 图4.5(c)　　(c) 图4.5(d)

图 4.8　图 4.5 中微分图像上位 5%像素提取结果

4.5 细线化处理

细线化是把线宽不均匀的边缘线整理成同一线宽（一般为 1 像素宽）的处理，在阈值处理后的二值图像上进行。

细线化处理，如图 4.9 那样，将粗边缘线从外侧开始一层一层地削去各个像素，直到成为 1 像素的宽度为止。细线化处理需要保证线条不断裂，有多种像素削去规则，算法比较复杂。图 4.10 是对输入的二值边缘图像进行细线化处理的结果，得到了线宽为 1 个像素的边缘图像。

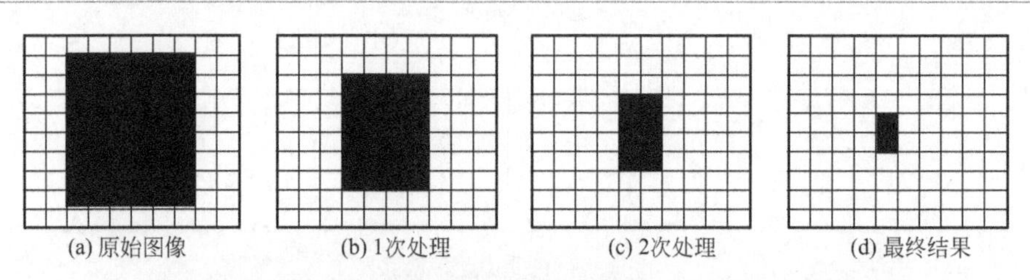

图 4.9 细线化过程

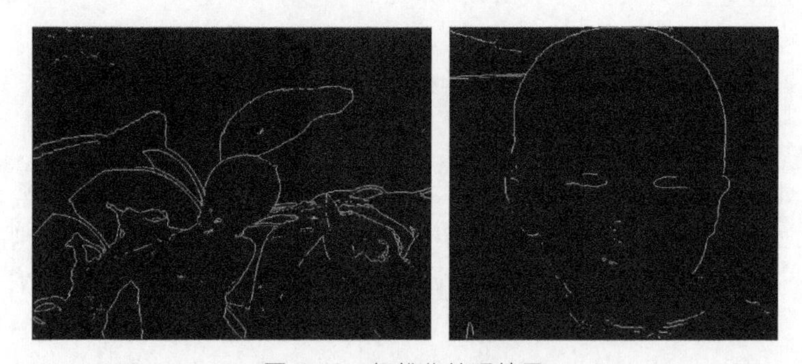

图 4.10 细线化处理结果

4.6 Canny 算法

Canny 算法是 John F. Canny 于 1986 年开发出来的一个多级边缘检测算法。虽然 Canny 算法年代久远，但可以说它是边缘检测的一种经典算法，因此被广泛使用。

Canny 的目标是找到一个最优的边缘检测算法，其含义如下：

① 最优检测。该算法能够尽可能多地标识出图像中的实际边缘，漏检真实

边缘的概率和误检非边缘的概率都要尽可能小。

② 最优定位准则。检测到的边缘点的位置距离实际边缘点的位置最近，或者是由于噪声影响引起检测出的边缘偏离物体的真实边缘的程度最小。

③ 检测点与边缘点一一对应。算子检测的边缘点与实际边缘点应该是一一对应。

为了满足这些要求，Canny 使用了变分法（calculus of variations），这是一种寻找优化特定功能函数的方法。最优检测使用四个指数函数项表示，非常近似于高斯函数的一阶导数。

Canny 边缘检测算法可以分为以下 5 个步骤：

① 应用高斯滤波来平滑图像，目的是去除噪声。

② 找寻图像的强度梯度（intensity gradients）。

③ 应用非最大抑制（non-maximum suppression）技术来消除边误检（本来不是但检测出来是）。

④ 应用双阈值的方法来确定可能的边界。

⑤ 利用滞后技术来跟踪边界。

以下分别说明各个步骤。

(1) 图像平滑（去噪声）

去噪声处理是目标提取的重要步骤，第 5 章专门介绍各种图像去噪声处理方法。Canny 算法的第一步是对原始数据与高斯滤波器（详细内容见第 5 章）作卷积，得到的平滑图像与原始图像相比有些轻微的模糊（blurred）。这样，单独的一个像素噪声在经过高斯平滑的图像上变得几乎没有影响。以下为一个 5×5 高斯滤波器（高斯核的标准偏差 $\sigma=2$），其中 A 为原始图像，B 为平滑后图像。图 4.11 是原图像及高斯平滑结果图像。

(a) 原图像

(b) 高斯平滑

图 4.11 原图像及高斯平滑图像

$$B=\frac{1}{84}\begin{bmatrix}1 & 2 & 3 & 2 & 1\\2 & 5 & 6 & 5 & 2\\3 & 6 & 8 & 6 & 3\\2 & 5 & 6 & 5 & 2\\1 & 2 & 3 & 2 & 1\end{bmatrix}A$$

(2) 寻找图像中的强度梯度（梯度运算）

Canny 算法的基本思想是找寻一幅图像中灰度强度变化最强的位置，即梯度方向。平滑后的图像中每个像素点的梯度可以由 4.2 节的 Sobel 算子等获得。以 Sobel 算子为例，首先分别计算水平（x）和垂直（y）方向的梯度 f_x 和 f_y；然后利用式(4.2) 来求得每一个像素点的梯度强度值 G。把平滑后图像中的每一个点用 G 代替，可以获得图 4.12 的梯度强度图像。从图 4.12 可以看出，在变化剧烈的地方（边界处），将获得较大的梯度强度值 G，对应的像素值较大。然而，由于这些边界通常非常粗，难以标定边界的真正位置，因此还必须存储梯度方向 [式(4.3)]，进行非极大抑制处理。也就是说这一步需要存储两块数据，一是梯度的强度信息，另一个是梯度的方向信息。

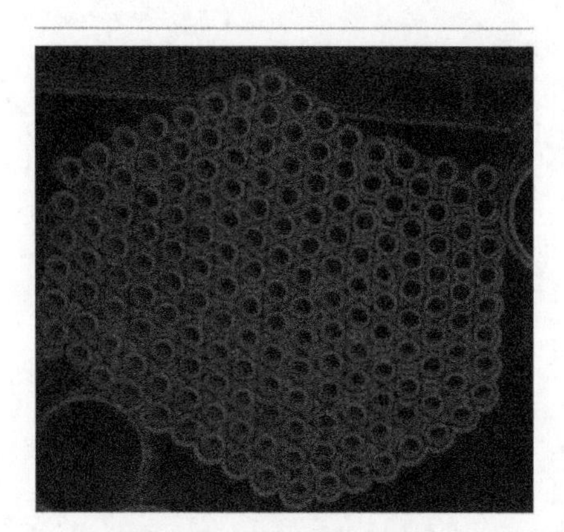

图 4.12 梯度强度图像

(3) 非极大抑制（non-maximum suppression）

这一步的目的是将模糊（blurred）的边界变得清晰（sharp）。通俗地讲，就是保留了每个像素点上梯度强度的极大值，而删掉其他的值。

以梯度强度图像为对象，对每个像素点进行如下操作：

a. 将其梯度方向近似为 0、45、90、135、180、225、270、315 中的一个，即上下左右和 45°方向。

b. 比较该像素点和其梯度方向（正负）的像素值的大小。

c. 如果该像素点的像素值最大，则保留，否则抑制（即置为 0）。

为了更好地解释这个概念，看下图 4.13。

图中的数字代表了像素点的梯度强度，箭头方向代表了梯度方向。以第二排第三个像素点为例，由于梯度方向向上，则将这一点的强度（7）与其上下两个像素点的强度（5 和 4）比较，由于这一点强度最大，则保留。

对图 4.12 进行非极大抑制处理结果如图 4.14 所示。

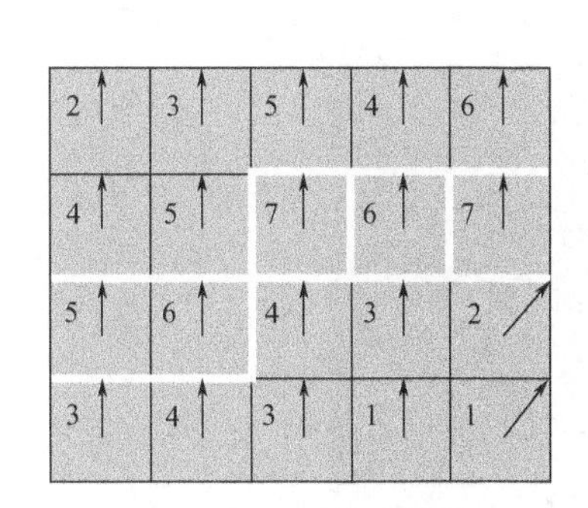

图 4.13 强度示意图

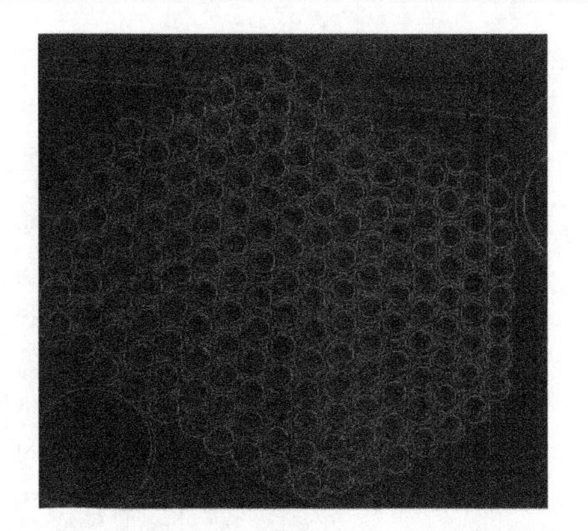
图 4.14 对图 4.12 进行非极大抑制处理结果

(4) 双阈值 (double thresholding) 处理

经过非极大抑制后的图像中仍然有很多噪声点。Canny 算法中应用了一种叫双阈值的技术，即设定一个高阈值和低阈值，图像中的像素点如果大于高阈值则认为必然是边界（称为强边界，strong edge），将其像素值变为 255；小于低阈值则认为必然不是边界，将其像素值变为 0，两者之间的像素被认为是边界候选点（称为弱边界，weak edge），像素值不变。

高阈值和低阈值的设定，采用第 3 章介绍的 p 参数法，一般分别设定直方图下位（黑暗部分）80%和 40%的位置会获得较好的处理效果。也可以调整阈值的设定值，看看是否处理效果会更好。

在实际执行时，这一步只是通过比例计算出高阈值和低阈值的具体数值，并不改变图 4.14 的像素值。

(5) 滞后边界跟踪

对双阈值处理后的图像进行滞后边界跟踪处理，具体步骤如下：

① 同时扫描非极大抑制图像 I（图 4.14）和梯度强度图像 G（图 4.12），当某像素 $p(x,y)$ 在 I 图像不为 0，而在 G 图像上大于高阈值、小于 255 时，将 $p(x,y)$ 在 I 图像和 G 图像上都设为 255（白色），将该像素点设为 $q(x,y)$，跟踪以 $q(x,y)$为开始点的轮廓线。

② 考察 $q(x,y)$在 I 图像和 G 图像的 8 邻近区域，如果某个 8 邻域像素 $s(x,y)$在 I 图像大于零，而在 G 图像上大于低阈值，则在 G 图像上设该像素为白色，并将该像素设为 $q(x,y)$。

③ 循环进行步骤②，直到没有符合条件的像素为止。

④ 循环执行步骤①～③，直到扫描完整个图像为止。

⑤ 扫描 G 图像，将不为白色的像素置 0。

至此，完成 Canny 算法的边缘检测。图 4.15 是滞后边界跟踪的结果。

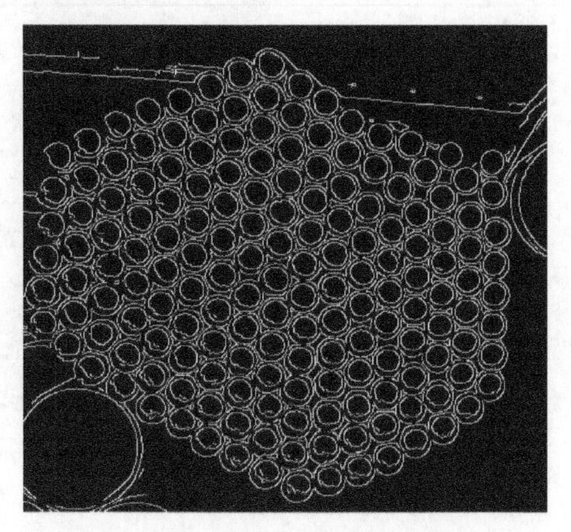

图 4.15　Canny 微分处理结果

Canny 算法包含许多可以调整的参数，它们将影响到算法的计算时间与实效。

高斯滤波器的大小：第一步所有的平滑滤波器将会直接影响 Canny 算法的结果。较小的滤波器产生的模糊效果也较少，这样就可以检测较小、变化明显的细线。较大的滤波器产生的模糊效果也较多，将较大的一块图像区域涂成一个特定点的颜色值。这样带来的结果就是对于检测较大、平滑的边缘更加有用，例如彩虹的边缘。

双阈值：使用两个阈值比使用一个阈值更加灵活，但是它还是有阈值存在的共性问题。设置的阈值过高，可能会漏掉重要信息；阈值过低，将会把枝节信息看得很重要。很难给出一个适用于所有图像的通用阈值。目前还没有一个经过验证的实现方法。

参考文献

[1] 陈兵旗.实用数字图像处理与分析 [M].第 2 版.北京：中国农业大学出版社，2014.

第5章

图像平滑处理

5.1 图像噪声及常用平滑方式 [1]

图像在获取和传输过程中会受到各种噪声（noise）的干扰，使图像质量下降，为了抑制噪声、改善图像质量，要对图像进行平滑处理。噪声这一词，简单说是指障碍物。图像的噪声可以理解为图像上的障碍物。例如，电视机因天线的状况不佳，图像混乱变得难以观看，这样的状态被称为图像的劣化。这种图像劣化可以大致分成两类，一种是幅值基本相同，但出现的位置很随机的椒盐（salt & pepper）噪声；另一种则是位置和幅值随机分布的随机噪声（random noise）。

图 5.1　带有随机噪声的图像

图 5.1 是带有噪声的图像，可以看出，噪声的灰度与其周围的灰度之间有急剧的灰度差，也正是这些急剧的灰度差才造成了观察障碍。消除图像中这种噪声的方法称为图像平滑（image smoothing）或简称为平滑（smoothing）。只是目标图像的边缘部分也具有急剧的灰度差，所以如何把边缘部分与噪声部分区分开，消除噪声是图像平滑的技巧所在。

图像平滑处理就是在尽量保留图像细节特征的条件下对图像噪声进行抑制，根据噪声的性质不同，消除噪声的方法也不同。以下介绍几种常用消除噪声（滤波）的方式。

空域滤波：直接对图像数据做空间变换达到滤波的目的。

频率滤波：先将空间域图像变换至频率域处理，然后再反变换回空间域图像（傅里叶变换、小波变换等）。

线性滤波：输出像素是输入像素邻域像素的线性组合（移动平均、高斯滤波等）。

非线性滤波：输出像素是输入像素邻域像素的非线性组合（中值滤波、边缘保持滤波等）。

以下介绍几种常用的图像滤波处理方法。

5.2 移动平均 [1]

移动平均法（moving average model，或称均值滤波器 averaging filter）是最简单的消除噪声方法。如图 5.2 所示的那样，这是用某像素周围 3×3 像素范围的平均值置换该像素值的方法。它的原理是通过使图像模糊，达到看不到细小噪声的目的。但是，这种方法是不管噪声还是边缘都一视同仁地模糊化，结果是噪声被消除的同时，目标图像也模糊了。

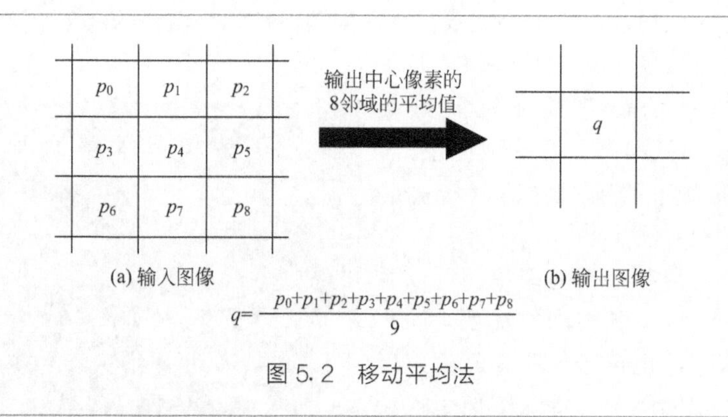

$$q=\frac{p_0+p_1+p_2+p_3+p_4+p_5+p_6+p_7+p_8}{9}$$

图 5.2 移动平均法

消除噪声最好的结果应该是，噪声被消除了，而边缘还完好地保留着。达到这种处理效果的最有名的方法是中值滤波（median filter）。

5.3 中值滤波 [1]

如图 5.3 所示的灰度图像的数据，为了求由○所围的像素值，查看 3×3 邻域内（黑框线所围的范围）的 9 个像素的灰度，按照从小到大的顺序排列，即如下所示。

2　2　3　3　④　4　4　5　10

这时的中间值（也称中值 medium）应该是排序后全部 9 个像素的第 5 个像素的

灰度值4。灰度值10的像素是作为噪声故意输入进去的，通过中值处理确实被消除了。为什么？原因是与周围像素相比噪声的灰度值极端不同，按大小排序时它们将集中在左端或右端，作为中间值是不会被选中的。

那么，其右侧的像素（由□所围的像素）又如何呢？查看一下细框线所围的邻域内的像素。

2　3　3　4　④　4　4　5　10

中间值是4，实际上是3却成了4，这是由于处理所造成的损害。但是，视觉上还是看不出来。

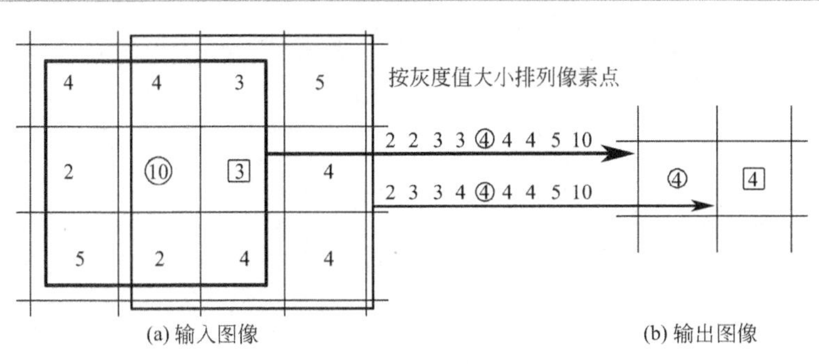

图5.3　中值滤波

问题是边缘部分是否保存下来。图5.4(a) 是具有边缘的图像，求由○所围的像素，得到图5.4(b) 的结果，可见边缘被完全地保存下来了。

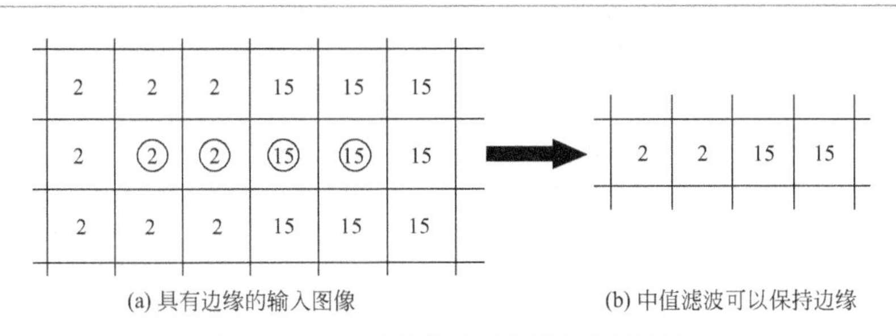

图5.4　对具有边缘的图像进行中值滤波

在移动平均法中由于噪声成分被放入平均计算之中，所以输出受到了噪声的影响。但是在中值滤波中由于噪声成分难以被选择上，所以几乎不会影响到输出。因此，用同样的3×3区域进行比较的话，中值滤波的去噪声能力会更胜一筹。

图5.5表示了用中值滤波和移动平均法除去噪声的结果，很清楚地表明了中

值滤波无论在消除噪声上还是在保存边缘上都是一个非常优秀的方法。但是，中值滤波花费的计算时间是移动平均法的许多倍。

(a) 原始图像

(b) 中值滤波

(c) 移动平均法

图 5.5　中值滤波与移动平均法的比较

5.4 高斯滤波

高斯滤波器是根据高斯函数的形状来选择权值的线性平滑滤波器。高斯平滑滤波器对去除服从正态分布的噪声有很好的效果。式(5.1) 和式(5.2) 分别是一维零均值高斯函数和二维零均值高斯函数公式。图 5.6(a) 和 (b) 分别是一维零均值高斯函数和二维高斯零均值函数的分布示意图。

$$G(x)=\frac{1}{\sqrt{2\pi}\sigma}e^{-\frac{x^2}{2\sigma^2}} \tag{5.1}$$

$$G(x,y)=\frac{1}{2\pi\sigma^2}e^{-\frac{x^2+y^2}{2\sigma^2}} \tag{5.2}$$

其中，σ 是正态分布的标准偏差，决定了高斯函数的宽度。

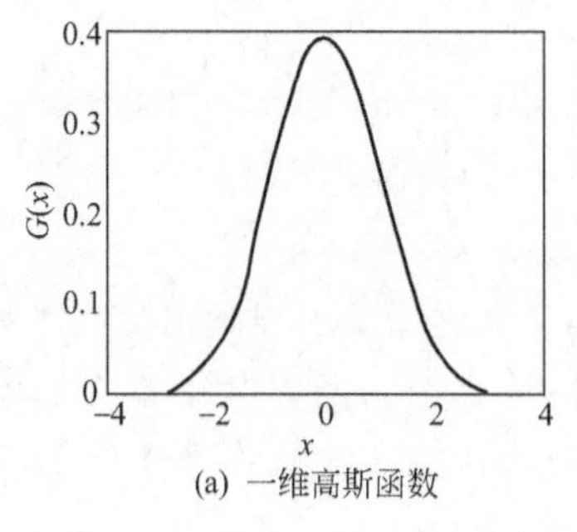

(a) 一维高斯函数

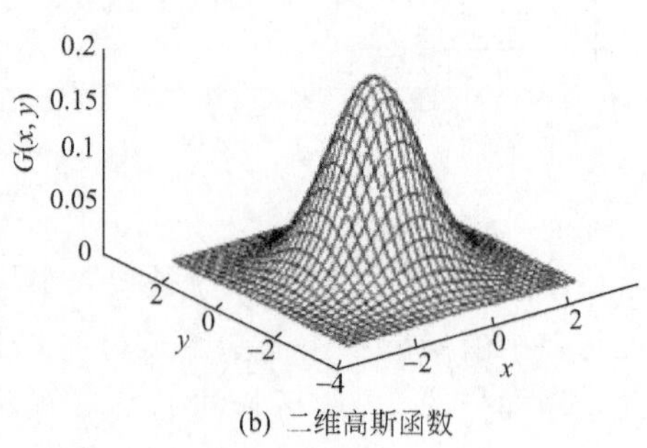

(b) 二维高斯函数

图 5.6　高斯函数分布图

高斯函数具有以下五个重要特性。

① 二维高斯函数具有旋转对称性，即滤波器在各个方向上的平滑程度是相同的。一般来说，一幅图像的边缘方向是事先不知道的，因此，在滤波前无法确定一个方向上比另一方向上需要更多的平滑。旋转对称性意味着高斯平滑滤波器在后续边缘检测中不会偏向任一方向。

② 高斯函数是单值函数。这表明，高斯滤波器用像素邻域的加权均值来代替该点的像素值，而每一邻域像素点权值是随该点与中心点的距离单调增减的。这一性质很重要，因为边缘是一种图像局部特征，如果平滑运算对离算子中心很远的像素点仍然有很大作用，则平滑运算会使图像失真。

③ 高斯函数的傅里叶变换频谱是单瓣的。这一性质说明高斯函数傅里叶变换等于高斯函数本身。图像常被不希望的高频信号所污染（噪声和细纹理），而所希望的图像特征（如边缘）既含有低频分量，又含有高频分量。高斯函数傅里叶变换的单瓣意味着平滑图像不会被不需要的高频信号所污染，同时保留了大部分所需信号。

④ 高斯滤波器宽度（决定着平滑程度）由参数 σ 决定，而且 σ 和平滑程度的关系非常简单。σ 越大，高斯滤波器的频带就越宽，平滑程度就越好。通过调节参数 σ 可以有效地调节图像的平滑程度。σ 也被称为平滑尺度。

⑤ 由于高斯函数的可分离性，可以有效地实现较大尺寸高斯滤波器的滤波处理。二维高斯函数卷积可以分两步来进行，首先将图像与一维高斯函数进行卷积，然后将卷积结果与方向垂直的相同一维高斯函数卷积。因此，二维高斯滤波的计算量随滤波模板宽度成线性增长而不是成平方增长。

这些特性表明，高斯平滑滤波器无论在空间域还是在频率域都是十分有效的低通滤波器，且在实际图像处理中得到了工程人员的有效使用。

对于图像处理来说，常用二维零均值离散高斯函数作平滑滤波器，在设计高斯滤波器时，为了计算方便，一般希望滤波器权值是整数。在模板的一个角点处取一个值，并选择一个 K 使该角点处值为 1。通过这个系数可以使滤波器整数化，由于整数化后的模板权值之和不等于 1，为了保证图像的均匀灰度区域不受影响，必须对滤波模板进行权值规范化。

以下是几个高斯滤波器模板。

$\sigma=1, 3\times3$ 模板

$$\frac{1}{16}\begin{bmatrix}1 & 2 & 1\\ 2 & 4 & 2\\ 1 & 2 & 1\end{bmatrix}$$

$\sigma=2, 5\times5$ 模板

$$\frac{1}{84}\begin{bmatrix}1&2&3&2&1\\2&5&6&5&2\\3&6&8&6&3\\2&5&6&5&2\\1&2&3&2&1\end{bmatrix}$$

$\sigma=3,7\times7$ 模板

$$\frac{1}{365}\begin{bmatrix}1&2&4&5&4&2&1\\2&6&9&11&9&6&2\\4&9&15&18&15&9&4\\5&11&18&21&18&11&5\\4&9&15&18&15&9&4\\2&6&9&11&9&6&2\\1&2&4&5&4&2&1\end{bmatrix}$$

在获得高斯滤波器模板后，就像微分运算（见第4章）那样，对图像进行卷积即可获得平滑图像。

图5.7是640×480像素的彩色原图和采用上述3个高斯滤波器模板滤波后的图像。可以看出，滤波后图像都比原图像显得干净、清亮，而且随着平滑尺度增加，尤其是模板大小的增大，可以去掉较大的噪声，同时图像也变得模糊，平滑时间也越长。在实际应用中要根据实际噪声的大小，采用不同模板大小和平滑尺度σ。通过对比发现，高斯滤波对随机噪声和高斯噪声（尤其是服从正态分布的噪声）的去除效果都比较好。

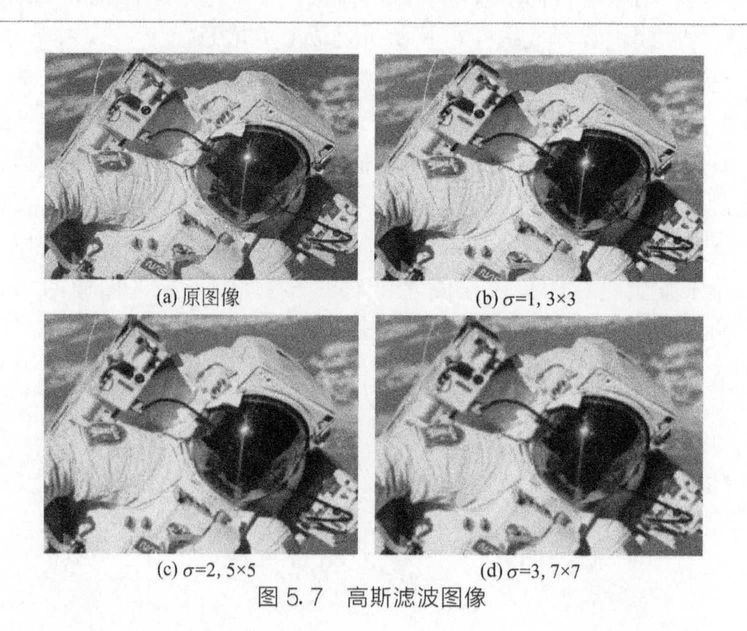

(a) 原图像　(b) $\sigma=1, 3\times3$

(c) $\sigma=2, 5\times5$　(d) $\sigma=3, 7\times7$

图5.7 高斯滤波图像

5.5 模糊图像的清晰化处理

图像是一种非常有用的信息源，所以要求它是清晰的图像。清晰图像是指对象物体的亮度和色彩的细微差别清清楚楚地被拍摄下来的图像，可是通过摄像机所得到图像并不一定是清晰的。例如，黑暗中拍摄的动物或者草丛中拍摄的蝗虫，目标物融入了具有相似亮度或者色彩的背景之中，这样的图像就难以分辨了。即使这样的图像，对动物、蝗虫与背景之间在色彩和亮度上的微小的差进行增幅，使背景中的动物和蝗虫的姿态显现出来也是可能的。像这样对图像中包含的亮度和色彩等信息进行增幅，或者将这些信息变换成其他形式的信息等，通过各种手段来获得清晰图像的方法被称为图像增强（image enhancement）。而图像的增强，根据增强的信息不同，有边缘增强、灰度增强、色彩的饱和度增强等方法。以下介绍几种可以用来增强图像的方法。

5.5.1 对比度增强[1]

画面的明亮部分与阴暗部分的灰度的比值称为对比度（contrast）。对比度高的图像中被照物体的轮廓分明可见，为清晰图像；相反，对比度低的图像中物体轮廓模糊，为不清晰图像。例如，当看见一张很久以前留下的照片时，会发现它整个发白，并且黑白很难分辨清楚。对这种对比度低的图像，能够采用使其白的部分更白、黑的部分更黑的变换，即对比度增强（contrast enhancement），从而得到清晰图像。

下面来说明一下对比度增强的方法。

请看图5.8，整个图像很暗，查看一下灰度直方图（图5.9），发现图像的灰度值都过于集中在灰度区域的低端。那么，如何对这样的图像进行处理使其变为清晰图像呢？只要把过于集中的灰度值分散，使背景与对象物之间的差扩大即可。一种处理方法是把图像中的像素的灰度值都扩大 n 倍，即：

$$g(x,y)=nf(x,y) \tag{5.3}$$

在原始图像的位置（x,y）处的图像灰度值 $f(x,y)$ 乘以 n，处理图像在（x,y）的灰度值就变为 $g(x,y)$。因为图像数据范围是0～255，所以如果计算的结果超过255，将其设定为255，即把255作为限定的最大值。

图5.10是对于图5.8的图像改变 n 值（2～5）的处理结果。随着 n 值的增大，图像变得越来越亮，也越来越清晰了。可是，当 n 值过大，图像整体变得白亮，反而难于分辨了。对这个图像来说，可以看出 $n=3$ 时图像最为清晰，查

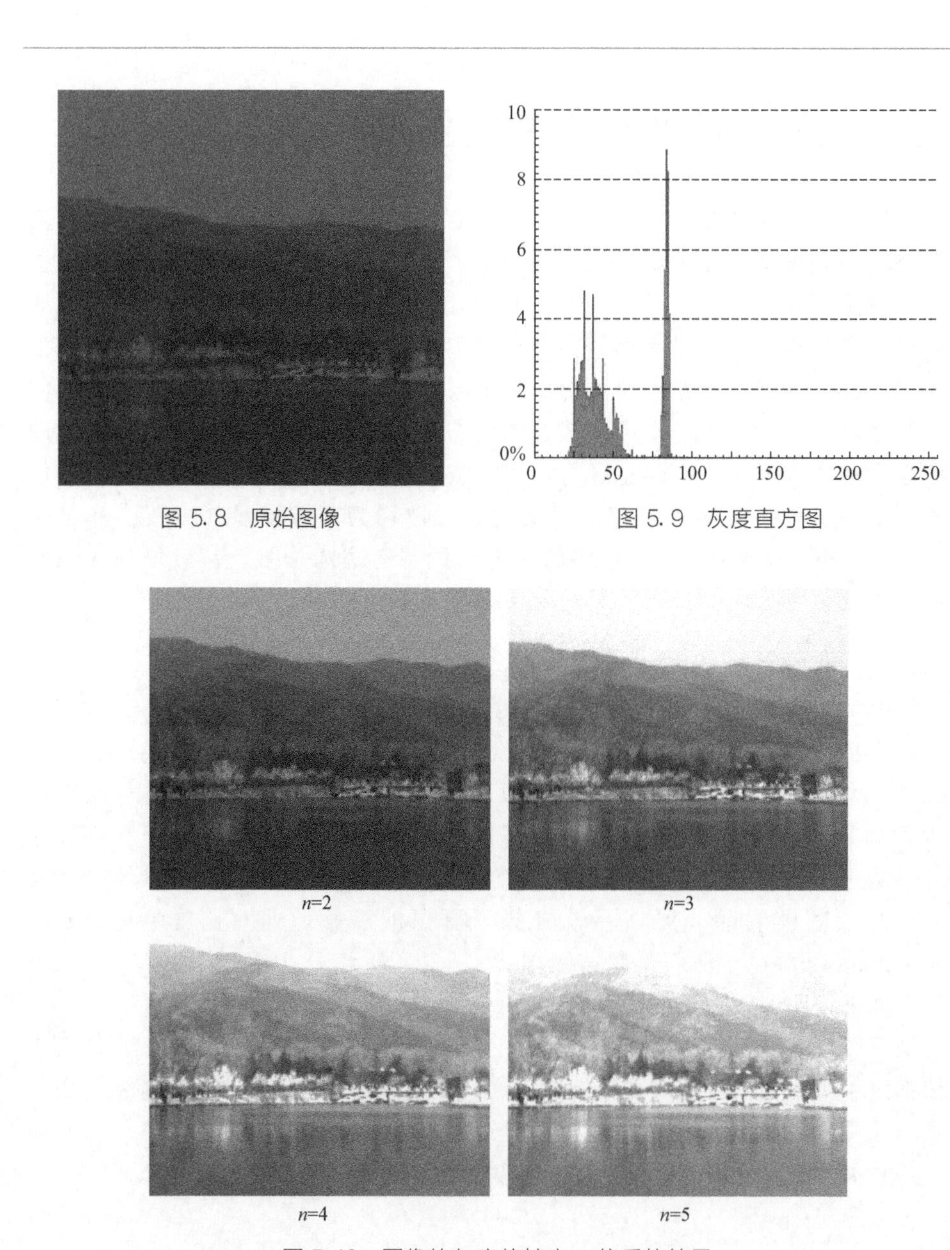

图 5.8 原始图像

图 5.9 灰度直方图

图 5.10 图像的灰度值扩大 n 倍后的结果

看其灰度直方图（图 5.11）可知，当灰度值扩大 3 倍后，灰度分布几乎遍布 0～255 的整个区域，这样，图像的明暗分明，增强了其对比度。因此，可以顺次增加倍数 n 来寻求最佳值，以便得到清晰图像。那么，有没有通过对原始图像进行自动分析，实现自动增强对比度的方法呢？

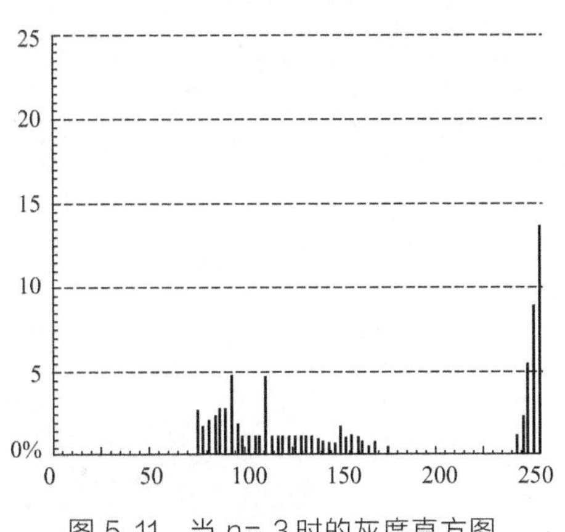

图 5.11 当 $n=3$ 时的灰度直方图

5.5.2 自动对比度增强 [1]

从上一节所得的结果可知，原始图像的灰度范围能够充满所允许的整个灰度范围的话，就可自动得到清晰图像。

对于灰度直方图，可以用式(5.4) 将其范围从图 5.12 左侧所示的 $[a,b]$ 变换到右侧所示的 $[a',b']$。

$$z'=\frac{(b'-a')}{(b-a)}(z-a)+a' \tag{5.4}$$

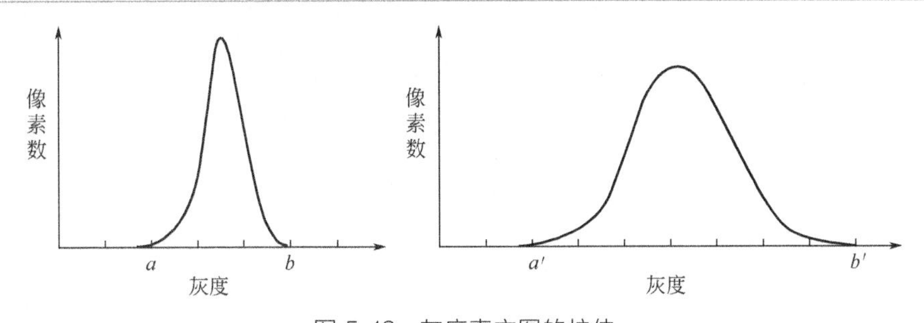

图 5.12 灰度直方图的拉伸

根据这个式子就可以把任意像素的灰度 z ($a\leqslant z\leqslant b$) 变换成灰度 z'。这个变换形式用灰度变换曲线来表现更易于理解。灰度变换曲线是用变换前的图像灰度值作为横坐标、变换后的灰度值作为纵坐标来表现的。式(5.4) 的灰度变换曲线如图 5.13 所示。从这幅图可以看出，变换前的图像灰度的最小值 a 和最大值 b 分别被变换为 a'和 b'，任意值 z 被变换为 z'。那么，如果式(5.4) 中的变量 a

和b是原始图像的灰度值的最小值和最大值，变量a'和b'分别为内存所处理的灰度的最小值（0）和最大值（255），那么将自动得到从原始图像到对比度增强的图像。图5.14为处理结果。图5.15为其灰度直方图，可见灰度值遍布了0～255的全部范围。图5.15与图5.8相比，对比度获得了增强，图像层次清晰分明。

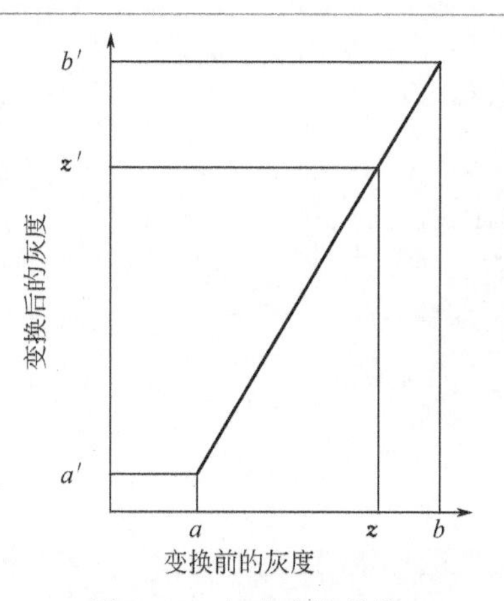

图5.13 灰度变换曲线

图5.14 灰度变换结果

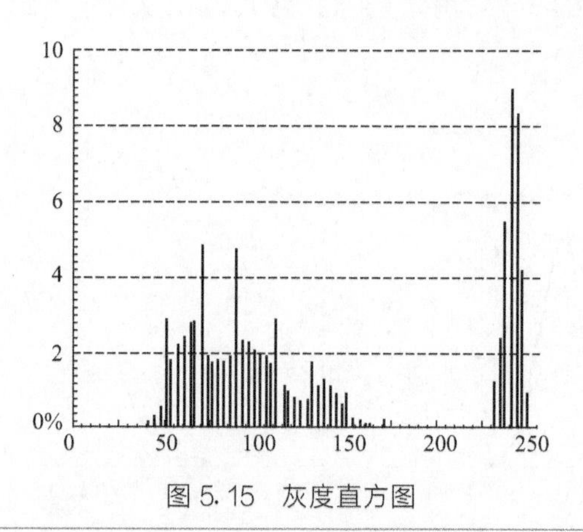

图5.15 灰度直方图

然而，对于图5.16所示的原始图像，苹果和枝叶比较暗。对比度增强后的结果被显示在图5.17。这个结果与原始图像相比，发现几乎丝毫没有变得清晰，为什么呢？让我们查看一下它的原始图像的灰度直方图。如图5.18所示，在它的灰度直方图上，虽然中间的大部分区域像素点很少，但是它的低端和高端分别存在着像素数相当多的灰度级，这样灰度直方图无法拉伸，当然也就无法进行对比度增强。

图 5.16 原始图像

图 5.17 灰度变换结果

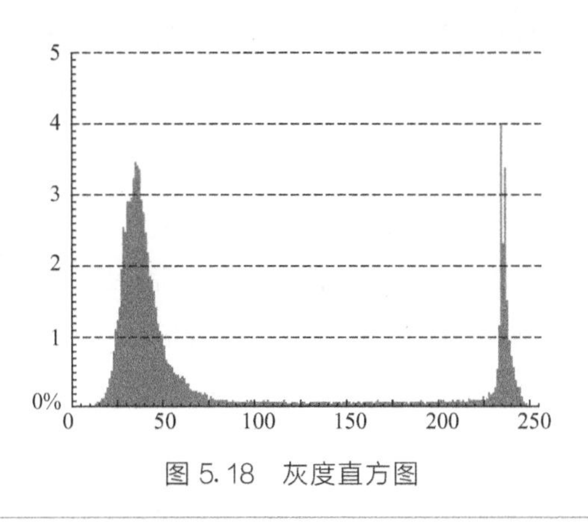

图 5.18 灰度直方图

对于这种情况，图像对比度增强的方法有以下两种。

一种方法是将像素数少的灰度级压缩，仅取出要增强部分的灰度值范围，进行灰度范围变换（gray-scale transformation 或 gray-level transformation）。也就是在式(5.4) 中不是把 a 和 b 作为灰度的最小值和最大值，而是把要增强的部分作为最小值和最大值。

另一种方法是将灰度直方图上的所有灰度变换成像素数相同的分布形式，这种方法被称为灰度直方图均衡化（histogram equalization）。

前一种方法需要知道要增强部分的灰度范围，而后一种方法不需要查看灰度范围就可以进行对比度增强。下面对直方图均衡化进行详细说明。

5.5.3 直方图均衡化[1]

直方图均衡化是采取压缩原始图像中像素数较少的部分，拉伸像素数较多的部分的处理。如果在某一灰度范围内像素比较集中，因为被拉伸的部分的像素相对于被压缩的部分要多，从而整个图像的对比度获得增强，图像变得清晰。

下面用一个简单的例子来说明一下直方图均衡化算法。灰度为 0～7 的各个灰度级（gray level）所对应的像素数如图 5.19 所示。均衡化后，每个灰度级所分配的像素数应该是总像素数除以总灰度级，即 40÷8＝5。从原始图像的灰度值大的像素开始，每次取 5 个像素，从 7 开始重新进行分配。对于图 5.19 所示图像，给灰度级 7 分配原始图像中的灰度级 7、6 的全部像素和灰度级 5 的 9 个像素中的 1 个像素。从灰度级 5 的像素中选取 1 个像素有如下两种算法：

① 随机选取。

② 从周围像素的平均灰度的较大的像素中顺次选取。

算法②比算法①稍微复杂一些，但是算法②所得结果的噪声比算法①少。

在此选用算法②。接下来的灰度级从原始图像的灰度级 5 剩下的 8 个像素中用前面的方法选取 5 个，作为灰度级 6 的像素数。依此类推，对所有像素重新进行灰度级分配。

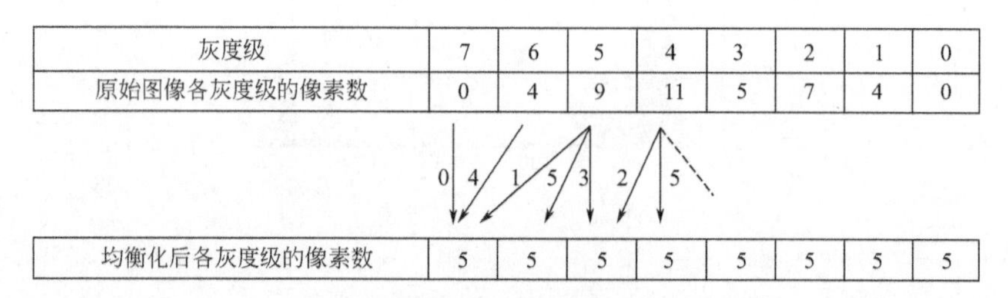

灰度级	7	6	5	4	3	2	1	0
原始图像各灰度级的像素数	0	4	9	11	5	7	4	0
均衡化后各灰度级的像素数	5	5	5	5	5	5	5	5

图 5.19　灰度直方图均衡化

图 5.20 和图 5.21 是利用这个方法分别对图 5.8 和图 5.16 进行直方图均衡化的结果。可见，两个例子都表明直方图均衡化对改善对比度是相当有效的。

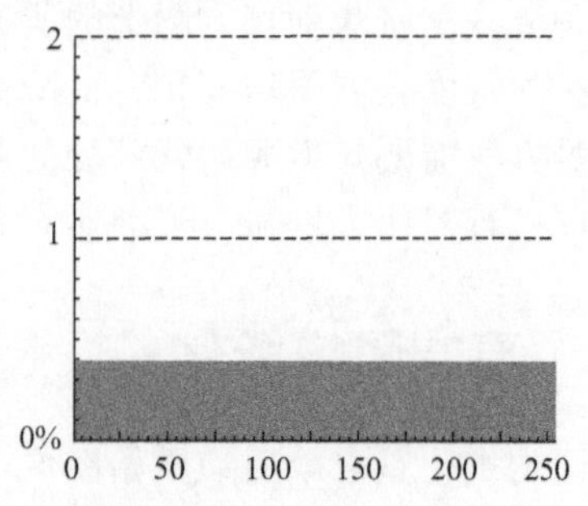

图 5.20　对图 5.8 的灰度直方图均衡化结果

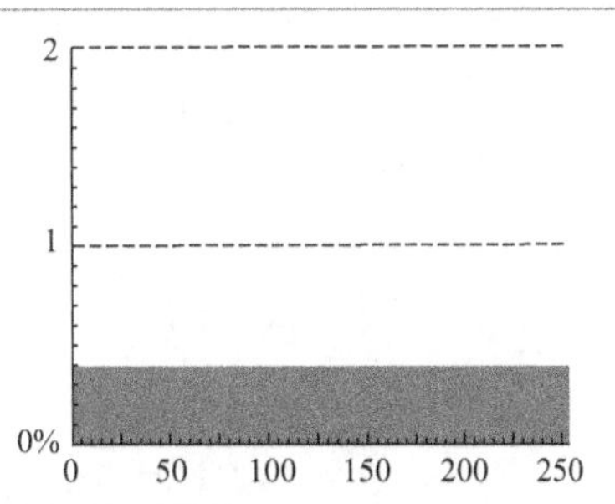

图 5.21 对图 5.16 的灰度直方图均衡化结果

5.5.4 暗通道先验法去雾处理[2]

除了光线暗会引起图像模糊之外，还有一种图像模糊的原因是环境中雾霾的影响。雾霾天气对数字图像画质的影响主要是因为光线在悬浮粒子作用下会有散射现象，使得目标对象反射的光线发生衰减。去雾技术的基本原理可以分为图像增强式去雾和反演式去雾。上节介绍的直方图均衡化属于图像增强算法，广泛用于雾化图像的清晰化。另一种方法是根据雾化图像退化的物理原理建立数学模型，用数学推导的方式还原出未雾化的图像。本节介绍的暗通道先验方法属于这种类型。

(1) 雾化图像的退化模型

如果用 I 表示在有雾霾的天气下视觉系统得到的图像，J 表示我们期望的图像，也就是没有雾霾的清晰图像，那么这两个图像之间的差值就是退化图像，而退化图像和大气光以及空气（或者直接可以理解为雾霾）的透射率有关。记大气光系数为 A、空气的透射率系数为 t，则可以得到如下的数学模型

$$I=Jt+A(1-t) \tag{5.5}$$

在此模型中，Jt 是期望图像乘以透射率系数，属于图像的直接衰减；$A(1-t)$ 则属于图像中的大气光成分。去雾的目标就是从 I 中复原 J。

图 5.22 是一幅清晰图像和雾化图像及其直方图，其中，图（a）是清晰图像的状况，图（b）是有雾霾环境的状况。可以看出，雾化图像 RGB 的像素值分布范围较窄，因为图像发白色，其直方图分布集中在右边。清晰图像的 RGB 值分布比较均匀且基本上居中，对比度好。

(2) 图像暗通道先验去雾方法

暗通道先验是基于大量无雾霾图像的一种统计规律，即除去天空等持续高亮度区域外，绝大多数局部的图像区域都能找到一个具有很小的像素值的颜色通道，这个最小的像素值就是暗像素，拥有这个暗像素的通道叫暗通道。大多

数的无雾霾图像，其暗通道的强度值都非常小，甚至趋近于零。这个统计规律就是暗通道先验（dark channel prior，DCP）。像素值代表传感器感光的强度，若定义这个最小值为 $J(x)$，x 表示这个小方块区域的中心，则 $J(x)$ 可以表述为：

$$J(x)=\min_{y\in\Omega(x)}\left[\min_{c\in\Omega(r,g,b)}J^{c}(y)\right]\to 0 \tag{5.6}$$

$\Omega(x)$ 表示以 x 为中心的一块邻域区域，c 表示 R、G、B 三个通道，$J^{c}(y)$ 表示遍历 $\Omega(x)$ 三个通道的所有像素值。

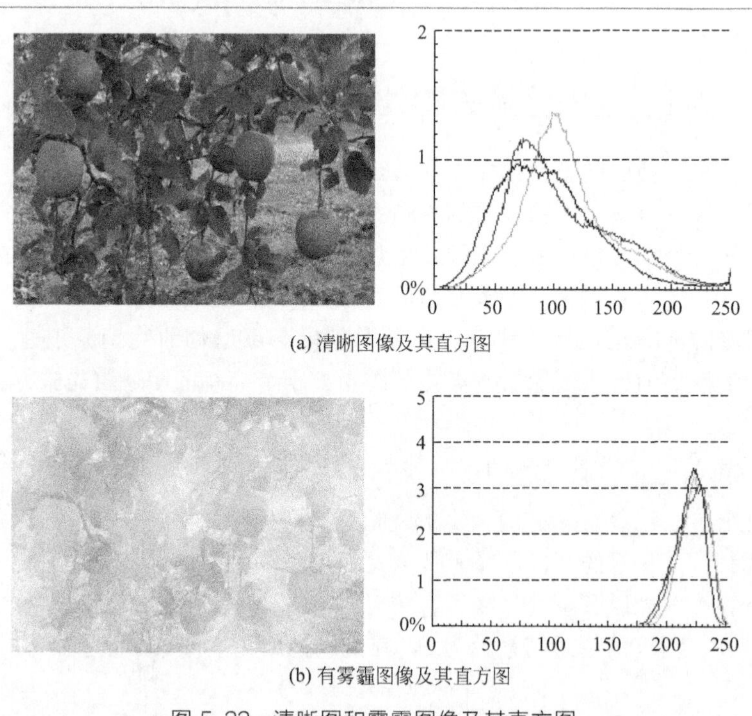

(a) 清晰图像及其直方图

(b) 有雾霾图像及其直方图

图 5.22 清晰图和雾霾图像及其直方图

去雾霾的目标就是从 I 中复原 J，那么对式(5.5) 进行变换，得式(5.7)

$$J=\frac{I-A(1-t)}{t}=\frac{I-A+At}{t}=\frac{I-A}{t}+A \tag{5.7}$$

这个方程中 I 是我们现有的待去雾霾图像，J 是要恢复的无雾霾图像。这个方程有 t 和 A 两个未知量，如果没有进一步的信息输入，此方程无法解出。但是，如果把暗通道先验知识加进来就可以把其演变为可解的方程。先假定 A 为已知，在式(5.5) 的基础上分别除以 A，得到

$$\frac{I}{A}=\frac{J}{A}t+1-t \tag{5.8}$$

把颜色通道一起表示到式(5.8) 中，得到式(5.9)。

$$\frac{I^c(x)}{A^c}=\frac{J^c(x)}{A^c}t(x)+1-t(x) \tag{5.9}$$

上标 c 表示 R、G、B 三个通道。$t(x)$ 为每一个窗口内的透射率系数。对式(5.9) 两边求两次最小值运算，得到下式：

$$\min_{y\in\Omega(x)}\left[\min_{c}\frac{I^c(x)}{A^c}\right]=t(x)\min_{y\in\Omega(x)}\left[\min_{c}\frac{J^c(x)}{A^c}\right]+1-t(x) \tag{5.10}$$

式(5.10) 是式(5.8) 加上通道和区域后的表述，其中 $\Omega(x)$ 表示以 x 为中心的小区域，一般设定为 15×15 像素。结合式(5.6)，可以得到式(5.11)。

$$\min_{y\in\Omega(x)}\left[\min_{c}\frac{J^c(x)}{A^c}\right]=0 \tag{5.11}$$

把式(5.11) 带入式(5.10) 中，得到：

$$t(x)=1-\min_{y\in\Omega(x)}\left[\min_{c}\frac{J^c(x)}{A^c}\right] \tag{5.12}$$

以上推导中，假设大气光系数 A 值是已知的，实际运算时，A 值取得方法是从暗通道图中按照亮度的大小取前 0.1%的像素点位置，在原始有雾霾图像 I 中寻找这些位置对应的数量最多像素值作为 A 值。由 A 值用式(5.12) 得到 t 值，再由式(5.7) 得到期望图像 J。

针对图 5.22 的苹果图像，在计算大气光系数 A 值时，强调红色通道，计算整幅图像的暗通道，取前 0.1%亮度区域，在这些像素中对应在原始有雾图像的像素点，将这些像素点的红色通道最大数量亮度值作为 A 值。按照此方法计算得到图 5.22(b) 有雾霾图像的大气光系数 A 为 251。

5.6 二值图像的平滑处理 [1]

二值图像的噪声，如图 5.23 所示，一般都是椒盐噪声。当然，这种噪声能够用中值滤波消除，但是由于它只有二值，也可以采用膨胀与腐蚀的处理来消除。

膨胀（dilation）是某像素的邻域内只要有一个像素是白像素，该像素就由黑变为白，其他保持不变的处理；腐蚀（erosion）是某像素的邻域内只要有一个像素是黑像素，该像素就由白变为黑，其他保持不变的处理。图 5.24 经过膨胀→腐蚀处理后，膨胀变粗，腐蚀变细，结果是图像几乎没有什么变化；相反，经过腐蚀→膨胀处理后，白色孤立点噪声在腐蚀时被消除了。

图 5.23 椒盐噪声

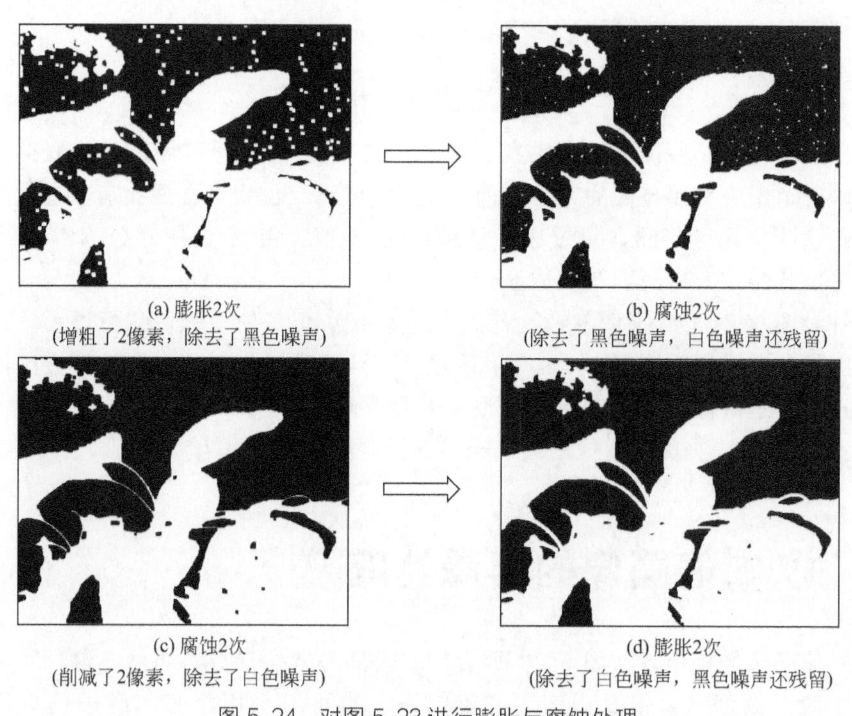

图 5.24 对图 5.23 进行膨胀与腐蚀处理
（膨胀与腐蚀的顺序不同，处理结果也不同）

除了膨胀与腐蚀之外，还可以用计算面积大小的方法来去噪。面积的大小其实就是连接区域包含的像素个数，将在第 6 章几何参数检测中介绍。图 5.25 是水田苗列的二值图像及 50 像素白色区域去噪后的结果图像。面积去噪与膨胀腐蚀相比不会破坏区域间的连接性。

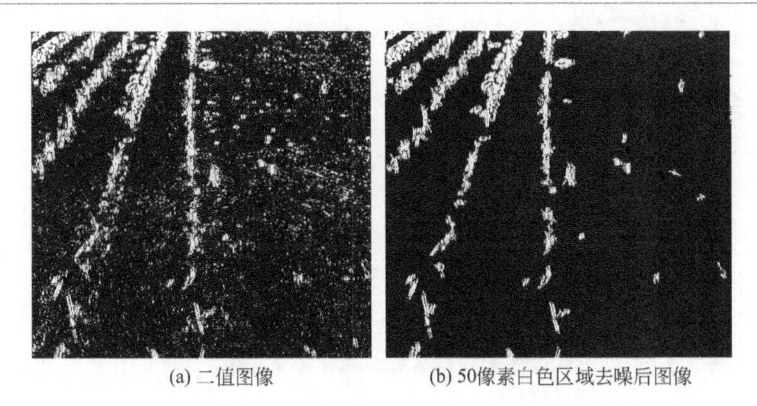

(a) 二值图像 (b) 50像素白色区域去噪后图像

图 5. 25 二值图像的面积及去噪声处理

参考文献

[1] 陈兵旗.实用数字图像处理与分析［M］.第2版.北京：中国农业大学出版社，2014.

[2] 朱德利，陈兵旗等.苹果采摘机器人视觉系统的暗通道先验去雾方法［J］.农业工程学报，2016,32(16):151-158.

第6章

几何参数检测[1]

6.1 基于图像特征的自动识别

目前，通过计算机调查图像特征，对物体进行自动判别的例子已经很多。例如，自动售货机的钱币判别、工厂内通过摄像机自动判别产品质量、通过判别邮政编码自动分拣信件、基于指纹识别的电子钥匙，以及最近出现的通过脸型识别来防范恐怖分子等。本章就对这些特征（Feature），尤其是图像的特征选择（feature selection）进行说明。

为了便于理解，本章以简单的二值图像为对象，通过调查物体的形状、大小等特征，介绍提取所需要的物体、除去不必要噪声的方法。

6.2 二值图像的特征参数

所谓图像的特征，就是图像中包括具有何种特征的物体。如果想从图 6.1 中提取香蕉，该怎么办？对于计算机来说，它并不知道人们讲的香蕉为何物。人们只能通过所要提取物体的特征来指示计算机，例如，香蕉是细长的物体。也就是说，必须告诉计算机图像中物体的大小、形状等特征，指出诸如大的东西、圆的东西、有棱角的东西等。当然，这种指示依靠的是描述物体形状特征（shape representation and description）的参数。

图 6.1 原始图像

以下，说明几个有代表性的特征参数及计算方法。表 6.1 列出了几个图形以及相应的参数。

表 6.1 图形及其特征

种类	圆	正方形	正三角形
图像			
面积	πr^2	r^2	$\frac{\sqrt{3}}{4}r^2$
周长	$2\pi r$	$4r$	$3r$
圆形度	1.0	$\frac{\pi}{4}=0.79$	$\frac{\pi\sqrt{3}}{9}=0.60$

［面积］(area)

计算物体（或区域）中包含的像素数。

［周长］(perimeter)

物体（或区域）轮廓线的周长是指轮廓线上像素间距离之和。像素间距离有图 6.2(a) 和（b）两种情况。图 6.2(a) 表示并列的像素，当然，并列方式可以是上、下、左、右 4 个方向，这种并列像素间的距离是 1 个像素。图 6.2(b) 表示的是倾斜方向连接的像素，倾斜方向也有左上角、左下角、右上角、右下角 4 个方向，这种倾斜方向像素间的距离是$\sqrt{2}$像素。在进行周长测量时，需要根据像素间的连接方式，分别计算距离。图 6.2(c) 是一个周长的测量实例。

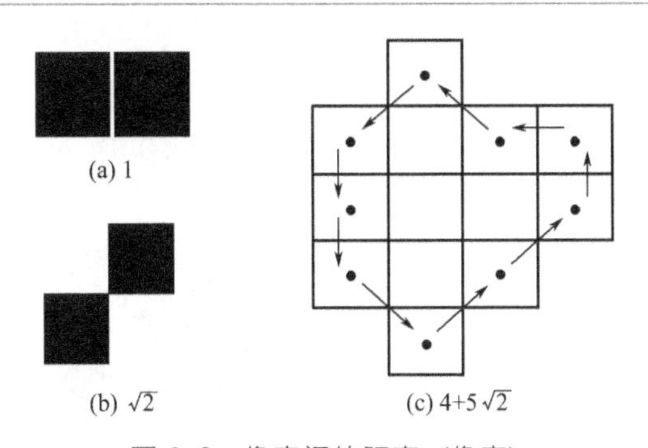

图 6.2 像素间的距离（像素）

如图 6.3 所示，提取轮廓线需要按以下步骤对轮廓线进行追踪。

① 扫描图像，顺序调查图像上各个像素的值，寻找没有扫描标志 a_0 的边界点。

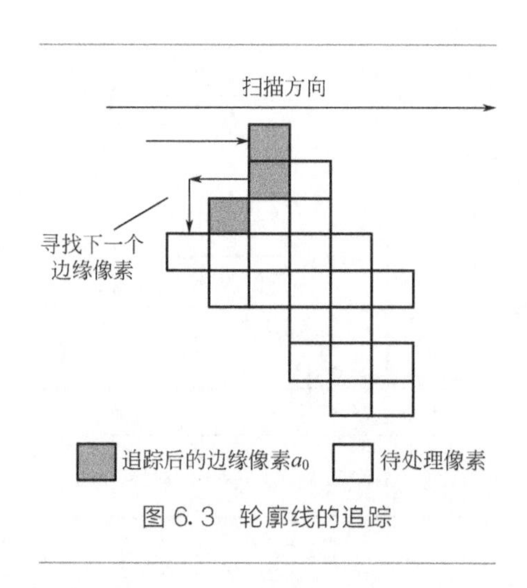

图 6.3 轮廓线的追踪

② 如果 a_0 周围全为黑像素（0），说明 a_0 是个孤立点，停止追踪。

③ 否则，按图 6.3 的顺序寻找下一个边界点。用同样的方法，追踪每一个边界点。

④ 到了下一个交界点 a_0，证明已经围绕物体一周，终止扫描。

［圆形度］（compactness）

圆形度是基于面积和周长而计算物体（或区域）的形状复杂程度的特征量。例如，可以考察一下圆和五角星。如果五角星的面积和圆的面积相等，那么它的周长一定比圆长。因此，可以考虑以下参数：

$$e=\frac{4\pi\times\text{面积}}{(\text{周长})^2} \tag{6.1}$$

e 就是圆形度。对于半径为 r 的圆来说，面积等于 πr^2，周长等于 $2\pi r$，所以圆形度 e 等于 1。由表 6.1 可以看出，形状越接近于圆，e 越大，最大为 1；形状越复杂 e 越小，e 的值在 0 和 1 之间。

［重心］（center of gravity 或 centroid）

重心就是求物体（或区域）中像素坐标的平均值。例如，某白色像素的坐标为 $(x_i, y_i)(i=0,1,2,\cdots,n-1)$，其重心坐标 (x_0, y_0) 可由下式求得：

$$(x_0, y_0)=\left(\frac{1}{n}\sum_{i=0}^{n-1}x_i, \frac{1}{n}\sum_{i=0}^{n-1}y_i\right) \tag{6.2}$$

除了上面的参数以外，还有长度和宽度（length and breadth）、欧拉数（Euler's number）以及可查看物体的长度方向的矩（moment）等许多特征参数，这里不再一一介绍。

利用上述参数，好像能把香蕉与其他水果区别开来。香蕉是那些水果中圆形度最小的。不过，首先需要把所有的东西从背景中提取出来，这可以利用二值化处理提取明亮部分来得到。图 6.4 是图 6.1 的图像经过二值化处理（阈值为 40 以上），再通过 2 次中值滤波去噪声后的图像。

图 6.4 图 6.1的二值图像

到此为止还不够，还必须将每一个物体区分开来。为了区分每个物体，必须调查像素是否连接在一起，这样的处理称为区域标记（labeling）。

6.3 区域标记

区域标记（labeling）是指给连接在一起的像素（称为连接成分 connected component）附上相同的标记，不同的连接成分附上不同的标记的处理。区域标记在二值图像处理中占有非常重要的地位。图 6.5 表示了区域标记后的图像，通过该处理将各个连接成分区分开来，然后就可以调查各个连接成分的形状特征。

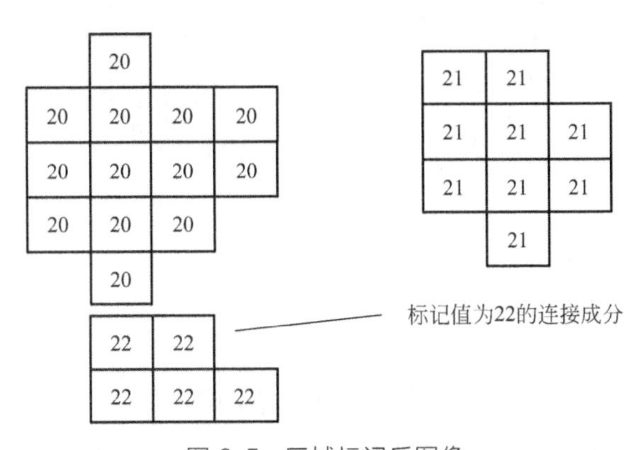

图 6.5　区域标记后图像

区域标记也有许多方法，下面介绍一个简单的方法，步骤如下（参考图 6.6）。

① 扫描图像，遇到没加标记的目标像素（白像素）P 时，附加一个新的标记（label）。

② 给与 P 连接在一起（即相同连接成分）的像素附加相同的标记。

③ 进一步，给所有与加标记像素连接在一起的像素附加相同的标记。

④ 直到连接在一起的像素全部被附加标记之前，继续第②步骤。这样一个连接成分就被附加了相同的标记。

⑤ 返回到第①步，重新查找新的没加标记的像素，重复上述各个步骤。

⑥ 图像全部被扫描后，处理结束。

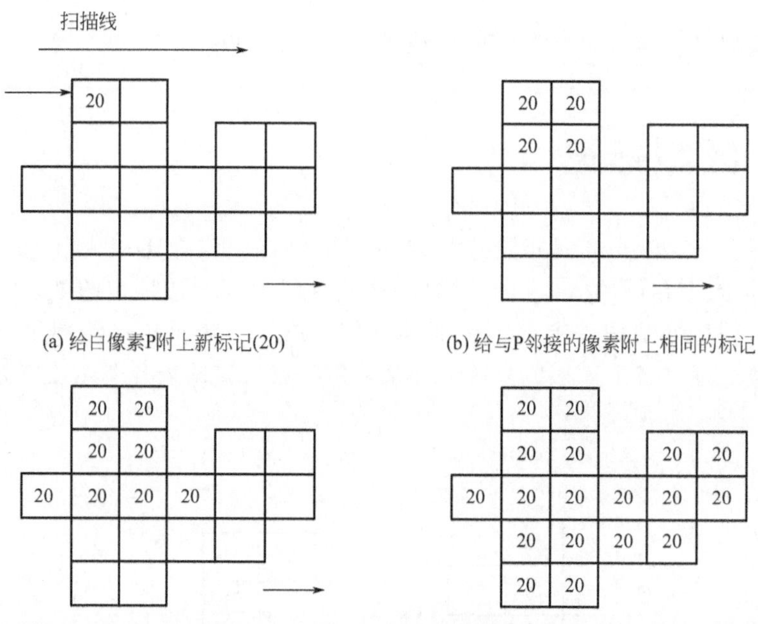

图 6.6 给一个连接成分附加标记（标号 20）

6.4 基于特征参数提取物体

通过以上处理，完成了从图 6.1 中提取香蕉的准备工作。调查各个物体特征的步骤如图 6.7 所示，处理结果表示在表 6.2 中。图 6.8 表示了处理后的图像，轮廓线和重心位置的像素表示得比较亮。

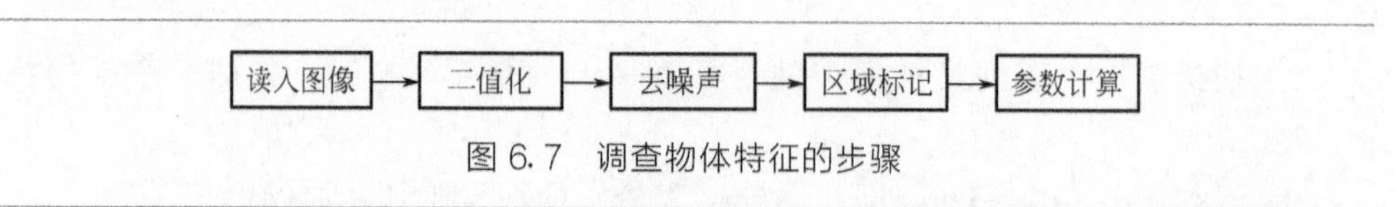

图 6.7 调查物体特征的步骤

由表 6.2 可知，圆形度小的物体有两个，可能就是香蕉。如果要提取香蕉，按照图 6.7 的步骤进行处理，然后再把具有某种圆形度的连接成分提取即可。提取的连接成分的图像如图 6.9 所示。这些处理获得了一个掩模图像(mask image)，利用该掩模即可从原始图像（图 6.1）上把香蕉提取出来。提取结果如图 6.10 所示。

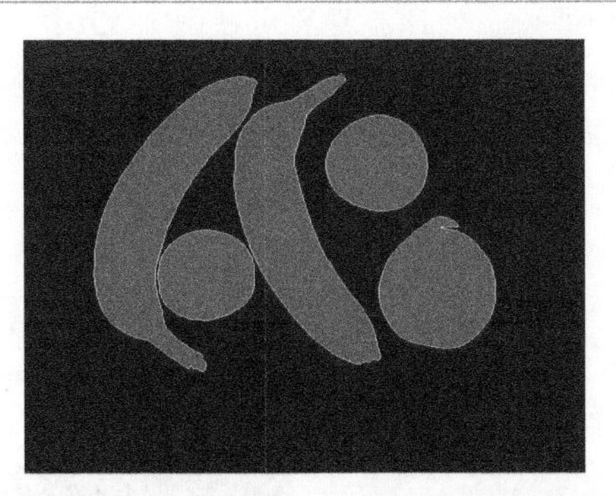

图 6.8 表示追踪的轮廓线和重心的图像

图 6.9 图 6.8 中圆形度小于 0.5 的物体的抽出结果

图 6.10 利用图 6.9 从图 6.1 中提取香蕉

表 6.2 各个物体的特征参数 像素

物体序号	面积	周长	圆形度	重心位置
0	21718	894.63	0.3410	(307,209)
1	22308	928.82	0.3249	(154,188)
2	9460	367.85	0.8785	(401,136)
3	14152	495.14	0.7454	(470,274)
4	8570	352.98	0.8644	(206,260)

6.5 基于特征参数消除噪声

到现在为止，前文所讲都是以提取物体为目标所进行的处理，当然也可以用于除去不必要的东西。例如，可以用于消去噪声处理。利用面积消除二值图像的噪声，在第 5 章中作了简单说明，通过区域标记处理将各个连接成分区分开后，除去面积小的连接成分即可。处理流程表示在图 6.11 中，处理结果如图 6.12 所示（以青椒样本为例）。将由微分处理（Prewitt 算子）所获得的图像［图 6.12(c)］作为输入图像，消除噪声处理后的结果图像表示在图 6.12(d)，被除去的噪声是面积小于 80 像素的连接成分，可见图中点状噪声完全消失了。

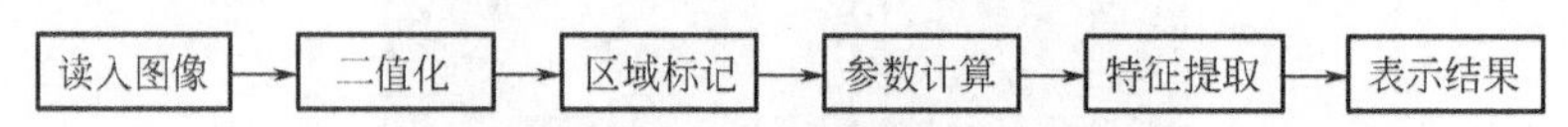

图 6.11　由特征参数消除噪声的步骤

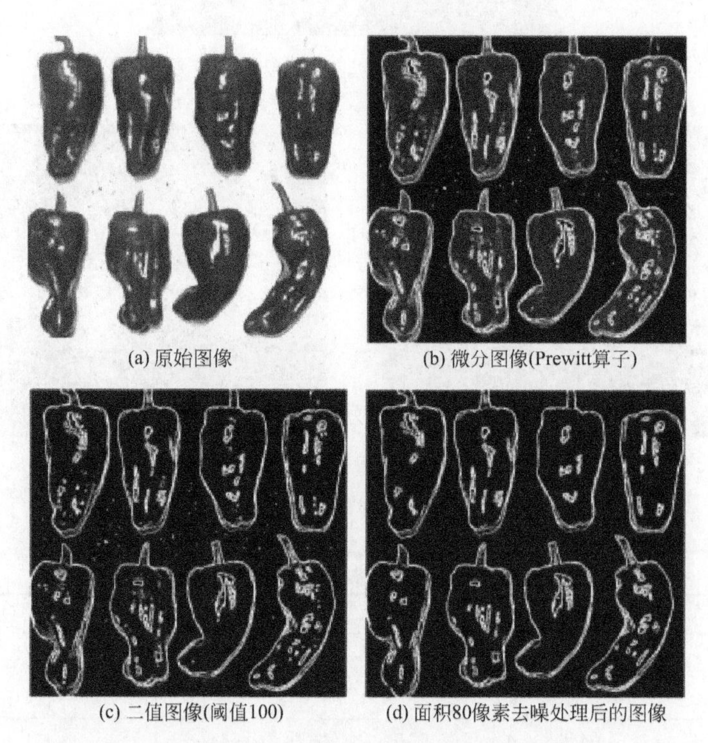

图 6.12　利用面积参数消除噪声的示例

参考文献

[1] 陈兵旗.实用数字图像处理与分析［M］.第 2 版.北京：中国农业大学出版社，2014.

第7章

Hough变换

Hough 变换是实现边缘检测的一种有效方法，其基本思想是将测量空间的一点变换到参量空间的一条曲线或曲面，而具有同一参量特征的点变换后在参量空间中相交，通过判断交点处的积累程度来完成特征曲线的检测。基于参量性质的不同，Hough 变换可以检测直线、圆、椭圆、双曲线等。本章将主要介绍利用 Hough 变换检测直线的方法。

7.1 传统 Hough 变换的直线检测[1]

保罗·哈夫于 1962 年提出了 Hough 变换法，并申请了专利。该方法将图像空间中的检测问题转换到参数空间，通过在参数空间里进行简单的累加统计完成检测任务，并用大多数边界点满足的某种参数形式来描述图像的区域边界曲线。这种方法对于被噪声干扰或间断区域边界的图像具有良好的容错性。Hough 变换最初主要应用于检测图像空间中的直线，最早的直线变换是在两个笛卡儿坐标系之间进行的，这给检测斜率无穷大的直线带来了困难。1972 年，杜达（Duda）将变换形式进行了转化，将数据空间中的点变换为 ρ-θ 参数空间中的曲线，改善了其检测直线的性能。该方法被不断地研究和发展，在图像分析、计算机视觉、模式识别等领域得到了非常广泛的应用，已经成为模式识别的一种重要工具。

直线的方程可以用式(7.1）来表示。

$$y=kx+b \tag{7.1}$$

其中，k 和 b 分别是斜率和截距。过 $x-y$ 平面上的某一点（x_0,y_0）的所有直线的参数都满足方程 $y_0=kx_0+b$。即过 $x-y$ 平面上点（x_0,y_0）的一族直线在参数 $k-b$ 平面上对应于一条直线。

由于式(7.1）形式的直线方程无法表示 $x=c$（c 为常数）形式的直线（这时候直线的斜率为无穷大），所以在实际应用中，一般采用式(7.2）的极坐标参数方程的形式。

$$\rho=x\cos\theta+y\sin\theta \tag{7.2}$$

其中，ρ 为原点到直线的垂直距离，θ 为 ρ 与 x 轴的夹角（如图 7.1 所示）。

根据式(7.2)，直线上不同的点在参数空间中被变换为一族相交于 p 点的正弦曲线，因此可以通过检测参数空间中的局部最大值 p 点，来实现 $x-y$ 坐标系中直线的检测。

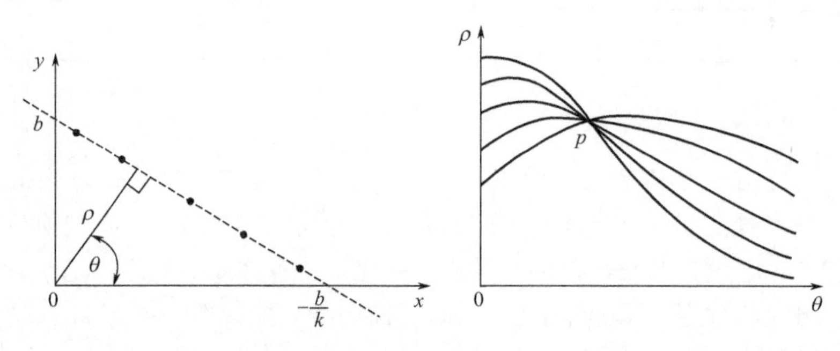

图 7.1 Hough 变换对偶关系示意图

一般 Hough 变换的步骤如下。

① 将参数空间量化成 $m \times n$（m 为 θ 的等份数，n 为 ρ 的等份数）个单元，并设置累加器矩阵 $Q[m \times n]$；

② 给参数空间中的每个单元分配一个累加器 $Q(\theta_i, p_j)$($0<i<m-1$, $0<j<n-1$)，并把累加器的初始值置为零；

③ 将直角坐标系中的各点 (x_k, y_k)($k=1, 2, \cdots, s$，s 为直角坐标系中的点数）代入式(7.2)，然后将 $\theta_0 \sim \theta_{m-1}$ 也都代入其中，分别计算出相应的值 p_j；

④ 在参数空间中，找到每一个 (θ_i, p_j) 所对应的单元，并将该单元的累加器加 1，即 $Q(\theta_i, p_j)=Q(\theta_i, p_j)+1$，对该单元进行一次投票；

⑤ 待 $x-y$ 坐标系中的所有点都进行运算之后，检查参数空间的累加器，必有一个出现最大值，这个累加器对应单元的参数值作为所求直线的参数输出。

由以上步骤看出，Hough 变换的具体实现是利用表决方法，即曲线上的每一点可以表决若干参数组合，赢得多数表决的参数就是胜者。累加器阵列的峰值就是表征一条直线的参数。Hough 变换的这种基本策略还可以推广到平面曲线的检测。

图 7.2 表示了一个二值图像经过传统 Hough 变换的直线检测结果。图像大小为 512×480 像素，运算时间为 652ms（CPU 速度为 1GHz）。

Hough 变换是一种全局性的检测方法，具有极佳的抗干扰能力，可以很好地抑制数据点集中存在的干扰，同时还可以将数据点集拟合成多条直线。但是，Hough 变换的精度不容易控制，因此，不适合对拟合直线的精度要求较高的实际问题。同时，它所要求的巨大计算量使其处理速度很慢，从而限制了它在实时性要求很高的领域的应用。

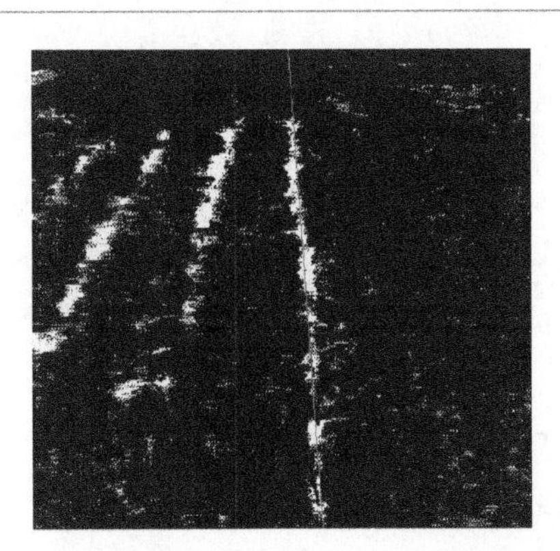

图 7.2 二值图像经过传统 Hough 变换的直线检测结果

7.2 过已知点 Hough 变换的直线检测[2]

以上介绍的 Hough 变换直线检测方法是一种穷尽式搜索，计算量和空间复杂度都很高，很难在实时性要求较高的领域内应用。为了解决这一问题，多年来许多学者致力于 Hough 变换算法的高速化研究。例如，将随机过程、模糊理论等与 Hough 变换相结合，或者将分层迭代、级联的思想引入到 Hough 变换过程中，大大提高了 Hough 变换的效率。本节以过已知点的改进 Hough 变换为例，介绍一种直线的快速检测方法。

过已知点的改进 Hough 变换方法，是在 Hough 变换基本原理的基础上，将逐点向整个参数空间的投票转化为仅向一个“已知点”参数空间投票的快速直线检测方法。其基本思想是：首先找到属于直线上的一个点，将这个已知点 p_0 的坐标定义为 (x_0, y_0)，将通过 p_0 的直线斜率定义为 m，则坐标和斜率的关系可用下式表示：

$$(y-y_0)=m(x-x_0) \tag{7.3}$$

定义区域内目标像素 p_i 的坐标为 (x_i, y_i)，$(0 \leqslant i < n$，n 为区域内目标像素总数)，则 p_i 点与 p_0 点之间连线的斜率 m_i 可用下式表示：

$$m_i=(y_i-y_0)/(x_i-x_0) \tag{7.4}$$

将斜率值映射到一组累加器上，每求得一个斜率，将使其对应的累加器的值加 1，因为同一条直线上的点求得的斜率一致，所以当目标区域中有直线成分时，其对应的累加器出现局部最大值，将该值所对应的斜率作为所求直线的斜率。

当 $x_i=x_0$ 时，m_i 为无穷大，这时式(7.4) 不成立。为了避免这一现象，

当 $x_i=x_0$ 时，令 $m_i=2$，当 $m_i>1$ 或 $m_i<-1$ 时，采用式(7.5) 的计算值替代 m_i，这样无限域的 m_i 被限定在了（-1，3）的有限范围内。在实际操作时设定斜率区间为［-2，4］。

$$m_i'=1/m_i+2 \tag{7.5}$$

过已知点 Hough 变换的具体步骤如下：

① 将设定的斜率区间等分为 10 个子区间，即每个子区间的宽度为设定斜率区间宽度的 1/10；

② 为每个子区间设置一个累加器 n_j（$1\leqslant j\leqslant 10$）；

③ 初始化每个累加器的值为 0，即 $n_j=0$；

④ 从上到下，从左到右逐点扫描图像，遇到目标像素时，由式(7.4) 及式(7.5) 计算其与已知点 p_0 之间的斜率 m，m 值属于哪个子区间就将哪个子区间累加器的值加 1；

⑤ 当扫描完全部处理区域之后，将累加器的值为最大的子区间及其相邻的两个子区间（共 3 个子区间）作为下一次投票的斜率区间，重复上述①～④步，直到斜率区间的宽度小于设定斜率检测精度为止，例如，$m=0.05$，这时将累加值为最大的子区间的中间值经过式(7.5) 设定条件的逆变换后作为所求直线的斜率值。

过已知点 Hough 变换的直线检测过程如图 7.3 所示。

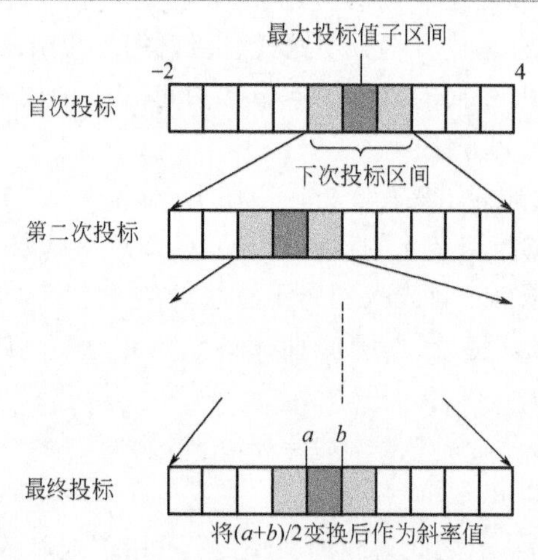

图 7.3 过已知点 Hough 变换直线检测过程

图 7.4 为过已知点 Hough 变换的直线检测结果，图中检出直线上的“+”表示已知点的位置，处理时间为 35ms。也就是说，对于该图，在同等条件下，过已知点 Hough 变换的处理速度比一般 Hough 变换快将近 20 倍。

利用过已知点 Hough 变换的直线检测方法，其关键问题是如何正确地选择已知点。在实际操作中，一般选择容易获取的特征点为已知点，例如，某个区域内的像素分布中心等。

在实际应用中，往往通过对检测对象特征的分析，获取少量的目标像素点，通过减少处理对象来提高 Hough 变换的处理速度。检测对象的特征一般采用亮度或者颜色特征。例如，在检测公路车道线时，可以通过分析车道线的亮度或者某个颜色分量，首先找出车道线在每条横向扫描线上的分布中心点，然后仅对这些中心点进行 Hough 变换，就可以极大地提高处理速度。在进行特征点的提取时，某些特征点可能会出现误差，但是由于 Hough 变换的统计学特性，部分误差不会影响最终的检测结果。

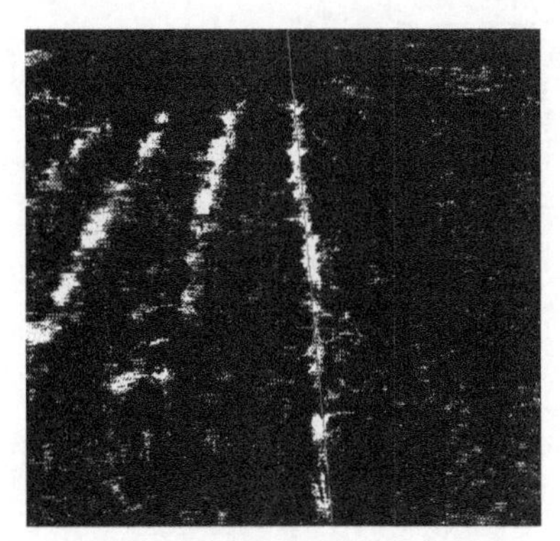

图 7.4　过已知点 Hough 变换的直线检测结果

7.3 Hough 变换的曲线检测

Hough 变换不仅能检测直线，还能够检测曲线，例如，弧线、椭圆线、抛物线等。但是，随着曲线复杂程度的增加，描述曲线的参数也增加，即 Hough 变换时，参数空间的维数也增加。由于 Hough 变换的实质是将图像空间的具有一定关系的像素进行聚类，寻找能把这些像素用某一解析式联系起来的参数空间的积累对应点，在参数空间不超过二维时，这种变换有着理想的效果，然而，当超过二维时，这种变换在时间上的消耗和所需存储空间的急剧增大，使得其仅仅在理论上是可行的，而在实际应用中几乎不能实现。这时往往要求从具体的应用情况中寻找特点，如利用一些被检测图像的先验知识来设法降低参数空间的维数以降低变换过程的时间。

参考文献

[1] 陈兵旗.实用数字图像处理与分析 [D].第 2 版.北京：中国农业大学出版社，2014.

[2] 陳兵旗,渡辺兼五,東城清秀.田植ロボットの視覚部に関する研究(第 2 報)[J].日本農業機械学会誌,1997,59 (3):23-28.

第8章

几何变换[1]

8.1 关于几何变换

像图 8.1 所示的变形图像，在图像处理领域被称为几何变换（geometric transformation）。图 8.1 为对宠物兔的图像进行透视变换（perspective transformation）后得到的结果。几何变换在许多场合都有应用。例如，在天气预报中看到的云层图像，就是经过几何变换后获得的图像。由于从人造卫星上用照相机拍摄的图像，包含有镜头引起的变形，需要通过几何变换进行校正，才能得到无变形的图像。

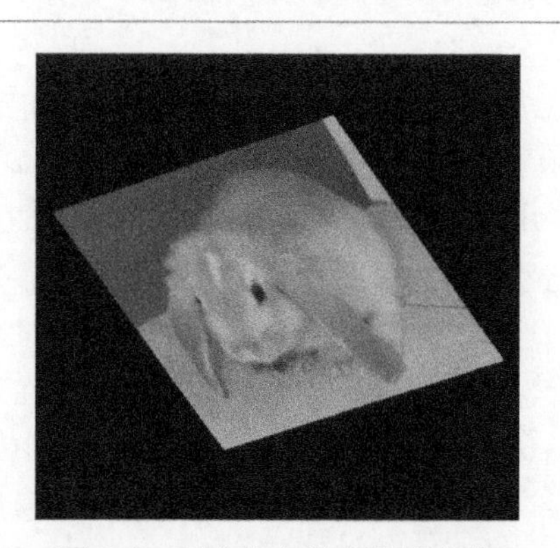

图 8.1　对宠物兔进行透视变换

那么，几何变换是一种什么样的处理呢？几何变换是通过改变像素的位置实现的。与此相对，本章以外的处理都是改变灰度值的处理。几何变换中有放大缩小（dilation）、平移（translation）、旋转（rotation）等几种处理，下面以简单的例子进行说明。

首先，对本章中使用的坐标系进行一下说明。通常图像处理的坐标系是使用以左上角为原点向右及向下为正方向，但是用这样的坐标系以原点为中心放大图像的话，如图 8.2(a) 所示的那样图像的范围只在右下方向外移出。而以图像的正中间为中心放大图像，使其上下左右均等地向外移出，感觉上更自然。因此，如图 8.2(b) 所示的那样以图像的中心为原点的坐标系更方便，这就是本章所采用的坐标系。

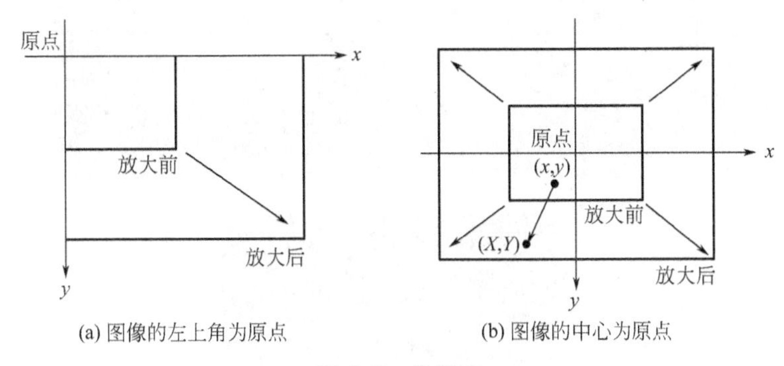

(a) 图像的左上角为原点　(b) 图像的中心为原点

图 8.2　坐标系

8.2 放大缩小

首先，考虑改变一下图像的大小。如图 8.2(b) 所示，某一点 (x,y) 经过放大缩小后其位置变为 (X,Y)，则两者之间有如下关系：

$$\begin{aligned} X&=ax \\ Y&=by \end{aligned} \tag{8.1}$$

其中，a、b 分别是 x 方向、y 方向的放大率。a、b 比 1 大时放大，比 1 小时缩小。对于所有的像素点 (x,y) 进行计算，把输入图像上的点 (x,y) 的灰度值代入输出图像上的点 (X,Y) 处，就可以把图像放大或缩小了。

使用上述方法把图像缩小 1/2 的例子（$a=b=1/2$ 时）和放大 2 倍的例子（$a=b=2$ 时）分别被表示在图 8.3(b) 和 (c)。缩小 1/2 的图像似乎没有什么问题，但是放大 2 倍的图像有点怪异，怎么回事呢？

让我们看一下图 8.4，当输入图像的像素 p 对应于输出图像的 p'，输入图像上的 p 点的邻点 q 以及再下一个邻点 r 分别对应于输出图像上的 q' 和 r' 时，q' 和 r' 按照放大率或者接近 p' 点或者远离 p' 点。缩小 1/2 时，如图 8.4(a) 所示 q 点所对应 q' 点的位置不在像素位置，这样在输出图像上将自动被取消，从而 p' 和 r' 点成为邻点。另一方面，放大 2 倍的情况，如图 8.4(b) 所示，q' 和 r' 是相隔一个像素排列的，即输出图像上的 p' 点的邻点以及 q' 点的邻点什么也没有写入。这就是图 8.3(c) 中像素呈现断断续续状态的原因。

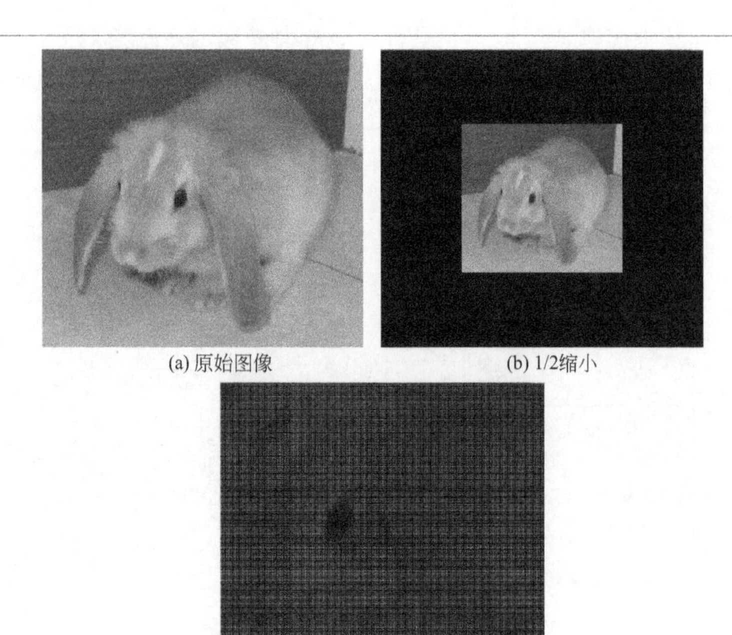

(a) 原始图像　(b) 1/2缩小　(c) 2倍放大

图 8.3 直观放大缩小的处理例

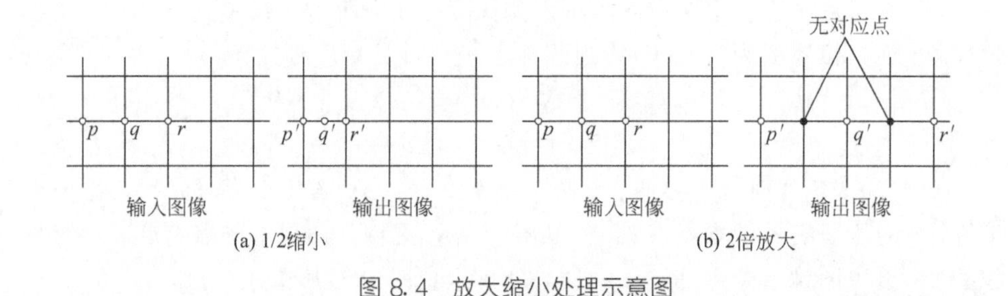

(a) 1/2缩小　(b) 2倍放大

图 8.4 放大缩小处理示意图

以上的做法是以输入图像为基准来查找输出图像上的对应点，在放大时出现了输出图像上的一些位置没有对应像素值的情况。如果以输出图像为基准，对于输出图像上的每个像素查找其在输入图像上的对应像素，就可以避免上述现象。为此，可以考虑式(8.1) 的逆运算，即：

$$\begin{aligned} x &= X/a \\ y &= Y/b \end{aligned} \tag{8.2}$$

如果对于输出图像上的所有像素 (X,Y)，用式(8.2) 进行计算，求出对应的输入图像上的像素 (x,y)，写入这个像素的灰度值的话，图 8.3(c) 所示的现象就不会产生了。以这种方式进行缩小 1/2 和放大 2 倍的例子显示在图 8.5，看上去比较正常。

式(8.2)进行的是实数运算，x 和 y 包括小数位。然而，输入图像的像素地址必须是整数，所以对于地址计算，有必要采取某种形式进行整数化。在此，经常用的整数化方式就是四舍五入取整方法。在图像上考虑的话，如图 8.6 所示，就是选择最靠近坐标点（x，y）的方格上的点，从而被称为最近邻点法（nearest neighbor approach），也被称为零阶内插（zero-order interpolation）。对于这种方法，从图 8.5(c) 的放大图可以看出图像呈现马赛克状(mosaic)，这种现象放大率越大将越明显。

(a) 缩小1/2

(b) 放大2倍

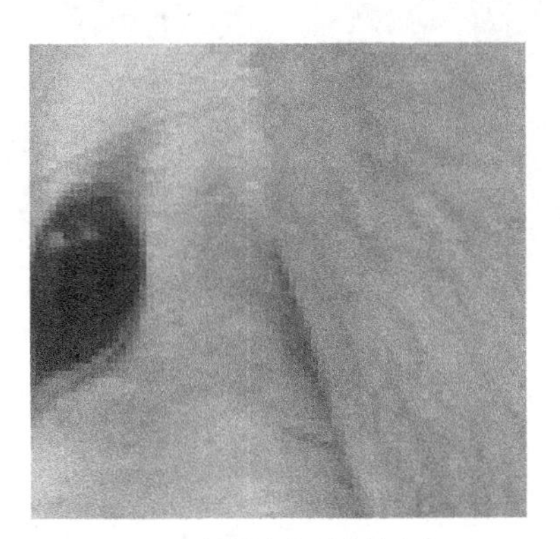
(c) 图像中心部分放大

图 8.5 放大缩小处理例（最近邻点法）

为了提高精度，可以采用被称为双线性内插（bilinear interpolation approach）的方法。这种方法是当所求的地址不在方格上时，求到相邻的 4 个方格上点的距离之比，用这个比率和 4 邻点（four nearest neighbors）像素的灰度值进行灰度内插，见图 8.7。

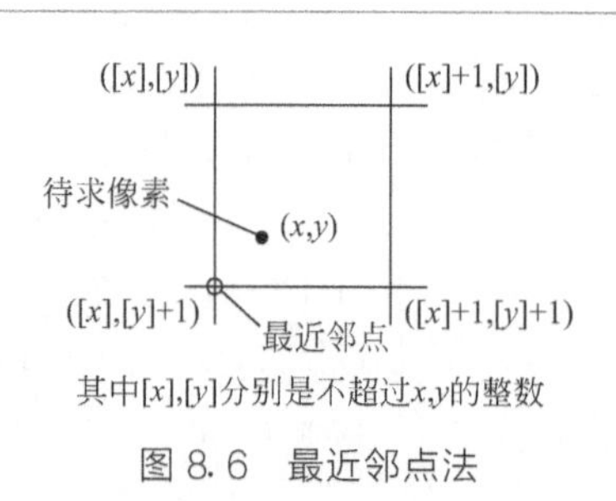

图 8.6　最近邻点法

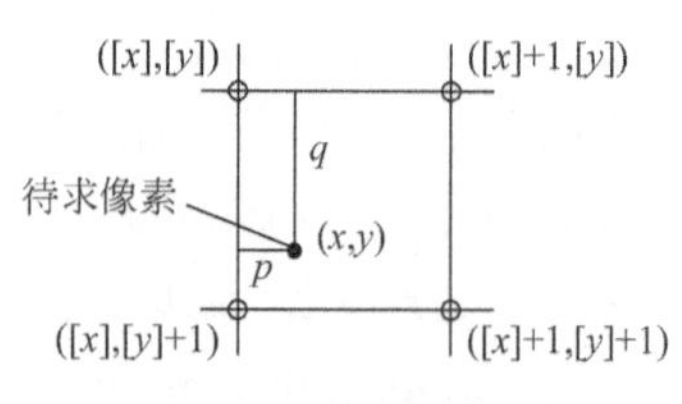

图 8.7　双线性内插法

这个灰度值的计算式如下：

$$
\begin{aligned}
d(x,y)=&(1-q)\{(1-p)d([x],[y])+pd([x]+1,[y])\}+\\
&q\{(1-p)d([x],[y]+1)+pd([x]+1,[y]+1)\}
\end{aligned}
\tag{8.3}
$$

在此，$d(x,y)$ 表示坐标（x，y）处的灰度值，［x］和［y］分别是不超过 x 和 y 的整数值。用双线性内插法处理的例子如图 8.8 所示。图 8.8(c) 的放大图也没有呈现马赛克状，而显现很平滑的状态。这种双线性内插法不仅可采用上述的 4 邻点，也可采用 8 邻点、16 邻点、24 邻点等，进行高次内插。

(a) 缩小1/2

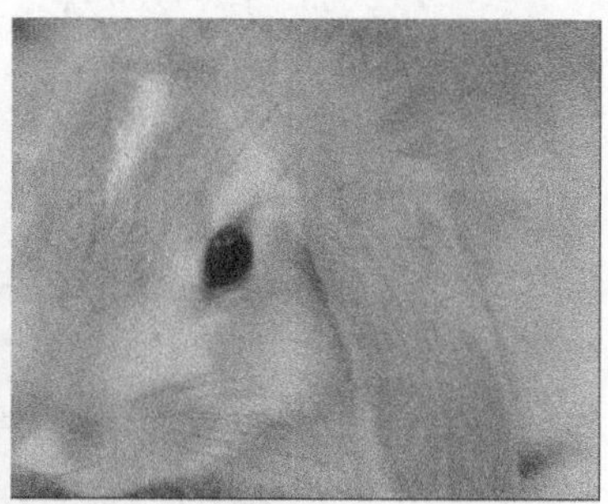

(b) 放大2倍

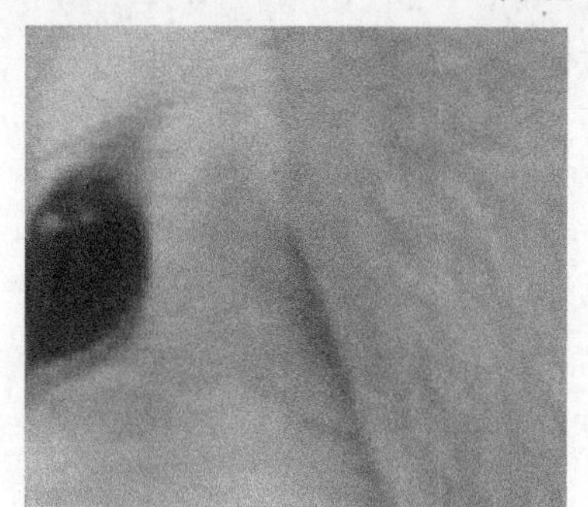

(c) 图像中心部分放大

图 8.8　放大缩小处理例（双线性内插法）

8.3 平移

下面让我们分析一下图像位置的移动。如图 8.9 所示，为了使图像分别沿 x 坐标和 y 坐标向右下平移 x_0 和 y_0，需要采用如下的平移（translation）变换公式：

$$X = x + x_0$$
$$Y = y + y_0 \tag{8.4}$$

逆变换公式如下所示：

$$x = X - x_0$$
$$y = Y - y_0 \tag{8.5}$$

平移变换的处理实例显示在图 8.10。

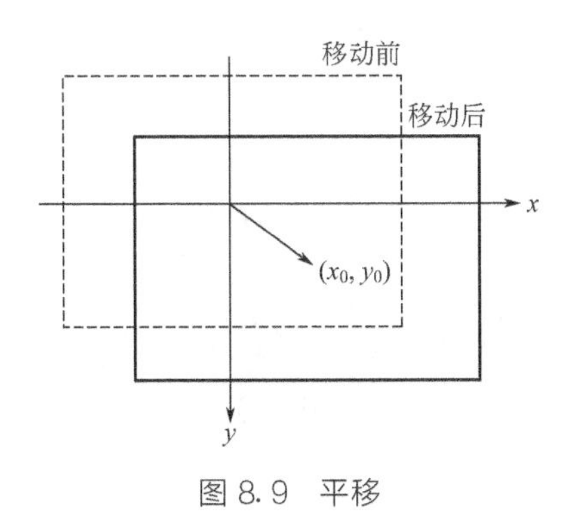

图 8.9 平移

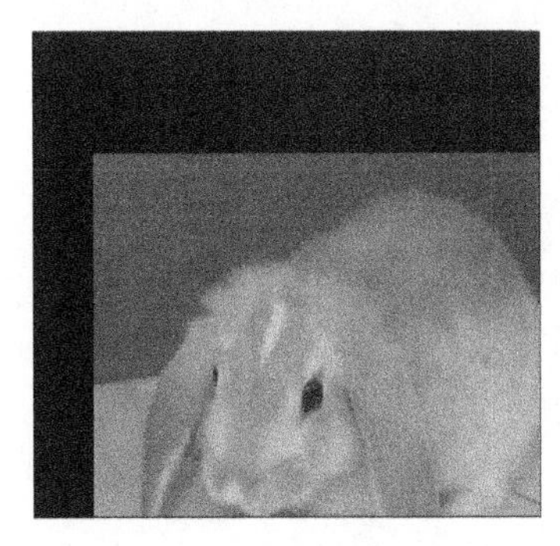

图 8.10 平移的处理实例

8.4 旋转

下面考虑一下旋转图像（rotation image）。如图 8.11 所示，使图像逆时针旋转 $\theta°$需要如下的变换公式：

$$X = x\cos\theta + y\sin\theta$$
$$Y = -x\sin\theta + y\cos\theta \tag{8.6}$$

逆变换公式如下所示：

$$x = X\cos\theta - Y\sin\theta$$
$$y = X\sin\theta + Y\cos\theta \tag{8.7}$$

旋转变换（rotation transform）处理实例如图 8.12 所示。

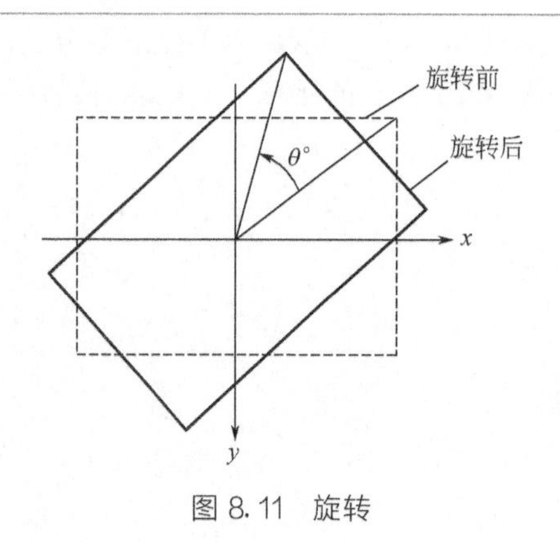

图 8.11 旋转

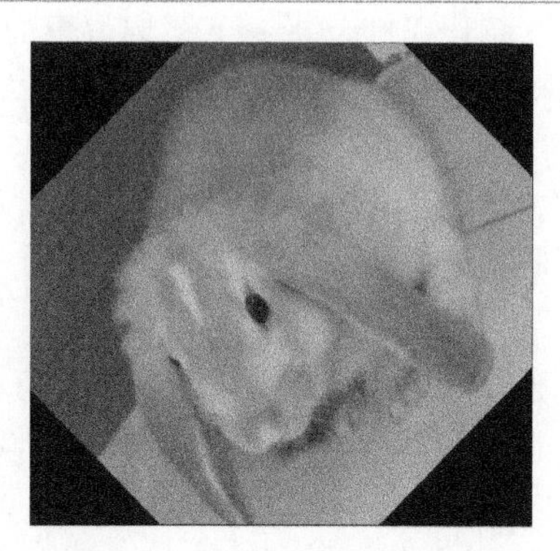

图 8.12 旋转变换处理实例

8.5 复杂变形

组合上述的放大缩小、平移、旋转，就可以实现各种各样的变形。到目前为止，所说明的方法都是以原点为中心进行的变形，而以任意点为中心旋转、放大缩小也是可能的。例如，以（x_0, y_0）为中心旋转，如图 8.13 所示，首先平移（$-x_0, -y_0$），使（x_0, y_0）回到原点后，旋转 θ°角，最后再平移（x_0, y_0）就可以了。

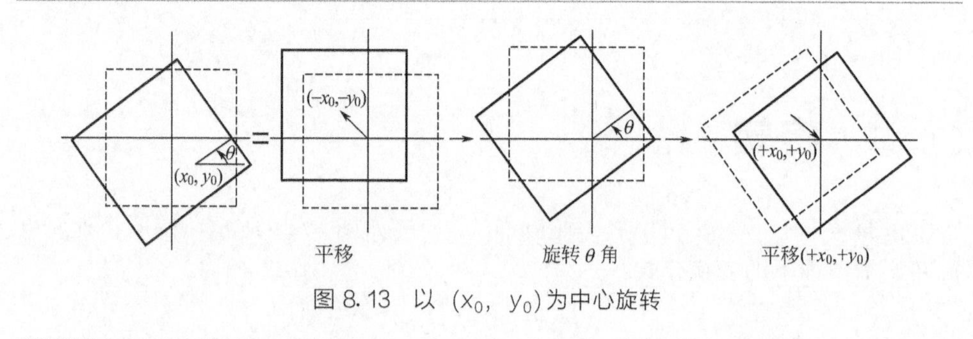

图 8.13 以（x_0，y_0）为中心旋转

用这种方法，在处理过程中，为了计算像素的灰度值，需要不断地计算地址和存取像素，所以要耗费许多时间。为了节省时间，可以用式(8.8) 先集中

计算地址：

$$X=(x-x_0)\cos\theta+(y-y_0)\sin\theta+x_0$$
$$Y=-(x-x_0)\sin\theta+(y-y_0)\cos\theta+y_0 \tag{8.8}$$

逆变换公式如下所示：

$$x=(X-x_0)\cos\theta-(Y-y_0)\sin\theta+x_0$$
$$y=(X-x_0)\sin\theta+(Y-y_0)\cos\theta+y_0 \tag{8.9}$$

集中计算完地址后，读取一次像素，即可计算出变换结果的灰度值。这种几何变换被称为2维仿射变换（two dimensional affine transformation）。2维仿射变换的一般表示公式如下：

$$X=ax+by+c$$
$$Y=dx+ey+f \tag{8.10}$$

逆变换公式如下：

$$x=AX+BY+C$$
$$y=DX+EY+F \tag{8.11}$$

虽然参数不同但形式相同。前面所说明的放大缩小公式(8.2)、平移公式(8.4)和公式(8.5)、旋转公式(8.6) 和公式(8.7) 都包含在公式(8.10) 和公式(8.11) 中。

公式(8.10) 和公式(8.11) 是一次多项式，如果使之成为高次多项式，会产生更加复杂的几何变换。

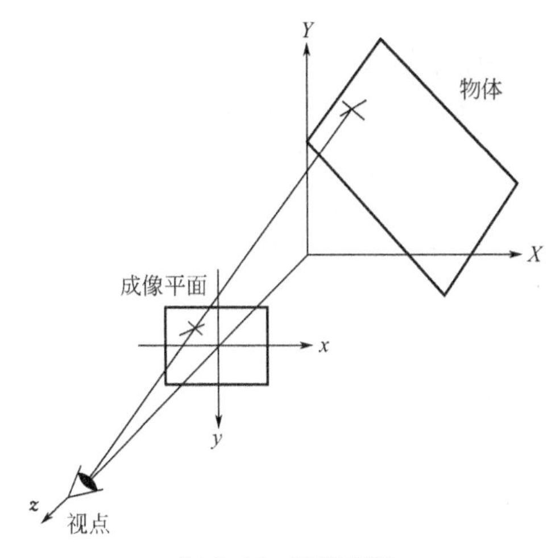

图 8.14　透视变换

图 8.14 所示的图像是被称为透视变换（perspective transform）的一个处理实例。绘画时对远处的东西会描绘得小一些，透视变换也可以生成类似的效果。

如图 8.14 所示，从一点（视点）观看一个物体时，物体在成像平面上的投影图像就是透视变换图像。这种透视变换用以下两式来表达：

$$
\begin{aligned}
X&=(ax+by+c)/(px+qy+r) \\
Y&=(dx+ey+f)/(px+qy+r)
\end{aligned}
\tag{8.12}
$$

逆变换公式如下所示：

$$
\begin{aligned}
x&=(AX+BY+C)/(PX+QY+R) \\
y&=(DX+EY+F)/(PX+QY+R)
\end{aligned}
\tag{8.13}
$$

正逆变换的形式相同。在此，a、b、c 与 A、B、C 等是变换系数，决定于视点的位置，成像平面的位置以及物体的大小。这些系数用齐次坐标（homogeneous coordinate）的矩阵形式运算可以简单地求出，处理示例被显示在图 8.15。

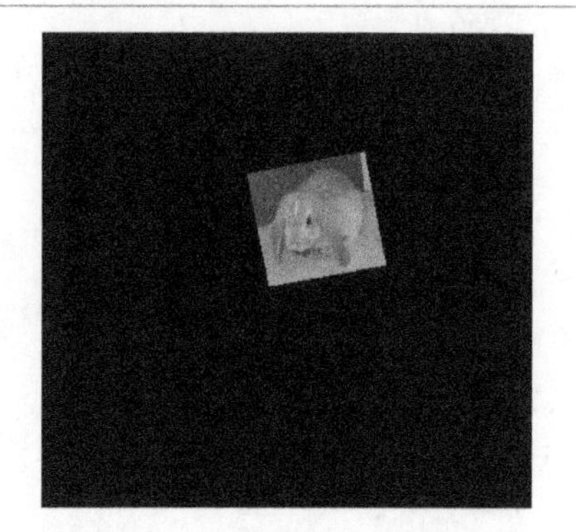

图 8.15 透视变换的处理实例

8.6 齐次坐标表示

几何变换采用矩阵处理更方便。2 维平面 (x,y) 的几何变换能够用 2 维向量 $[x,y]$ 和 2×2 矩阵来表现，但是却不能表现平移。因此，为了能够同样地处理平移，增加一个虚拟的维 1，即通常使用 3 维向量 $[x,y,1]^{\mathrm{T}}$ 和 3×3 的矩阵。这个 3 维空间的坐标 $(x,y,1)$ 被称为 (x,y) 的齐次坐标。

基于这个齐次坐标，仿射变换可表现为：

$$
\begin{bmatrix} X \\ Y \\ 1 \end{bmatrix} = \begin{bmatrix} a & b & c \\ d & e & f \\ 0 & 0 & 1 \end{bmatrix} \begin{bmatrix} x \\ y \\ 1 \end{bmatrix} \tag{8.14}
$$

上式与式(8.10) 是一致的。另外放大缩小表现为：

$$
\begin{bmatrix} X \\ Y \\ 1 \end{bmatrix} = \begin{bmatrix} a & 0 & 0 \\ 0 & b & 0 \\ 0 & 0 & 1 \end{bmatrix} \begin{bmatrix} x \\ y \\ 1 \end{bmatrix} \tag{8.15}
$$

平移的齐次坐标表示为：

$$\begin{bmatrix} X \\ Y \\ 1 \end{bmatrix} = \begin{bmatrix} 1 & 0 & x_0 \\ 0 & 1 & y_0 \\ 0 & 0 & 1 \end{bmatrix} \begin{bmatrix} x \\ y \\ 1 \end{bmatrix} \tag{8.16}$$

旋转的齐次坐标表示为：

$$\begin{bmatrix} X \\ Y \\ 1 \end{bmatrix} = \begin{bmatrix} \cos\theta & \sin\theta & 0 \\ -\sin\theta & \cos\theta & 0 \\ 0 & 0 & 1 \end{bmatrix} \begin{bmatrix} x \\ y \\ 1 \end{bmatrix} \tag{8.17}$$

式(8.15)～(8.17) 分别与前述的式(8.1)、式(8.4)、式(8.6) 一致。组合这些矩阵能够表示各种各样的仿射变换。例如，以（x_0，y_0）为中心旋转，可以表示为如式(8.18) 所示的平移和放大缩小矩阵乘积的形式：

$$\begin{bmatrix} X \\ Y \\ 1 \end{bmatrix} = \begin{bmatrix} 1 & 0 & x_0 \\ 0 & 1 & y_0 \\ 0 & 0 & 1 \end{bmatrix} \begin{bmatrix} \cos\theta & \sin\theta & 0 \\ -\sin\theta & \cos\theta & 0 \\ 0 & 0 & 1 \end{bmatrix} \begin{bmatrix} 1 & 0 & -x_0 \\ 0 & 1 & -y_0 \\ 0 & 0 & 1 \end{bmatrix} \begin{bmatrix} x \\ y \\ 1 \end{bmatrix} \tag{8.18}$$

式(8.18) 展开后与式(8.8) 是一致的。

透视变换等是 3 维空间的变换，用 4 维向量和 4×4 的矩阵来表现。如空间中一点分别在两个坐标系的坐标为（X,Y,Z）和（x,y,z），则其坐标变换公式用旋转矩阵 R 和平移矩阵 t 可描述为：

$$\begin{bmatrix} X \\ Y \\ Z \\ 1 \end{bmatrix} = \begin{bmatrix} R & t \\ 0^{\mathrm{T}} & 1 \end{bmatrix} \begin{bmatrix} x \\ y \\ z \\ 1 \end{bmatrix} \tag{8.19}$$

其中，R 为 3×3 的旋转矩阵（rotation matrix）；t 为 3 维平移向量（translation vector）；$0=(0,0,0)^{\mathrm{T}}$。这种透视变换经常应用在计算机图形学（computer graphics）等领域。

参考文献

[1] 陈兵旗.实用数字图像处理与分析［M］.第 2 版.北京：中国农业大学出版社，2014.

第9章

单目视觉测量[1,2]

本章以便携式单目测量系统为依托，介绍单目测量的硬件构成、基本原理、实现方法和测量精度等。

9.1 硬件构成

单目测量是指仅利用一台摄像机拍摄单张图像来进行测量工作。其优点是结构简单、携带和标定方便、测量精度较高等。单目测量技术在近几年引起了人们的关注，并广泛应用于建筑物室内场景测量、交通事故调查测量等领域。在单目视觉系统中，需要将标定模板和待测物同时放到一个场景中进行拍摄，这样在一幅图像中就需要同时包含标定信息和待测信息，数据信息较多。因此对图像采集设备的成像质量，尤其是图像分辨率有比较高的要求。

单目视觉系统的硬件组成如图 9.1 所示，包括以下内容。

① 标定板。根据标定方法的不同选择不同的标定模板，由于单目视觉技术只适用于空间二维平面，因此必须保证标定模板与待测物放置在同一平面上。

② 摄像机。用于图像采集。

③ 三脚架。用来调整摄像机的高度及视角。也可以手持拍摄，不用三脚架。

④ 计算机。用来进行图像的存储、处理和保存。

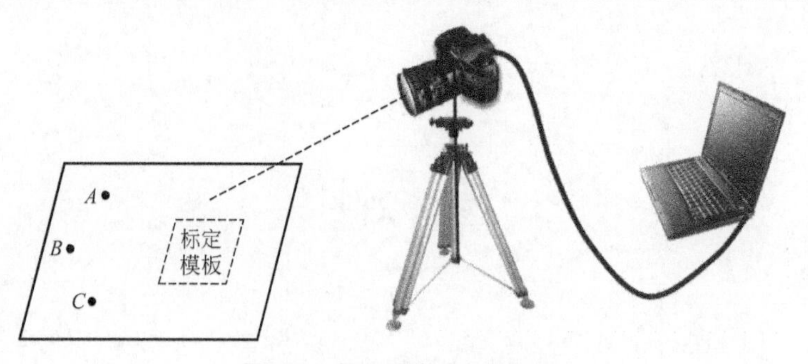

图 9.1　单目视觉系统构成图

现在一台平板电脑（或手机）加一个标定板，就可以替代上述硬件装置，单目测量变得更加方便。本章依托的单目测量系统就是基于平板电脑的便携式系统，如图 9.2 所示，其摄像头解像度为 4096×3072 像素。配套的标定尺和标识点，分别如图 9.3 和图 9.4 所示。

图 9.2　便携式单目测量系统

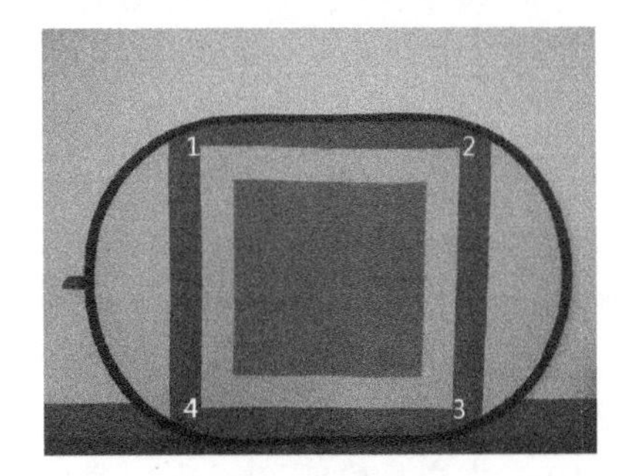

图 9.3　标定尺

图 9.4　标识点

为了方便自动检测标定尺和标识点，本系统设计了蓝、黄、红三色组合的标定尺（图 9.3）和作为检测目标的标识点（图 9.4）。标定尺的蓝黄边界为长、宽各 80cm 的正方形，检测出该正方形 4 个角作为标定数据。

标识点为边长 20cm 的正方形，标识点蓝黄边界指向下方的交点，作为检测的目标点。在测量时，将斜向下的黄色角点放在待测目标的位置，通过在图像中检测该黄色角点的位置，完成对待测目标的定位。

9.2　摄像机模型

在机器视觉中，物体在世界坐标系下的三维空间位置到成像平面的投影可以用一种几何模型来表示，这种几何模型将图像的 2D 坐标与现实空间中的 3D 坐标联系在一起，这就是常说的摄像机模型。

9.2.1 参考坐标系

在摄像机模型中，一般要涉及四种坐标系：世界坐标系、摄像机坐标系、图像物理坐标系、图像像素坐标系。了解这四个坐标系的意义及其关系对图像恢复和信息重构有重要作用。

① 图像像素坐标系：数字图像在计算机中以离散化的像素点的形式表示，图像中每个像素点的亮度值或灰度值以数组的形式存储在计算机中。以图像左上角的像素点为坐标原点，建立以像素为单位的平面直角坐标系，为图像像素坐标系，每个像素点在该坐标系下的坐标值表示了该点在图像平面中与图像左上角像素点的相对位置。

② 图像物理坐标系：在图像中建立的以相机光轴与图像平面的交点（一般位于图像中心处）为原点、以物理单位（如毫米）表示的平面直角坐标系，如图 9.5 中的坐标系 XO_1Y。像素点在该坐标系下的坐标值可以体现该点在图像中的物理位置。

③ 摄像机坐标系：图 9.5 中，坐标原点 O_c 与 X_c 轴、Y_c 轴、Z_c 轴构成的三维坐标系为摄像机坐标系，其中，O_c 为相机的光心，X_c 轴、Y_c 轴与图像坐标系的 X 轴、Y 轴平行，Z_c 轴为相机光轴，与图像平面垂直。

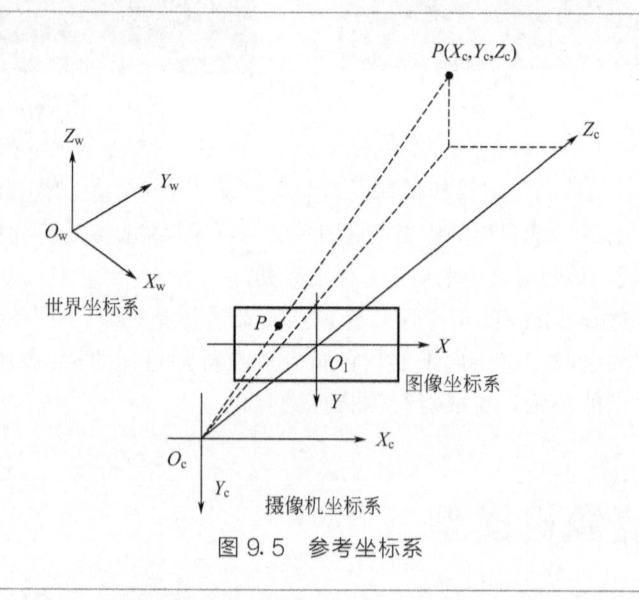

图 9.5 参考坐标系

④ 世界坐标系：根据现实环境选择的三维坐标系，相机和场景的真实位置

坐标都是相对于该坐标系的，世界坐标系一般用O_w点和X_w轴、Y_w轴、Z_w轴来描述，可根据实际情况任意选取。

以上摄像机模型所涉及的4个坐标系中，最受关注的是世界坐标系和图像像素坐标系。

9.2.2 摄像机模型分析

摄像机成像模型一般分为线性摄像机模型和非线性摄像机模型两种。线性相机模型也被称为针孔模型，是透视投影中最常用的成像模型，该模型是一种理想状态下的成像模型，并没有考虑相机镜头畸变对成像带来的影响。因此，在镜头畸变较大的场合，非线性模型更能准确地描述相机成像过程。但随着相机镜头制作工艺的提高，现代许多相机的镜头畸变几乎可以忽略不计，在这种情况下，线性模型与非线性模型的差别并不大，并且，线性模型求解简单，使用方便，因此在视觉测量中有着更广泛的应用。本章基于线性摄像机模型，介绍空间点到其像点之间的映射关系。

在线性模型中，物点、相机光心、像点三点共线，如图9.5所示。空间点、光心的连线与成像平面的交点就是其对应的像点，一个物点在像平面上有唯一的像点与之对应。场景中任意点P的图像像素坐标与世界坐标之间的关系可用齐次坐标和矩阵的形式表示为式(9.1)。

$$Z_c\begin{bmatrix}u\\v\\1\end{bmatrix}=\begin{bmatrix}\frac{1}{dx} & 0 & u_0\\0 & \frac{1}{dy} & v_0\\0 & 0 & 1\end{bmatrix}\begin{bmatrix}f & 0 & 0 & 0\\0 & f & 0 & 0\\0 & 0 & 1 & 0\end{bmatrix}\begin{bmatrix}R & T\\0^T & 1\end{bmatrix}\begin{bmatrix}X_w\\Y_w\\Z_w\\1\end{bmatrix}$$

$$=\begin{bmatrix}f_x & 0 & u_0 & 0\\0 & f_y & v_0 & 0\\0 & 0 & 1 & 0\end{bmatrix}\begin{bmatrix}R & T\\0^T & 1\end{bmatrix}\begin{bmatrix}X_w\\Y_w\\Z_w\\1\end{bmatrix}=M_1M_2X_w=MX_w \tag{9.1}$$

其中，(u,v)为点P在图像平面上投影点的图像像素坐标，$X_w=[X_w,Y_w,Z_w,1]^T$，描述其世界坐标。$f_x=f/dx$，为相机在x方向上的焦距；$f_y=f/dy$，为相机在y方向上的焦距，M_1中的参数f_x、f_y、u_0、v_0都与相机自身的内部结构相关，因此，称为内部参数，M_1为内参矩阵。M_2中的旋转矩阵R与平移向量T表现的是相机相对于世界坐标系的位置，因此称为外部参数，M_2为外参矩阵。M为M_1与M_2的乘积，是一个3×4的矩阵，称为投影矩阵，该矩阵可体现任意空间点的图像像素坐标与世界坐标之间的关系。

通过式(9.1)可知，若已知投影矩阵M和空间点世界坐标X_w，则可求得空间点的图像坐标（u，v），因此，在线性模型中，一个物点在成像平面上对应唯一的像点。但反过来，若已知像点坐标（u,v）和投影矩阵 M，代入式(9.1)，只能得到关于 X_w 的两个线性方程，这两个线性方程表示的是像点和光心的连线，即连线上所有点都对应着该像点。

要获取待测目标的距离参数，关键环节之一是从二维图像中还原待测目标在三维场景中的坐标信息，而由以上讨论可知，在线性模型中，一个像点对应的物点并不具有唯一性，因此，只通过一幅图像对图像场景进行三维重建是不现实的。但是，在许多场景下，待测目标都可近似看成位于同一平面，这时，只需建立待测目标所在平面（以下简称“世界平面”）与图像平面之间的对应关系即可实现对待测目标的三维重建，线性摄像机模型也可简化成平面摄像机模型，如图 9.6 所示。

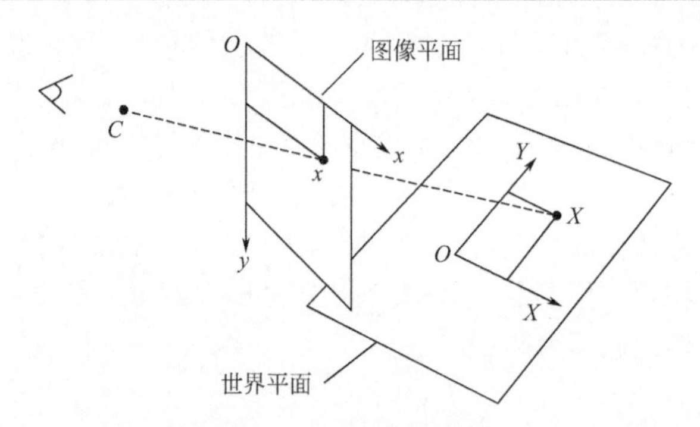

图 9.6 平面摄像机模型

在图 9.6 中，C 为相机光心，即针孔成像中的针孔，空间点 X 在图像平面上的对应点为像点 x，令 $X=[X,Y,Z,1]$, $x=[x,y,1]$ 分别表示空间点在世界坐标系和图像像素坐标系下的齐次坐标，则根据式(9.1) 变换可得以下关系式：

$$\lambda x = PX \tag{9.2}$$

在式(9.2) 中，P 为 3×4 的矩阵，$\lambda \in R$ 是与齐次世界坐标 X 有关的比例缩放因子，将世界坐标系的原点、X 轴、Y 轴设置在待测平面上，则 Z 轴与待测平面垂直，X 的齐次坐标可简化为 $[X, Y, 0, 1]$，代入式(9.2) 得：

$$\lambda \begin{bmatrix} x \\ y \\ 1 \end{bmatrix} = [P_1, P_2, P_3, P_4] \begin{bmatrix} X \\ Y \\ 0 \\ 1 \end{bmatrix} = [P_1, P_2, P_4] \begin{bmatrix} X \\ Y \\ 1 \end{bmatrix} \tag{9.3}$$

$$= \begin{bmatrix} H_{11} & H_{12} & H_{13} \\ H_{21} & H_{22} & H_{23} \\ H_{31} & H_{32} & H_{33} \end{bmatrix} \begin{bmatrix} X \\ Y \\ 1 \end{bmatrix}$$

由上式可知，三维空间平面上的点与图像平面上的点之间的关系可通过一个 3×3 的齐次矩阵 $H=[P_1,P_2,P_3]$ 来描述，H 即为单应矩阵，世界坐标可通过式(9.3) 转换成图像像素坐标，相反地，图像像素坐标可通过式(9.4) 转换成世界坐标。

$$sX=H^{-1}x \tag{9.4}$$

9.3 摄像机标定

摄像机标定的目的在于为世界坐标系的三维物点和图像坐标系中的二维像点之间建立一种映射关系，而空间物体表面某点的三维几何位置与其在图像中对应点之间的相互关系是由摄像机成像的几何模型决定的。在线性模型中，三维物点与对应像点之间的投影关系与摄像机的内外参数相关，用 3×4 的投影矩阵 M 来描述，摄像机标定的过程就是求解摄像机内外参数的过程，即求取投影矩阵 M 的过程。

本章介绍的是特殊的线性摄像机模型——平面摄像机模型，在该模型中，世界坐标系与像素坐标系之间的投影关系用单应矩阵 H 进行描述，当待测目标位于同一平面上时，待测平面与图像平面之间的关系可以用单应矩阵 $H(H^{-1})$ 来表示，只要能求得 H^{-1}，便可将待测目标的像素坐标转换成待测平面上的世界坐标，再进一步计算距离等参数。对单应矩阵 H^{-1} 的求取就是摄像机标定过程。

求取单应矩阵的算法主要有点对应算法、直线对应算法以及利用两幅图像之间的单应关系进行约束的算法等。以下介绍点对应算法。

假定在平面相机模型中，存在 N 对对应点，其世界坐标和图像坐标都已知，设其中某一点的世界坐标和图像坐标分别为$[X_i,Y_i,1]^T$ 和$[x_i,y_i,1]^T$，则根据式(9.4) 可得到如式(9.5) 所示的两个线性方程。其中，$h=(h_0,h_1,h_2,h_3,h_4,h_5,h_6,h_7,h_8)^T$，是矩阵 H^{-1} 的矢量形式。

$$\begin{aligned}(x_i \quad y_i \quad 1 \quad 0 \quad 0 \quad 0 \quad -x_iX_i \quad -y_iX_i \quad -X_i)h=0\\(0 \quad 0 \quad 0 \quad x_i \quad y_i \quad 1 \quad -x_iY_i \quad -y_iY_i \quad -Y_i)h=0\end{aligned} \tag{9.5}$$

那么，N 对对应点可以得到 $2N$ 个关于 h 的线性方程，由于 H^{-1} 是一个齐次矩阵，它的 9 个元素只有 8 个独立，换言之，虽然它有 9 个参数，实际上只有 8 个未知数，因此，当 $N\geqslant4$ 时，即可得到足够的方程，实现单应矩阵 H^{-1} 的估计，完成摄像机标定。

9.4 标定尺检测

标定尺检测（标尺检测）的主要目的是自动提取标定点的图像坐标，标尺检测的通用、快速和精度性，直接影响整个测量系统的性能，本系统开发了以下标尺检测算法。首先将彩色标尺图像读入系统内存，采用固定步长对整幅图像由底部向顶部进行扫描，当检测到一个标尺底部蓝黄区域的交点时，停止扫描，将该点作为追踪起始点，然后采用局部扫描的方法，逆时针追踪所有黄色区域外边界点，如图 9.7 所示。将追踪到的边界点坐标存入一个链表中，追踪完成后，从链表中提取 4 个角点坐标，并通过 Hough 变换、像素值精定位，提高角点定位精度，最终确认角点坐标。

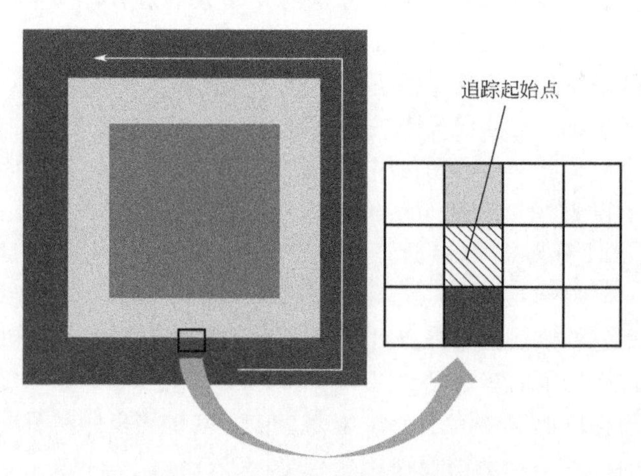

图 9.7 黄色区域外边界点追踪

9.4.1 定位追踪起始点

定位追踪起始点所采用的方法为固定步长对整幅图像进行线扫描，将图像在水平方向上等分为 10 份，等分线分别为 $x = xsize/10$、$xsize/5$、$3xsize/10$、…、$9xsize/10$，其中 $xsize$ 为图像宽度。以这些等分线为目标，从 $x = xsize/2$ 开始，由图像中心向两边依次进行线扫描操作，如图 9.8 所示，图中虚线代表扫描线位置。

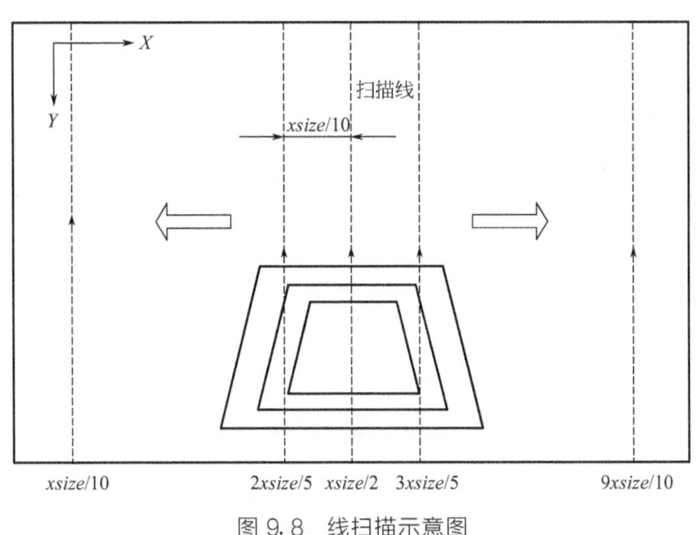

图 9.8 线扫描示意图

线扫描的具体步骤如下（$step=20$）。

① 从图像顶部向底部依次读取当前扫描线上像素点的红色（R）、绿色（G）、蓝色（B）分量，分别存入数组 $buff\_r[ysize]$、$buff\_g[ysize]$、$buff\_b[ysize]$ 中，$ysize$ 为图像高度。

② 定义一个整数 num，用于记录扫描所得的标尺区域的连续像素点个数，初值为 0。从 $j=ysize-1$（j 为当前扫描点的 y 坐标，且 $step\leqslant j<ysize$）开始，逐元素扫描数组 $buff\_r$、$buff\_g$、$buff\_b$，即由图像底部向顶部对扫描线上各点进行扫描，判断其 RGB 分量是否满足式(9.6)，该式描述的是标尺蓝色区域像素点的 RGB 数值关系。

$$\begin{cases}B>100\\B-R>30\\B-G>30\end{cases} \text{或} \begin{cases}B\leqslant 100\\B-R>10\\B-G>10\end{cases} \text{或} \begin{cases}B>200\\B>R\\B>G\end{cases} \text{或} \begin{cases}\dfrac{B}{R}>1.1\\\dfrac{B}{G}>1.1\end{cases} \tag{9.6}$$

③ 当扫描到目标点 P_1，其 RGB 值满足等式(9.6) 时，表明该点携带了标尺蓝色区域所拥有的颜色信息，将 P_1 作为标尺蓝色区域的候选点，并对该点上方 $step$ 像素处，RGB 分量分别为 $buff\_r[j-step]$、$buff\_g[j-step]$、$buff\_b[j-step]$ 的目标点 P_2 进行判定，若满足式(9.7) 或式(9.8)［式(9.7) 与式(9.8) 都表示标尺黄色区域的 RGB 数值关系，前者为正常光照状态，后者为强反光状态］，则认为点 P_2 为标尺黄色区域点，并暂时将候选点 P_1 作为标尺蓝色区域点，num 的值加 1。令 $j=j-1$，继续

向上扫描。若上方像素点也为标尺蓝色区域点，则 num 值继续加 1；否则清空 num 值。当 $num > step/4$ 时，认为该扫描线上存在标尺信息，停止扫描，记录当前的 j 值。

$$\begin{cases} R<100 \\ R-B>10 \\ G-B>10 \end{cases} \text{或} \begin{cases} R\geqslant 100 \\ R-B>50 \\ G-B>50 \end{cases} \text{或} \begin{cases} R\geqslant 100 \\ R>B \\ G>1.2B \end{cases} \tag{9.7}$$

$$\begin{cases} R>200 \\ G>200 \\ R>B \\ G>B \end{cases} \text{或} \begin{cases} R=255 \\ G=255 \end{cases} \tag{9.8}$$

④ 以 $Y=start=j-step/4$ 为起点，对扫描线上 Y 坐标在 $[start-step, start]$ 区间内的像素点进行向上局部扫描，当目标点的 RGB 值满足式(9.9)时，表明已经扫描到黄蓝区域的边界处，此时停止扫描，记录并标记当前的目标点（x，y）为红、绿、蓝分量分别为 250、0、0 的标记颜色 F_c，将该点作为追踪起始点，追踪标尺黄色区域外轮廓点。

$$R>B \text{ 或} G>B \text{ 或} R=G=B=255 \tag{9.9}$$

⑤ 在步骤②中，若当前列扫描结束后，仍没有找到满足条件的目标点，或者在步骤③中，扫描到的标尺区域的连续像素点个数 num 不大于阈值 $step/4$，则认为该扫描线上不存在标尺信息，重复步骤①～⑤，扫描下一列。

⑥ 若图像所有列都扫描完毕后，未发现存在标尺信息的扫描线，则认为当前图像中不存在标尺目标，不再进行下一步检测。

9.4.2 蓝黄边界检测

以上节提取到的边界点 $P_S(x_0, y_0)$ 为追踪起始点，通过对图像进行局部扫描，逆时针追踪所有外边界点，追踪过程中，用一个链表来存储所检测出的边界点坐标信息。具体过程如下：

(1) 向右追踪

首先向右追踪。将 P_S 作为已追踪点 $P(x, y)$，以 $X=x+1$ 为扫描线，对 $Y=sy=y-step$ 到 $Y=ey=y+step$ 区间进行由上而下的扫描操作，如图 9.9 (a) 所示。扫描时会遇到以下三种情况：

① 向右追踪时，首先需要判断追踪过程是否已经循环了一周。若当前扫描线满足式(9.10)，则表明追踪一周后再次回到追踪起始点，这时，停止扫描和追踪，进行下一步操作：确定角点坐标。

$$\begin{cases} x+1=x_0 \\ sy \leqslant y_0 \\ ey \geqslant y_0 \end{cases} \tag{9.10}$$

② 若追踪过程并未循环一周，再进一步判断是否追踪至黄色角点区域。若扫描起始点（$x-1,sy$）的 R、G、B 值满足式(9.11)，则该点为标尺蓝色点，说明已经追踪到了黄色角点附近。这时，在扫描过程中，如果当前扫描点的颜色分量和 Y 坐标满足式(9.12)，停止向右追踪，并以该扫描点作为追踪起始点，开始向上追踪。

$$B>R \quad 且 \quad B>G \tag{9.11}$$

$$\begin{cases} R>B \\ G>B \quad 或\ y_1 \geqslant y（y_1\ 为当前点的\ Y\ 坐标） \\ R<250 \end{cases} \tag{9.12}$$

③ 若追踪过程并未循环一周，并且扫描起始点不为标尺蓝色点，则继续扫描检测边界点。当扫描点的 R、G、B 值满足式(9.11）时，表明已经扫描到了标尺黄蓝交界处的蓝色点，停止扫描，记下当前扫描点，存入链表中，该点即为所要追踪的目标点，将该点标记为标记颜色 F_c，并将该点作为已追踪点 P，继续向右追踪。

(2) 向上追踪

向右追踪结束后开始向上追踪。向右追踪中的过程②提供了向上追踪的起始点，将该点作为已追踪点 $P(x,y)$，以 $Y=y-1$ 为扫描线，对 $X=sx=x-step$ 到 $X=ex=x+step$ 区间进行由左向右的扫描操作，如图 9.9(b) 所示。向上追踪的扫描过程与向右追踪类似。

(3) 向左追踪

向上追踪至黄色角点后，开始向左追踪，以向上追踪提供的起始点作为已追踪点 P（x，y），以 $X=x-1$ 为扫描线，对 $Y=sy=y+step$ 到 $Y=ey=y-step$ 区间进行由下向上的扫描操作，如图 9.9(d) 所示，扫描过程与向右追踪类似。

(4) 向下追踪

向左追踪结束后，开始向下追踪，以向上追踪提供的起始点作为已追踪点 $P(x,y)$，以 $Y=y+1$ 为扫描线，对 $X=sx=x+step$ 到 $X=ex=x-step$ 区间进行由右向左的扫描操作，如图 9.9(c) 所示，扫描过程与向右追踪类似。向下追踪结束后，继续向右追踪，当追踪至整个过程的起始点 $P_S(x_0,y_0)$ 时，追踪结束。

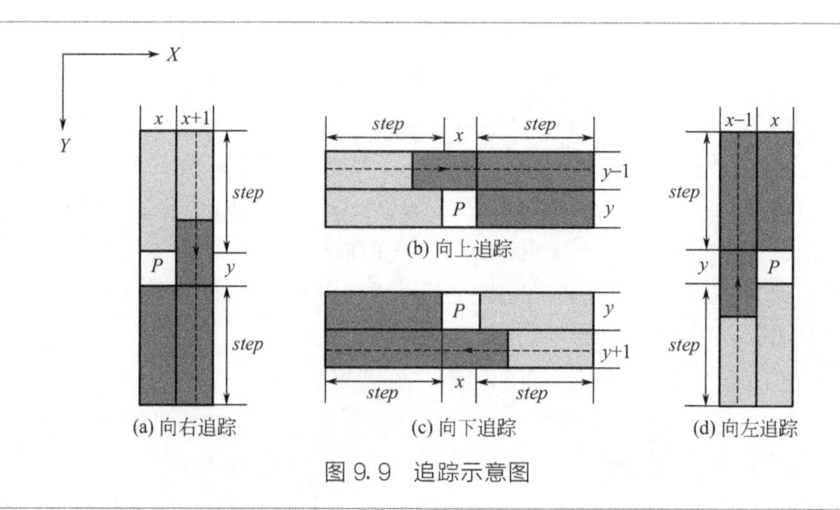

(a) 向右追踪　(b) 向上追踪　(c) 向下追踪　(d) 向左追踪

图 9.9　追踪示意图

其中，点 $P(x,y)$ 为已追踪点，虚线代表扫描线，虚线上箭头代表扫描方向。

9.4.3 确定角点坐标

蓝黄边界追踪完成后，需要从所有的边界点中提取 4 个角点坐标。在本系统中，标尺有菱形放置和矩形放置两种放置方式。不同放置方式，4 个角点在图像上具有不同的坐标特征，可根据这些坐标特征来初步确定 4 个角点的坐标。

在菱形放置下，可将链表中 X 坐标最大和最小及 Y 坐标最大和最小的点认为是标尺的 4 个角点，如图 9.10(a) 所示。在矩形放置下，首先确定（$X+Y$）的最大值和最小值，并将其分别作为左上角和右下角的角点，然后分别在标尺右上角 1/4 区域与标尺下方 1/4 区域提取右上角与左下角的角点，如图 9.10(b) 所示。然后，将（$X+\text{min}Y-Y$）取得最大值的点认为是右上角的角点，将（$X+2\text{max}Y-Y$）取得最大值的点认为是左下角的角点。

根据坐标特征初步确定 4 个角点的坐标后，再进一步利用 Hough 变换定位 4 个角点。具体作法为：以角点所在的两条边上的像素点为目标，分别进行过已知点 Hough 变换（见第 7 章），变换完成后，拟合出两条边所在的两条直线，两条直线之间的交点即为角点。

由于标定的精度直接影响后续测量的精度，而标定的精度很大程度上取决于标定点的定位精度，因此，为了提高标定点，即 4 个角点的定位精度，最后又通过像素值对角点进行了精定位。

4 个标定点的图像坐标得以确定之后，标尺检测结束，下一步通过标定点的图像坐标与世界坐标计算图像平面与世界平面之间的单应矩阵。

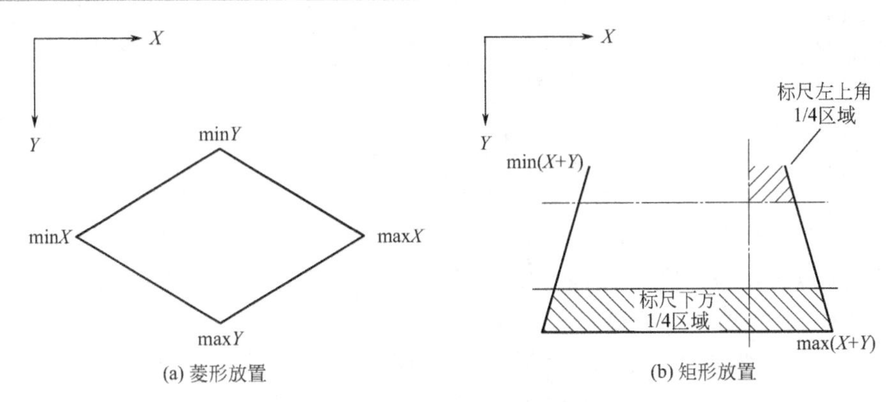

图 9.10 根据坐标特征确定标尺的 4 个角点

9.4.4 单应矩阵计算

4 个已知标定点提供了 8 个形如式(9.5) 的关于单应矩阵 H^{-1} 的线性方程，用矩阵的形式表示为（h 为单应矩阵 H^{-1} 的矢量形式）：

$$Ah=\begin{bmatrix}A_1\\A_2\\A_3\\A_4\end{bmatrix}h=0 \tag{9.13}$$

其中，假定 4 个标定点的图像坐标与世界坐标分别为（x_i，y_i）和（X_i，Y_i），$i=1,2,3,4$，则：

$$A_i=\begin{bmatrix}x_i & y_i & 1 & 0 & 0 & 0 & -x_iX_i & -y_iX_i & -X_i\\0 & 0 & 0 & x_i & y_i & 1 & -x_iY_i & -y_iY_i & -Y_i\end{bmatrix} \tag{9.14}$$

矢量 h 即为 $A^{\mathrm{T}}A$ 的最小特征值所对应的特征向量，本系统采用开源库 OpenCV 提供的 cvFindHomography 函数求取该特征向量。

9.5 标定结果分析

将标尺检测算法及单应矩阵计算算法加入系统中，利用本系统的硬件载体 Android 平板电脑分别在正常光照、强光、暗光、阴影（光线不均匀）状态下采集 30 幅标尺图像样本，并进行实际检测实验，实验结果如表 9.1 所示。

表 9.1 摄像机标定实验结果

拍摄状态	实验总数	检测成功数量	平均标定误差/%	平均标定时间/ms
正常光照	30	30	0.170	244
强光	30	30	0.166	587
暗光	30	30	0.198	433
阴影	30	30	0.183	365

由表 9.1 可知，本系统的标尺检测算法能够较好地适用于不同光线状态下拍摄的标尺图像，并且将标定误差控制在 0.2%之内，标定时间控制在 1s 之内，基本达到了前文所提出的通用、精确、快速要求。

图 9.11 为强光状态下的标尺检测实例图。通过以上标尺检测算法，求得其测量平面与图像平面之间的单应矩阵 H^{-1} 的值如式(9.15) 所示，标定误差为 0.142%，标定时间为 268ms。

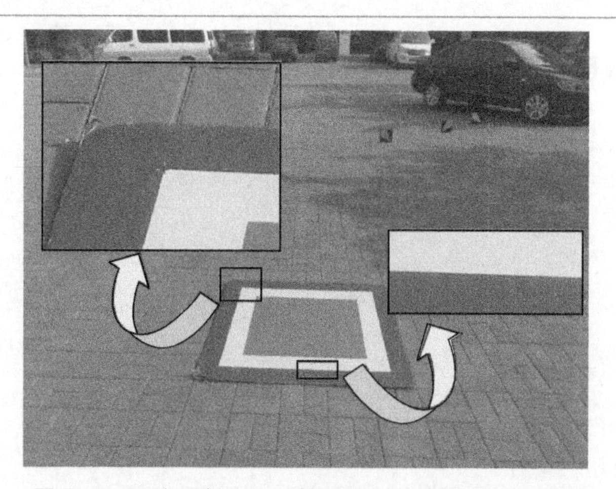

图 9.11 强光照射下标尺检测实例（拍摄于 15:00）

$$H^{-1}=\begin{bmatrix} -4.13 & -1.24 & 8904.71 \\ 0.27 & -9.25 & 16527.10 \\ 7.62\times10^{-4} & -0.028 & 1 \end{bmatrix} \tag{9.15}$$

9.6 标识点自动检测

本系统利用设计的标识点（图 9.4），将不确定的待测目标转换成了确定的标识点，有利于自动检测。检测出标识点后，就可以计算出标识点间的距离和面积。

为了排除标定尺对标识点检测的干扰，在标定尺检测结束后，获取标定尺的上下左右区域范围，排除出检测区域，图 9.12 中的虚线部分即为排除区域。

（1）定位追踪起始点

通过对整幅图像进行扫描，检测标识点中底部斜边上的像素点。由于标识点的面积较小，并且在拍摄场景中是任意摆放的，可能出现在图像中的任何位置，因此追踪起始点的定位采用以 $xsize/200$ 为固定步长（$xsize$ 为图像宽度），从左至右对整幅图像进行线扫描的方法，如图 9.12 所示。

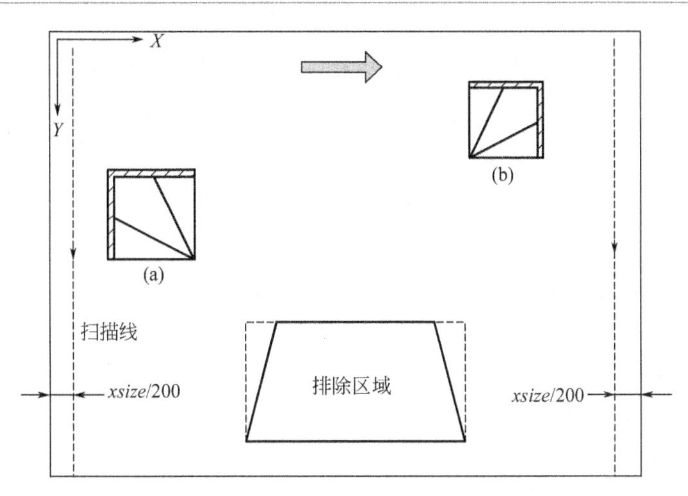

图 9.12　标识点检测扫描示意图

对当前列（$x=i$）进行线扫描操作的具体步骤如下。

① 从图像顶部向底部依次读取当前扫描线上像素点的红色（R）、绿色（G）、蓝色（B）分量，分别存入数组 $buff\_r[ysize]$、$buff\_g[ysize]$、$buff\_b[ysize]$ 中，$ysize$ 为图像高度。

② 定义一个整数 j，表示当前扫描点的纵坐标，从 $j=0$ 开始逐元素扫描数组 $buff\_r$、$buff\_g$、$buff\_b$，即从图像顶部向底部逐像素读取扫描点的红色（R）、绿色（G）、蓝色（B）值，若当前点的 RGB 分量值满足式(9.16)，表明该点携带了标识点红色区域的颜色信息，可能为红色区域点，暂停扫描，并记录当前的 j 值为 $ystart$。

$$\begin{cases} R-G>50 \\ R-B>50 \end{cases} \quad 或 \quad \begin{cases} \dfrac{R}{G}>1.5 \\ \dfrac{R}{B}>1.5 \end{cases} \tag{9.16}$$

③ 定义一个整数 num，用于记录符合设定条件的连续像素点个数，初值为

0。从 $j=ysize-1$ 开始，对当前扫描线上纵坐标在 $[ystart, ysize-1]$ 区间内的像素点进行局部扫描，判断当前扫描点的 RGB 分量值是否满足式(9.17)，若满足，则表明当前点 $P_1(i,j)$ 可能为标识点底部的蓝色区域点，进一步判断该点上方 $step$ 像素处的目标点 $P_2(i,j-step)$ 是否满足式(9.18)，若满足，则表明点 P_2 可能为标识点的黄色区域点，因此可将点 P_1 暂时作为蓝色区域点，num 值加 1，否则，清空 num 值。当 $num>3$ 时，认为检测到标识点信息，并且当前扫描点为蓝色区域点，记录当前点 $P_1(i,j)$。

$$B>R \text{ 且 } B>G \tag{9.17}$$

$$G>B \text{ 且 } R>B \tag{9.18}$$

④ 以点 $P_1(i,j)$ 上方 $step$ 像素处的目标点作为扫描起始点，对扫描线上纵坐标在 $[j-step, j]$ 区间内的像素点进行局部扫描，精定位追踪起始点，如图 9.13 所示。当扫描点 $P(i,y)$ 满足式(9.17) 时，表明该点为底部斜边处的蓝色点，记录该点，将该点作为追踪起始点，进行下一步操作。

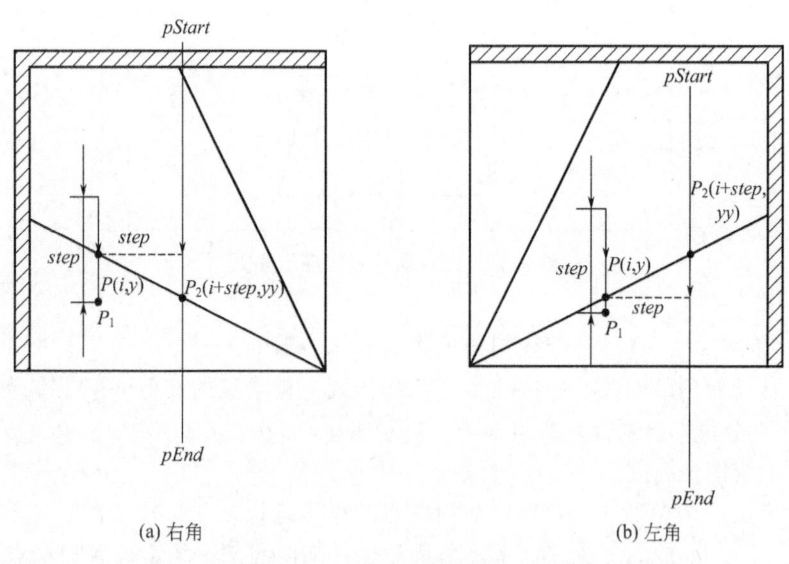

图 9.13 标识点的不同摆放方式

(2) 判断标识点放置方式

由图 9.12 和图 9.13 可知，在实际测量时，标识点可能有右角和左角两种摆放方式，对应着不同的追踪方法。因此，在追踪前，首先需要判断当前标识点的放置方式，再根据判断结果选择相应的追踪方向和方法。

在图 9.13 中，$P(i,y)$ 为追踪起始点，获取点 P 右侧 $step$ 像素处的像素点，对该点上下 $2step$ 范围内的目标点进行线扫描操作。定义一个标志变量

$flag$，初值为0，当扫描点为黄色点，即满足式(9.18)时，将 $flag$ 置为1，继续扫描，若在 $flag=1$ 的前提下，得到一目标点满足式(9.17)，表明该点为标识点底部斜边处的蓝色点，停止扫描，将该点记为 $P_2(i+step, yy)$。

如图9.13(a)、(b)所示，对于标识点的不同放置方式，边界点 P、P_2 的纵坐标 y、yy 满足不同的关系式：

在图9.13(a)中，当黄色角点位于标识点的右下角时，y 与 yy 满足：$y<yy$；

在图9.13(b)中，当黄色角点位于标识点的左下角时，y 与 yy 满足：$y>yy$。

因此，本过程将比较 y、yy 的大小所得结果作为确定标识点放置方式的判断依据。

(3) 逆时针追踪黄色角点

对于图9.13中标识点的两种不同放置方式，采用不同的追踪算法。

① 角点位于标识点右下角。当黄色角点位于标识点右下角时，获取追踪起始点 $P(x, y)$ 后，首先向右追踪，将 $X=x+1$ 作为固定扫描线，对 Y 属于 $[y-step, y+step]$ 区间内的像素点进行扫描，检测位于标识点底部斜边上的边界点，如图9.14所示，扫描方向为由 $pStart$ 到 $pEnd$。扫描前先对扫描起始点 $pStart$ 和终止点 $pEnd$ 的颜色分量值进行判断，以确定当前扫描线的位置。

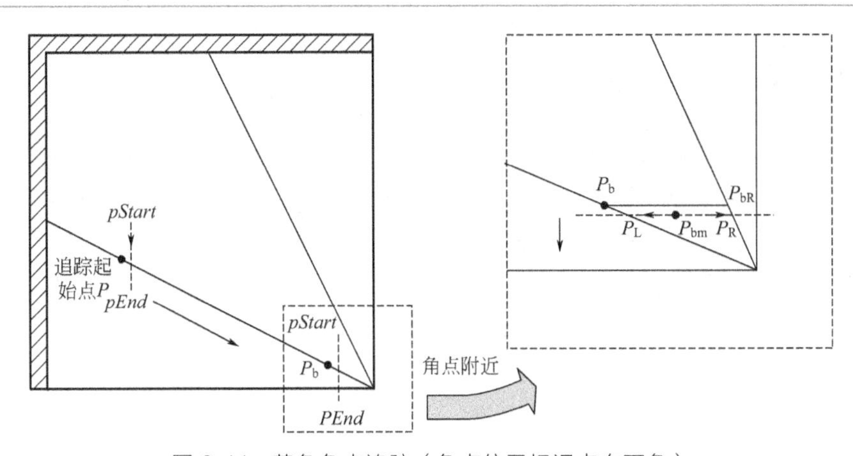

图9.14 黄色角点追踪（角点位于标识点右下角）

当扫描线距离黄色角点较远时，$pStart$ 和 $pEnd$ 分别为黄色点和蓝色点，因此，当扫描点为蓝色点，即其 RGB 分量中，B 分量最大时，认为该点为待检测的边界点，记录该点，将其标记成 $R=254$、$G=0$、$B=0$ 的标记颜色 F_c，并将该点作为起始点 P，继续追踪该点右边的边界点。

当扫描线位于黄色角点附近时，*pStart* 和 *pEnd* 可能不为黄色点和蓝色点，当起始点的 *RGB* 分量满足式(9.19）或终止点的 *RGB* 分量满足式(9.20）时，表明向右追踪到了角点附近，不再进行上下扫描，停止向右追踪，并以当前的基准点 P_b 为起始点，精定位角点。

$$\min(R,G,B)<200 \text{ 且 } \min(R,G,B)\neq B \tag{9.19}$$

$$\max(R,G,B)>50 \text{ 且 } \max(R,G,B)\neq B \tag{9.20}$$

假设 P_b 坐标为 (bx,by)，以 $y=by$ 为固定扫描线，向右扫描，当检测到标识点顶部斜边上的边界点 P_{bR} 时，停止扫描，获取 P_b 与 P_{bR} 的中点 $P_m(mx,my)$，以点 P_m 为起始点开始向下追踪。首先判断该点下方点 $P_{bm}(mx,my+1)$ 是否为黄色点，即是否满足式(9.18)，若满足，则以 $y=my+1$ 为固定扫描线，分别向左、向右 $2step$ 范围内扫描黄色斜边的边界点 $P_L(lx,my+1)$、$P_R(rx,my+1)$，并将 P_L、P_R 的中点作为新的起始点继续向下追踪。其中，P_L、P_R 的判断依据为：该两点为蓝色点，即该两点的颜色分量值满足式(9.19)。当 $P_{bm}(mx,my+1)$ 不为黄色点时，表明向下追踪到了角点附近，不再进行左右扫描，并且停止向下追踪，获取前一次检测所得边界点 P_L、P_R 的 X 值 lx、rx，在 P_{bm} 所在列上，搜索 X 属于 $[lx,rx]$ 区间内 R 分量取得最大值的像素点，将该点认为是待提取的黄色角点。

② 角点位于标识点左下角。为了避免将其他目标错检成标识点，应尽可能大范围地搜索标识点特征，以提高标识点检测正确率。因此，当黄色角点位于标识点左下角时，获取追踪起始点后，不直接向左下追踪，而是如图 9.15 所示逆时针追踪待测顶点。具体追踪方式如下：

a. 首先向右追踪，追踪方式与①中向右追踪过程类似，唯一不同点在于：追踪后期，当扫描起始点不为黄色点或终止点不为蓝色点时，表明向右追踪到了红色边沿附近（而不是黄色角点附近），认为当前的基准点为底部斜边最右侧的边界点 P_{ls}，记录该点，停止向右追踪。

b. 以 P_{ls} 为起始点，向左搜索点 P_{ls} 所在列位于标识点顶部斜边上的像素点 P_{ds}，即黄蓝边界点，该点的定位方法与上述 P_2 的确定方法类似。

c. 搜索确定 P_{ds} (dsx, dsy) 后，以该点为起始点，开始向下追踪，将 $Y=dsy+1$ 作为固定扫描线，对 X 属于 $[dsx-step, dsx+step]$ 区间内的像素点进行扫描，检测位于标识点顶部斜边上的边界点，如图 9.15 所示，扫描方向为由 *pStart* 到 *pEnd*。该过程与①中的向右追踪过程类似，仅仅是扫描前对扫描起始点 *pStart* 和终止点 *pEnd* 的判断方法有所不同，在本过程中，是通过判断 *pStart* 是否为蓝色点和 *pEnd* 是否为黄色点来确定当前扫描线位置的，与①中向右追踪过程恰好相反。当追踪至角点附近时，对角点进行精定位的方法也与①中的精定位过程一致，此处不再赘述。

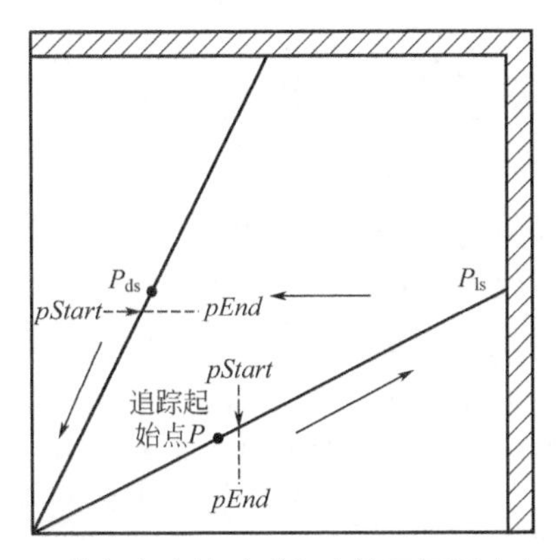

图 9.15 黄色角点追踪（角点位于标识点左下角）

到此，一个标识点检测完毕，为了避免对检测其他标识点造成干扰，获取该标识点的上下左右范围，并将该范围所构成的矩形作为后续检测过程中的排除区域，继续对图像进行扫描，检测下一个标识点。

编程实现上述标识点检测算法，并对该算法进行实际测试，试验结果表明，在不同的光照状态或外部环境干扰较大的情况下，该算法都能较为精确地提取标识点角点，具备较强的通用性。图 9.16 为强光状态下的标识点检测实例，在该图中，红色车可能会对标识点的提取造成很大的干扰，本算法成功排除了外部环境的干扰，并准确检测出图像中不同放置方式下的两个标识点。

图 9.16 标识点检测实例（拍摄于 14: 00）

9.7 手动选取目标

除了自动检测标识点之外，本系统也设计了手动点击目标位置的方法。在PC平台上，可通过鼠标点击来完成。在移动终端上，可通过手指触摸来选取待测目标点，并获取其在图像中的位置信息。与自动提取不同，在手动提取过程中，无须事先在待测目标处摆放标识点，这在一定程度上减少了操作时间。同时，使用者可选取待测平面上任意位置的点作为测量目标，只需简单地手指点击操作，具有较强的灵活性。接下来对在Android平台实现手动选取功能的主要过程进行介绍。

为了实现在图像上手动选点功能，用setOnTouchListener（View. OnTouchListener listener）方法为显示图像的控件添加触摸监听器listener，并重写OnTouchListener类中的onTouch（View view，MotionEvent event）方法，为ACTION_DOWN（手指按下）、ACTION_MOVE（手指移动）、ACTION_UP（手指抬起）等动作添加自己的响应事件。其中，MotionEvent对象event携带了当前触摸事件的位置信息，该信息可通过 $getX()$ 和 $getY()$ 方法来获取，通过这两种方法得到的 X、Y 值是触摸事件相对于控件左上角的位置坐标，利用图像与控件的尺寸比例关系即可将该坐标转换成图像像素坐标系下的位置坐标。

9.8 距离测量分析

通过上节的方法，检测到两个图像上的目标点 $P_1(x_1,y_1)$ 和 $P_2(x_2,y_2)$ 后，与标尺检测所求得的单应矩阵 H^{-1} 一起代入式(9.4)，将图像坐标还原成世界坐标，假设还原结果分别为 $P_1(X_1,Y_1)$、$P_2(X_2,Y_2)$。则两个待测点之间的距离可用其欧式距离表示，如式(9.21) 所示。

$$d=\sqrt{(X_1-X_2)^2+(Y_1-Y_2)^2} \tag{9.21}$$

完成上述的距离测量算法开发后，通过实验对算法进行验证，并分析影响距离测量精度的因素。

9.8.1 透视畸变对测距精度的影响

图9.17与图9.18分别为摄像机在同一位置不同角度下对同样的测量场景进行拍摄测量。其中，图9.17待测平面的透视畸变程度大于图9.18。

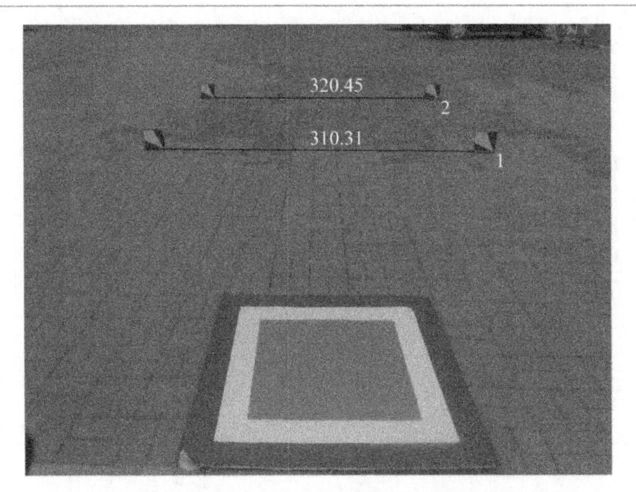

图 9.17 透视畸变较大的测量图像（拍摄角度：70.97°）

图 9.18 透视畸变较小的测量图像（拍摄角度：85.84°）

分别对两幅图像中 4 个标识点的世界坐标进行求取，结果如表 9.2 所示，表中 1、2、3、4 分别表示位于图中的左下、右下、左上、右上位置的标识点。

表 9.2 标识点的世界坐标及定位误差对比

项目	标识点	实际坐标		计算坐标		X、Y 的平均误差/%
		X	Y	X	Y	
图 9.17	1	−110	−260	−101.19	−268.02	5.55
	2	190	−260	209.11	−269.37	6.83
	3	−110	−510	−95.75	−532.97	8.73
	4	190	−510	224.15	−551.69	13.07

续表

项目	标识点	实际坐标		计算坐标		X、Y的平均误差/%
		X	Y	X	Y	
图 9.18	1	−110	−260	−106.68	−258.41	2.17
	2	190	−260	202.18	−256.58	3.86
	3	−110	−510	−101.00	−501.00	4.97
	4	190	−510	211.66	−512.99	5.99

由表 9.2 可知，图 9.18 的标识点定位精度高于图 9.17。再进一步对标识点形成的两条平行线进行距离测量，结果如表 9.3 所示。

表 9.3　不同透视畸变程度下的距离测量结果

测量对象		实际距离/cm	测量距离/cm	相对误差/%
图 9.17	1	300	310.31	3.44
	2	300	320.45	6.82
图 9.18	1	300	298.88	0.37
	2	300	299.90	0.03

由表 9.3 可知，图 9.18 的测距精度高于图 9.17，并且数值较稳定。因此，当待测平面的透视畸变程度较小时，点定位及距离测量的精度较高，当成像面与待测平面平行，即摄像机的轴线垂直于待测平面时，透视畸变程度最小，此时，点定位及距离测量的精度能够达到最佳。

9.8.2 目标点与标定点的距离对测距精度的影响

图 9.19 与图 9.17 为同一测量场景，但图 9.19 所采用的 4 个标定点为图中矩形区域的 4 个顶点，与图 9.17 相比，减小了待测目标点与标定点的距离。

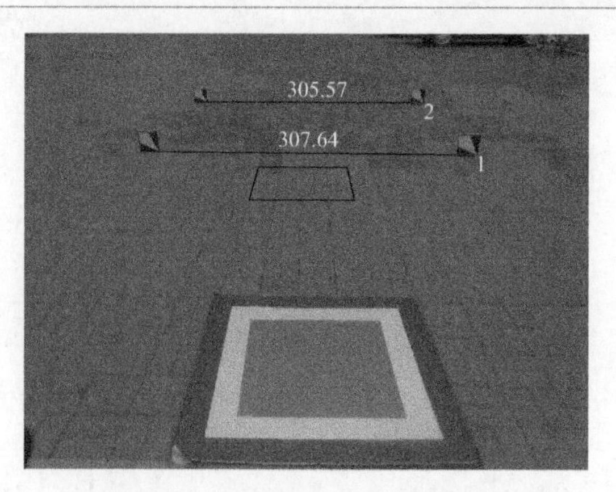

图 9.19　标定点移近后的测量图像

图 9.19 中，4 个标识点的世界坐标如表 9.4 所示，标识点之间的距离如表 9.5 所示。与表 9.2 及表 9.3 中的图 9.17 所得数据对比可知，当待测目标与标定点的距离较小时，目标点的定位精度及测距精度较高。

表 9.4 标定点移近后标识点的世界坐标及定位误差

项目	标识点	实际坐标		计算坐标		X、Y 的平均误差/%
		X	Y	X	Y	
图 9.19	1	−100	−40	−102.18	−39.22	2.06
	2	200	−40	205.98	−39.34	2.32
	3	−100	−290	−99.69	−289.69	0.21
	4	200	−290	205.80	−300.38	3.24

表 9.5 标定点移近后标识点间的距离测量结果

项目	测量对象	实际距离/cm	测量距离/cm	相对误差/%
图 9.19	1	300	307.64	2.54
	2	300	305.57	1.86

通过对测距精度影响因素的分析可知，当待测目标距离标定点较近时，测量误差较小，对测量图像的采集方式无特定要求；当待测目标距离标定点较远时，为了获取较准确的测量结果，采集测量图像时，应尽量通过增大拍摄角度等方式减小待测平面的透视畸变。

另外，上述试验的摄像机与目标物之间的距离都在 10m 之内，如果摄像机与目标物之间的距离较远，例如 50m，由于一个像素所表示的实际距离较大，测量误差也会变大。

9.9 面积测量算法

在检测平台上，图像面积测量方法是通过计算区域内的像素点数，结合一个像素代表面积大小的标定值进行计算，这种测量方法需要相机光轴垂直于待测平面。在便携式测量情况下，由于相机的位置不固定，而且测量视场又很大，所以只能是选取若干待测区域轮廓点，计算轮廓点的最小外接凸多边形的面积，用该值来估计该区域的面积。具体操作包括：①获取待测区域轮廓点集；②对获取的轮廓点集进行最小凸多边形拟合；③计算所拟合的凸多边形面积。

9.9.1 获取待测区域轮廓点集

首先在待测平面摆放用于摄像机标定的标尺，然后在待测区域四周摆放若干标识点，通过 9.6 节所述的标识点检测算法提取标识点位置，或者直接如 9.7 节所述手动选取若干区域轮廓点。获取轮廓点的图像坐标后，分别将标尺检测所求得的单应矩阵 H^{-1} 及各个轮廓点的图像坐标代入式(9.4)，完成从图像坐标向世界坐标的转换，之后，对所获取的轮廓点集进行最小凸多边形拟合。

9.9.2 最小凸多边形拟合

凸包（convex hull）是一个计算几何学中的概念。对于二维平面上的点集，凸包就是将最外层的点连接起来构成的最小凸多边形，使得它能够包含点集中所有点。对平面点集进行最小凸多边形拟合的过程可看作是求取凸包的过程。

关于平面点集凸包的研究起步较早，目前，专家和学者们已经提出了大量求取凸包的算法，如分治算法、Jarvis 步进法、Graham 扫描法等。其中 Graham 扫描法是一种常用的凸包检测算法，也是构造凸包的最佳算法，因此本系统使用该算法来求取轮廓点集的凸包。

Graham 扫描法是由数学家葛立恒（Graham）于 1972 年发明的，该方法通过判别平面上任意 3 点构成的回路是左旋还是右旋来构造平面点集的凸包，主要包括幅角排序和幅角扫描两个步骤。

(1) 幅角排序

首先选取平面点集 P 上 y 轴坐标最小的点，若这样的点有多个，则选取这些点中 x 轴左边最小的点，并把该点记为 p_0。之后把 p_0 点作为坐标原点对点集 P 中的点进行坐标变换。对于坐标变换后的点，以 p_0 为坐标原点，计算它们在极坐标下的幅角。然后把 $P-p_0$ 中的点按由小到大的顺序排序，若 $P-p_0$ 中包含两个或两个以上的点幅角的大小相同，优先选取最接近 p_0 的点。记排序之后的点的集合为 $P'=\{p_1,p_2,\cdots,p_{n-1}\}$，其中 p_1 和 p_{n-1} 分别表示与 p_0 构成的幅角的最小值和最大值，如图 9.20 所示。

(2) 幅角扫描

初始化堆栈为 $H(P)=\{p_{n-1},p_0\}$，p_{n-1} 为栈顶的元素。然后按照极坐标幅角从小到大开始扫描，即从 p_0 开始扫描直到 p_{n-1} 结束。若在某一时刻，堆栈中的元素为 $H(p)=\{p_0,p_1,\cdots,p_i,p_j,p_k\}$，栈顶元素为 p_k，则有栈中的元素一次构成一个封闭的凸多边形。设某一时刻扫描的点为 p_l，若 p_j，p_k，p_l 是一个左旋的路径，则 p_j，p_k，p_l 的路径构成的边是一个凸边，此时 p_kp_l 将构成凸多边形中的一条边，把 p_l 压入堆栈中，接着扫描下一点；若 p_j，p_k，p_l 三点构成的一条右旋的路径，则 p_k 为凸包内的点，将 p_k 从堆栈中弹出，此时扫描线仍在 p_l 处，接着对 p_i，p_j，p_k 三个点进行处理和判断，直到确定当前栈中的点为一个凸多边形的顶点为止，如图 9.21 所示。

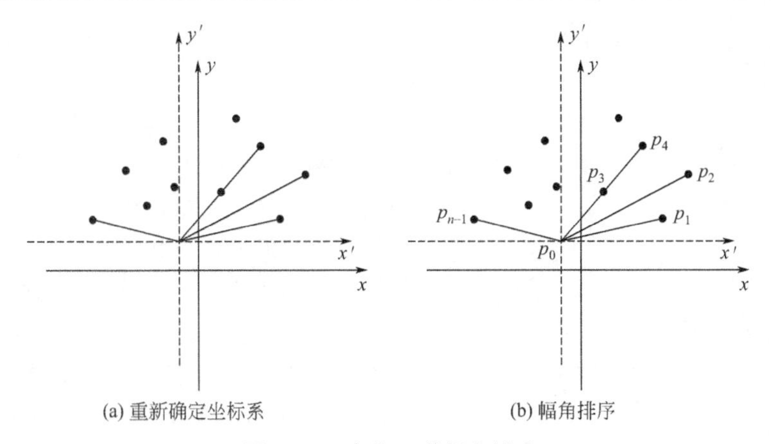

(a) 重新确定坐标系　　(b) 幅角排序

图 9.20　点集 P 的幅角排序

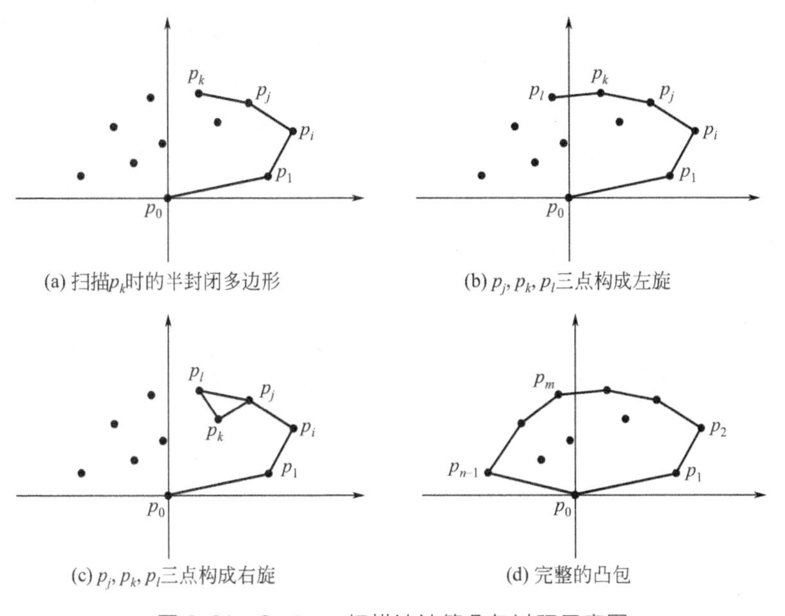

(a) 扫描p_k时的半封闭多边形　　(b) p_j, p_k, p_l三点构成左旋

(c) p_j, p_k, p_l三点构成右旋　　(d) 完整的凸包

图 9.21　Graham 扫描法计算凸包过程示意图

9.9.3 多边形面积计算

当完成待测区域轮廓点集的凸包构造后，对所得的凸多边形进行面积计算。待计算的多边形可能是任意复杂形状，并且在大多数情况下形状不规则，因此，该过程的主要任务为不规则多边形的面积求解，本系统利用顶点坐标值来计算多

边形的面积。

设 Ω 是 m 边形（如图 9.22），顶点 $P_k(k=1,2,\cdots,m)$ 沿边界正方向排列，$P_{m+1}=P_1$，坐标依次为：

$$(x_1,y_1),(x_2,y_2),\cdots,(x_m,y_m) \tag{9.22}$$

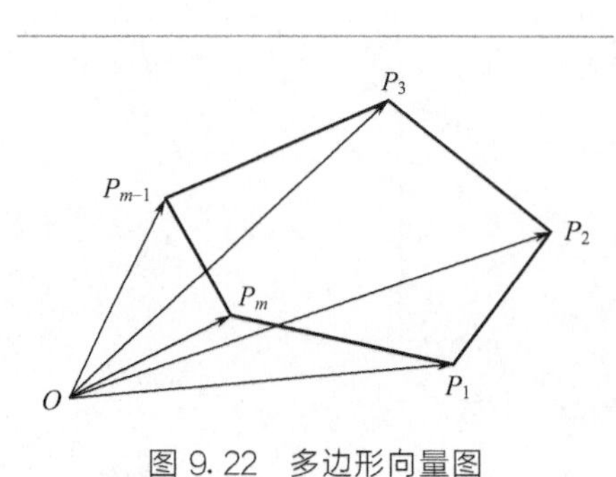

图 9.22 多边形向量图

如图 9.22 所示，建立 Ω 的多边形区域向量图。在该图中，坐标原点与多边形 Ω 任意相邻的两顶点构成一个三角形，所构成的 $\triangle OP_kP_{k+1}$ 可分为两类，一类三角形包含 Ω 的成分，如 $\triangle OP_1P_2$，另一类三角形不包含 Ω 的成分，如 $\triangle OP_{m-1}P_m$，将第一类所有三角形的面积求和，并减去第二类所有三角形的面积和，即可得到多边形 Ω 的面积。

三角形的面积可由三个顶点构成的两个平面向量的外积求得，在三角形 OP_kP_{k+1} 中，当 $\overrightarrow{P_kP_{k+1}}$ 为正方向时，该三角形属于第一类三角形，外积值为正；否则，该三角形属于第二类三角形，外积值为负。因此，通过顶点所构成的两个平面向量的外积求取所有的三角形面积，第一类三角形的面积求取结果将为正，第二类三角形的面积求取结果将为负，将所有三角形的面积求取结果求和可得到待测多边形的面积。基于此原理，可通过以下过程推导出任意多边形的面积公式。

设向量

$$\overrightarrow{OP_k}=\{x_k,y_k,0\} \quad \overrightarrow{OP_{k+1}}=\{x_{k+1},y_{k+1},0\} \tag{9.23}$$

向量外积计算得：

$$\overrightarrow{OP_k}\times\overrightarrow{OP_{k+1}}=\{0,0,x_ky_{k+1}-x_{k+1}y_k\} \tag{9.24}$$

因此，任意多边形的面积公式为：

$$S_\Omega=\sum_{k=1}^{m}S_{\triangle OP_kP_{k+1}}=\frac{1}{2}\left|\sum_{k=1}^{m}\overrightarrow{OP_k}\times\overrightarrow{OP_{k+1}}\right|=\frac{1}{2}\sum_{k=1}^{m}(x_ky_{k+1}-x_{k+1}y_k) \tag{9.25}$$

9.9.4 测量实例

图 9.23 所示为一个四边形面积测量的实例，四个标识点围成了一个四边形，其实际面积为 30000.00cm^2。在该图中，标尺及四个标识点均被成功检出，面积的测量结果为 30013.89cm^2，相对误差为 0.05%，测量结果较为精确，同样，面积测量误差的主要来源也是待测目标点的定位误差，因此，对于面积的测量误

差讨论与距离测量一致，此处不再赘述。

图 9.23 面积测量实例

参考文献

[1] 欧阳娣.基于机器视觉的几何参数测量系统研制 [D].北京：中国农业大学，2013.

[2] 刘阳.自然环境下目标物的高速图像检测算法研究 [D].北京：中国农业大学，2014.

第10章

双目视觉测量[1]

本章将介绍双目视觉测量的硬件构成、基本原理、标定方法和三维重建，标定方法将介绍常用的直接线性标定法和张正友标定法以及两者之间的参数转换，最后通过实际测量，对标定方法和双目视觉的测量精度进行论述。

如图10.1所示，双目视觉测量系统的功能模块包括：左右视觉摄像机、计算机、三脚架、标定装置、光源等。各个模块的功能如表10.1所示。

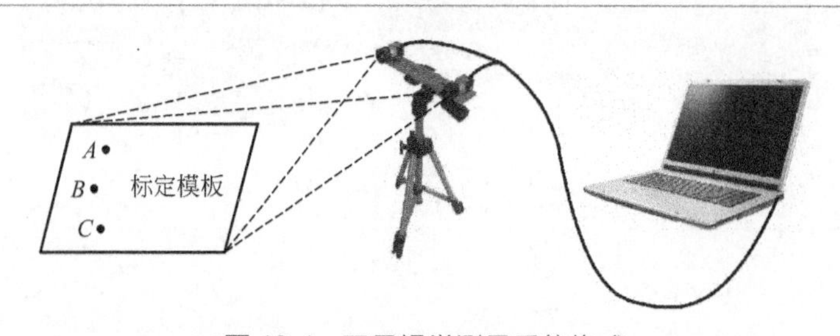

图10.1 双目视觉测量系统构成

表10.1 双目视觉测量系统各部分功能表

名称	功能
左右视觉摄像机	用于采集左右视觉图像
计算机	摄像机标定、同步采集图像、图像数据处理、三维重建、数据保存
标定装置（标定架或黑白方格棋盘）	进行摄像机标定，获得摄像机内外参数
三脚架	固定摄像机，调节摄像机高度和角度
光源	确保采集清晰图像（根据情况可省略）

双目视觉系统的处理可以概括为双目图像采集、摄像机标定、获取目标点、目标点三维重建等几个方面。

10.1 双目视觉系统的结构

一般来讲，双目视觉系统的结构可以根据摄像机光轴是否平行分为平行式立体视觉模型和汇聚式立体视觉模型，可以根据测量场景和对测量精度的要求进行选择。

10.1.1 平行式立体视觉模型

平行式立体视觉模型指的是双目视觉系统中的两台摄像机光轴平行放置，使得汇聚距离为无穷远处。最简单的立体成像系统模型就是平行式立体视觉模型，当两部一模一样的摄像机被平行放置时则称之为平行式立体视觉模型，如图 10.2 所示。

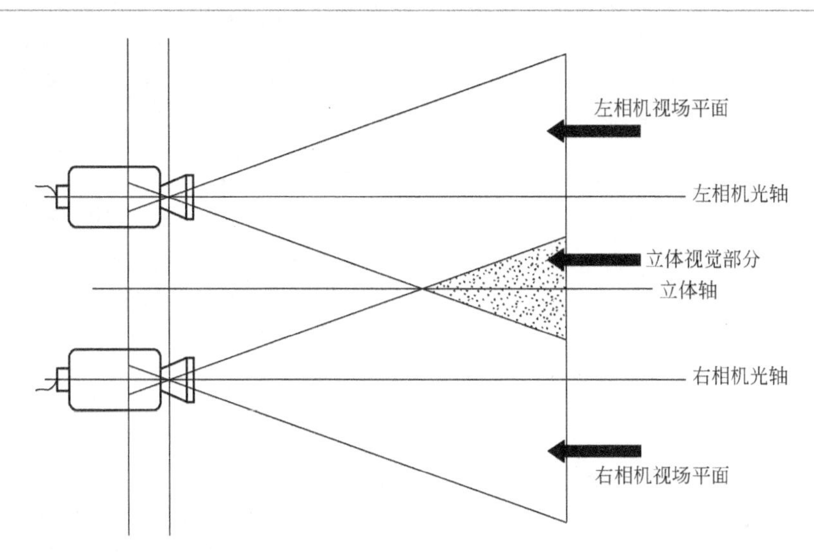

图 10.2 平行式立体视觉模型

其原理图如图 10.3 所示，假设摄像机 C_1 与 C_2 一模一样，即摄像机内参完全相同。两个摄像机的 x 轴重合，y 轴平行。因此，将其中一个摄像机沿其 x 轴平移一段距离后能够与另一个摄像机完全重合。如图 10.3 中所示，$P(x_1, y_1, z_1)$ 为空间中任意一点，经过左右摄像机的光学成像过程，在左右投影面上的成像点分别为 p_1、p_2，则根据成像原理可知，p_1、p_2 点的纵坐标相等，横坐标的差值为两个成像坐标系间的距离。

在平行式立体视觉模型中，假设两个成像坐标系间的距离，即某点横坐标的差值为 b。C_1 坐标系为 $O_1x_1y_1z_1$，C_2 坐标系为 $O_2x_2y_2z_2$，则空间任意点 P 的坐标在 C_1 坐标系中为 (x_1, y_1, z_1)，在 C_2 坐标系中为 (x_1-b, y_1, z_1)。因此若已知摄像机的内部参数，则可以得出 P 点的三维坐标值如式(10.1)所示。

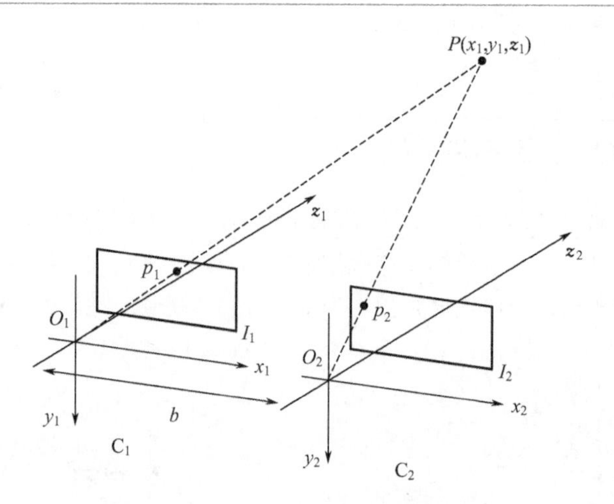

图 10.3 平行式立体视觉模型原理图

$$\begin{cases} x_1=\dfrac{b(u_1-u_0)}{u_1-u_2} \\ y_1=\dfrac{ba_x(v_1-v_0)}{a_y(u_1-u_2)} \\ z_1=\dfrac{ba_x}{u_1-u_2} \end{cases} \tag{10.1}$$

其中，u_0、v_0、a_x、a_y 为摄像机内部参数。(u_1,v_1)，(u_2,v_2) 分别为 p_1 与 p_2 的图像坐标。可见，由 p_1 与 p_2 的图像坐标 (u_1,v_1) 和 (u_2,v_2)，可求出空间点 P 的三维坐标 (x_1,y_1,z_1)。

式(10.1) 中，b 为基线长度，u_1-u_2 称为视差。视差是指由于双目视觉系统中两个摄像机的位置不同导致 P 点在左右图像中的投影点位置不同引起的，由式(10.1) 可见，P 点的距离越远（即 z_1 越大），视差就越小。因此，当 P 点接近无穷远时，O_1P 与 O_2P 趋于平行，视差趋于零。

10.1.2 汇聚式立体视觉模型

平行式立体视觉模型中，摄像机的光轴平行，因此成像的几何关系也最简单，但事实上，在现实情况中很难得到绝对的平行立体摄像系统，因为在实际摄像机安装时，我们无法看到摄像机光轴，因此无法调整摄像机的相对位置到图 10.3 的理想情形。在一般情况下，是采用如图 10.4 所示的任意放置的两个摄像机来组成双目立体视觉系统。

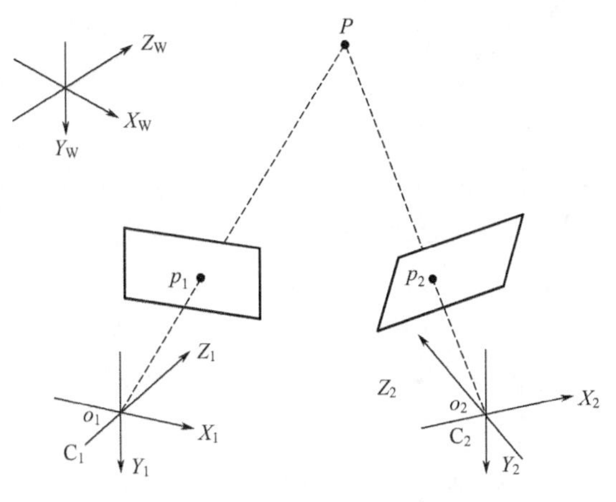

图 10.4 汇聚式立体视觉模型

汇聚式立体视觉模型的原理如图 10.5 所示。

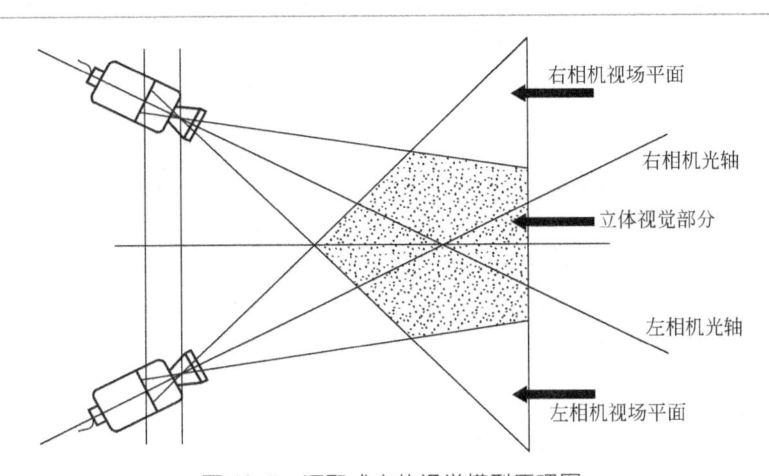

图 10.5 汇聚式立体视觉模型原理图

在汇聚式立体视觉模型中，假定 p_1 与 p_2 为空间同一点 P 分别在左右图像上的对应点。而且，假定 C_1 与 C_2 摄像机标定结果已知，即已知它们的投影矩阵分别为 M_1 与 M_2。于是在左右图像中，空间点与图像点间的关系见式(10.2)和式(10.3)。

$$Z_{c1}\begin{bmatrix}u_1\\v_1\\1\end{bmatrix}=M_1\begin{bmatrix}X\\Y\\Z\\1\end{bmatrix}=\begin{bmatrix}m_{11}^1 & m_{12}^1 & m_{13}^1 & m_{14}^1\\m_{21}^1 & m_{22}^1 & m_{23}^1 & m_{24}^1\\m_{31}^1 & m_{32}^1 & m_{33}^1 & m_{34}^1\end{bmatrix}\begin{bmatrix}X\\Y\\Z\\1\end{bmatrix} \tag{10.2}$$

$$Z_{c2}\begin{bmatrix}u_2\\v_2\\1\end{bmatrix}=M_2\begin{bmatrix}X\\Y\\Z\\1\end{bmatrix}=\begin{bmatrix}m_{11}^2 & m_{12}^2 & m_{13}^2 & m_{14}^2\\m_{21}^2 & m_{22}^2 & m_{23}^2 & m_{24}^2\\m_{31}^2 & m_{32}^2 & m_{33}^2 & m_{34}^2\end{bmatrix}\begin{bmatrix}X\\Y\\Z\\1\end{bmatrix} \tag{10.3}$$

其中，$(u_1,v_1,1)$ 与 $(u_2,v_2,1)$ 分别为 p_1 与 p_2 点在图像坐标系中的齐次坐标；$(X,Y,Z,1)$ 为 P 点在世界坐标系下的齐次坐标；$m_{ij}^k(k=1,2;i=1,\cdots,3;j=1,\cdots,4。)$ 分别为 M_k 的第 i 行 j 列元素。根据第 9 章单目视觉测量中介绍的线性模型式(9.1)，可在上式中消去 Z_{c1} 和 Z_{c2}，得到如式(10.4) 和式(10.5) 关于 X、Y、Z 的四个线性方程。

$$\begin{cases}(u_1m_{31}^1-m_{11}^1)X+(u_1m_{32}^1-m_{12}^1)Y+(u_1m_{33}^1-m_{13}^1)Z=m_{14}^1-u_1m_{34}^1\\(v_1m_{31}^1-m_{21}^1)X+(v_1m_{32}^1-m_{22}^1)Y+(v_1m_{33}^1-m_{23}^1)Z=m_{24}^1-v_1m_{34}^1\end{cases} \tag{10.4}$$

$$\begin{cases}(u_2m_{31}^2-m_{11}^2)X+(u_2m_{32}^2-m_{12}^2)Y+(u_2m_{33}^2-m_{13}^2)Z=m_{14}^2-u_{21}m_{34}^2\\(v_2m_{31}^2-m_{21}^2)X+(v_2m_{32}^2-m_{22}^2)Y+(v_2m_{33}^2-m_{23}^2)Z=m_{24}^2-v_2m_{34}^2\end{cases} \tag{10.5}$$

式(10.4) 和式(10.5) 的几何意义是过 o_1p_1 和 o_2p_2 的直线。由于空间点 $p(X,Y,Z)$ 是 o_1p_1 和 o_2p_2 的交点，它必然同时满足上面两个方程。因此，可以将上面两个方程联立求出空间点 P 的坐标 (X,Y,Z)。但在实际应用中，为减小误差，通常利用最小二乘法求出空间点的三维坐标。

汇聚式立体视觉模型能够通过调整摄像机光轴的角度，使得双目视觉系统获得最大的视野范围，并且能够不影响结果的精度，因此，一般采用汇聚式立体视觉模型。

10.2 摄像机标定

摄像机标定是指建立摄像机图像像素位置与目标点位置之间的关系，根据摄像机模型，由已知特征点的图像坐标和世界坐标求解摄像机的参数。这是计算机立体视觉研究中需要解决的第一问题，也是进行双目视觉三维重建的重要环节。这一过程精确与否直接影响了立体视觉系统测量的精度，因而实现立体摄像机的标定工作是必不可少的。本节分别介绍直接线性标定法和张正友标定法。

摄像机参数是由摄像机的位置、属性参数和成像模型决定的，包含内参和外参。摄像机内参是摄像机坐标系与理想坐标系之间的关系，是描述摄像机的属性参数，包含焦距、光学中心、畸变因子等。而摄像机外参表示摄像机在世界坐标系中的位置和方向。外参数包含旋转矩阵 R 和平移矩阵 T，描述摄像机与世界坐标系之间的转换关系。将通过试验与计算得到摄像机内参和外参的过程称为摄像机标定。

10.2.1 直接线性标定法

Abdel-Aziz 和 Karara 于 20 世纪 70 年代初提出了直接线性变换 DLT（direct linear transformation）的摄像机标定方法，这种方法忽略摄像机畸变引起的误差，直接利用线性成像模型，通过求解线性方程组得到摄像机的参数。

DLT 方法的优点是计算速度很快，操作简单且易实现。缺点是由于没有考虑摄像机镜头的畸变，因此不适合畸变系数很大的镜头，否则会带来很大误差。

DLT 标定法需要将一个特制的立方体标定模板放置在所需标定摄像机前，其中标定模板上的标定点相对于世界坐标系的位置已知。这样摄像机的参数可以利用 9.2.2 节所描述的摄像机线性模型得到。

首先介绍由立体标定参照物图像求取投影矩阵 M 的算法，式(9.1) 可以写成式(10.6)。

$$Z_c=\begin{bmatrix}u_i\\v_i\\1\end{bmatrix}=\begin{bmatrix}m_{11}&m_{12}&m_{13}&m_{14}\\m_{21}&m_{22}&m_{23}&m_{24}\\m_{31}&m_{32}&m_{33}&m_{34}\end{bmatrix}=\begin{bmatrix}X_{wi}\\Y_{wi}\\Z_{wi}\\1\end{bmatrix} \tag{10.6}$$

其中，(X_{wi}，Y_{wi}，Z_{wi}) 为空间第 i 个点的坐标；(u_i，v_i) 为第 i 个点的图像坐标；m_{ij} 为空间任意一点投影矩阵 M 的第 i 行 j 列元素。从式(10.6) 中可以得到三组线性方程，如式(10.7) 所示。

$$\begin{cases}Z_c u_i=m_{11}X_{wi}+m_{12}Y_{wi}+m_{13}Z_{wi}+m_{14}\\Z_c v_i=m_{21}X_{wi}+m_{22}Y_{wi}+m_{23}Z_{wi}+m_{24}\\Z_c=m_{31}X_{wi}+m_{32}Y_{wi}+m_{33}Z_{wi}+m_{34}\end{cases} \tag{10.7}$$

将上式方程消去 Z_c 得到两个关于 m_{ij} 的线性方程。

这个式子表明，如果在三维空间中，已知 n 个标定点，其中各标定点的空间坐标为 (X_{wi},Y_{wi},Z_{wi})，图像坐标为 $(u_i,v_i)(i=1,\cdots,n)$，则可得到 $2n$ 个关于 M 矩阵元素的线性方程，且该 $2n$ 个线性方程可以用如式(10.8)、式(10.9) 所示的矩阵形式来表示。

$$\begin{cases}X_{wi}m_{11}+Y_{wi}m_{12}+Z_{wi}m_{13}+m_{14}-u_iX_{wi}m_{31}-u_iY_{wi}m_{32}-u_iZ_{wi}m_{33}=u_im_{34}\\X_{wi}m_{21}+Y_{wi}m_{22}+Z_{wi}m_{23}+m_{24}-v_iX_{wi}m_{31}-v_iY_{wi}m_{32}-v_iZ_{wi}m_{33}=v_im_{34}\end{cases} \tag{10.8}$$

$$\begin{bmatrix} X_{w1} & Y_{w1} & Z_{w1} & 1 & 0 & 0 & 0 & 0 & -u_1X_{w1} & -u_1Y_{w1} & -u_1Z_{w1} \\ 0 & 0 & 0 & 0 & X_{w1} & Y_{w1} & Z_{w1} & 1 & -v_1X_{w1} & -v_1Y_{w1} & -v_1Z_{w1} \\ & & & & & \cdots \\ X_{wn} & Y_{wn} & Z_{wn} & 1 & 0 & 0 & 0 & 0 & -u_nX_{wn} & -u_nY_{wn} & -u_nZ_{wn} \\ 0 & 0 & 0 & 0 & X_{wn} & Y_{wn} & Z_{wn} & 1 & -v_nX_{wn} & -v_nY_{wn} & -v_nZ_{wn} \end{bmatrix} \begin{bmatrix} m_{11} \\ m_{12} \\ m_{13} \\ m_{14} \\ m_{21} \\ m_{22} \\ m_{23} \\ m_{24} \\ m_{31} \\ m_{32} \\ m_{33} \end{bmatrix} = \begin{bmatrix} u_1m_{34} \\ u_1m_{34} \\ \cdots \\ u_nm_{34} \\ v_nm_{34} \end{bmatrix} \tag{10.9}$$

由式(10.8) 可见，M 矩阵乘以任意不为零的常数并不影响（X_{wi}, Y_{wi}, Z_{wi}）与（u_i, v_i）的关系，因此，假设 $m_{34}=1$，从而得到关于 M 矩阵其他元素的 $2n$ 个线性方程，其中线性方程中包含 11 个未知量，并将未知量用向量表示，即 11 维向量 m，将式(10.9) 简写成式(10.10)。

$$Km=U \tag{10.10}$$

其中，K 为式(10.9) 左边的 $2n\times11$ 矩阵；U 为式(10.9) 右边的 $2n$ 维向量；K，U 为已知向量。当 $2n>11$ 时，利用最小二乘法对上述线性方程进行求解为：

$$m=(K^TK)^{-1}K^TU \tag{10.11}$$

m 向量与 $m_{34}=1$ 构成了所求解的 M 矩阵。由式(10.6)～式(10.11) 可见，若已知空间中至少 6 个特征点和与之对应的图像点坐标，便可求得投影矩阵 M。一般采用在标定的参照物上选取大于 8 个已知点，使方程的个数远远超过未知量的个数，从而降低用最小二乘法求解造成的误差。

10.2.2 张正友标定法

张正友标定法，也称 Zhang 标定法，是由微软研究院的张正友博士于 1998 年提出的一种介于传统标定方法和自标定方法之间的平面标定法。它既避免了传统标定方法设备要求高、操作繁琐等缺点，又比自标定的精度高、鲁棒性好。该方法主要步骤如下：

① 打印一张黑白棋盘方格图案，并将其贴在一块刚性平面上作为标定板；

② 移动标定板或者相机，从不同角度拍摄若干照片（理论上照片越多，误差越小)；

③ 对每张照片中的角点进行检测，确定角点的图像坐标与实际坐标；

④ 在不考虑径向畸变的前提下，即采用相机的线性模型。根据旋转矩阵的正交性，通过求解线性方程，获得摄像机的内部参数和第一幅图的外部参数；

⑤ 利用最小二乘法估算相机的径向畸变系数；

⑥ 根据再投影误差最小准则，对内外参数进行优化。

以下介绍上述步骤的基本原理。

(1) 计算内参和外参的初值

与直接线性标定法通过求解线性方程组得到投影矩阵 M 作为标定结果不同，张正友标定法得到的标定结果是摄像机的内参和外参，如式(10.12) 所示。

$$A=\begin{bmatrix}\alpha & \gamma & u_0\\ 0 & \beta & v_0\\ 0 & 0 & 1\end{bmatrix},R=\begin{bmatrix}r_{11} & r_{12} & r_{13}\\ r_{21} & r_{22} & r_{23}\\ r_{31} & r_{32} & r_{33}\end{bmatrix},T=\begin{bmatrix}t_1 & t_2 & t_3\end{bmatrix}^{\mathrm{T}} \tag{10.12}$$

其中，A 为摄像机的内参矩阵；$\alpha=f/dx$，$\beta=f/dy$，f 是焦距，dx、dy 分别是像素的宽和高；γ 代表像素点在 x，y 方向上尺度的偏差，如果不考虑该参数，可以设 $\gamma=0$；$(u_0,\ v_0)$ 为基准点；R 为外参旋转矩阵，T 为平移向量。

以下说明张正友标定法的基本原理。根据针孔成像原理，由世界坐标点到理想像素点的齐次变换如式(10.13) 所示。

$$S\begin{bmatrix}u\\ v\\ 1\end{bmatrix}=A\begin{bmatrix}R & t\end{bmatrix}\begin{bmatrix}X_{\mathrm{W}}\\ Y_{\mathrm{W}}\\ Z_{\mathrm{W}}\\ 1\end{bmatrix}=A\begin{bmatrix}r_1 & r_2 & r_3 & t\end{bmatrix}\begin{bmatrix}X_{\mathrm{W}}\\ Y_{\mathrm{W}}\\ Z_{\mathrm{W}}\\ 1\end{bmatrix} \tag{10.13}$$

假设标定模板所在的平面为世界坐标系的 $Z_{\mathrm{W}}=0$ 平面，那么可得式(10.14)。

$$S\begin{bmatrix}u\\ v\\ 1\end{bmatrix}=A\begin{bmatrix}r_1 & r_2 & r_3 & t\end{bmatrix}\begin{bmatrix}X_{\mathrm{W}}\\ Y_{\mathrm{W}}\\ 0\\ 1\end{bmatrix}=A\begin{bmatrix}r_1 & r_2 & t\end{bmatrix}\begin{bmatrix}X\\ Y\\ 1\end{bmatrix} \tag{10.14}$$

令 $\overline{M}=[X\quad Y\quad 1]^T$，$\overline{m}=[u\quad v\quad 1]^T$，则有 $s\overline{m}=H\overline{M}$，其中：

$$H=A\begin{bmatrix}r_1 & r_2 & t\end{bmatrix}=\begin{bmatrix}h_1 & h_2 & h_3\end{bmatrix}=\begin{bmatrix}h_{11} & h_{12} & h_{13}\\ h_{21} & h_{22} & h_{23}\\ h_{31} & h_{32} & h_{33}\end{bmatrix} \tag{10.15}$$

H 是单应性矩阵，表示模板上的点与其像点之间的映射关系。若已知模板点在空间和图像上的坐标，可求得 m 和 M，从而求解单应性矩阵，且每幅模板对应一个单应矩阵。在第 9 章的单目视觉中，介绍过单应矩阵及其求解方法。s 为尺度因子，对于齐次坐标来说，不会改变齐次坐标值。

下面介绍通过单应矩阵求解摄像机内外参数的原理。式(10.15) 可以改写成式(10.16)。

$$\begin{bmatrix}h_1 & h_2 & h_3\end{bmatrix}=\lambda A\begin{bmatrix}r_1 & r_2 & t\end{bmatrix} \tag{10.16}$$

其中 λ 是比例因子。由于 r_1 和 r_2 是单位正交向量，所以有：

$$\begin{gathered}h_1^{\mathrm{T}}A^{-\mathrm{T}}A^{-1}h_2=0\\ h_1^{\mathrm{T}}A^{-\mathrm{T}}A^{-1}h_1=h_2^{\mathrm{T}}A^{-\mathrm{T}}A^{-1}h_2\end{gathered} \tag{10.17}$$

由于式(10.17) 中的 h_1，h_2 是通过单应性求解出来的，那么未知量就仅仅剩下内参矩阵 A 了。内参矩阵 A 包含 5 个参数：fx、fy、cx、cy、γ。如果想完全解出这五个未知量，则需要 3 个单应性矩阵。3 个单应性矩阵在 2 个约束下可以产生 6 个方程，这样就可以解出全部的五个内参。怎样才能获得三个不同的单应性矩阵呢？答案就是用三幅标定物平面的照片。可以通过改变摄像机与标定板间的相对位置来获得三张不同的照片；也可以设 $\gamma=0$，用两张照片来计算内参。

下面再对得到的方程做一些数学上的变换，令：

$$B=A^{-\mathrm{T}}A^{-1}=\begin{bmatrix}B_{11} & B_{12} & B_{13}\\ B_{12} & B_{22} & B_{23}\\ B_{13} & B_{23} & B_{33}\end{bmatrix}=$$

$$\begin{bmatrix}\dfrac{1}{\alpha^2} & -\dfrac{\gamma}{\alpha^2\beta} & \dfrac{v_0\gamma-u_0\beta}{\alpha^2\beta}\\ -\dfrac{\gamma}{\alpha^2\beta} & \dfrac{\gamma^2}{\alpha^2\beta^2}+\dfrac{1}{\beta^2} & -\dfrac{\gamma(v_0\gamma-u_0\beta)}{\alpha^2\beta^2}-\dfrac{v_0}{\beta^2}\\ \dfrac{v_0\gamma-u_0\beta}{\alpha^2\beta} & -\dfrac{\gamma(v_0\gamma-u_0\beta)}{\alpha^2\beta^2}-\dfrac{v_0}{\beta^2} & \dfrac{(v_0\gamma-u_0\beta)^2}{\alpha^2\beta^2}+\dfrac{{v_0}^2}{\beta^2}+1\end{bmatrix} \tag{10.18}$$

可以看出 B 是个对称矩阵，所以 B 的有效元素只剩下 6 个（因为有三对对称的元素是相等的，所以只要解得下面的 6 个元素就可以得到完整的 B 了），让这六个元素构成向量 b：

$$b=[B_{11} \quad B_{12} \quad B_{22} \quad B_{13} \quad B_{23} \quad B_{33}]^{T} \tag{10.19}$$

令 H 的第 i 列向量为 $h_i=[h_{i1} \quad h_{i2} \quad h_{i3}]$，则

$$h_i^{T} B h_i = V_{ij}^{T} b \tag{10.20}$$

其中

$$V_{ij}=[h_{i1}h_{j1} \quad h_{i1}h_{j2}+h_{i2}h_{j1} \quad h_{i2}h_{j2} \quad h_{31}h_{j1}+h_{i1}h_{j3} \quad h_{31}h_{j1}+h_{i3}h_{j3} \quad h_{i3}h_{j3}]^{T} \tag{10.21}$$

将上述内参的约束写成关于 b 的两个方程式，如式(10.22) 所示。

$$\begin{bmatrix} V_{12}^{T} \\ V_{11}^{T}-V_{22}^{T} \end{bmatrix} b=0 \tag{10.22}$$

假设有 n 幅图像，联立方程可得到线性方程：$Vb=0$。

其中，V 是个 $2n\times6$ 的矩阵，若 $n\geqslant3$，则可以列出 6 个以上方程，从而求得摄像机内部参数，然后利用内参和单应矩阵 H，计算每幅图像的外参，如式(10.23)。这样摄像机的内部参数和外部参数就都求解出来了。

$$\begin{cases} r_1=\lambda A^{-1}h_1 \\ r_2=\lambda A^{-1}h_2 \\ r_3=r_1 r_2 \\ t=\lambda A^{-1}h_3 \\ \text{其中 } \lambda=\dfrac{1}{\| A^{-1}h_1 \|}=\dfrac{1}{\| A^{-1}h_2 \|} \end{cases} \tag{10.23}$$

(2) 最大似然估计

上述的推导结果是基于理想情况下的解，但由于可能存在高斯噪声，所以使用最大似然估计进行优化。设采集了 n 幅包含棋盘格的图像进行定标，每个图像里有棋盘格角点 m 个。令第 i 幅图像上的角点 M_j 在上述计算得到的摄像机矩阵下图像上的投影点为：

$$\overline{m}=(A,R_i,t_i,M_{ij})=A\,[R\,|\,t]M_{ij} \tag{10.24}$$

其中，R_i 和 t_i 是第 i 幅图对应的旋转矩阵和平移向量，A 是内参数矩阵。则角点 m_{ij} 的概率密度函数为：

$$f(m_{ij})=\frac{1}{\sqrt{2\pi}}e^{\frac{-[\overline{m}(A,R_i,t_i,M_{ij})-m_{ij}]^2}{\sigma^2}} \tag{10.25}$$

构造似然函数：

$$L(A,R_i,t_i,M_{ij})=\prod_{i=1,j=1}^{n,m} f(m_{ij})=\frac{1}{\sqrt{2\pi}}e^{\frac{-\sum_{i=1}^{n}\sum_{j=1}^{m}[\overline{m}(A,R_i,t_i,M_{ij})-m_{ij}]^2}{\sigma^2}} \tag{10.26}$$

让 L 取得最大值，即让式(10.27) 最小。这里使用的是多参数非线性系统优化问题的 LM（Levenberg-Marquardt）算法进行迭代求最优解。

$$\sum_{i=1}^{n}\sum_{j=1}^{m}\| \overline{m}=(A,R_i,t_i,M_{ij})-m_{ij}\|^2 \tag{10.27}$$

(3) 径向畸变估计

Zhang 标定法只关注了影响最大的径向畸变，数学表达式为：

$$\begin{cases} u'=u+(u-u_0)[k_1(x^2+y^2)+k_2(x^2+y^2)^2] \\ v'=v+(v-v_0)[k_1(x^2+y^2)+k_2(x^2+y^2)^2] \end{cases} \tag{10.28}$$

$$\begin{cases} u'=u_0+\alpha x'+\gamma y' \\ v'=v_0+\beta y' \end{cases} \tag{10.29}$$

其中，(u,v) 是理想无畸变的像素坐标，(u',v') 是实际畸变后的像素坐标。(u_0,v_0) 代表主点，(x,y) 是理想无畸变的连续图像坐标，(x',y') 是实际畸变后的连续图像坐标。k_1 和 k_2 为前两阶的畸变参数。转化为矩阵形式：

$$\begin{bmatrix} (u-u_0)(x^2+y^2) & (u-u_0)(x^2+y^2)^2 \\ (v-v_0)(x^2+y^2) & (v-v_0)(x^2+y^2)^2 \end{bmatrix}\begin{bmatrix} k_1 \\ k_2 \end{bmatrix}=\begin{bmatrix} u'-u \\ v'-v \end{bmatrix} \tag{10.30}$$

记做：

$$Dk=d \tag{10.31}$$

则可得：

$$k=[k_1 \quad k_2]^{\mathrm{T}}=(D^{\mathrm{T}}D)^{-1}D^{\mathrm{T}}d \tag{10.32}$$

计算得到畸变系数 k。

使用最大似然的思想优化得到的结果，即像上一步一样，LM 法计算下列函数值最小的参数值：

$$\sum_{i=1}^{n}\sum_{j=1}^{m}\| \overline{m}=(A,k_1,k_2,R_i,t_i,M_{ij})-m_{ij}\|^2 \tag{10.33}$$

上述是由张正友标定法获得相机内参、外参和畸变系数的全过程。

10.2.3 摄像机参数与投影矩阵的转换

直接线性标定法得到的结果是投影矩阵 M，张正友标定法得到的结果是摄像机的内部参数和外部参数。事实上，投影矩阵 M 中的 11 个参数并没有具体的物理意义，因此又将其称为隐参数。可以将张正友标定法得到的摄像机内外参数转换成投影矩阵 M。

设 m_i^{T} $(i=1\sim3)$ 为投影矩阵 M 第 i 行的前三个元素组成的行向量；m_{i4} $(i=1\sim3)$ 为 M 矩阵第 i 行第四列元素；r_i^{T} $(i=1\sim3)$ 为旋转矩阵 R 的第 i 行，t_x，t_y，t_z 分别为平移向量 t 的三个分量。如果设 $\gamma=0$，则得 M 矩阵与摄像机内外参数的关系如式(10.34) 所示。

$$m_{34}\begin{bmatrix} m_1^{\mathrm{T}} & m_{14} \\ m_2^{\mathrm{T}} & m_{24} \\ m_3^{\mathrm{T}} & 1 \end{bmatrix}=\begin{bmatrix} a_{\mathrm{x}} & 0 & u_0 & 0 \\ 0 & a_{\mathrm{y}} & v_0 & 0 \\ 0 & 0 & 1 & 0 \end{bmatrix}\begin{bmatrix} r_1^{\mathrm{T}} & t_{\mathrm{x}} \\ r_2^{\mathrm{T}} & t_{\mathrm{y}} \\ r_3^{\mathrm{T}} & t_{\mathrm{z}} \\ 0^{\mathrm{T}} & 1 \end{bmatrix} \tag{10.34}$$

其中，$m_{34}=t_{\mathrm{z}}$，因此可以求得投影矩阵 M 与内外参数之间的关系为：

$$m_{11}=(a_{\mathrm{x}}r_{11}+u_0r_{31})/t_{\mathrm{z}}$$
$$m_{12}=(a_{\mathrm{x}}r_{12}+u_0r_{32})/t_{\mathrm{z}}$$
$$m_{13}=(a_{\mathrm{x}}r_{13}+u_0r_{33})/t_{\mathrm{z}}$$
$$m_{14}=(a_{\mathrm{x}}t_{\mathrm{x}}+u_0t_{\mathrm{z}})/t_{\mathrm{z}}$$
$$m_{21}=(a_{\mathrm{y}}r_{21}+v_0r_{31})/t_{\mathrm{z}}$$
$$m_{22}=(a_{\mathrm{y}}r_{22}+v_0r_{32})/t_{\mathrm{z}}$$
$$m_{23}=(a_{\mathrm{y}}r_{23}+v_0r_{33})/t_{\mathrm{z}}$$
$$m_{24}=(a_{\mathrm{y}}t_{\mathrm{y}}+v_0t_{\mathrm{z}})/t_{\mathrm{z}}$$
$$m_{31}=r_{31}/t_{\mathrm{z}}$$
$$m_{32}=r_{32}/t_{\mathrm{z}}$$
$$m_{33}=r_{33}/t_{\mathrm{z}}$$

10.3 标定测量试验

在同一场景中，分别采用直接线性标定法和张正友标定法对摄像机进行标定，然后分别利用两组标定结果进行目标点的三维测量，分析标定精度，比较两种标定方法的区别。

图 10.6 为试验用的双目视觉图像采集系统。为了能通过两摄像机获取最大的视野范围，采用的是汇聚式立体视觉模型，可以通过相机调整支架，改变两个相机之间的距离和光轴角度，调整视野范围。

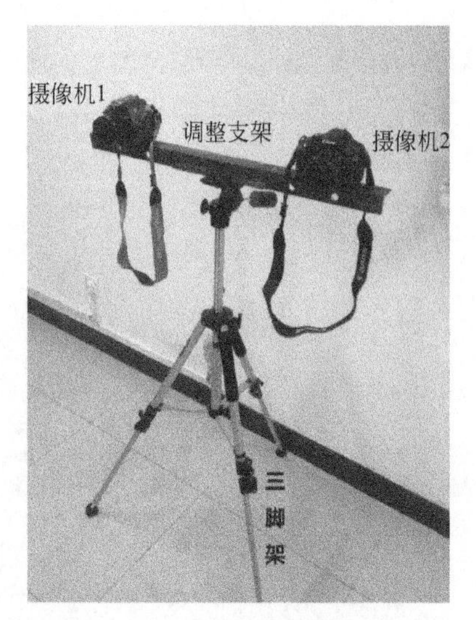

图 10.6 双目视觉图像采集系统

试验选用的相机为佳能 550D 单反摄像机。该相机的具体参数见表 10.2。

表 10.2 CANON 550D 相机参数表

项目	参数	项目	参数
传感器类型	CMOS	图像类型	JPEG
有效像素	1800 万	接口类型	USB2.0 输入输出(包含 SD 卡)
最高分辨率	5184×3456	外形尺寸	128.8mm×97.5mm×75.3mm
最高帧率	60 帧/s	曝光补偿	手动自动包围曝光

10.3.1 直接线性标定法试验

采用如图 10.7 所示标定架，该标定架的 X、Y、Z 轴三个方向两两垂直且不易变形，从而保证标定精度。由于对每一幅图像通过鼠标点击标定点获得其图像坐标，所以在标定架的 8 个角点上贴有颜色鲜艳的标示物，方便 8 个角点的选取。

标定架的尺寸为 520mm×520mm×520mm，假定角点 1 为坐标原点，可知 1～8 各个角点相对坐标分别为 (0,0,0)，(520,0,0)，(520,520,0)，(0,520,0)，(0,0,520)，(520,0,520)，(520,520,520)，(0,520,520)。桌面上的 A、B、C、D 四个点用以确定一个平面，保证随后的张正友标定法试验和待测物的放置均在此平面的上方进行。

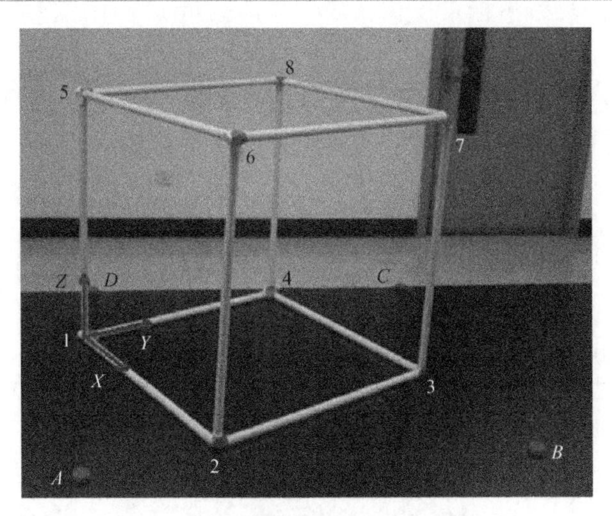

图 10.7 直接线性标定法标定架

标定计算完成后，8 个角点的理论坐标和计算坐标的对比结果如下表 10.3 所示。

表 10.3 标定点重建计算结果与实际结果对比 mm

标定点	实际坐标			计算坐标			X、Y、Z 方向平均误差/%
	X	Y	Z	X	Y	Z	
1	0	0	0	−3.38	2.74	0.04	0.39
2	520	0	0	518.52	−3.53	−0.72	0.37
3	520	520	0	523.59	515.43	2.36	0.67
4	0	520	0	−0.77	524.51	−1.79	0.45
5	0	0	520	1.71	−3.62	518.67	0.43
6	520	0	520	522.97	4.40	521.04	0.54
7	520	520	520	514.71	524.27	519.05	0.67
8	0	520	520	2.70	515.92	521.27	0.52

从表中可以看出，通过标定计算重建出的 8 个角点的三维坐标误差可以控制在 1%内。引起误差的原因包括图像成像过程中的畸变、手动选取目标点时的偏差等。对误差较大的特征点可以通过重新点击其像素点的方式来达到提高精度的目的。

10.3.2 张正友标定法试验

采用棋盘对张正友标定法进行标定试验，标定步骤如下。

① 制作平面标定模板。标定模板是打印出来的一个 8×7 的黑白方格棋盘，每个棋盘方格的尺寸为 51mm×51mm，棋盘模板粘贴在质地坚硬的塑料板上，以保证模板平整。

② 左右摄像机采集标定模板图像。本试验用了 9 张图像在不同位置进行拍摄。

③ 棋盘角点检测。角点检测是为了获得棋盘角点的二维图像坐标数据，采用 Harriss 角点检测算法，检测结果如图 10.8 所示。

(a) 左摄像机

(b) 右摄像机

图 10.8 棋盘标定图像及角点检测结果

为了检验标定精度，采用反投影误差来计算摄像机内外参数的误差。反投影误差是指在标定模板上提取出的角点坐标与通过投影计算出的图像坐标之差的平方和。其计算公式如式(10.35) 所示。

$$E=\frac{\sum_{i=1}^{n}\sqrt{(U_i-u_i)^2+(V_i-v_i)^2}}{n} \tag{10.35}$$

其中，n 是标定点的个数，(U_i, V_i) 是图像提取出来的角点坐标，(u_i, v_i)

是利用标定结果对实际三维坐标投影得到的图像坐标。这样可以求得一副图像的误差，对每个摄像机拍摄到所有图像的误差求平均值，得到每个摄像机的标定精度。经计算，左摄像头的投影误差是0.2200，右摄像头的投影误差是0.2224，误差级别低于一个像素。

产生误差的原因包括：

① 标定模板的加工精度。棋盘模板的加工质量是影响图像处理算法提取角点精度的主要因素。

② 标定模板的放置。在对棋盘模板进行拍摄时，应该尽量使其充满视场，因此，应多选择视场中的几个位置进行拍摄。另外，棋盘模板应向不同方向倾斜，且以倾斜45°为最优。

③ 拍摄标定图像的数量。一般而言，图像越多，标定精度越高。但是会使得标定计算量增加。而且在图像数量增加到一定数量时，标定精度将趋于稳定。根据试验，选择9张图像在标定精度和计算量两方面能达到较好的平衡。

④ 双目视觉系统的同步拍摄。虽然本试验所采用的标定图像属于静态拍摄，但是摄像机拍摄的同步性仍能影响标定精度，所以应采用同步采集。

上述标定计算得到的数据结果为：

内参数矩阵为：

$$A_1=\begin{bmatrix}803.39 & 0 & 313.61\\ 0 & 803.06 & 248.87\\ 0 & 0 & 1.00\end{bmatrix}$$

$$A_2=\begin{bmatrix}899.71 & 0 & 349.13\\ 0 & 899.49 & 249.99\\ 0 & 0 & 1.00\end{bmatrix}$$

$$D_1=[-0.1719 \quad 0.3721 \quad -0.0006 \quad -0.0161]$$

$$D_2=[-0.1574 \quad 0.7096 \quad -0.0042 \quad -0.0083]$$

其中，A_1、A_2 和 D_1、D_2 分别为左右相机的内参矩阵和径向畸变矩阵。

外参数矩阵为：

$$R_1=\begin{bmatrix}-0.0154 & 0.8065 & 0.5910\\ 0.9598 & -0.1536 & 0.2347\\ 0.28016 & 0.5709 & -0.7717\end{bmatrix}$$

$$R_2=\begin{bmatrix}-0.0154 & 0.8065 & 0.5910\\ 0.9598 & -0.1536 & 0.2347\\ 0.28016 & 0.5709 & -0.7717\end{bmatrix}$$

$$T_1=[-146.64 \quad 0.2320 \quad 1417.01]$$

$$T_2=[-356.99 \quad -0.61725 \quad 1492.22]$$

其中，R_1、R_2 和 T_1、T_2 分别为左右相机的外参矩阵和位移矩阵。

10.3.3 三维测量试验

本试验采用的待测物均为方形盒子，通过测量盒子的任意 6 个角点两两之间的距离来检验三维测量算法的计算精度。由于试验中待测物各角点由鼠标选取，为了减少手动选取目标点所带来的误差，试验结果采用十次测量的平均值。

第一个试验选用的待测物为一个方形盒子，在可以被左、右摄像机同时观测的 6 个角点上做明显标记，如图 10.9 所示，测量 1～6 各点间的距离。

分别用直接线性标定法和张正友标定法得到的标定结果进行三维测量，取十次计算平均值，得到的各点间的距离与实际距离的比较如表 10.4 所示。

表 10.4 待测物 1 各目标点间实际距离与测量距离比较 mm

项目	1—2	5—6	2—3	4—5	1—6	2—5	3—4
实际距离	175.00	175.00	215.00	215.00	245.00	245.00	245.00
张正友	173.63	171.90	217.08	213.36	247.31	244.20	246.10
误差/%	0.78	1.77	0.97	0.76	0.94	0.32	0.45
DLT	173.18	171.27	218.47	213.17	247.30	243.35	246.48
误差/%	0.82	2.13	1.61	0.85	0.94	0.67	0.60

为减少误差，增大样本容量，采用同样的试验方法对如图 10.10 所示的长方形盒子进行测量，同样，该试验的结果也是进行十次测量计算后得到的平均值。

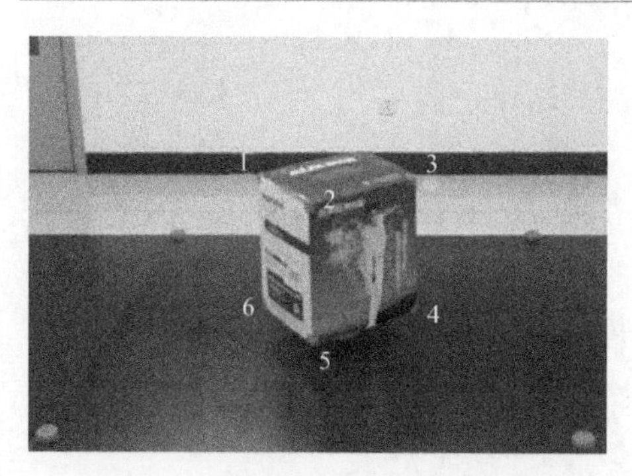

图 10.9 待测物 1 的角点距离测量

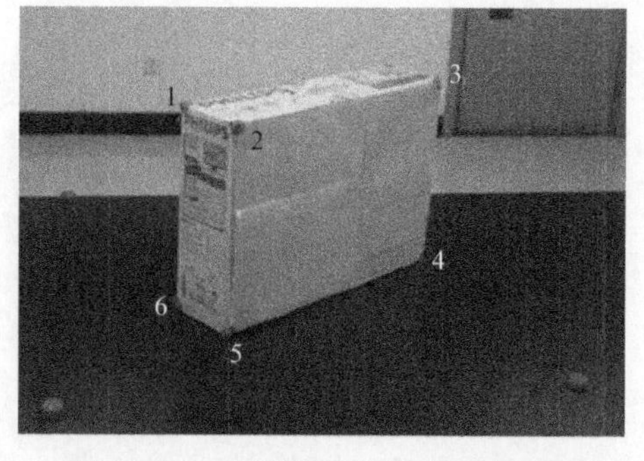

图 10.10 待测物 2 的角点距离测量

该试验得到的试验结果如表 10.5 所示。

图 10.11 和图 10.12 分别是利用两种标定方法对待测物 1 和 2 各点间距离测量的误差统计比较结果。

表 10.5 待测物 2 各目标点间实际距离与测量距离比较 mm

项目	1—2	5—6	2—3	4—5	1—6	2—5	3—4
实际距离	133.00	133.00	513.00	513.00	352.00	352.00	352.00
张正友	130.13	137.52	527.63	524.87	356.25	351.87	352.40
误差/%	2.87	3.39	2.85	2.31	1.21	0.04	0.11
DLT	129.06	135.99	524.38	526.12	355.35	352.22	355.67
误差/%	2.96	2.25	2.22	1.19	0.95	0.06	1.04

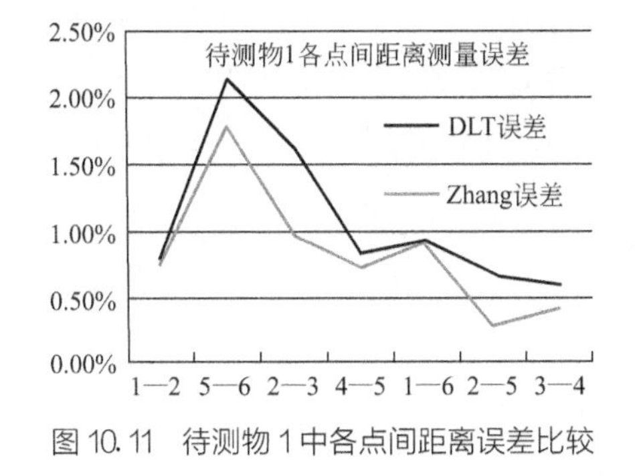

图 10.11 待测物 1 中各点间距离误差比较

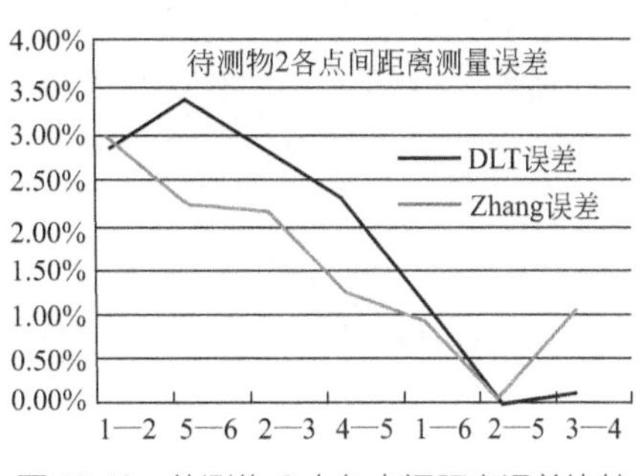

图 10.12 待测物 2 中各点间距离误差比较

从两个试验的结果可以分析得到以下几点：

① 两种方法的曲线变化趋势相同，且误差值相差很小，说明利用张正友标定法得到摄像机内外参数后转变成投影矩阵 M 的方法可行。

② 平行于成像平面的目标点测量误差最小：目标点 1—6，2—5，3—4 间的距离测量误差均在 1%以下，远小于其他各点间的误差，其原因是因为这三对距离的方向是平行于摄像机成像平面的。由于将空间点从世界坐标系转换到图像坐标系的过程中，图像的深度信息丢失，而对平行于摄像机成像平面上的各点信息影响不大。

③ 各角点间的距离误差保持在 3%以内。造成该误差的原因主要是手动选取特征点和目标点时造成的人为误差，以及摄像机成像过程中产生的图形畸变。

④ 对比 DLT 标定法和张正友标定法的误差曲线，可以看出，张正友标定法的误差均值要小于 DLT 标定法。其原因是 DLT 标定法是基于线性摄像机模型，未考虑图像畸变带来的影响。而张正友标定法在标定过程中完成了图形矫正的工作。因此张正友的标定精度要更高一些。

参考文献

[1] 田浩.基于机器视觉的距离测量[D].北京：中国 农业大学，2013.

第11章

运动图像处理

前面各章介绍的方法都是针对单个静止图像的处理，本章介绍针对运动图像的处理。所谓运动图像就是指加入了时间维的多个静止图像组成的序列图像。

11.1 光流法

11.1.1 光流法的基本概念

光流的概念是 Gibson 在 1950 年首先提出来的，它是空间运动物体在观察成像平面上的像素运动的瞬时速度，是利用图像序列中像素在时间域上的变化以及相邻帧之间的相关性来找到上一帧跟当前帧之间存在的对应关系，从而计算出相邻帧之间物体运动信息的一种方法。一般而言，光流是由于场景中前景目标本身的移动、相机的运动，或者两者的共同运动所产生的。这里包含了运动场和光流场两个概念。运动场是指物体在三维真实世界中的运动，光流场是运动场在二维图像平面上的投影。

1981 年，Horn 和 Schunck 创造性地将二维速度场与灰度相联系，引入光流约束方程，得到光流计算的基本算法。人们基于不同的理论基础提出各种光流计算方法，算法性能各有不同。Barron 等人对多种光流计算技术进行了总结，按照理论基础与数学方法的区别把它们分成四种：基于梯度的方法、基于匹配的方法、基于能量的方法和基于相位的方法。近年来，神经动力学方法也颇受学者重视。

（1）基于梯度的方法

基于梯度的方法又称为微分法，它是利用序列图像灰度（或其滤波形式）的时空微分（即时空梯度函数）来计算像素的速度矢量。由于计算简单和较好的结果，该方法得到了广泛研究和应用。虽然很多基于梯度的光流估计方法取得了较好的光流估计，但由于在计算光流时涉及可调参数的人工选取、可靠性评价因子的选择困难，以及预处理对光流计算结果的影响，在应用光流对目标进行实时检测与自动跟踪时仍存在很多问题。

(2) 基于匹配的方法

基于匹配的光流计算方法包括基于特征和区域的两种方法。基于特征的方法不断地对目标主要特征进行定位和跟踪，对目标大的运动和亮度变化具有鲁棒性(robustness)。存在的问题是光流通常很稀疏，而且特征提取和精确匹配也十分困难。基于区域的方法先对类似的区域进行定位，然后通过相似区域的位移计算光流。这种方法在视频编码中得到了广泛的应用。然而，它计算的光流仍不稠密。另外，这两种方法估计亚像素精度的光流也有困难，计算量很大。在考虑光流精度和稠密性时，基于匹配的方法适用。

(3) 基于能量的方法

基于能量的方法首先要对输入图像序列进行时空滤波处理，这是一种时间和空间整合。对于均匀的流场，要获得正确的速度估计，这种时空整合是非常必要的。然而，这样做会降低光流估计的空间和时间分辨率，尤其是当时空整合区域包含几个运动成分（如运动边缘）时，估计精度将会恶化。此外，基于能量的光流技术还存在高计算负荷的问题。此方法涉及大量的滤波器，目前这些滤波器是主要的计算消费。然而，可以预期，随着相应硬件的发展，在不久的将来，滤波将不再是一个严重的限制因素，所有这些技术都可以在帧速下加以实现。

(4) 基于相位的方法

Fleet 和 Jepson 首次从概念上提出了相位信息用于光流计算的问题。因为速度是根据带通滤波器输出的相位特性确定的，所以称为相位方法。他们根据与带通速度调谐滤波器输出中的等相位轮廓相垂直的瞬时运动来定义分速度。带通滤波器按照尺度、速度和定向来分离输入信号。

(5) 神经动力学方法

机器视觉研究的初衷就是为了模仿人类视觉系统的功能，然而人类理解与识别图像的能力与计算机形成了巨大的反差。视觉科学家们迫切期望借鉴人类处理图像的方法，以摆脱困境。对于光流计算来讲，如果说前面的基于能量或相位的模型有一定的生物合理性的话，那么近几年出现的利用神经网络建立的视觉运动感知的神经动力学模型则是对生物视觉系统功能与结构的更为直接的模拟。尽管用这些神经动力学模型来测量光流还很不成熟，然而这些方法及其结论为进一步研究打下了良好的基础，是将神经机制引入运动计算方面所做的极有意义的尝试。

11.1.2 光流法用于目标跟踪的原理

① 对一个连续的视频帧序列进行处理。

② 针对每一个视频序列，利用一定的目标检测方法，检测可能出现的前景目标。

③ 如果某一帧出现了前景目标，找到其具有代表性的关键特征点（可以随机产生，也可以利用角点来做特征点）。

④ 对之后的任意两个相邻视频帧而言，寻找上一帧中出现的关键特征点在当前帧中的最佳位置，从而得到前景目标在当前帧中的位置坐标。

⑤ 如此迭代进行，便可实现目标的跟踪。

在实际应用中，由于遮挡性、多光源、透明性和噪声等原因，使得光流场基本方程的灰度守恒假设条件不能满足，不能求解出正确的光流场，同时大多数的光流计算方法相当复杂，计算量巨大，不能满足实时的要求，因此，一般不被对精度和实时性要求比较高的监控系统等所采用。

11.2 模板匹配

模板就是一幅已知的小图像，模板匹配就是在一幅大图像中搜寻作为模版的小图像。

以灰度图像为例，模板 T($M \times N$ 像素）叠放在被搜索图 S($W \times H$ 个像素）上平移，模板覆盖被搜索图的那块区域叫子图 $S_{i,j}$、i、j 为子图左上角在被搜索图 S 上的坐标。搜索范围是：$1 \leqslant i \leqslant W-M$，$1 \leqslant j \leqslant H-N$。

通过比较 T 和 $S_{i,j}$ 的相似性，完成模板匹配过程。可以用下列两种测度之一来衡量模板 T 和子图 $S_{i,j}$ 的匹配程度。

$$D(i,j)=\sum_{m=1}^{M}\sum_{n=1}^{N}[S_{i,j}(m,n)-T(m,n)]^2 \tag{11.1}$$

$$D(i,j)=\sum_{m=1}^{M}\sum_{n=1}^{N}|S_{i,j}(m,n)-T(m,n)| \tag{11.2}$$

相对于式(11.1)，式(11.2) 的计算量少一些，匹配速度较快。当计算的 D 值小于设定阈值时，就认为匹配成功。

上述匹配方法仅限于没有旋转的情况，如果模板图像在被匹配的图像上有方向变化，则需要对每个匹配点进行逐个角度的旋转计算。例如，如果以 5°间隔进行旋转匹配计算，一圈 360°就需要对每个点进行 72 次的匹配计算，将非常花费时间。

11.3 运动图像处理实例

11.3.1 羽毛球技战术实时图像检测[1]

(1) 技术目标及要点

在羽毛球的比赛和训练现场，为了根据对手情况及时调整技战术和指导训练，教练员需要及时准确地掌握现场的技战术统计数据。本系统要求对羽毛球比赛现场进行实时图像采集与分析，确定每个回合中羽毛球的技术类型，并对数据进行统计和保存，实现羽毛球比赛临场战术统计的智能化。

为了便于携带，本系统使用一个摄像头和一台手提电脑，通过对二维序列图像进行分析，来实现上述目的。主要技术要点如下：

① 运动图像的实时采集和保存。需要能够现场控制采集的帧率（帧/秒），并且能够把采集到的图像以连续图像文件或者视频文件的形式实时地保存到硬盘上。

② 各帧图像中运动部分的提取。为了对羽毛球和运动员进行分析，首先需要准确检测出每帧图像上的运动区域，从而为以后的匹配连接提供基础。

③ 序列图像中运动轨迹的连接。通过对序列图像上运动区域的重心点进行连接，找出运动轨迹线的起止点，保存每个轨迹的数据。

④ 羽毛球运动轨迹识别及分析。通过对每个轨迹进行分析判断，从众多的运动轨迹中识别出羽毛球的运动轨迹。

⑤ 各帧图像中运动员重心的计算。获取图像上球场双方运动员的重心位置，为羽毛球轨迹的球类判断提供依据。

⑥ 球场区域的识别。判别出采集到图像上球场的范围，给出球场区域的参数，作为羽毛球轨迹的球类判别根据。

⑦ 羽毛球轨迹的球类判断。根据获得的羽毛球轨迹、运动员重心、球场参数等数据，对羽毛球轨迹进行分析，确定其所属的球类，如高球、挑球等。

⑧ 技术统计数据的实时显示。把统计分析的结果比较详细直观地实时显示出来，供教练员和运动员参考。

⑨ 运动轨迹回放。能够回放分析处理过程，直观明确地显示出球的运动轨迹。

(2) 视频图像采集

图像采集设备选用的是 Basler A601f CMOS 摄像机。该摄像机的主要性能特征如下：数据输出端是 IEEE1394 接口，最大分辨率是 659×493 像素，最大采集帧率是 60 帧/s，图像类型是灰度图像。采集和处理设备使用的是手提电脑，CPU 为 Pentium 2.4GHz，内存容量为 256MB。运动图像处理开发平台采用北京现代富博科技有限公司的二维运动图像测量系统 MIAS，软件开发工具是微软的 Visual C++。

检测对象的参数如下：羽毛球长度：62～70mm；羽毛球顶端直径：58～68mm；羽毛球球拍托面直径：25～28mm；球场区域：13.4m×6.1m；球网高度：1.524m。

为了能够拍摄到羽毛球场地的全景图像，设定摄像机与场地的距离为 5m、与地面的高度为 4 米、与地面的角度是 45°左右。

本系统采用多线程方法来实现采集、分析和保存的并行运行，以充分利用 CPU 资源。采集线程负责将图像数据采集到内存并显示在显示器上，分析线程负责对采集线程采集到的图像进行图像处理，保存线程负责把采集线程采集到内存中的图像保存到硬盘上。三个线程工作在三种模式下：预览模式下只有采集线程工作；实时分析模式下采集线程和分析线程同步进行；实时保存模式下采集线程和保存线程同步进行。

设定摄像机的采样频率为 40 帧/秒，对羽毛球比赛进行了实时采样、分析和保存。为了使用采集保存的视频图像进行算法开发与分析，采集保存了数组视频图像，视频保存的平均帧率是 38 帧/秒，如果使用 CPU 配置较高和内存容量较大的计算机将会提高保存的速度。

(3) 场地标定

在进行图像分析处理之前，需要手动选取图像上羽毛球场地的几个特征点，特征点的选择如图 11.1 所示的 8 个箭头位置，分别是球网的上下 4 个角的位置和球网下方场地的 4 个交叉点的位置。这些位置信息参数不仅是判断羽毛球类型的重要依据，同时也是界定处理范围、排除场外运动物体干扰的重要条件。图 11.2 是实际场地标定后的图像。图 11.2 上的 8 个数字表示点击获取的羽毛球场的 8 个特征点，白色框线表示根据 8 个特征点计算得到的羽毛球场的范围。

(4) 运动目标提取

要跟踪识别羽毛球的运动轨迹，首先要从现场复杂的背景中提取出羽毛球目标，并对羽毛球目标进行定位，这是羽毛球轨迹跟踪分析中的重要一环。采用序列图像中的前后相邻两幅图像相减来提取当前图像中的运动目标，然后通过设定阈值对差分图像进行二值化处理。图 11.3 是连续的帧 1 和帧 2 及其差分后的二值图像，二值化阈值设定为 5。二值图像上的白色像素表示检测出来的羽毛球和运动员的运动部分。

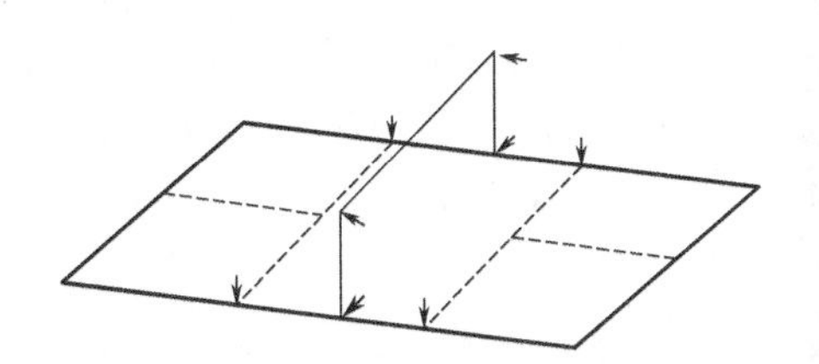

图 11.1 羽毛球场地特征点示意图

图 11.2 羽毛球场地图像

(a) 帧1

(b) 帧2

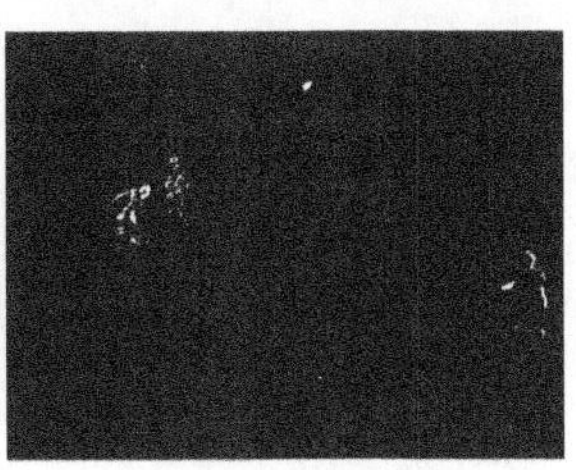

(c) 差分二值化结果

图 11.3 序列帧及其间差分二值化结果

(5) 轨迹归类与连接

① 方向数的概念。为了判别羽毛球的飞行方向和类型，引进了方向数的概念。当一个轨迹上的点的坐标在水平方向是增大的时候，定义该轨迹的方向数为“+”，在该方向上每增加一个轨迹点，方向数增加 1；当一个轨迹上的点的坐标在水平方向是减小的时候，定义该轨迹的方向数为“－”，在该方向上每增加一个轨迹点，方向数减 1；设定轨迹起始的方向数为零，当一个轨迹结束的时候，根据其方向数的正负及大小，即可判断该轨迹的运行方向和大致长短。

在进行羽毛球类型的分析统计中，需要得到的是双方运动员各自的统计数据。当判断出一个轨迹为羽毛球轨迹时，可以通过羽毛球轨迹上结束点处方向数的正负来判断羽毛球的方向。如果方向数为正，可以断定羽毛球是从图像的左边向右边运动，从而将该球类数据计入图像中左边运动员的数据统计中。如果方向数为负，可以断定羽毛球是从图像的右边向左边运动，该球类数据应计入图像中右边运动员的数据统计中。方向数不仅可以用来判别羽毛球的运动方向，同时，方向数的大小，也是判断羽毛球轨迹长短的因素之一。

② 目标重心的计算。对于差分后的二值图像，首先检测出图像上每个区域

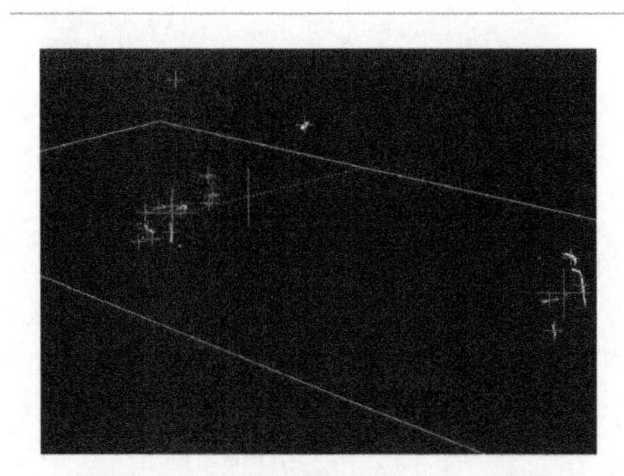
图 11.4 目标区域重心及球场边界

的轮廓数据，然后将轮廓像素坐标的平均值作为其重心存入链表，用于后续的轨迹匹配使用。

图 11.4 表示了二值图像上白色区域重心的计算结果。在球场网线上比较大的“+”符号表示网线的中心。在左右两边运动员之上的两个较大的“+”符号分别表示两边运动员的重心。每个白色区域块上的小“+”表示其各自的重心。运动员的重心是由测量区域中的每个白色区域块的重心计算得来。为了直观地看到测量区域的情况，在二值图像上以白线标示出了测量区域的边界线。

（6）运动轨迹提取

① 记录点目标的运动轨迹。假设点目标的运动轨迹为 Tra，记录 Tra 在每帧图像上的如下信息：

- Tra 在当前帧上的点目标 k 的位置（cx，cy）；
- Tra 在当前帧上的点目标 k 与前一帧上的点目标 $k-1$ 的连线与 x 轴之间的夹角 Ang；
- 点目标 k 与 $k-1$ 之间的距离 Len；
- Tra 在当前帧上的方向数 Dir。

② 轨迹匹配连接。以 $Cen_m^i(x,y)$ 表示第 m 帧上的第 i 个白色区域的重心点坐标，将其与第 $m-1$ 帧上的所有白色区域的重心点坐标进行匹配运算。计算出 $Cen_m^i(x,y)$ 与最长轨迹 $Tra_{\max}$ 在第 $m-1$ 帧上的点 $Cen_{m-1}^{\max}(x,y)$ 的距离 L 和角度 A，如果距离 L 在设定的最小距离 $Len_{\min}$ 和最大距离 $Len_{\max}$ 之间，角度 A 在设定的最小角度 $A_{\min}$ 和最大角度 $A_{\max}$ 之间，那么点 $Cen_m^i(x,y)$ 为最长轨迹 $Tra_{\max}$ 上的点，将该点的信息记入最长轨迹之中，改写相应的方向数 Dir。如果点 $Cen_m^i(x,y)$ 不能与最长轨迹进行匹配，那么将该点与第 $m-1$ 帧上的其他轨迹点进行匹配，并将该点的信息记入与其匹配的轨迹的链表之中。如果点 $Cen_m^i(x,y)$ 与第 $m-1$ 帧上的所有轨迹点都不能匹配，那么将该点作为一个新轨迹的起始点，并将该点的信息记入一个新的轨迹链表之中。

在进行轨迹匹配的过程中，可能出现同一帧上的多个点与同一轨迹满足匹配条件的情况，这时选择距离最近的点目标进行连接。如果当第 m 帧上的所有区域的重心点都不能与第 $m-1$ 帧上的点进行连接时，开始分析 m 帧以前所生成的轨迹中的最长轨迹，判断其是否是羽毛球的轨迹。

图 11.5 显示了单帧图像上重心的分布情况和多帧重心累加后的图像。在单帧图像上判断羽毛球的重心是困难的，但是将连续图像序列上重心点叠加之后可以准确地区分出羽毛球的运动轨迹。图像序列中各个运动区域的运动轨迹是不同的，如运动员和球拍的运动轨迹与羽毛球的运动轨迹在轨迹的长度、拱形度、轨迹上点与点之间的距离、方向数等方面有着明显的区别。这些轨迹特征都是从轨迹群中提取羽毛球运动轨迹的重要依据。

(a) 一帧图像上的重心点

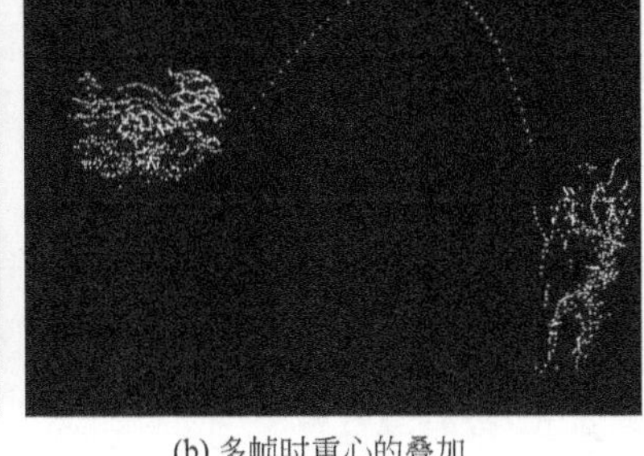
(b) 多帧时重心的叠加

图 11.5 物体的重心分布

(7) 羽毛球轨迹提取

以 $Tra_{\max}$ 表示轨迹群中最长的轨迹记录，以 λ_1，λ_2，…，λ_m 表示评价一个轨迹是否是羽毛球运动轨迹的全部属性。这些属性包括轨迹的长度、轨迹的拱形角度、轨迹的方向数、轨迹上点的个数等。最大轨迹为羽毛球运动轨迹的可信度 $\Omega(Tra_{\max})$ 由下式定义：

$$\Omega(Tra_{\max}) = \sum_{i}^{m} \Omega_i(\lambda_i) \tag{11.3}$$

如果可信度大于设定的阈值，则认为该轨迹是羽毛球的运动轨迹，进一步分析羽毛球的类型。判断出羽毛球的轨迹和类型后，消除所有轨迹数据，重新进行跟踪测量。如果轨迹 $Tra_{\max}$ 不是羽毛球的运动轨迹，则保留所有轨迹数据，继续进行下一帧的连接判断。当在设定的帧数范围内没有检测出羽毛球轨迹时，清除所有轨迹数据，重新开始跟踪测量。

在拍摄羽毛球比赛的图像时，会出现如下情况：羽毛球被击打后飞出了摄像机的视野范围，片刻以后又落入了摄像机的视野范围。这时，需要判断出羽毛球飞出和回落后的运动轨迹是否是同一个轨迹。采用距离来判断其是否是同一轨迹，当飞出轨迹的终点与回落轨迹的起点之间的距离（间隔帧数）在设定范围内时，视为同一轨迹，否则视为不同轨迹。

图 11.6 显示的是从轨迹群中提取出的羽毛球的运动轨迹。图 11.6(a) 显示的是完全在摄像机的视野之内的羽毛球运动轨迹。图 11.6(b) 显示的是羽毛球飞出摄像机视野，然后回落入摄像机视野之内的羽毛球运动轨迹。

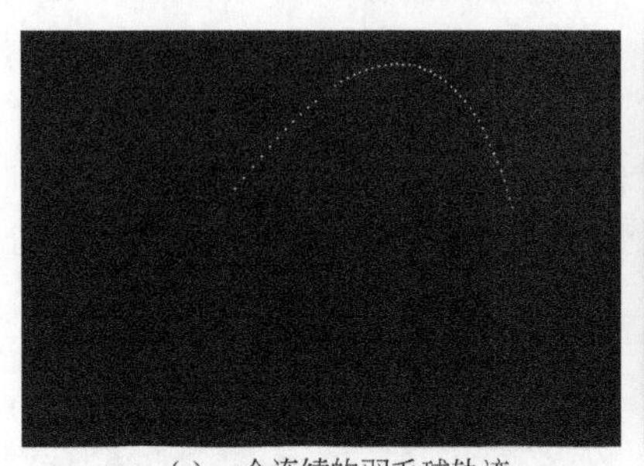
(a) 一个连续的羽毛球轨迹

(b) 一个断开的羽毛球轨迹

图 11.6 羽毛球轨迹结果

（8）羽毛球类型判断

在提取出羽毛球的运动轨迹之后，根据羽毛球球类的定义，来判断所得到的羽毛球轨迹属于羽毛球技术类型里的哪一类。根据羽毛球球类的定义，判断的羽毛球类型有高球、杀球、吊球、挡球等，判断的主要依据是球类定义中的技术参数。这些参数包括：羽毛球轨迹的起始点、终止点与球场的相对位置，羽毛球的飞行角度，羽毛球的飞行速度，羽毛球轨迹与运动员的位置，羽毛球轨迹与球网的距离等。

根据球类定义中羽毛球的轨迹特点以及羽毛球轨迹与球场的相对位置关系，对使用上述方法提取出的羽毛球运动轨迹进行分析，获得羽毛球技术类型的统计结果。对选用的四组总帧数接近 10000 帧的视频序列图像进行分析处理，把所获得的统计结果与人工判断的结果进行了比较，比较结果如表 11.1 所示。第Ⅰ组共 394 帧，第Ⅱ组共 1204 帧，第Ⅲ组共 3108 帧，第Ⅳ组共 6020 帧。结果显示，球类判断的准确率接近 100%。只有第 4 组的挑球出现了一次漏判，出现漏判的原因是该球在摄像机视野之内的运动轨迹太短，造成羽毛球的轨迹不是轨迹群中最长的轨迹而被忽略了。

表 11.1 球类的统计结果 个

组别	高球		挑球		杀球		挡球		吊球		抽球	
	算法	人工	算法	人工	算法	人工	算法	人工	算法	人工	算法	人工
Ⅰ			2	2	2	2			1	1	1	1

续表

组别	高球		挑球		杀球		挡球		吊球		抽球	
	算法	人工	算法	人工	算法	人工	算法	人工	算法	人工	算法	人工
Ⅱ	2	2	9	9	3	3	1	1	6	6	1	1
Ⅲ	9	9	9	9	2	2	3	3	8	8	20	20
Ⅳ	6	6	28	29	16	16	6	6	13	13	4	4

11.3.2 蜜蜂舞蹈行为分析[2]

(1) 技术目标及要点

研究表明，蜜蜂摇摆舞的时间长短与蜜源的距离有关，蜜蜂摇摆舞角度与蜜源方向有关。目前研究人员一般是通过手动标记的方法来获得蜜蜂摇摆舞数据，也有通过图像跟踪方法来来获取数据的案例。传统图像跟踪的方式，一般是给观测目标涂上发光材料，辅以光源对发光点进行图像跟踪测量，这种方法用在微小的蜜蜂身上无疑是件不太容易的事情，而且会影响蜜蜂的行为。

本系统旨在对未标记的多目标蜜蜂进行图像跟踪与检测，通过对其运动轨迹进行统计分析，确定蜜蜂摇摆舞的区间，从而获得蜜蜂摇摆时间和摇摆角度等信息，为解析蜜蜂摇摆舞所传递的信息提供原始数据。技术要点如下：

① 跟踪目标的选定方法；

② 目标的无标识图像跟踪方法；

③ 蜜蜂摇摆舞的判断方法；

④ 蜜蜂摇摆舞时间的计算方法；

⑤ 蜜蜂摇摆舞方向的计算方法。

(2) 试验装置及视频图像采集

图 11.7 是本系统的实验装置示意图。实验用视频由数码摄像机拍摄，图像的分辨率为 640×480 像素，帧率为 30 帧/秒，视频以 AVI 格式保存。蜜蜂在竖直平面上爬行，摄像机镜头光轴垂直于竖直平面进行拍摄。图像处理采用的 PC 机配置 Pentium(R)Dual-Core 处理器，主频为 2.6GHz，内存为 2.00GB。利用 Microsoft Visual Studio 2010 进行了算法开发。

(3) 蜜蜂运行轨迹跟踪

① 目标蜜蜂的选定。图像的左上角为原点，水平向右为横坐标 x 的正方向，垂直向下为纵坐标 y 的正方向。在视频的首帧上，通过鼠标手动点击目标蜜蜂的头部点 P_s 与尾部点 P_e，将这两点连线 P_sP_e 的长度记为 d，并以 d 的 1.5 倍为边长设定蜜蜂的正方形处理区域。扫描 P_sP_e 上各点，查找离点 P_s 最近且

$2R$-B 值最大的点（R 和 B 分别为目标像素的红色和蓝色分量），定义该点为蜜蜂目标点 P（图上“+”位置）。

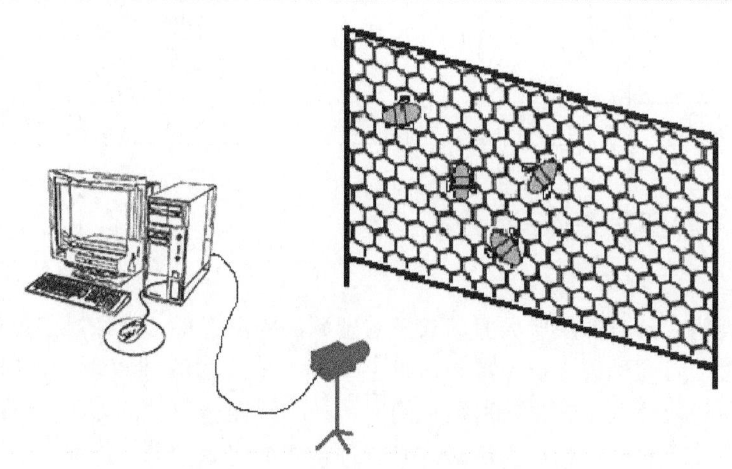

图 11.7 蜜蜂舞蹈行为分析试验装置

图 11.8 为处理视频的初始帧图像，从图中可以看出，蜂巢背景颜色与蜜蜂颜色十分接近。图 11.9 是 $2R$-B 灰度图像，蜜蜂目标被增强了。

图 11.8 蜂巢原图像

图 11.9 2R-B 灰度图像

图 11.10 为图 11.9 中矩形框内目标蜜蜂上直线的线剖图。尽管目标物与背景亮度值无特定规律波动，但整体来说是背景的亮度值小于目标的亮度值，且亮度值最大处 A 一定在目标蜜蜂上，所以将离蜜蜂头部最近且亮度值最大的点作为蜜蜂目标点 P 是有效的。

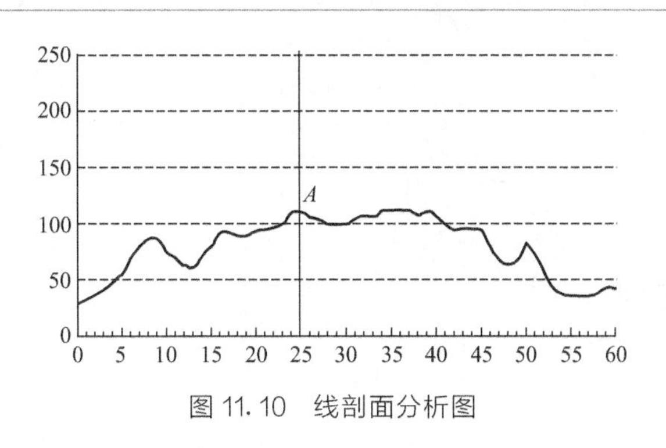

图 11.10 线剖面分析图

② 目标点跟踪。从第 2 帧图像开始，通过与前帧图像的模板匹配，实现目标点的跟踪检测。以前帧上目标点为中心点，建立 9×9 像素区域的模板。对当前帧进行模板匹配，将匹配区域称为子图 $P(n)$（n 为子图序号，$0\leqslant n\leqslant 8$）。具体步骤如下。

a. 建立模板。以前一帧上目标点 P 为中心，以图 11.11 所示的螺旋方式，顺时针方向依次读取其自身及周围 80 个像素的 R、B 分量值，并分别存放至数组 $R[k]$、$B[k]$（$0\leqslant k\leqslant 80$）中。对 $R[]$、$B[]$ 中的值进行如下排序：找到最外层（即 $49\leqslant k\leqslant 80$，共 32 个点）中 R 分量的最大值，并以该像素为起点，其前一像素为终点，重新按顺序排列像素。将新排列像素的 R、B 分量值分别依次存入数组 $SR[]$、$SB[]$ 中，作为匹配用的模板。

b. 在当前帧上进行模板匹配。如图 11.12 所示，0 表示模板目标点 P 在当前帧上的对应位置。在当前帧上，将模板中心依次置于 0～8，获得相应的子图 $P(n)$，用步骤 a 的方法得到子图 $P(n)$ 各像素的 R、B 分量值数组 $R'[]$、$B'[]$，以及重排后的数组 $SR'[]$、$SB'[]$。用式(11.4) 计算每个子图的匹配度 DF。该值越小说明匹配程度越高。

$$DF=\sum_{k=0}^{80}|SR[k]-SR'[k]|+\sum_{k=0}^{80}|SB[k]-SB'[k]| \tag{11.4}$$

找到匹配度最高也就是 DF 最小（DF_{m}）的位置 N。若 $N=0$，则停止查找，点 0 即为准目标点，并记录该子图和模板的匹配度为 DF_{m}。若 N 不等于 0，则将模板中心移至点 N 处，以此点为模板中心新的初始位置 0，继续查找准目标点。

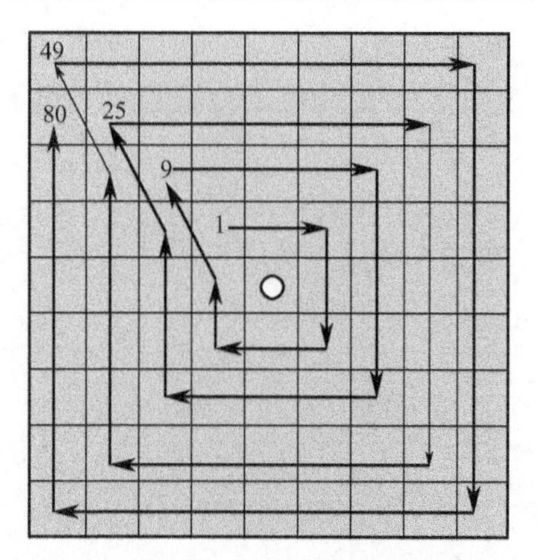

图 11.11 像素读取顺序

8	1	2
7	0	3
6	5	4

图 11.12 模板移动顺序

c. 确定目标点。若式(11.5) 成立，则认为该准目标点为所跟踪的目标点；否则，认为准目标点不是所跟踪的目标点，需进行下一步的目标查找。

$$DF_{\min} < 5AR \tag{11.5}$$

其中，AR 为模板面积，即 $AR=81$。

d. 目标查找。重复步骤 b 和 c，直到在处理区域内找到满足式(11.5) 的点或者区域内 DF 最小的点作为目标点。

在目标点跟踪过程中，每帧中目标点的位置都被记录下来，将目标点的横、纵坐标分别依次存入数组 $X[\,]$、$Y[\,]$ 中。

图 11.13 表示了模板颜色特征参数 $R[\,]$、$B[\,]$、$SR[\,]$、$SB[\,]$ 的一组实例。图 11.13(a)、(b) 表示原模板各像素的 R 分量数组 $R[\,]$、B 分量数组 $B[\,]$，图中 b 点表示模板最外层（即 $49 \leqslant k \leqslant 80$，共 32 个点）$R$ 分量最大的点，点 a 和 c 分别为原模板的起点与终点。图 11.13(c)、(d) 表示重排后模板各像素的 R 分量数组 $SR[\,]$、B 分量数组 $SB[\,]$，如图所示，以点 b 为起点按顺序重排模板，点 a 拼接在点 c 后面。

本系统以模板最外层中 R 分量的最大值点为起点重新排序模板像素，之后进行一次匹配运算，起到了传统方法中多次旋转模板、进行匹配计算的效果，减少了模板旋转和匹配的计算量，不仅大大缩短了处理时间，而且匹配结果精准。

图 11.14 为图 11.8 上目标蜜蜂（虚线方框内）在第 2 帧、第 31 帧、第 56 帧、第 125 帧的跟踪结果图像。结果表明，上述方法可准确地跟踪目标蜜蜂的运动轨迹。

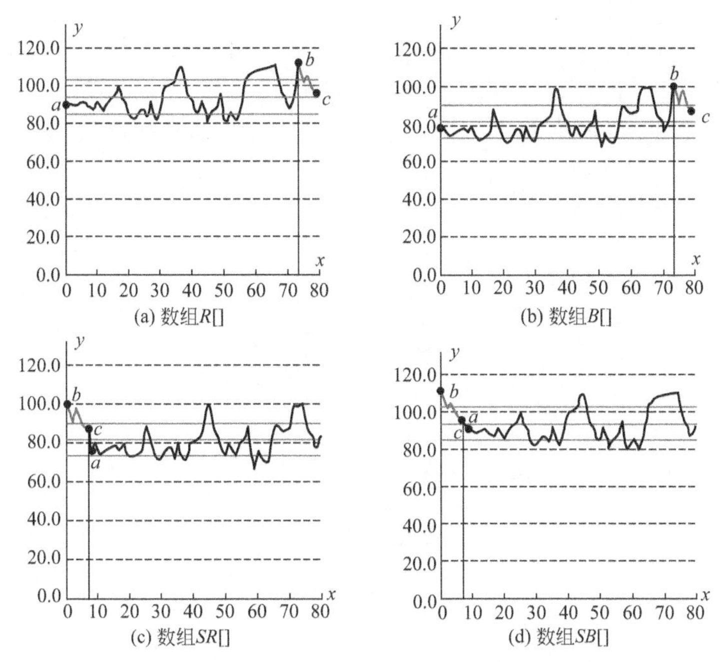

图 11.13 模板颜色参数波形图

x 轴—像素序号；y 轴—像素值

图 11.14 目标蜜蜂跟踪结果图像

（4）蜜蜂舞蹈判断

如图 11.15 所示，蜜蜂摇摆舞的运动轨迹是 8 字形，点 F 为摇摆起始点，点 E 为摇摆终止点，FE 方向为蜜蜂摇摆舞爬行直线方向，简称爬行方向，FE 的垂直方向为摇摆方向，摇摆方向的坐标拐点称为摇摆特征点。蜜蜂在一个地点附近反复做几次同样的摇摆舞。

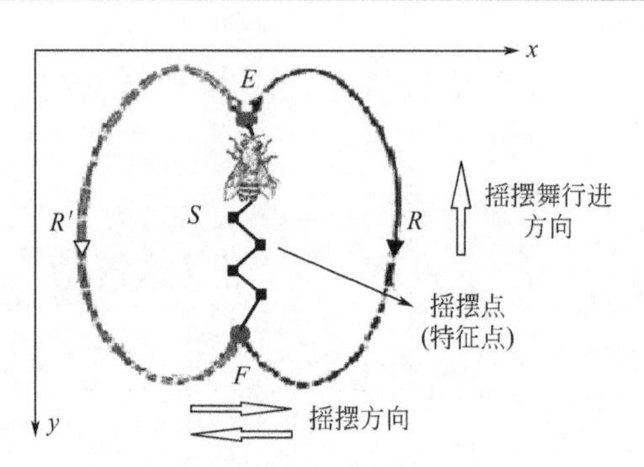

图 11.15　蜜蜂摇摆舞运行方式

将上述蜜蜂目标点在各帧上的 x、y 坐标与其在首帧上的 x、y 坐标之差的绝对值，分别依次存入数组 D_x[] 和 D_y[] 中，即数组 D_x[] 和 D_y[] 分别为蜜蜂运动轨迹上各点与起始点在 x 和 y 方向上的距离。图 11.16(a)、(b) 分别为数组 D_x[]、D_y[] 的波形示意图，横坐标表示帧号，纵坐标表示距离值（像素数）。通过分析数组 D_x[] 和 D_y[] 的波形，判断出蜜蜂摇摆舞区间，从而获得蜜蜂摇摆时间以及摇摆角度等信息。

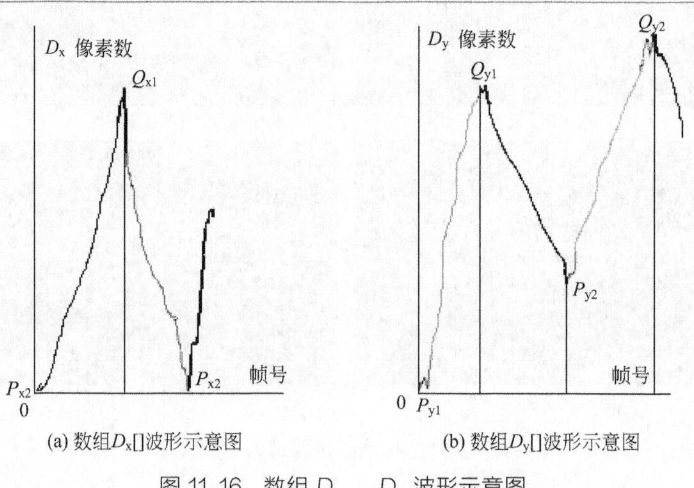

(a) 数组D_x[]波形示意图　　(b) 数组D_y[]波形示意图

图 11.16　数组 D_x、 D_y 波形示意图

以 $D_x[]$ 为例，分析过程如下。

设数组 $D_x[]$ 的大小为 M，设定波峰点位置 I_t、波峰值 t、波谷点位置 I_b、波谷值 b 的初值均为 0。

从起始处对数组 $D_x[]$ 进行扫描，比较 $D_x[k]$ $(1 \leqslant k \leqslant M)$ 与 $D_x[k-1]$ 的大小，直至扫描完整个数组。

① 查找波峰。若当前点满足 $D_x[k]>D_x[k-1]$，则比较 $D_x[k]$ 与 t 的大小，如果 $D_x[k]>t$，则记录 $I_t=k$，$t=D_x[k]$。

否则，利用式(11.6) 进行判断，若满足条件，则将当前的 I_t 作为波峰位置，当前的 t 作为波峰值，并令 $b=t$。之后进行步骤②所示的波谷查找，否则继续重复此步骤直至找到波峰。

$$t-D_x[k]>D \text{ 且 } t-b>D \tag{11.6}$$

式中，$D=d/5.0$，d 为蜜蜂的长度。

② 查找波谷。若当前点满足 $D_x[k]<D_x[k-1]$，则比较 $D_x[k]$ 与 b 的大小，若 $D_x[k]<b$，则记录 $I_b=k$，$b=D_x[k]$。

否则，利用式(11.7) 进行判断，若满足条件，则将当前的 I_b 作为波谷位置，当前的 b 作为波谷值，并令 $t=b$。之后进行步骤①波峰查找，否则继续重复此步骤直至找到波谷。

$$D_x[k]-b>D \text{ 且 } t-b>D \tag{11.7}$$

当完成对 D_x 的扫描后，数组中各个波峰、波谷点位置均被找到。如图 11.16 (a) 中所示，确定了 D_x 中的波谷为 P_{x1}、P_{x2}，波峰为 Q_{x1}。

之后，判断各个区间（相邻波峰与波谷之间的区域）的爬行方向。记区间的起点（左端）为 I_s，终点（右端）为 I_e。若 $X[I_e]>X[I_s]$，则将此区间方向归为向右；反之，将其归为向左。据此，$P_{x1}Q_{x1}$ 区间被归为向右，$Q_{x1}P_{x2}$ 区间被归为向左。

对区间内的各点 k 分别与其相邻点的 y 坐标值进行比较，若其满足式(11.8) 或式(11.9)，则将 k 视为具有摇摆特征的点（坐标的拐点），及摇摆特征点（见图 11.15），记录其个数 N（定义为摇摆特征数）。N 值越大，说明摇摆特征越明显。

$$Y[k]<Y[k+1], Y[k]<Y[k-1] \tag{11.8}$$

$$Y[k]>Y[k+1], Y[k]>Y[k-1] \tag{11.9}$$

其中，$I_s \leqslant k < I_e$。

据此，获得向右区间 $P_{x1}Q_{x1}$ 的特征参数 N_{R1}，向左区间 $Q_{x1}P_{x2}$ 的特征参数 N_{L1}。

同理，对数组 $D_y[]$ 进行分析，如图 11.16(b) 所示，确定数组 $D_y[]$ 的波谷 P_{y1}、P_{y2} 和波峰 Q_{y1}、Q_{y2}，得到向上区间 $P_{y1}Q_{y1}$、$P_{y2}Q_{y2}$ 的特征参数分别 N_{U1}、N_{U2} 和向下区间 $Q_{y1}P_{y2}$ 的特征参数为 N_{D1}。

计算向上、向下、向左、向右各区间的摇摆特征参数的平均值 N_U、N_D、N_L、N_R，找出其中的最大值，其方向即为蜜蜂摇摆舞爬行方向，摇摆方向为爬行方向的垂直方向。

如果摇摆特征参数大于 20，则认为该段是摇摆区间；否则，视为非摇摆区间。对于摇摆区间，设起始帧和终止帧分别为 DS_s 和 DS_e。

摇摆时间 T 可以由式(11.10) 求得。

$$T=(DS_e-DS_s)/R_f \tag{11.10}$$

式中，R_f 表示视频文件或实时采集的帧率。

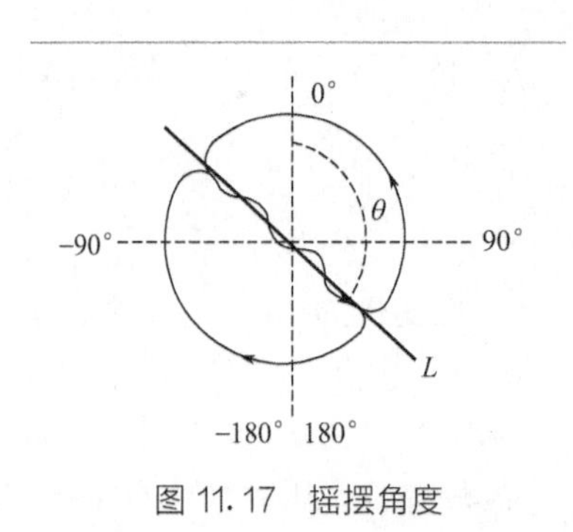

图 11.17 摇摆角度

摇摆角度由下述方法求得。分别计算摇摆区间内各点的横坐标和纵坐标的平均值 X_a 和 Y_a，以点（X_a，Y_a）为已知点，采用过已知点 Hough 变换对摇摆区间中的点进行直线拟合，得到的直线记为 L。定义蜜蜂爬行方向为 L 的方向，直线 L 与垂直向上方向之间的夹角为摇摆角度，并规定顺时针由垂直向上至竖直向下为 0～180°，逆时针由垂直向上至竖直向下为 0～－180°，如图 11.17 所示，θ 为摇摆角度。

对于多次摇摆的蜜蜂，计算每次的摇摆时间和角度，并求得其平均值作为最终参数。

一次可以同时选择多个目标，分别进行上述处理，实现对多目标蜜蜂运动轨迹的跟踪与分析。

图 11.18 为图 11.8 上目标蜜蜂的各帧与初始帧距离 D_y[] 和 D_x[] 的波形图，横坐标 x 表示帧号，纵坐标 y 表示各帧上目标点到初始帧目标点的距离(像素数)。

图 11.18(a) 检测出了 $P_{y1}Q_{y1}$、$P_{y2}Q_{y2}$、$P_{y3}Q_{y3}$、$P_{y4}Q_{y4}$、$P_{y5}Q_{y5}$、$P_{y6}Q_{y6}$ 等 6 个向上区间和 $Q_{y1}P_{y2}$、$Q_{y2}P_{y3}$、$Q_{y3}P_{y4}$、$Q_{y4}P_{y5}$、$Q_{y5}P_{y6}$、$Q_{y6}P_{y7}$ 等 6 个向下区间。图 11.18(b) 检测出了 $P_{x1}Q_{x1}$、$P_{x2}Q_{x2}$、$P_{x3}Q_{x3}$、$P_{x4}Q_{x4}$、$P_{x5}Q_{x5}$、$P_{x6}Q_{x6}$ 等 6 个向左区间和 $Q_{x1}P_{x2}$、$Q_{x2}P_{x3}$、$Q_{x3}P_{x4}$、$Q_{x4}P_{x5}$、$Q_{x5}P_{x6}$ 等 5 个向右区间。可以看出，本算法很好地检测出了距离变化曲线的波峰和波谷。

从图 11.18 可以判断蜜蜂的运动方向。例如，$P_{y1}Q_{y1}$ 表示蜜蜂在 y 方向上离开初始位置，$Q_{y1}P_{y2}$ 表示返回初始位置。蜜蜂是否跳舞，需要通过检测与运行方向相垂直方向上的摇摆特征数来判断，也就是说判断蜜蜂在 y 方向的

$P_{y1}Q_{y1}$ 和 $Q_{y1}P_{y2}$ 区间是否跳舞，需要用与此垂直的 x 方向的摇摆特征数来判断。图 11.19 表示了在 $P_{y1}Q_{y1}$ 区间蜜蜂 x 坐标的变化曲线，横坐标表示帧号，纵坐标表示目标蜜蜂在图像上的 x 坐标。可以看出摇摆特征数（曲线转折点）为 32。同理，其他离开起始点（向上）方向区间 $P_{y2}Q_{y2}$、$P_{y3}Q_{y3}$、$P_{y4}Q_{y4}$、$P_{y5}Q_{y5}$、$P_{y6}Q_{y6}$ 的摇摆特征数分别为 28、26、30、19、12，6 个特征数的平均值为 25，即向上方向的摇摆特征数 N_U 为 25。

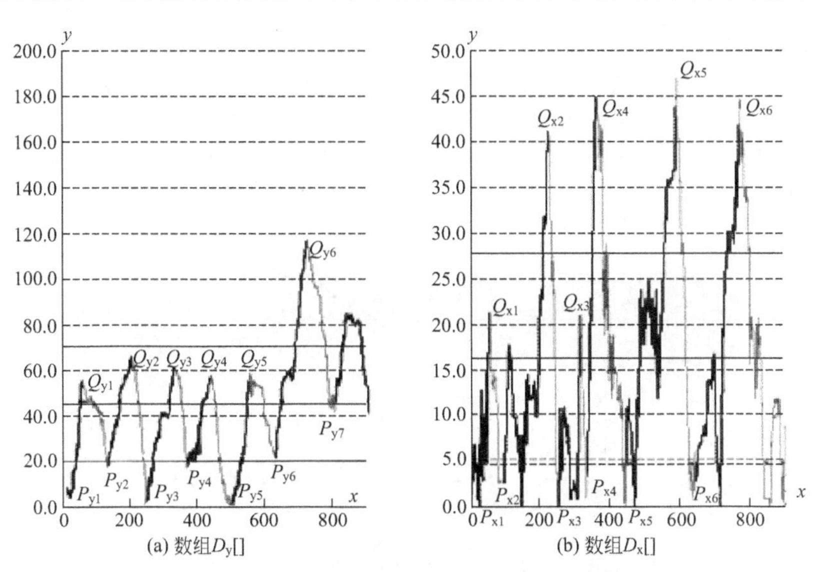

图 11.18　图 11.8 目标蜜蜂的各帧与初始帧距离变化曲线

x 轴—帧号；y 轴—距离（像素数）

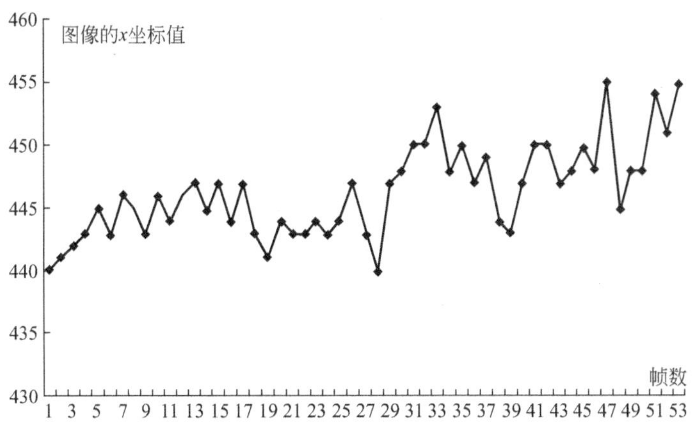

图 11.19　$P_{y1}Q_{y1}$ 段 X[ ] 波形图

同理，测得向下区间 $Q_{y1}P_{y2}$、$Q_{y2}P_{y3}$、$Q_{y3}P_{y4}$、$Q_{y4}P_{y5}$、$Q_{y5}P_{y6}$、$Q_{y6}P_{y7}$ 的摇摆特征数数分别为 10、15、2、10、8、20，最终的摇摆特征数 N_D 为其平均数 11。

对于图 11.18(b)，测得其向左和向右摇摆特征数分别为 $N_L=15$ 和 $N_R=6$。

N_U、N_D、N_L、N_R 中最大的是 $N_U=25$，表明该蜜蜂是在 y 方向爬行跳舞，在 y 方向上有 $P_{y1}Q_{y1}$、$P_{y2}Q_{y2}$、$P_{y3}Q_{y3}$、$P_{y4}Q_{y4}$ 等 4 个区间的摇摆特征数大于阈值 20，所以这四个区间为蜜蜂摇摆舞区间。具体的爬行角度由对轨迹坐标的 Hough 变换来获得。

图 11.20 表示了对 5 个目标蜜蜂同时进行跟踪分析的结果图像，总共处理了 1000 帧图像。5 个目标蜜蜂的行为都被正确地跟踪和解析了，只有图 11.8 所示的目标蜜蜂（图 11.20 最右侧的轨迹）有摇摆舞行为，其摇摆舞轨迹的颜色不同于爬行轨迹的颜色。

图 11.20 目标蜜蜂的运动轨迹及摇摆舞信息

参考文献

[1] Bingqi Chen, Zhiqiang Wang: A Statistical Method for Technical Data of a Badminton Match based on 2D Seriate Images [J]. Tsinghua Science and Technology.2007,12 (5): 594- 601.

[2] 明晓嫱.蜜蜂摇摆舞的无标识图像跟踪与分析方法研究 [D].北京：中国农业大学，2013.

第12章

傅里叶变换[1]

12.1 频率的世界

本章的主题与到目前为止所介绍的图像处理方法和视点完全不同。前面介绍了许多图像处理方法，无论哪一种都是在视觉上容易理解的方法。这是因为那些是利用了图像的视觉性质。然而，所谓的频率（frequency）听起来似乎想要使用与图像无关的概念来处理图像。

说起频率会联想到普通的声音的世界。因此，让我们把图像的频率用声音来类推说明。通过图 12.1 可清楚地看出图像的低频（low frequencies）代表大致部分，即总体灰度的平滑区域。图像的高频（high frequencies）代表细微部分，即边缘和噪声。那么，用频率来处理是为了达到什么目标呢？让我们还是用声音作比较来说明吧。声音的频率处理应该是我们平常经历过的，例如，通过立体声音响设备附带的音调控制器，把 TREBLE（高音）调低的话将发出很闷的声音，相反把 BASS（低音）调低的话将发出尖利的声音。图像也是同样的，可以进行频率处理。图 12.2 为处理实例，去掉高频成分的话，细微部分就消失了，从而图像变得模糊不清。相反，如果去掉低频成分，大致部分就不见了，仅留下边缘。

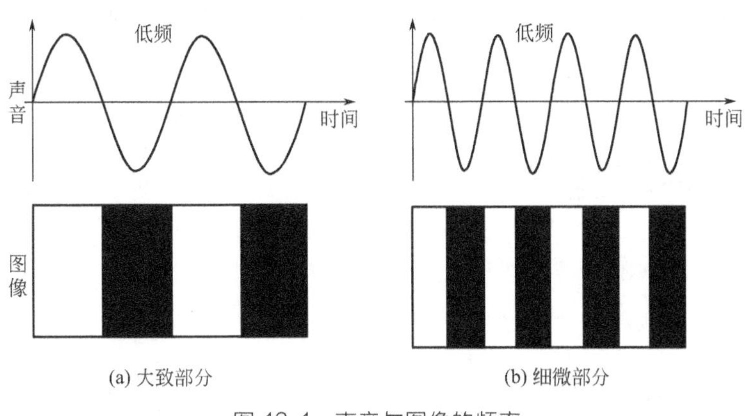

(a) 大致部分　　(b) 细微部分

图 12.1　声音与图像的频率

(a) 原始图像

(b) 去掉高频

(c) 去掉低频

图 12.2　基于频率的处理实例

用频率来处理图像，首先需要把图像变换到频率的世界（频率域 frequency domain）。这种变换需要使用傅里叶变换（Fourier transform）来完成。傅里叶变换在数学上可是一门专门学科，而且仅频率处理就可称得上一个研究领域。

本书的宗旨是浅显易懂地进行解说，尽量以简单的方式对这些复杂的内容进行说明。首先介绍把一维信号变换到频率域，接着说明像图像那样的二维信号的频率变换。

12.2 频率变换

频率变换的基础是任意波形能够表现为单纯的正弦波的和。例如，图 12.3(a) 所示的波形能够分解成图 12.3(b)～(e) 所示的四个具有不同频率的正弦波。

以图 12.3(d) 所示的波形为例，看图 12.4，如果用虚线表示大小为 1 通过原点的基本正弦波，实线波能够由幅度（magnitude 或 amplitude）A 与相位

(phase) ϕ 确定。从而图 12.3(b)～(e) 的四个波形可画成水平轴为频率 f、垂直轴为幅度 A 的图形，以及水平轴为频率 f、垂直轴为相位 ϕ 的图形，如图 12.5 所示。这种反映频率与幅度、相位之间关系的图形称为傅里叶频谱 (Fourier spectrum)。这样，便把图 12.3(a) 的波形变换到图 12.5 的频率域中了。

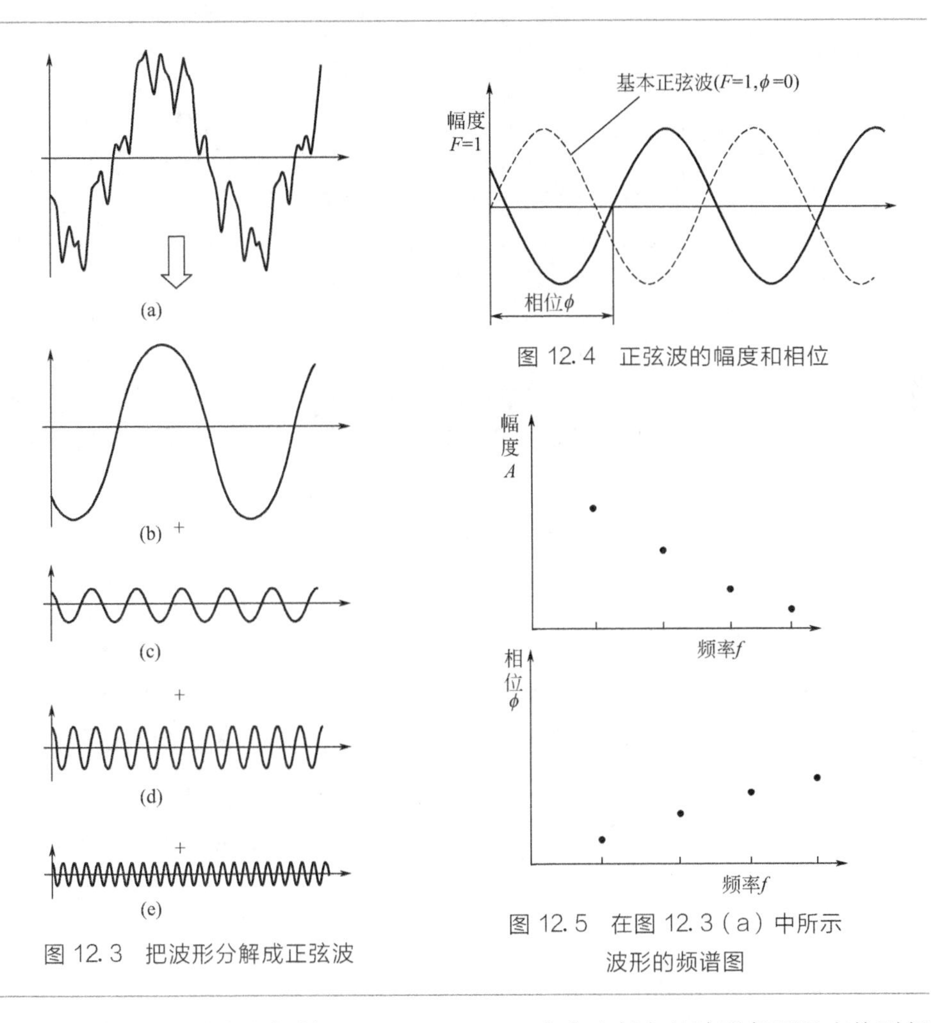

图 12.3　把波形分解成正弦波

图 12.4　正弦波的幅度和相位

图 12.5　在图 12.3(a) 中所示波形的频谱图

可以看出，无论在空间域 (spatial domain) 中多么复杂的波形都可以变换到频率域 (frequency domain) 中。一般在频率域中也是连续的形式，如图 12.6 所示。

用公式表示为：

$$f(t) \underset{\text{逆傅里叶变换}}{\overset{\text{傅里叶变换}}{\rightleftharpoons}} A(f), \phi(f) \tag{12.1}$$

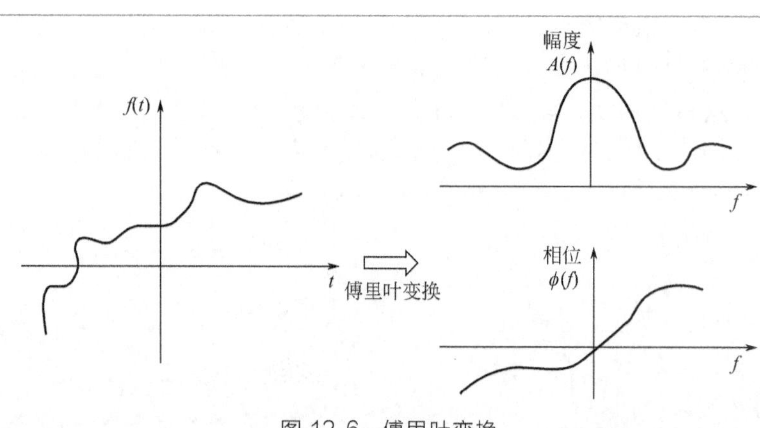

图 12.6 傅里叶变换

这种变换被称为傅里叶变换（Fourier transform），它属于正交变换的（orthogonal transformation）一种。

一般在傅里叶变换中为了同时表示幅度 A 和相位 ϕ，可采用复数（complex number）形式。复数是由实数部 a 和虚数部 b 两部分的组合表示的数，即用如下公式表示：

$$a+jb \qquad 其中(j=\sqrt{-1}) \tag{12.2}$$

采用这个公式就能够把幅度和相位这两个概念用一个复数来处理了。从而，式（12.1）的傅里叶变换可以使用复函数 $F(f)$ 或者 $F(\omega)$ 表示为：

$$f(t) \underset{逆傅里叶变换}{\overset{傅里叶变换}{\rightleftharpoons}} F(f) 或者 F(\omega) \tag{12.3}$$

从 $f(t)$ 导出 $F(f)$ 或者 $F(\omega)$ 的过程比较复杂，在此不做介绍，其结果如式(12.4) 所示：

$$\begin{aligned} F(f) &= \int_{-\infty}^{\infty} f(t) e^{-j2\pi ft} \mathrm{d}t \qquad 傅里叶变换 \\ f(t) &= \int_{-\infty}^{\infty} F(f) e^{j2\pi fx} \mathrm{d}x \qquad 逆傅里叶变换 \\ F(\omega) &= \int_{-\infty}^{\infty} f(t) e^{-j\omega t} \mathrm{d}t \qquad 傅里叶变换 \\ 或者 \quad f(t) &= \int_{-\infty}^{\infty} F(\omega) e^{j\omega t} \mathrm{d}t \qquad 逆傅里叶变换 \end{aligned} \tag{12.4}$$

其中，角频率 $\omega=2\pi f$。这就是所有频率处理都要用到的非常重要的基础公式。本书的目的是用计算机来处理数字图像，并不深入探讨这个看上去难解的公式。计算机领域与数学领域的不同在于如下两点：一点是到目前为止，所涉及的信号 $f(t)$ 为如图 12.7(a) 所示的连续信号（模拟信号），而计算机领域所处理的信号是如图 12.7(b) 所示的经采样后的数字信号，另一点是数学上考虑无穷大是通用的，但是计算机必须进行有限次的运算。考虑了上述限制的傅里叶变换被称为离散傅里叶变换（discrete Fourier transform，DFT）。

12.3 离散傅里叶变换

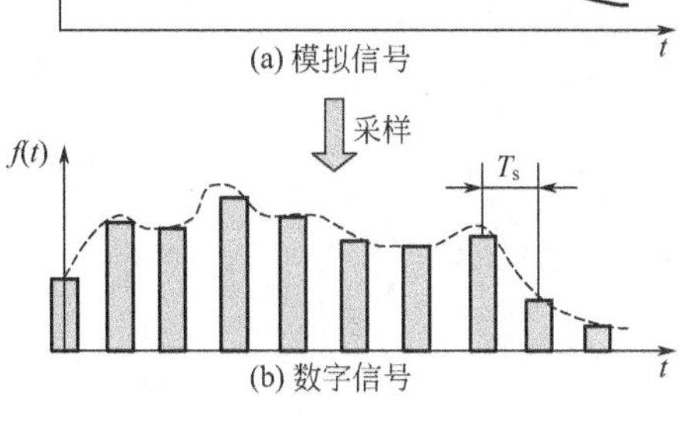

图 12.7 模拟信号与数字信号

离散傅里叶变换（DFT）可以通过把式(12.4)的傅里叶变换变为离散值来导出。现假定输入信号为 $x(0)$、$x(1)$、$x(2)$、…、$x(N-1)$ 等共 N 个离散值，那么变换到频率域的结果（复数）如图 12.8 所示也是 N 个离散值 $X(0)$、$X(1)$、$X(2)$、…、$X(N-1)$。

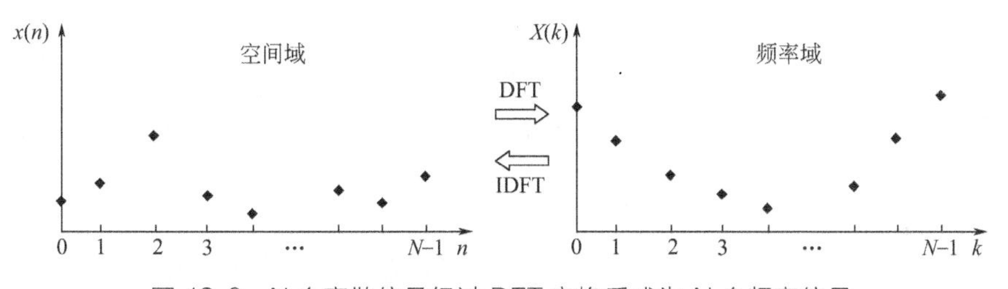

图 12.8 N 个离散信号经过 DFT 变换后成为 N 个频率信号

其关系式如下所示：

$$X(k)=\frac{1}{\sqrt{N}}\sum_{n=0}^{N-1}x(n)W^{kn} \quad \text{DFT}$$
$$x(n)=\frac{1}{\sqrt{N}}\sum_{k=0}^{N-1}X(k)W^{-kn} \quad \text{IDFT} \tag{12.5}$$

其中，$k=0,1,2,\cdots,N-1$；$n=0,1,2,\cdots,N-1$；$W=e^{-j\frac{2\pi}{N}}$；IDFT 为逆离散傅里叶变换（Inverse Discrete Fourier Transform）。这就是 DFT 的基本运算公式。积分运算被求和运算所代替，W 被称为旋转算子。

在复数领域有欧拉公式，如图 12.9 和式(12.6) 所示。

$$e^{jt}=\cos t+j\sin t \tag{12.6}$$

旋转算子可以用欧拉公式置换如下：

$$W^{kn}=e^{-j\frac{2\pi}{N}kn}=\cos\left(\frac{2\pi}{N}kn\right)-j\sin\left(\frac{2\pi}{N}kn\right) \tag{12.7}$$

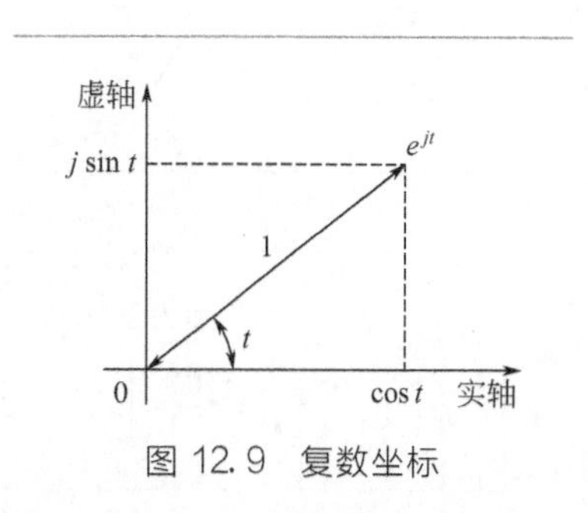

图 12.9 复数坐标

把式(12.7)代入式(12.5)，就只有三角函数和求和运算，从而能够用计算机进行计算，但是其计算量相当大。因此人们提出了快速傅里叶变换（Fast Fourier Transform，FFT）的算法，当数据是 2 的正整数次方时，可以节省相当大的计算量。

在进行快速傅里叶变换时，需要把实际信号作为实数部输入，输出是复数的实数部（用 a_rl 表示）和虚数部（用 a_im 表示）。如果想要了解幅度特性 A（Amplitude Characteristic）和相位特性 ϕ（Phase Characteristic），可进行如下变换：

$$\begin{aligned}A&=\sqrt{a\_rl^2+a\_im^2}\\ \phi&=\tan^{-1}\left(\frac{a\_im}{a\_rl}\right)\end{aligned} \tag{12.8}$$

这样所得到的频率上的 N 个数列都是什么频率分量？参见图 12.10，实际上，最左边为直流分量，最右边为采样频率分量。另外，还有一个突出的特点就是以采样频率的 1/2 处的点为中心，幅度特性左右对称，相位特性中心点对称。这说明了什么呢？

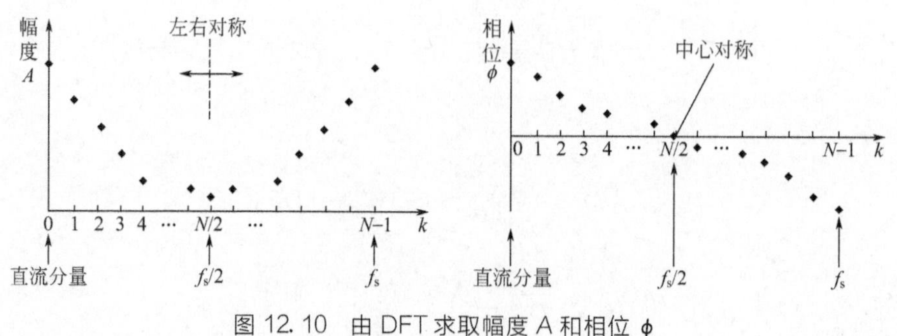

图 12.10 由 DFT 求取幅度 A 和相位 ϕ

首先让我们了解一下采样频率（sampling frequency）和采样定理（sampling theorem）的概念。参见图 12.7，由某时间间隔 T 对模拟图像进行采样后得到数字图像，这时称 $1/T$(Hz) 为采样频率。根据采样定理，数字信号最多只能表示采样频率的 1/2 频率的模拟信号。例如，CD 采用 44.1kHz 采样频率，理论上只能表示 0～22.05kHz 的声音信号。因此，当采样频率为 f_s 时，模拟信号用数字信号置换的含义实质上就是只具有 $0 \sim f_s/2$ 之间的值。

12.4 图像的二维傅里叶变换

从这节开始才进入正题。到目前为止所介绍的所有信号都是一维信号，而由于图像是平面的，所以它是二维信号，具有水平和垂直两个方向上的频率。另外，在图像的频谱中常常把频率平面的中心作为直流分量。

图 12.11 是当水平频率为 u、垂直频率为 v 时与实际图像对应的情形。另外，同样二维频谱的幅度特性是以幅度 A 轴为中心的对称、相位特性是以原点为中心的点对称。

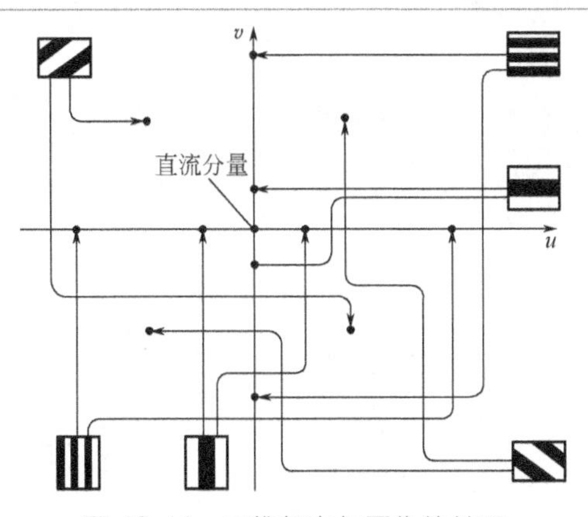

图 12.11　二维频率与图像的关系

那么，二维频率如何进行计算呢？比较简单的方法是分别进行水平方向的一维 FFT 和垂直方向的一维 FFT 即可实现，如图 12.12 所示的处理框图。

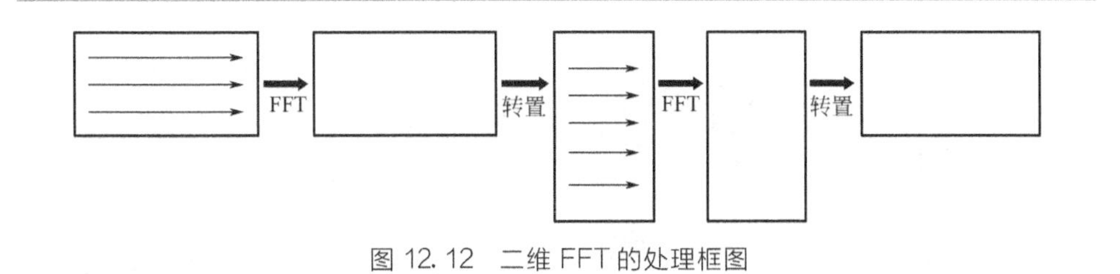

图 12.12　二维 FFT 的处理框图

把幅度特性作为灰度值来图像化，结果如图 12.13 所示。图 12.13(a) 与图 12.13(b) 比较可见，细节少的图像上低频较多，而细节多的图像上高频较多。

(a) 细节少的图像　　(b) 细节多的图像

图 12.13　图像的 FFT 示例

12.5 滤波处理

滤波器（filter）的作用是使某些东西通过，使某些东西阻断。频率域中的滤波器则是使某些频率通过，使某些频率阻断。如图 12.14 所示，通过设定参数 a 和 b 的值，使 a 以上、b 以下的频率（斜线表示的频率）通过，其他的频率阻断来进行滤波处理。图 12.15 是把图像经 DFT 处理得到频率成分的高频分量设置为 0，再进行 IDFT 处理变换回图像。可见，图像的高频分量（细节部分）消失了，从而变模糊了。下面再看一下把低频分量设置为 0，其处理结果如图 12.16 所示，结果边缘被提取出来了，这是由于许多高频分量包含在边缘中。

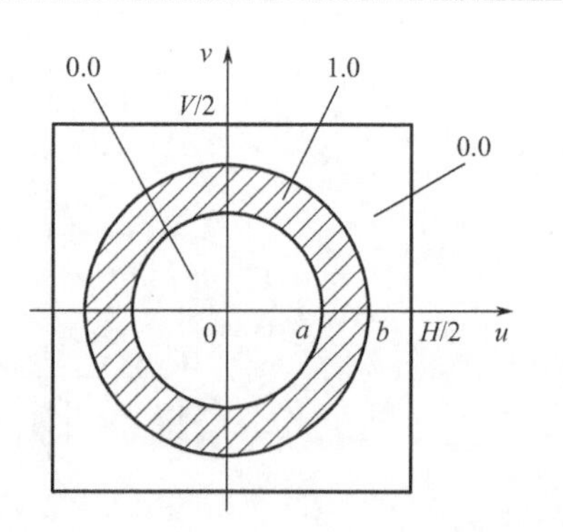

图 12.14　用于 12.4 中的滤波器形状

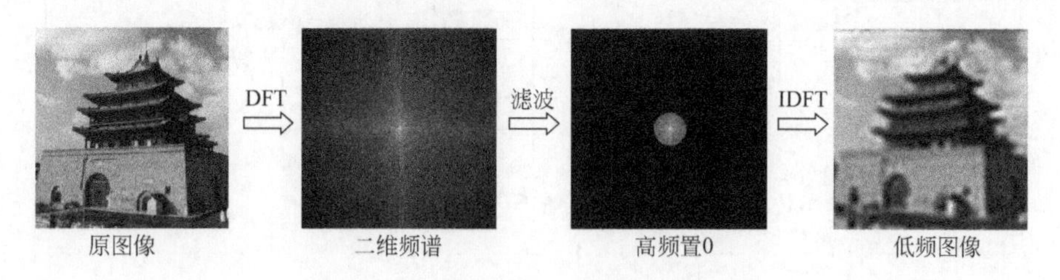

图 12.15　去除图像的高频分量的处理

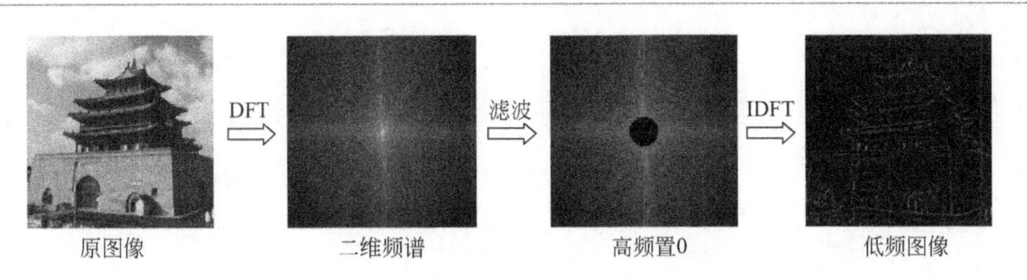

图 12.16 去除图像的低频分量的处理

这种滤波处理可以被认为是滤波器的频率和图像的频率相乘的处理，实际上变更这个滤波器的频率特性可以得到各种各样的处理。假定输入图像为 $f(i,j)$，则图像的频率 $F(u,v)$ 变为：

$$F(u,v)=D[f(i,j)] \quad \text{其中}, D[\,]\text{表示 DFT} \tag{12.9}$$

如果滤波器的频率特性表示为 $S(u,v)$，则处理图像 $g(i,j)$ 表示为：

$$g(i,j)=D^{-1}[F(u,v)S(u,v)] \quad \text{其中}, D^{-1}[\,]\text{表示 IDFT} \tag{12.10}$$

在此，假定 $S(u,v)$ 经 IDFT 得到 $s(i,j)$，那么式(12.10) 将变形为：

$$\begin{aligned} g(i,j) &= D^{-1}[F(u,v)S(u,v)] \\ &= D^{-1}[F(u,v)] \otimes D^{-1}[S(u,v)] \\ &= f(i,j) \otimes s(i,j) \end{aligned} \tag{12.11}$$

这个⊗符号被称为卷积运算（convolution），实际上到目前为止的图像处理中曾经出现过多次了。那些利用微分算子进行的微分运算就是卷积运算，例如，拉普拉斯算子。从式(12.11) 可以得到下面非常重要的性质，在图像上（空间域）的卷积运算与频率域的乘积运算是完全相同的操作。从这个结果可见，拉普拉斯算子实际上是让图像的高频分量通过的滤波处理，从而增强了高频成分。同样，平滑化（移动平均法）是让低频分量通过的滤波处理。

参考文献

[1] 陈兵旗.实用数字图像处理与分析 [M].第 2 版.北京：中国农业大学出版社，2014.

第13章

小波变换[1]

13.1 小波变换概述

小波分析（wavelet analysis）是20世纪80年代后期发展起来的一种新的分析方法，是继傅里叶分析之后纯粹数学和应用数学殊途同归的又一光辉典范。小波变换（wavelet transform）的产生、发展和应用受惠于计算机科学、信号处理、图像处理、应用数学、地球科学等众多科学和工程技术应用领域的专家、学者和工程师们的共同努力。在理论上，构成小波变换比较系统框架的主要是数学家Y. Meyer、地质物理学家J. Morlet和理论物理学家A. Grossman的贡献。而I. Daubechies和S. Mallat在把这一理论引用到工程领域上发挥了极其重要的作用。小波分析现在已成为科学研究和工程技术应用中涉及面极其广泛的一个热门话题。不同的领域对小波分析会有不同的看法：

① 数学家说，小波是函数空间的一种优美的表示；

② 信号处理专家则认为，小波分析是非平稳信号时-频分析（Time-Frequency Analysis）的新理论；

③ 图像处理专家又认为，小波分析是数字图像处理的空间-尺度分析（space-scale analysis）和多分辨分析（multiresolu-tion analysis）的有效工具；

④ 地球科学和故障诊断的学者却认为，小波分析是奇性识别的位置-尺度分析（position-scale analysis）的一种新技术；

⑤ 微局部分析家又把小波分析看作细微-局部分析的时间-尺度分析（time-scale analysis）的新思路。

总之，小波变换具有多分辨率特性，也称作多尺度特性，可以由粗到精地逐步观察信号，也可看成是用一组带通滤波器对信号做滤波。通过适当地选择尺度因子和平移因子，可得到一个伸缩窗，只要适当选择基本小波，就可以使小波变换在时域和频域都具有表征信号局部特征的能力，基于多分辨率分析与滤波器组相结合，丰富了小波分析的理论基础，拓宽了其应用范围。这一切都说明了这样一个简单事实，即小波分析已经深深地植根于科学研究和工程技术应用研究的许许多多我们感兴趣的领域，一个研究和使用小波变换理论、小波分析的时代已经到来。

13.2 小波与小波变换

到目前为止，一般信号分析与合成中经常使用第 12 章所介绍的傅里叶变换(Fourier transform)。然而，由于傅里叶基（basis）是采用无限连续且不具有局部性质的三角函数，所以在经过傅里叶变换后的频率域中时间信息完全丢失。与其相对，本章将要介绍的小波变换，由于其能够得到局部性的频率信息，从而使得有效地进行时间频率分析成为可能。

那么，什么是小波与小波变换？乐谱可以看作是一个描述二维的时频空间，如图 13.1 所示。频率（音高）从层次的底部向上增加，而时间（节拍）则向右发展；乐章中每一个音符都对应于一个将出现在这首乐曲的演出纪录中的小波分量（音调猝发）；每一个小波持续宽度都由音符（1/4 音符、半音符等）的类型来编码，而不是由它们的水平延伸来编码。假定，要分析一次音乐演出的纪录，并写出相应的乐谱，这个过程就可以说是小波变换；同样，音乐家的一首乐曲的演出录音就可以看作是一种逆小波变换，因为它是用时频表示来重构信号的。

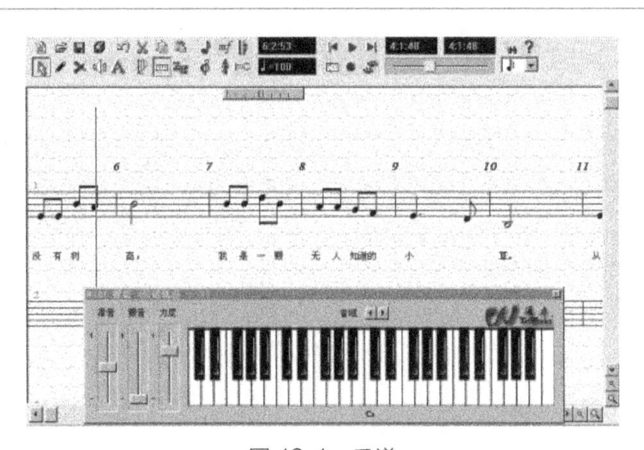

图 13.1　乐谱

小波（wavelet）意思是“小的波”或者“细的波”，是平均值为 0 的有效有限持续区间的波。具体地说，小波就是空间平方可积函数（square integrable function）$L^2(R)$（R 表示实数）中满足下述条件的函数或者信号 $\psi(t)$：

$$\int_R |\psi(t)|^2 \mathrm{d}t < \infty \tag{13.1}$$

$$\int_{R^*} \frac{|\psi(\omega)|^2}{|\omega|} d\omega < \infty \tag{13.2}$$

这时，$\psi(t)$ 也称为基小波（basic wavelet）或者母小波（mother wavelet），式(13.2) 称为容许性条件。

$$\psi_{a,b}(t)=\frac{1}{\sqrt{a}}\psi(\frac{t-b}{a}) \tag{13.3}$$

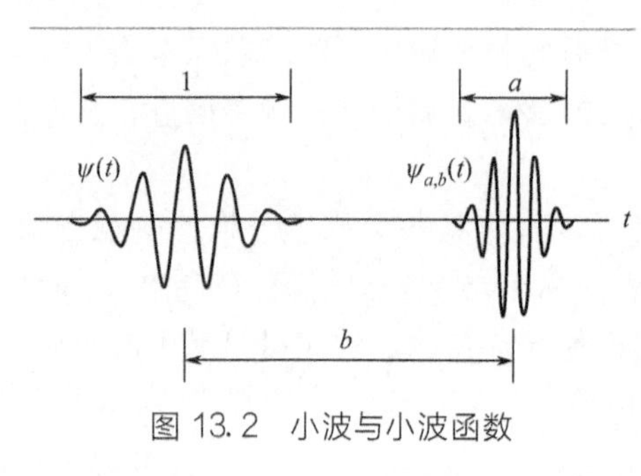

图 13.2 小波与小波函数

式(13.3) 所示函数为由基小波生成的依赖于参数 (a,b) 的连续小波函数（continuous wavelet transform，CWT），简称为小波函数（wavelet function），如图 13.2 所示，是小波 $\psi(t)$ 在水平方向增加到 a 倍、平移 b 的距离得到的。$1/\sqrt{a}$ 是为了规范化（归一化）的系数。a 为尺度参数（scale），b 为平移参数（shift）。由于 a 表示小波的时间幅值，所以 $1/a$ 相当于频率。

对于任意的函数或者信号 $f(t) \in L^2(R)$，其连续小波变换为

$$W(a,b)=\frac{1}{\sqrt{a}}\int_R f(t)\psi^*(\frac{t-b}{a})dt \tag{13.4}$$

小波函数一般是复数，其内积中使用复共轭。$W(a, b)$ 相当于傅里叶变换的傅里叶系数，$\psi^*(\cdot)$ 为 $\psi(\cdot)$ 的复共轭，$t=b$ 时表示信号 $f(t)$ 中包含有多少 $\psi_{a,b}(t)$ 的成分。由于小波基不同于傅里叶基，因此小波变换也不同于傅里叶变换，特别是小波变换具有尺度因子 a 和平移因子 b 两个参数。a 增大，则时窗伸展，频窗收缩，带宽变窄，中心频率降低，而频率分辨率增高；a 减小，则时窗收缩，频窗伸展，带宽变宽，中心频率升高，而频率分辨率降低。这恰恰符合实际问题中高频信号持续时间短、低频信号持续时间长的自然规律。

如果小波满足式(13.5) 所示条件，则其逆变换存在，其表达式如式(13.6) 所示。

$$C_\psi=\int_{-\infty}^{\infty} \frac{|\psi(\omega)|^2}{|\omega|} d\omega < \infty \tag{13.5}$$

$$f(t)=\frac{2}{C_\psi}\int_0^{\infty}\left[\int_{-\infty}^{\infty} W(a,b)\psi_{a,b}(t)db\right]\frac{da}{a^2} \tag{13.6}$$

可见，通过小波基 $\psi_{a,b}(t)$ 就能够表现信号 $f(t)$。然而，这个表现在信号重构时需要基于 a、b 的无限积分，这是不切实际的。在进行基于数值计算的信号的小波变换以及逆变换时，需要使用离散小波变换。

13.3 离散小波变换

根据连续小波变换的定义可知，在连续变化的尺度 a 和平移 b 下，小波基具有很大的相关性，因此信号的连续小波变换系数的信息量是冗余的，有必要将小波基 $\psi_{a,b}(t)$ 的 a、b 限定在一些离散点上取值。一般 a、b 按式(13.7) 取二进分割 (binary partition)，即可对连续小波离散化：

$$\begin{aligned} a &= 2^j \\ b &= k2^j \end{aligned} \tag{13.7}$$

如 $j=0$，±1，±2，…离散化时，相当于小波函数的宽度减少一半，进一步减少一半，或者增加一倍，进一步增加一倍等进行伸缩。另外，由 $k=0$，±1，±2，…能够覆盖所有的变量领域。

把式(13.7) 代入式(13.3) 得到的小波函数称为二进小波 (dyadic wavelet)，即：

$$\psi_{j,k}(t)=\frac{1}{\sqrt{2^j}}\psi\left(\frac{t-k2^j}{2^j}\right)=2^{-\frac{j}{2}}\psi(2^{-j}t-k) \tag{13.8}$$

采用这个公式的小波变换称为离散小波变换 (discrete wavelet transform)。这个公式是 Daubechies 表现法，t 前面的 2^{-j} 相当于傅里叶变换的角频率，所以 j 值较小的时候为高频。另一方面，在 Meyer 表现法中，j 的前面没有负号，所以与 Daubechies 表现法相反，j 值越大则频率越高。这个 j 被称为级 (level) 或分辨率索引。

适当选取式(13.8) 的 ψ 就可以使 $\{\psi_{j,k}\}$ 成为正交系。正交系包括平移正交和放大缩小正交。

13.4 小波族

下面介绍常用的小波族。

(1) 哈尔小波 (Haar wavelet)

哈尔小波是最早、最简单的小波，哈尔小波满足放大缩小的规范正交条件，任何小波的讨论都是从哈尔小波开始的。哈尔小波用公式表示如式(13.9) 所示，用图表示为图 13.3 所示。

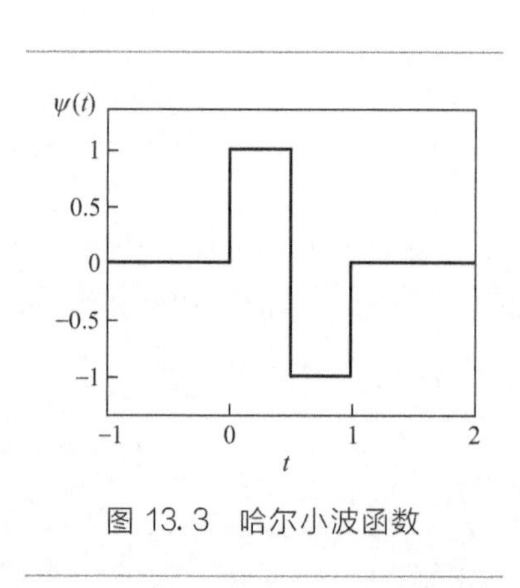

图 13.3 哈尔小波函数

$$\psi(t)=\begin{cases}1 & (0\leqslant t<1/2)\\ -1 & (1/2\leqslant t<1)\\ 0 & (\text{other})\end{cases} \quad (13.9)$$

（2）Daubechies 小波

Ingrid Daubechies 是小波研究的开拓者之一，发明了紧支撑正交小波，从而使离散小波分析实用化。Daubechies 族小波可写成 db$N$，在此 N 为阶（order），db 为小波名。其中 db1 小波就等同于上述的 Haar 小波。图 13.4 是 Daubechies 族的其他 9 个成员的小波函数。

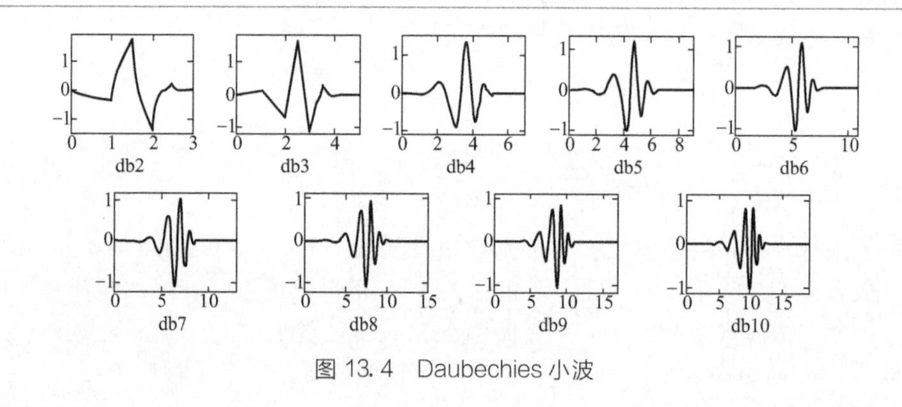

图 13.4 Daubechies 小波

另外，还有双正交样条小波（biorthogonal）、Coiflets 小波、Symlets 小波、Morlet 小波、Mexican Hat 小波、Meyer 小波等。

13.5 信号的分解与重构

下面使用小波系数（wavelet coefficient），说明信号的分解与重构（decomposition and reconstruction）方法。

首先，由被称为尺度函数的线性组合来近似表示信号。尺度函数的线性组合称为近似函数（approximated function）。另外，近似的精度被称为级（level）或分辨率索引，第 0 级是精度最高的近似，级数越大表示越粗略的近似。这一节将要显示任意第 j 级的近似函数与精度粗一级的第 $j+1$ 级的近似函数的差分就是小波的线性组合。信号最终可以由第 1 级开始到任意级的小波与尺度函数的线性组合来表示。

宽度1的矩形脉冲作为尺度函数 $\varphi(t)$，由这个函数的线性组合生成任意信号 $f(t)$ 的近似函数 $f_0(t)$ 如式(13.10) 所示：

$$f_0(t)=\sum_k s_k\varphi(t-k) \tag{13.10}$$

其中：

$$\varphi(t)=\begin{cases}1 & (0\leqslant t<1)\\ 0 & (\text{other})\end{cases} \tag{13.11}$$

系数 s_k 是区间 $[k,\ k+1]$ 内信号 $f(t)$ 的平均值，由式 (13.12) 给出：

$$s_k=\int_{-\infty}^{\infty} f(t)\varphi^*(t-k)\mathrm{d}t=\int_k^{k+1} f(t)\mathrm{d}t \tag{13.12}$$

信号 $f(t)$ 的例子以及其近似函数 f_0 被表示在图13.5。如图13.6所示，为生成近似函数所用的宽度1的矩形脉冲 φ (t)，由于其功能是作为观测信号的尺度，所以被称为尺度函数 (scaling function)。在此，被特别称为哈尔尺度函数 (Haar's scaling function)。

与小波相同，考虑尺度函数的整数平移及放大缩小，$\varphi_{j,k}$ 如式(13.13) 定义：

$$\varphi_{j,k}(t)=2^{-\frac{j}{2}}\varphi(2^{-j}t-k) \tag{13.13}$$

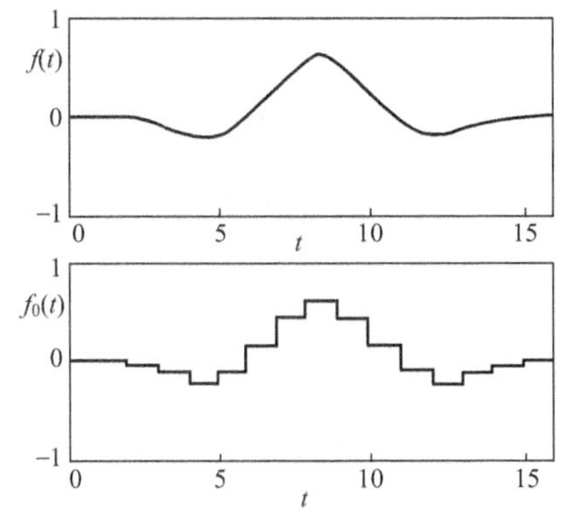

图13.5 信号 $f(t)$ 及其近似函数 $f_0(t)$

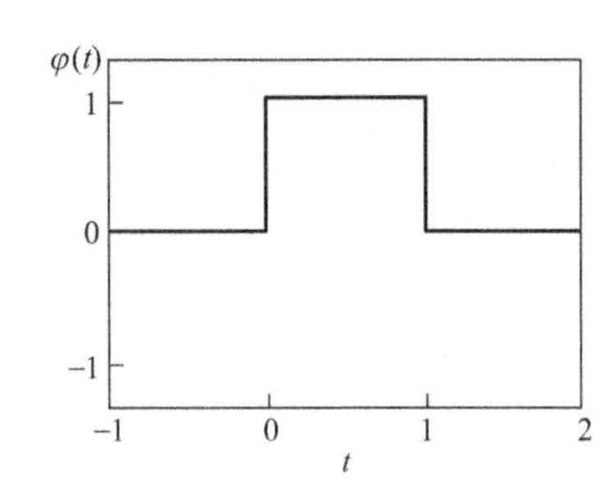

图13.6 哈尔尺度函数 $\varphi(t)$

下面，使用 $\varphi_{j,k}$ 定义第 j 级的近似函数 $f_j(t)$，如式(13.14) 所示：

$$f_j(t)=\sum_k s_k^{(j)}\varphi_{j,k}(t) \tag{13.14}$$

其中：

$$s_k^{(j)}=\int_{-\infty}^{\infty} f(t)\varphi_{j,k}^*(t)\mathrm{d}t \tag{13.15}$$

另外，由于 $\varphi_{j,k}(t)$ 对于平移是规范正交的，所以 $s_k^{(j)}$ 是由第 j 级的近似函数 f_j 和尺度函数 $\varphi_{j,k}$ 的内积求得，用式(13.16) 表示：

$$s_k^{(j)}=\int_{-\infty}^{\infty} f_j(t)\varphi_{j,k}^*(t)\mathrm{d}t \tag{13.16}$$

这个 $s_k^{(j)}$ 被称为尺度系数（scaling coefficient）。在图 13.7 中表示了信号 $f(t)$ 和其近似函数 $f_0(t)$ 和 $f_1(t)$。

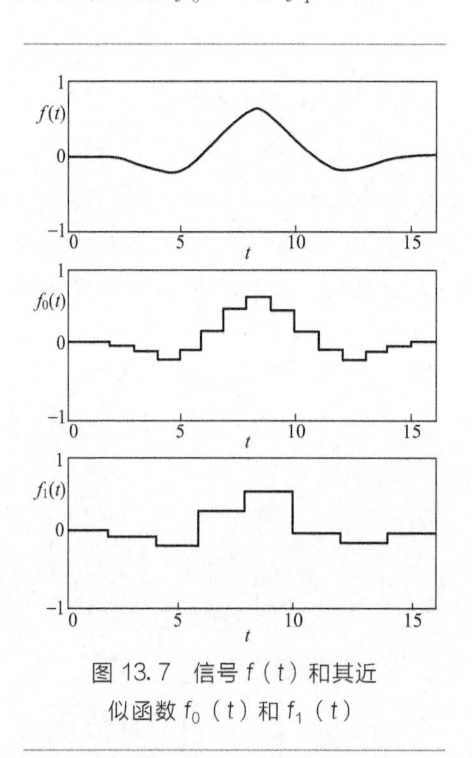

图 13.7 信号 f (t) 和其近似函数 f_0 (t) 和 f_1 (t)

比较 $f_0(t)$ 和 $f_1(t)$，很明显 $f_1(t)$ 的信号是更加粗略近似。$f_1(t)$ 在式(13.13) 中是 $j=1$ 的情况，t 前面的系数为 2^{-1}，该系数是 $j=0$ 时的一半。这个系数相当于傅里叶变换的角频率，所以尺度函数 φ 的宽度成为$j=0$ 时的 2 倍。因此，$f_1(t)$ 的情况是想用更宽的矩形信号来近似表示信号 $f(t)$，这时由于无法表示细致的信息，造成了信号分辨率下降。

由于用 f_1 近似表示（或逼近）f_0 时有信息脱落，所以只有用被脱落的信息 $g_1(t)$ 来弥补 $f_1(t)$，才能够使 $f_0(t)$ 复原。即：

$$f_0(t)=f_1(t)+g_1(t) \tag{13.17}$$

$g_1(t)$ 是从图 13.7 的 f_0 减去 f_1 所得的差值，如图 13.8 所示。

函数 $g_1(t)$ 被称为第 1 级的小波成分（wavelet component）。

由图 13.8 可知，左右宽度 1 的区间是正负对称而上下振动的，因此 $g_1(t)$ 的构成要素一定是以下所示的函数：

$$\psi(\frac{t}{2})=\begin{cases}1 & (0\leqslant t<1)\\ -1 & (1\leqslant t<2)\\ 0 & \text{(other)}\end{cases} \tag{13.18}$$

可见，这个 $\psi(t)$ 只能是上节中式(13.9) 所示哈尔小波。这个哈尔小波可按照上两节所述的那样通过式(13.8) 的放大缩小和平移来生成函数族 $\psi_{j,k}$。

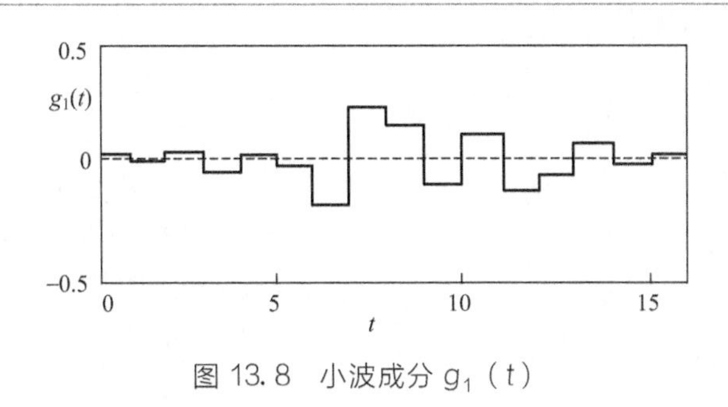

图 13.8 小波成分 $g_1(t)$

在第 1 级（$j=1$）时，由 $\psi_{j,k}$ 的线性组合按下式表示 $g_1(t)$：

$$g_1(t)=\sum_k w_k^{(1)}\psi_{1,k}(t) \tag{13.19}$$

其中，$w_k^{(1)}$ 是第 1 级（$j=1$）的小波系数。

综上所述，第 0 级的近似函数可以分解为第 1 级的尺度函数的线性组合 $f_1(t)$ 与第 1 级小波的线性组合 $g_1(t)$，如式(13.20) 所示：

$$\begin{aligned}f_0(t)&=f_1(t)+g_1(t)\\&=\sum_k s_k^{(1)}\varphi_{1,k}(t)+\sum_k w_k^{(1)}\psi_{1,k}(t)\end{aligned} \tag{13.20}$$

把这个关系扩展到第 j 级一般的情况。即从第 j 级的近似函数 f_j 来生成精度高一级的第 $j-1$ 级的近似函数 f_{j-1} 时，只需求第 j 级的近似函数 $f_j(t)$ 与小波成分 $g_j(t)$ 的和即可：

$$f_{j-1}(t)=f_j(t)+g_j(t) \tag{13.21}$$

其中：

$$\begin{aligned}f_j(t)&=\sum_k s_k^{(j)}\varphi_{j,k}(t)\\g_j(t)&=\sum_k w_k^{(j)}\psi_{j,k}(t)\end{aligned} \tag{13.22}$$

下面考虑把第 0 级的近似函数 $f_0(t)$ 用精度一直降到第 J 级的近似函数来表示。在式（13.21）中代入 $j=1$，2，…，J 得：

$$\begin{aligned}f_0(t)&=f_1(t)+g_1(t)\\f_1(t)&=f_2(t)+g_2(t)\\&\cdots\\f_{J-1}(t)&=f_J(t)+g_J(t)\end{aligned} \tag{13.23}$$

在上式中把最下的 $f_{J-1}(t)$ 代入邻接的上式中所得到的式子，再代入其邻接的上式中，不断重复迭代上述操作直到 $f_0(t)$ 为止，可见 $f_0(t)$ 可以用 $f_J(t)$ 和 $g_j(t)$ 集合的和表示，如式(13.24) 所示：

$$
\begin{aligned}
f_0(t) &= g_1(t) + g_2(t) + \cdots + g_J(t) + f_J(t) \\
&= \sum_{j=1}^{J} g_j(t) + f_J(t)
\end{aligned} \tag{13.24}
$$

这个公式的含义是：在把信号 $f_0(t)$ 用第 J 级的近似函数 $f_J(t)$ 来粗略近似地表示时，如果把粗略近似所失去的成分顺次附加上去的话，就可以恢复 $f_0(t)$。也就是，信号 $f_0(t)$ 能够表现为任意粗略级的近似函数 $f_J(t)$ 和第 0 级到第 J 级的小波成分的和。因此可以说，信号 $f_0(t)$ 能够用从第 1 级到第 J 级的 J 个分辨率，即多分辨率的小波来表示。这种信号分析被称为多分辨率分析（multiresolution analysis）。

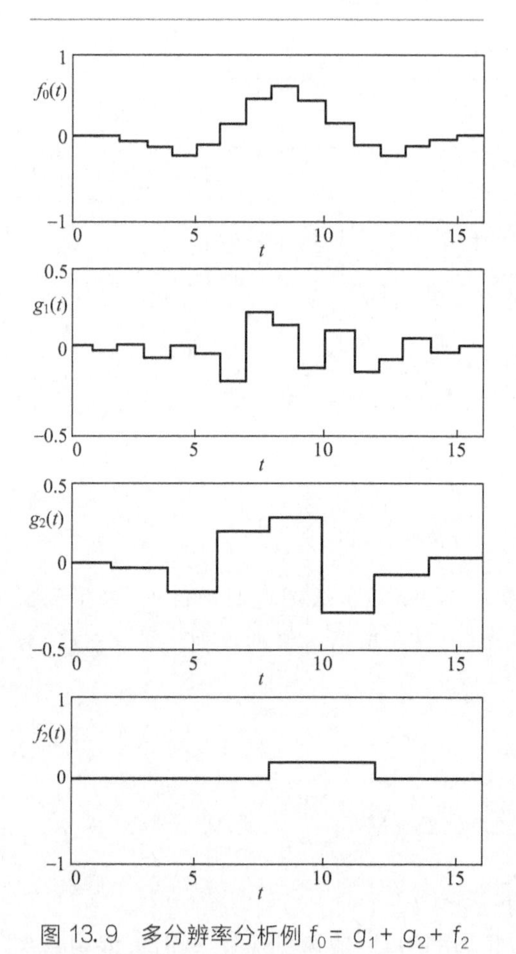

图 13.9 多分辨率分析例 $f_0 = g_1 + g_2 + f_2$

图 13.9 表示了 $J=2$ 时的多分辨率分析的例子。在这个例子中 $f_0 = g_1 + g_2 + f_2$ 的关系成立。这样，f_2 是呈矩形的形状，可是如果加大 J 的话，矩形的宽度还将拉伸得比 f_2 更宽。因此，信号中含有直流成分（平均值非 0）时，有必要把这个直流成分用 f_J 来表示，与直流重合的振动部分用小波来表示。因为平均值为 0 的小波的线性组合，平均值还是 0，所以用有限个小波是无法表示直流成分的。

到目前为止，通过哈尔小波的例子表明了只要确定了尺度函数，依公式(13.17) 就可以导出小波，即 $g_1(t) = f_0(t) - f_1(t)$。那么，让我们把这个关系扩展到哈尔小波以外的小波。问题是，是否无论什么函数都可得到尺度函数，再从这个尺度函数导出小波来呢？根据多分辨率解析的定义，答案是否定的。构成多分辨率分析的必要条件是，第 j 级的尺度函数 $\varphi_{j,k}$ 能够用精度高一级的第 $j-1$ 级的尺度函数 $\varphi_{j-1,k}$ 来展开。如果用数学表示，如式(13.25) 所示：

$$\varphi_{j,k}(t) = \sum_n p_n \varphi_{j-1,2k+n}(t) \\ = \sum_n p_{n-2k} \varphi_{j-1,n}(t) \tag{13.25}$$

其中，序列 p_n 为展开系数。上面最后的式子是把前面式子的 n 置换成了$n-2k$。

由上式可知，两边的 φ 是 j 的函数，但 p_n 不依赖于 j。也就是说，在展开中利用了与 j 的级数无关的相同序列 p_n。可以说，序列 p_n 是连接第 j 级尺度函数 $\varphi_{j,k}(t)$ 与精度高一级的第 $j-1$ 级尺度函数 $\varphi_{j-1,k}(t)$ 的固有序列。

然而，根据多分辨率分析的定义，与尺度函数相同，第 j 级的小波 $\psi_{j,k}$ 也必须能够用第 $j-1$ 级尺度函数 $\varphi_{j-1,k}$ 展开。从而，与尺度函数的情况相同，下面的数学表达式成立：

$$\psi_{j,k}(t) = \sum_n q_{n-2k} \varphi_{j-1,n}(t) \tag{13.26}$$

其中，序列 q_n 是展开系数。这种情况也可以说序列 q_n 是连接第 j 级小波 $\psi_{j,k}(t)$ 与精度高一级的第 $j-1$ 级尺度函数 $\varphi_{j-1,k}(t)$ 的固有序列。由于式(13.25)和式(13.26)表示了 j 和 $j-1$ 两级尺度函数的关系，以及尺度函数和小波的关系，所以被称为双尺度关系（two-scale relation）。

由此可见，尺度函数是多分辨率分析所必需的。在满足了双尺度关系式(13.25)的条件以后，再根据另一个双尺度关系式(13.26)，就可以求得对应于这个尺度函数的小波。

对于 Daubechies 这样的正交小波，由于函数本身及其尺度函数的形状复杂，用已知的函数难以表现。为此，Mallat 在 1989 年提出了用离散序列表示正交小波及其尺度函数的方法。在 Daubechies 小波中采用自然数 N 来赋予小波特征。表示 Daubechies 小波的尺度函数的序列 p_k 在表 13.1 给出。表示小波的序列 q_k，是将 p_k 在时间轴方向上反转后，再将其系数符号反转得到的，即：

$$q_k = (-1)^k p_{-k} \tag{13.27}$$

表 13.1　Daubechies 序列 p_k

$N=2$	$N=3$	$N=4$
		0.23037781330889
	0.33267055295008	0.71484657055291
0.48296291314453	0.80689150931109	0.63088076792986
0.83651630373780	0.45987750211849	−0.02798376941686
0.22414386804201	−0.13501102001025	−0.18703481171909
−0.12940952255126	−0.08544127388203	0.03084138183556
	0.03522629188571	0.03288301166689
		−0.01059740178507

续表

$N=6$	$N=8$	$N=10$
		0.02667005790055
		0.18817680007763
	0.05441584224311	0.52720118893158
	0.31287159091432	0.68845903945344
0.11154074335011	0.67563073629732	0.28117234366057
0.49462389039845	0.58535468365422	-0.24984642432716
0.75113390802110	-0.01582910525638	-0.19594627437729
0.31525035170920	-0.28401554296158	0.12736934033575
-0.22626469396544	0.00047248457391	0.09305736460355
-0.12976686756727	0.12874742662049	-0.07139414716635
0.09750160558732	-0.01736930100181	-0.02945753682184
0.02752286553031	-0.04408825393080	0.03321267405936
-0.03158203931749	0.01398102791740	0.00360655356699
0.00055384220116	0.00874609404741	-0.01073317548330
0.00477725751095	-0.00487035299345	0.00139535174707
-0.00107730108531	-0.00039174037338	0.00199240529519
	0.00067544940645	-0.00068585669496
	-0.00011747678412	-0.00011646685513
		0.00009358867032
		-0.00001326420289

图 13.10 表示了 $N=3$ 的 Daubechies 小波及其尺度函数。比较图 13.10 和上面的表 13.1 中的 $N=3$ 项会发现，表中的 p_k 仅定义了 6 个数值，而图却表示了一个相当复杂的函数形状。虽然本书并不讨论为什么仅 $2N$ 个数值却能够表现如此复杂的函数这个问题，但是通过重复迭代计算，从 $2N$ 个数值开始是可以顺次求取精度高的函数的。在下节中将说明从 $2N$ 个离散序列直接求取展开系数的方法。

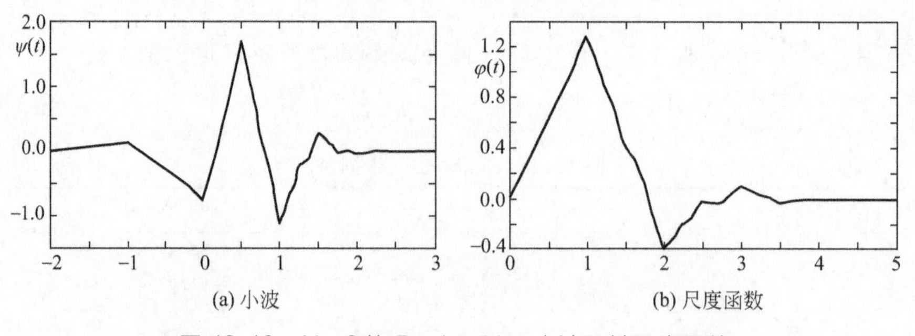

图 13.10 N= 3 的 Daubechies 小波及其尺度函数

13.6 图像处理中的小波变换

13.6.1 二维离散小波变换

由上面的讨论可知，由 Daubechies 小波所代表的正交小波及其尺度函数可以用离散序列表示。在这一节中，介绍 Mallat 发现的利用这个离散序列来求取小波展开系数的方法。

如 13.3 节所述，连续信号 $f(t)$ 的第 0 级的近似函数 $f_0(t)$ 按照式(13.28)由第 0 级的尺度函数展开：

$$f(t) \approx f_0(t) = \sum_k s_k^{(0)} \varphi(t-k) \tag{13.28}$$

其中：

$$s_k^{(0)} = \int_{-\infty}^{\infty} f(t) \varphi_{0,k}^*(t) \mathrm{d}t \tag{13.29}$$

然而，在 Daubechies 小波中，虽然 $2N$ 个离散序列被给出，但是由于尺度函数 $\varphi_{0,k}(t)$ 没有被给出，所以存在用上式不能计算 $s_k^{(0)}$ 的问题。

为了克服这个问题，由 Mallat 提出的方法是，把对信号采样得到序列 $f(n)$ 看作 $s_k^{(0)}$。Mallat 发现由于 $\varphi_{0,k}$ 在矩形或三角形的窗口上改变 k、平移时间轴，所以对于某 k 值，$s_k^{(0)}$ 给出从窗口能够看到的范围的信号中间值。这个信号的中间值相当于 $f(k)$。这意味着 $\varphi_{0,k}$ 是像 $\delta_k(t)$ 那样的德尔塔函数（δFunction）。Mallat 认为 $\varphi_{0,\mathrm{k}}(t)$ 具有基于德尔塔函数 $\delta_k(t)$ 重构相同的作用。在图像处理的应用方面 $f(n)$ 看作 $s_k^{(0)}$ 被证明实用上是没有问题的。

作为一个例子，由数值计算所求得的 Daubechies 尺度系数 $s_n^{(0)}(N=2)$ 与 $f(n)$ 比较结果，如图 13.11 所示，$f(n)$ 和 $s_k^{(0)}$ 几乎没有什么区别。

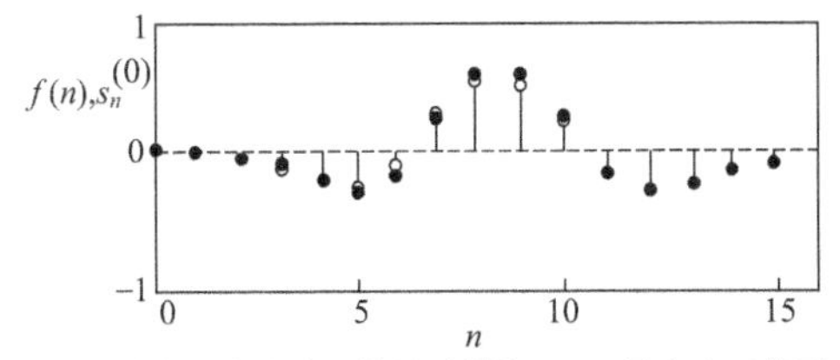

其中，白点表示信号采样值$f(n)$，黑点表示基于数值计算的Daubechies的第0级的尺度系数(N=2)

图 13.11 信号采样值 $f(n)$ 与 Daubechies 尺度系数 $s_n^{(0)}$（$N=2$）的比较

得到了 $s_k^{(0)}$ 以后，就可以基于 $s_k^{(0)}$ 求第 0 级以外的尺度系数 $s_k^{(j)}$ 及小波系数 $w_k^{(j)}$。

通过式(13.30) 能够从第 0 级的尺度系数 $s_k^{(0)}$，依次求取高级数（低分辨率）的尺度系数。

$$s_k^{(j)}=\sum_n p_{n-2k}^* s_n^{(j-1)} \tag{13.30}$$

通过使用式(13.31)，能够从第 0 级的尺度系数 $s_k^{(0)}$，依次求取高级数（低分辨率）的小波系数。

$$w_k^{(j)}=\sum_n q_{n-2k}^* s_n^{(j-1)} \tag{13.31}$$

下面对使用离散小波的二维图像数据的小波变换进行说明。图像数据作为二维的离散数据给出，用 $f(m, n)$ 表示。与二维离散傅立叶变换的情况相同，首先进行水平方向上的离散小波变换，对其系数再进行垂直方向上的小波变换。把图像数据 $f(m, n)$ 看作第 0 级的尺度系数 $s_{m,n}^{(0)}$。

首先，进行水平方向上的离散小波变换。

$$\begin{aligned} s_{m,n}^{(j+1,x)} &= \sum_k p_{k-2m}^* s_{k,n}^{(j)} \\ w_{m,n}^{(j+1,x)} &= \sum_k q_{k-2m}^* s_{k,n}^{(j)} \end{aligned} \tag{13.32}$$

其中，$s_{m,n}^{(j+1,x)}$ 及 $w_{m,n}^{(j+1,x)}$ 分别表示水平方向的尺度系数及小波系数。$j=0$ 时如图 13.12 所示。

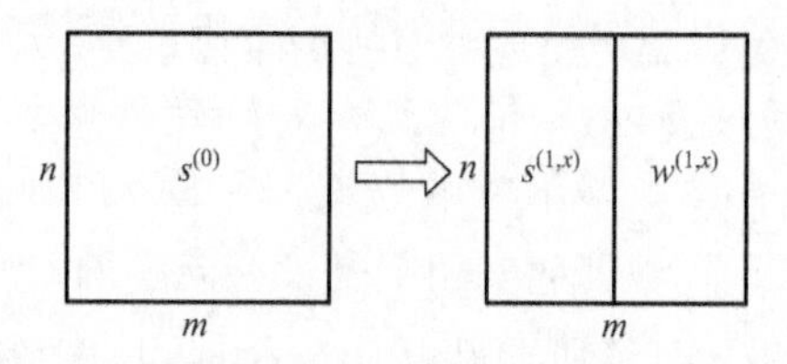

图 13.12 $s_{m,n}^{(0)}$ 的分解

接着，分别对系数进行垂直方向的离散小波变换。

$$\begin{aligned} s_{m,n}^{(j+1)} &= \sum_l p_{l-2n}^* s_{m,l}^{(j+1,x)} \\ w_{m,n}^{(j+1,h)} &= \sum_l q_{l-2n}^* s_{m,l}^{(j+1,x)} \\ w_{m,n}^{(j+1,v)} &= \sum_l p_{l-2n}^* w_{m,l}^{(j+1,x)} \\ w_{m,n}^{(j+1,d)} &= \sum_l q_{l-2n}^* w_{m,l}^{(j+1,x)} \end{aligned} \tag{13.33}$$

其中，$w_{m,n}^{(j+1,h)}$ 表示在水平方向上使尺度函数起作用、垂直方向上使小波起作用的系数，$w_{m,n}^{(j+1,v)}$ 表示在水平方向上使小波起作用、垂直方向上使尺度函数起作用的系数，另外，$w_{m,n}^{(j+1,d)}$ 表示在水平和垂直方向上全都使小波起作用的系数。$j=0$ 时如图 13.13 所示。

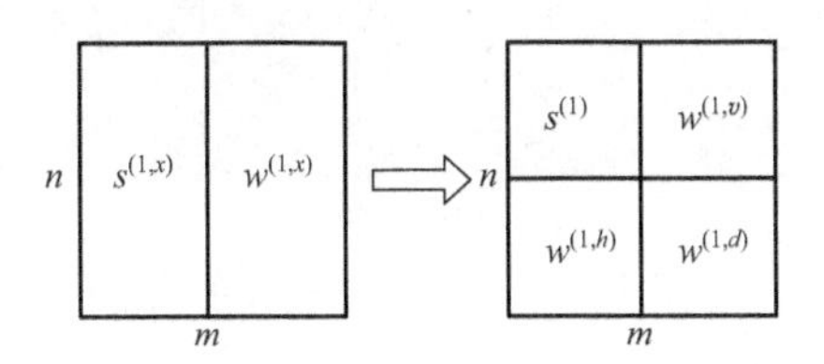

图 13.13 $s_{m,n}^{(1,x)}$ 及 $w_{m,n}^{(1,x)}$ 的分解

综合式(13.32) 和式(13.33) 得：

$$
\begin{aligned}
s_{m,n}^{(j+1)} &= \sum_{l}\sum_{k} p_{k-2m}^{*} p_{l-2n}^{*} s_{k,l}^{(j)} \\
w_{m,n}^{(j+1,h)} &= \sum_{l}\sum_{k} p_{k-2m}^{*} q_{l-2n}^{*} s_{k,l}^{(j)} \\
w_{m,n}^{(j+1,v)} &= \sum_{l}\sum_{k} q_{k-2m}^{*} p_{l-2n}^{*} s_{k,l}^{(j)} \\
w_{m,n}^{(j+1,d)} &= \sum_{l}\sum_{k} q_{k-2m}^{*} q_{l-2n}^{*} s_{k,l}^{(j)}
\end{aligned}
\tag{13.34}
$$

上式中仅对 $s_{m,n}^{(j+1)}$ 再进一步分解成 4 个成分，通过不断重复迭代这一过程，进行多分辨率分解。

这个重构与一维的情况相同，按下式进行：

$$
\begin{aligned}
s_{m,n}^{(j)} = \sum_{k}\sum_{l} [& p_{m-2k} p_{n-2l} s_{k,l}^{(j+1)} + p_{m-2k} q_{n-2l} w_{k,l}^{(j+1,h)} \\
& + q_{m-2k} p_{n-2l} w_{k,l}^{(j+1,v)} + q_{m-2k} q_{n-2l} w_{k,l}^{(j+1,d)}]
\end{aligned}
\tag{13.35}
$$

13.6.2 图像的小波变换编程

图 13.14(b) 表示对原始图像信号分解（即第 1 级小波分解）后的 4 个成分（或称为 4 个子图像），由图可见，$w^{(1,v)}$ 表现垂直方向上的高频成分，$w^{(1,h)}$ 表现水平方向上的高频成分，$w^{(1,d)}$ 表现对角线方向上的高频成分。另外，$s^{(1)}$ 表现对 $s^{(0)}$ 平均化的低频成分。对 $s^{(1)}$ 再进一步分解成 4 个成分（即第 2 级小波分解）的结果如图 13.14(c) 所示。

(a) 原始图像

(b) 1级小波分解

(c) 2级小波分解

图 13.14 图像的小波变换示例

可见，在图像分解过程中，总的数据量既没有增加也没有减少。但是，一个图像经过小波变换后，得到一系列不同分辨率的子图像，即表示低频成分的子图像及表现不同方向上高频成分的子图像。高频成分的子图像上大部分数值都接近于0，越是高频这种现象越明显。所以，对于一幅图像来说，包含图像的主要信息是低频成分，而高频成分仅包含细节信息。因此，一个最简单的图像压缩方法是保存低频成分而去掉高频成分。

图 13.15 表示了小波分解和压缩的例子。图 13.15(b) 表示对图 13.15(a) 所示的原始图像进行 1 级小波分解后的结果，图 13.15(c) 表示只利用 1 级分解后的低频成分（左上角的子图像）进行图像恢复的结果，图 13.15(d) 表示了对图 13.15(b) 中的低频成分的子图像再进行 2 级小波分解后的结果，最后对 2 级分解后的低频成分（左上角的子图像）进行恢复后的图像被表示在图 13.15(e)。

(a) 原始图像

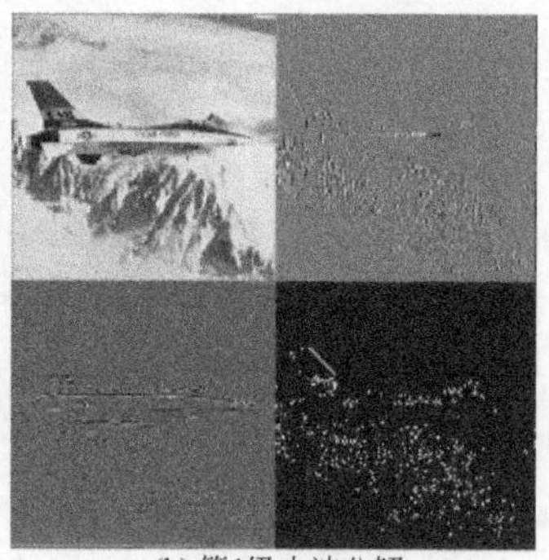

(b) 第1级小波分解

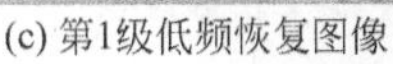

(c) 第1级低频恢复图像

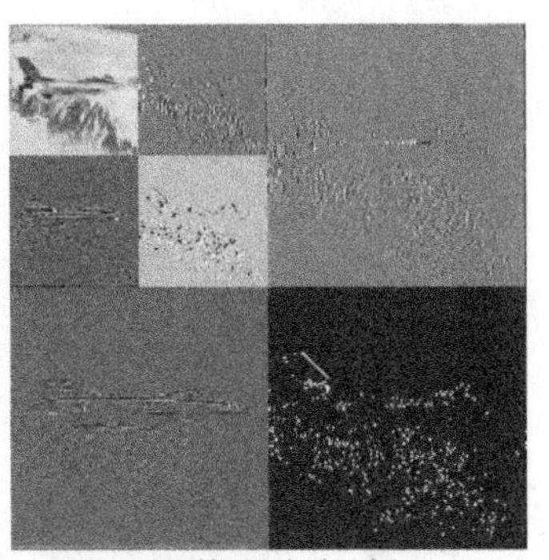

(d) 第2级小波分解

(e) 第2级低频恢复图像

图 13.15 小波压缩实例

可见，保留低频成分的压缩方法虽然简单，但是在图像压缩后没有细节信息，影响图像效果。在互联网上传输图像可以使用这种方法，首先传送低分辨率（高级数）的图像，然后再传送分辨率高一级的图像，直到最高分辨率的图像。这样能够产生渐进的效果，首先呈现图像的大体轮廓，然后再逐渐更细致地呈现图像，如同图像越来越近，越来越清晰。

小波图像压缩的另一种方法是利用小波树，在此不作介绍，感兴趣的读者请参阅其他书籍。

参考文献

[1] 陈兵旗. 实用数字图像处理与分析［M］. 第2版. 北京：中国农业大学出版社，2014.

第14章

模式识别[1]

14.1 模式识别与图像识别的概念

模式识别（pattern recognition）就是当能够把认识对象分类成几个概念时，将被观测的模式与这些概念中的一类进行对应的处理。模式分类可以认为是模式识别的前处理或者一部分。我们在生活中时时刻刻都在进行模式识别。环顾四周，我们能认出周围的物体是桌子还是椅子，能认出对面的人是张三还是李四；听到声音，我们能区分出是汽车驶过还是玻璃破碎，是猫叫还是人语，是谁在说话，说的是什么内容；闻到气味，我们能知道是炸带鱼还是臭豆腐。我们所具有的这些模式识别的能力看起来极为平常，谁也不会对此感到惊讶。但是在计算机出现之后，当人们企图用计算机来实现人所具备的模式识别能力时，它的难度才逐步为人们所认识。

什么是模式呢？广义地说，存在于时间和空间中可观测的事物，如果我们可以区别它们是否相同或是否相近，都可以称之为模式。

对模式的理解要注意以下几点：

➢ 模式并不是指事物本身，而是指我们从事物获得的信息。模式往往表现为具有时间或空间分布的信息。

➢ 当使用计算机进行模式识别时，在计算机中具有时空分布的信息表现为数组。

➢ 数组中元素的序号可以对应时间与空间，也可以对应其他的标识。例如，在医生根据各项化验指标判断疾病种类的模式识别过程中，各种化验项目并不对应实际的时间和空间。因此，对于上面所说的时间与空间应作更广义、更抽象的理解。

人们为了掌握客观事物，把事物按相似的程度组成类别。模式识别的作用和目的就在于面对某一具体事物时将其正确地归入某一类别。例如，从不同角度看人脸，视网膜上的成像不同，但我们可以识别出这个人是谁，把所有不同角度的像都归入某个人这一类。如果给每个类命名，并且用特定的符号来表示这个名字，那么模式识别可以看成是从具有时间或空间分布的信息向该符号所作的映射。

通常，我们把通过对具体的个别事物进行观测所得到的具有时间或空间分布的信息称为样本，而把样本所属的类别或同一类别中样本的总体称为类。

图像识别是模式识别的一个分支，特指模式识别的对象是图像，具体地说，它可以是物体的照片、影像、手写字符、遥感图像、超声波信号、CT 影像、MRI 影像、射电照片等。

图像识别所研究的领域十分广泛，机械工件的识别、分类；从遥感图像中辨别森林、湖泊、城市和军事设施；根据气象卫星观测数据判断和预报天气；根据超声图像、CT 图像或核磁共振图像检查人的身体状况；在工厂中自动分拣产品；在机场等地根据人脸照片进行安全检查等。上述这些都是图像识别研究的课题，虽然种类繁多，但其关键问题主要是分类。

14.2 图像识别系统的组成

图像识别系统主要由 4 部分组成：图像数据获取、预处理、特征提取和选择、分类决策，如图 14.1 所示。

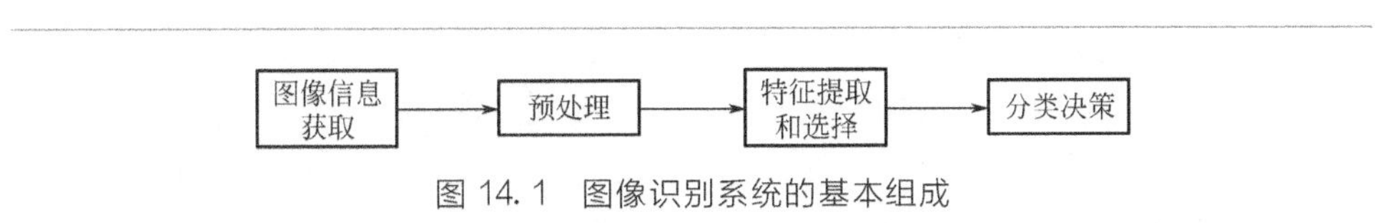

图 14.1 图像识别系统的基本组成

下面简单地对这几个部分加以说明。

➢ 图像信息获取：通过测量、采样和量化，可以用矩阵表示二维图像。

➢ 预处理：预处理的目的是去除噪声，加强有用的信息，并对测量仪器或其他因素所造成的退化现象进行复原。

➢ 特征提取和选择：由图像所获得的数据量是相当大的。例如，一个文字图像可以有几千个数据，一个卫星遥感数据的数据量就更大了。为了有效地实现分类识别，就要对原始数据进行变换，得到最能反映分类本质的特征，这就是特征提取和选择的过程。一般我们把原始数据组成的空间叫测量空间，把分类识别赖以进行的空间叫特征空间，通过变换，可以把在维数较高的测量空间中表示的样本变为在维数较低的特征空间中表示的样本。在特征空间中的样本往往可以表示为一个向量，即特征空间中的一个点。

➢ 分类决策：分类决策就是在特征空间中用统计方法把被识别对象归为某一类别。主要有两种方法：一种是有监督分类（supervised classification），也就是把输入对象特性及其所属类别都加以说明，通过机器来学习，然后对于一个新的输入，分析它的特性，判别它属于哪一类。另一种是无监督分类（unsupervised classification），也称聚类（clustering），即只知道输入对象特性，而不知道其所属类别，计算机根据某种判据自动地将特性相同的归为一类。

➢ 分类决策与特征提取和选择之间没有精确的分解点。一个理想的特征提取器可以使分类器的工作变得很简单，而一个全能的分类器，将无求于特征提取器。一般来说，特征提取比分类更依赖于被识别的对象。

14.3 图像识别与图像处理和图像理解的关系

从图 14.2 可以看出，图像识别的首要任务是获取图像，但无论使用哪种采集方式，都会在采集过程中引入各种干扰。因此，为了提高图像识别的效果，在特征提取之前，先要对采集到的图像进行预处理，用第 3 章的方法做色彩校正，用第 5 章的方法滤去干扰、噪声、对图像进行增强，用第 6 章做几何校正等。有时，还需要对图像进行变换（如第 12 章的频率变换、第 13 章的小波变换等），以便于计算机分析。当然，为了在图像中找到我们想分析的目标，还需要用第 3 章的方法对图像进行分割，即目标定位和分离。如果采集到的图像是已退化了的，还需要对退化了的图像进行复原处理，以便改进图像的保真度。在实际应用中，由于图像的信息量非常大，在传送和存储时，还要对图像进行压缩。因此，图像处理部分包括图像编码、图像增强、图像压缩、图像复原、图像分割等内容。图像处理的目的有两个：一是判断图像中有无需要的信息，二是将需要的信息分割出来。

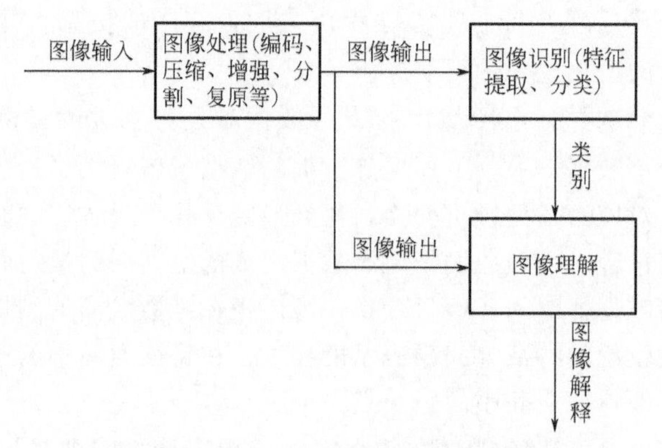

图 14.2 图像处理、图像识别和图像理解的示意图

图像识别是对上述处理后的图像进行分类，确定类别名称。它包括特征提取和分类两个过程。关于特征提取的内容，请参见本书的第3章。这里需要注意的是，图像分割不一定完全在图像处理时进行，有时一边进行分割，一边进行识别。所以，图像处理和图像识别可以相互交叉进行。

图像处理及图像识别的最终目的在于对图像作描述和解释，以便最终理解它是什么图像，即图像理解。所以，图像理解是在图像处理及图像识别的基础上，根据分类结果做结构句法分析，描述和解释图像。因此它是图像处理、图像识别和结构分析的总称。

14.4 图像识别方法

图像识别方法很多，主要有以下4类方法：模板匹配（template matching）、统计识别（statistical classification）、句法/结构识别（syntactic or structural classification）、神经网络方法（neural network）。这4类方法的简要描述见表14.1。

表14.1 图像识别的常用方法

方法	表征	识别方式	典型判据
模板匹配	样本、像素、曲线	相关系数、距离度量	分类错误
统计识别	特征	分类器	分类错误
句法/结构识别	构造语言	规则、语法	可接受错误
神经网络	样本、像素、特征	网络函数	最小均方根误差

14.4.1 模板匹配方法

模板匹配是最早且比较简单的图像识别方法，它基本上是一种统计识别方法。匹配是一个通用的操作，用于定义模板与输入样本间的相似程度，常用相关系数表示。使用模板匹配方法时，首先通过训练样本集建立起各个模板，然后将待识别的样本和各个模板进行匹配运算，得到结果。当然，在定义模板及相似性函数时要考虑到实体的姿态及比例问题。这种方法在很多场合效果不错，其主要缺点是由于视角变化可能导致匹配错误。

14.4.2 统计模式识别

如果一幅图像经过特征提取，得到一个m维的特征向量，那么这个样本就可以看作是m维特征空间中的一个点。模式识别的目标就是选择合适的特征，使得不同类的样本占据 m 维特征空间中的不同区域，同类样本在 m 维特征空间中尽可能紧凑。在给定训练集以后，通过训练在特征空间中确定分割边界，将不同类样本分到不同的类别中。在统计决策理论中，分割边界是由每个类的概率密度分布函数来决定的，每个类的概率密度分布函数必须预先知道或者通过学习获得。学习分为参数化和非参数化，前者已知概率密度分布函数形式，需要估计其表征参数。而后者未知概率密度分布函数形式，要求我们直接推断概率密度分布函数。

统计识别方法分为几何分类法和概率统计分类法。

（1）几何分类法

在统计分类法中，样本被看作特征空间中的一个点。判断输入样本属于哪个类别，可以通过样本点落入特征空间哪个区域来判断。可分为距离法、线性可分和非线性可分。

a. 距离法

这是最简单和最直观的几何分类方法。下面以最近邻法为例介绍一下这类方法。假设有 c 个类别 ω_1，ω_2，…，ω_c 的模式识别问题，每类有样本 N_i 个，$i=1$，2，…，c。我们可以规定 ω_i 类的判别函数为

$$g_i(x)=\min_k \| x-x_i^k \| \quad k=1,2,\cdots,N_i \tag{14.1}$$

其中，x_i^k 的角标 i 表示 ω_i 类，k 表示 ω_i 类 N_i 样本中的第 k 个。按照上式，决策规则可以写为：

若 $g_j(x)=\min_i g_i(x)$，$i=1$，2，…，c，则决策为 $x\in\omega_j$。

其直观解释为：对未知样本 x，我们只要比较 x 与 $N=\sum_{i=1}^{c} N_i$ 个已知样本之间的欧氏距离，就可决策 x 与离它最近的样本同类。

K-近邻法是最近邻法的一个推广。K-近邻法就是取未知样本 x 的 k 个近邻，看这 k 个近邻中多数属于哪一类，就把 x 归为哪一类。具体说就是在 N 个已知样本中找出离 x 最近的 k 的样本，若 k_1，k_2，…，k_c 分别是 k 个近邻中属于 ω_1，ω_2，…，ω_c 类的样本，则我们可以定义判别函数为

$$g_i(x)=k_i, i=1,2,\cdots,c \tag{14.2}$$

决策规则为：

若 $g_j(x)=\max_i k_i$，则决策 $x\in\omega_j$。

下面举例说明 K-近邻法的处理过程及处理结果。图 14.3 是将第 6 章的图 6.1 进行 30 以上亮度值提取、3 次中值滤波后获得的二值图像。

图 14.3　图 6.1 的二值图像

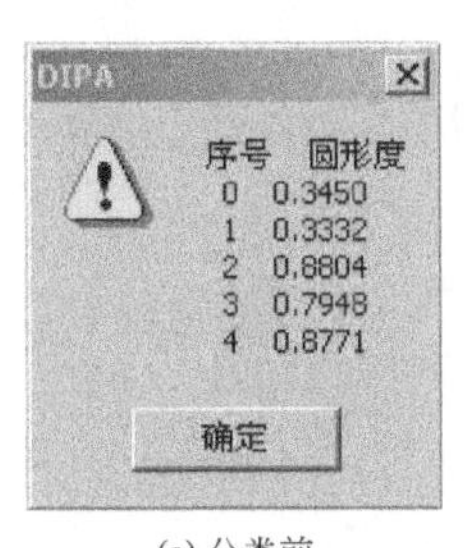

(a) 分类前

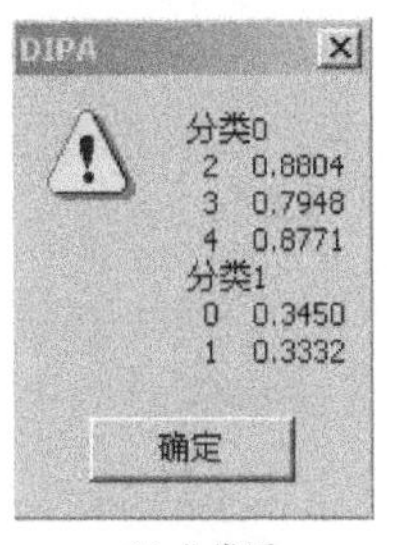

(b) 分类后

图 14.4　图 14.3 的圆形度特征参数

对图 14.3 的二值图像，利用第 6 章的方法进行特征测量，测得的特征数据包括圆形度、面积、周长和圆心坐标。例如，测得的圆形度的特征参数如图 14.4(a) 所示，对这些特征数据利用 K-近邻法程序进行分类，数据分类结果如图 14.4(b) 所示，根据数据分类结果，对不同类的图像分别用不同的灰度值表示，如图 14.5 所示，其中圆形度较大的 0 类的橘子和梨用较明亮的灰度值表示，圆形度较小的 1 类的两个香蕉用较暗的灰度值表示。

也可以用测得的周长、面积以及中心坐标进行分类。选择不同的参数，分类的结果不尽相同，对于不同的图像，有些参数可能不能获得很好的分类效果。图 14.6 是模式识别的 Visual C＋＋窗口界面，为了方便使用，与第 6 章特征提取的参数测量和显示功能集合在了一起，其中的“显示参数”和“模式识别”键在执行过“参数测量”后才能使用。

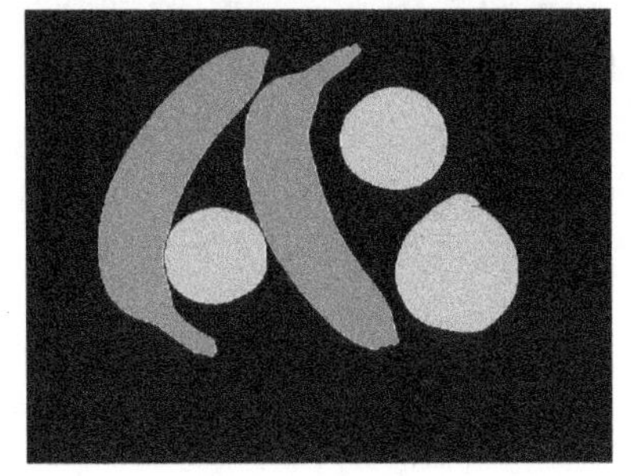

图 14.5　K—近邻法分类圆形度后的图像

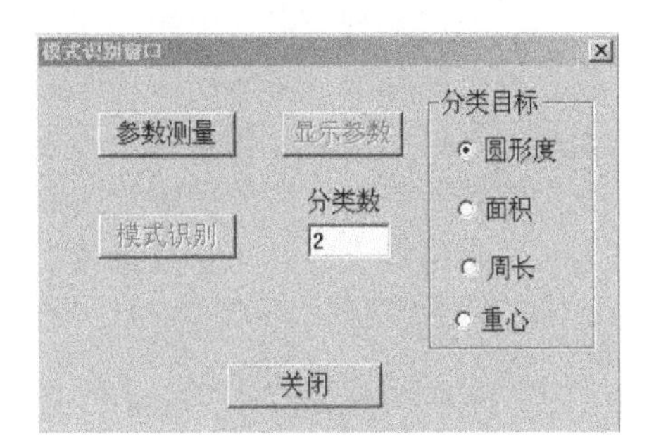

图 14.6　参数测量及 K—近邻法分类的窗口界面

b. 线性可分

线性可分实际上是寻找线性判别函数。下面以 2 类问题为例进行说明。假定

判别函数 $g(x)$ 是 x 的线性函数

$$g(x)=w^{T}x+\omega_{0} \tag{14.3}$$

式中 x 是 d 维特征向量，w 称为权向量，分别表示为

$$x=\begin{bmatrix}x_{1}\\x_{2}\\\vdots\\x_{d}\end{bmatrix}\quad w=\begin{bmatrix}w_{1}\\w_{2}\\\vdots\\w_{d}\end{bmatrix} \tag{14.4}$$

ω_0 是个常数，称为阈值。

决策规则为：

$$g(x)=g_1(x)-g_2(x) \tag{14.5}$$

若

$$\begin{cases}g(x)>0，则决策\ x\in\omega_1\\g(x)<0，则决策\ x\in\omega_2\\g(x)=0，则可将\ x\ 任意分类\end{cases}$$

方程 $g(x)$ 定义了一个决策面，它把归类于 ω_1 类的点与归类于 ω_2 类的点分割开来，当 $g(x)$ 为线性函数时，这个决策面是一个超平面。

设计线性分类器，就是利用训练样本集建立线性判别函数式，式中未知的只有权向量 w 和阈值 ω_0。这样，设计线性分类器问题就转化为利用训练样本集寻找准则函数的极值点 w^* 和 ω_0^* 的问题。这属于最优化技术，这里不再详细讲解。

c. 非线性可分

在实际中，很多的模式识别问题并不是线性可分的，对于这类问题，最常用的方法就是通过某种映射，把非线性可分特征空间变换成线性可分特征空间，再用线性分类器来分类。下面以支撑向量机为例说明。

支撑向量机的基本思想可以概括为：首先通过非线性变换将特征空间变换到一个更高维数的空间，然后在这个新空间中求取最优线性分类面，而这种非线性变换是通过定义适当的内积函数实现的。采用不同的内积函数将导致不同的支撑向量机算法，内积函数形式主要有三类：

➢ 多项式形式的内积函数

$$K(x,x_i)=[(x\cdot x_i)+1]^q \tag{14.6}$$

这时得到的支撑向量机是一个 q 阶多项式分类器。

➢ 核函数型内积

$$K(x,x_i)=\exp\left\{-\frac{|x-x_i|^2}{\sigma^2}\right\} \tag{14.7}$$

得到的支撑向量机是一种径向基函数分类器。

➢ s型函数做内积

$$K(x, x_i)=\tanh[v(x \cdot x_i)+c] \tag{14.8}$$

得到的支撑向量机是一个两层的感知器神经网络。

(2) 概率统计分类法

前面提到的几何分类法是在模式几何可分的前提下进行的，但这样的条件并不经常能得到满足。模式分布常常不是几何可分的，即在同一个区域中可能出现不同的模式，这时分类需要使用概率统计分类法。概率统计分类法主要讨论3个方面的问题：争取最优的统计决策、密度分布形式已知时的参数估计、密度分布形式未知（或太复杂）时的参数估计。这里我们不再详细讲解。

14.4.3 新的模式识别方法

模式识别的发展已有几十年的历史，并且提出了许多理论。这些理论和方法都是建立在统计理论的基础来寻找能够将两类样本划分开来的决策规则。在这些理论中，模式识别实际上就是模式分类。

我们知道，人类在认识事物时侧重于“认识”，只有在细小之处才重视“区别”。例如，人类在认识牛、羊、马、狗等动物时，实际上是对每种动物的所有个体所共有的特征的认识，而不是找寻不同种类的动物相互之间的差异性。因此，我们可以看出模式识别的重点不仅仅应该在“区别”上，而且也应该在“认识”上。传统模式识别只注意“区别”，而没重视“认识”的概念。与传统模式识别不同，王守觉院士于2002年提出了仿生模式识别（biomimetic pattern recognition，BPR）理论。它是从“认识”模式的角度出发进行模式识别，而不像传统模式识别那样从“划分”的角度出发进行模式识别。因为这种方式更接近于人类的认识，所以这一新的模式识别方法被称为“仿生模式识别”。

仿生模式识别与传统模式识别不同，它是从对一类样本的认识出发来寻找同类样本间的相似性。仿生模式识别引入了同类样本间某些普遍存在的规律，并从对同类样本在特征空间中分布的认识的角度出发，来寻找对同类样本在特征空间中分布区域的最优覆盖。这使得仿生模式识别完全不同于传统模式识别，表14.2中列出了仿生模式识别与传统模式识别之间的一些主要区别。

表14.2 仿生模式识别与传统模式识别之间的区别

传统模式识别	仿生模式识别
多类样本之间的最优划分过程	一类样本的认识过程
一类样本与有限类已知样本的区分	一类样本与无限多类未知样本的区分

续表

传统模式识别	仿生模式识别
基于不同类样本间的差异性	基于同类样本间的相似性
寻找不同类间的最优分界面	寻找同类样本的最优覆盖

在现实世界中，如果两个同类样本不完全相同，则这个差别一定是一个渐变过程。即我们一定可以找到一个渐变的序列，这个序列从这两个同源样本中的一个变到另外一个，并且这个序列中的所有样本都属于同一类。这个关于同源的样本间的连续性的规律，我们称之为同源连续性原理（the principle of homology-continuity，PHC）。数学描述如下：在特征空间 R^N 中，设 A 类所有样本点形成的集合为 A，任取两个样本 $\vec{x}$，$\vec{y} \in A$ 且 $\vec{x} \neq \vec{y}$，若给定 $\varepsilon > 0$ 则一定存在集合 B 满足

$$
\begin{aligned}
B=\{&\vec{x}_1=\vec{x},\vec{x}_2,\cdots,\vec{x}_{n-1},\vec{x}_n=\vec{y}\mid \\
&d(\vec{x}_m,\vec{x}_{m+1})<\varepsilon,\forall m\in[1,n-1],m\in N\}\subset A
\end{aligned}
\tag{14.9}
$$

其中，$d(\vec{x}_m, \vec{x}_{m+1})$ 为样本 $\vec{x}_m$ 与 $\vec{x}_{m+1}$ 间的距离。

同源连续性原理就是仿生模式识别中用来作为样本点分布的“先验知识”。因而，仿生模式识别把分析特征空间中训练样本点之间的关系作为基点，而同源连续性原理则为此提供了可能性。传统模式识别中假定“可用的信息都包含在训练集中”，却恰恰忽略了同源样本间存在连续性这一重要规律。传统模式识别中把不同类样本在特征空间中的最佳划分作为目标，而仿生模式识别则以一类样本在特征空间分布的最佳覆盖作为目标。图 14.7 是仿生模式识别、传统 BP 网络及传统经向基函数（RBF）网络模式识别在二维空间中的示意图。

由同源连续性原理可知，任何一类事物（如 A 类）在特征空间 R^N 中的映射（必须是连续映射）的“像”一定是一个连续的区域，记为 P。考虑到随机干扰的影响，所有位于集合 P 附近的样本也应该属于 A 类。我们记样本 $\vec{x}$ 与集合 P 之间的距离为：

$$
d(\vec{x},P)=\min_{\vec{y}\in P} d(\vec{x},\vec{y}) \tag{14.10}
$$

这样，对 A 类样本在特征空间中分布的最佳覆盖 P_A 为：

$$
P_A=\{\vec{x}\mid d(\vec{x},P)\leqslant k\} \tag{14.11}
$$

其中，k 为选定的距离常数。在 R^N 空间中，这个最优覆盖是一个 N 维复杂形体，它将整个空间分为两部分，其中一部分属于 A 类，另一部分则不属于 A 类。但是在实际中不可能采集到 A 类的所有样本，所以这个最优覆盖 P_A 实际上是不能够构造出来的。我们可以采用许多较为简单的覆盖单元的组合来近似这个最优覆盖 P_A。在这种情况下，采用仿生模式识别来判断某一个样本是否属于这一类，实际上就是判断这个样本是否至少属于这些较为简单的覆盖单元中的

一个。

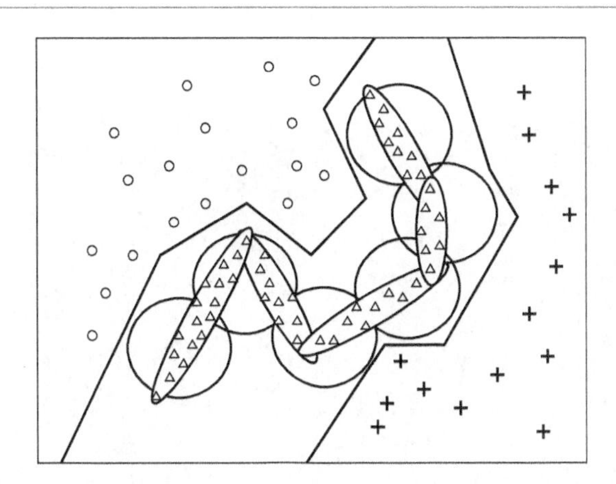

图 14.7 仿生模式识别、传统 BP 网络及传统径向基函数（RBF）网络模式识别示意图
注：三角形为要识别的样本，圆圈和十字形为与三角形不同类的两类样本，
折线为传统 BP 网络模式识别的划分方式，大圆为 RBF 网络的划分方式，
细长椭圆形构成的曲线代表仿生模式识别的"认识"方式。

14.5 人脸图像识别系统

下面以人脸图像为例讲解一下如何进行模式识别。本例选用了英国剑桥大学的 ORL 人脸库（http：//www. cam-orl. co. uk/facedatabase. html）。库中共有 40 个人，每个人有 10 幅图像。所有的照片都是单色背景下的正面头像。每幅照片均为 92×112 个像素的灰度图像。图 14.8 所示为库中部分图像。

（1）预处理

① 确定人脸所在位置。

② 将倾斜人脸转正。

③ 定出眼睛精确位置，以左眼作为 A'（x'_a，y'_a）点，右眼作为 B'（x'_b，y'_b）点。

④ 以 P 点作为中心，对图像按 $|x'_a-y'_a|$：30 的比例进行缩放，变成 255×255 的图像，进而按 3×3 对该图进行马赛克处理，得到 85×85 的人脸图，其中 P 点坐标由下式确定：

$$x_{\mathrm{p}}=\frac{3}{2}(x_{\mathrm{a}}'-x_{\mathrm{b}}')-1$$
$$y_{\mathrm{p}}=3y_{\mathrm{a}}'+2|x_{\mathrm{a}}'-x_{\mathrm{b}}'-1| \tag{14.12}$$

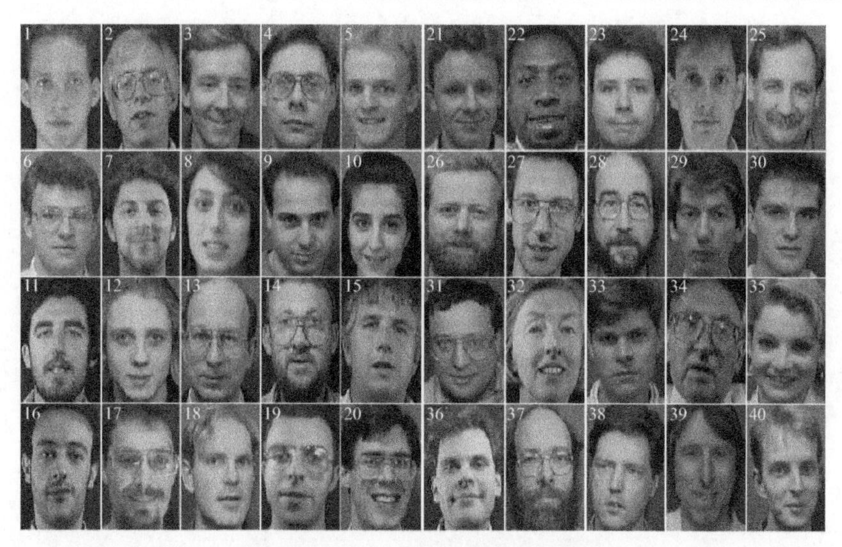

图 14.8 ORL 人脸库中部分图像

⑤ 以缩放后得到的 85×85 的人脸图中的两只眼睛所在点 $A(x_{\mathrm{a}},\ y_{\mathrm{a}})$、$B(x_{\mathrm{b}},\ y_{\mathrm{b}})$ 为基点确定 C、D 和 E 点，其公式如下：

$$\begin{aligned} &x_{c}=\frac{1}{2}(x_{\mathrm{a}}+x_{\mathrm{b}});y_{\mathrm{c}}=y_{\mathrm{a}}+25\\ &x_{\mathrm{d}}=x_{\mathrm{c}};y_{\mathrm{d}}=y_{\mathrm{a}}+40\\ &x_{\mathrm{e}}=x_{\mathrm{c}};y_{\mathrm{e}}=y_{\mathrm{a}}\end{aligned} \tag{14.13}$$

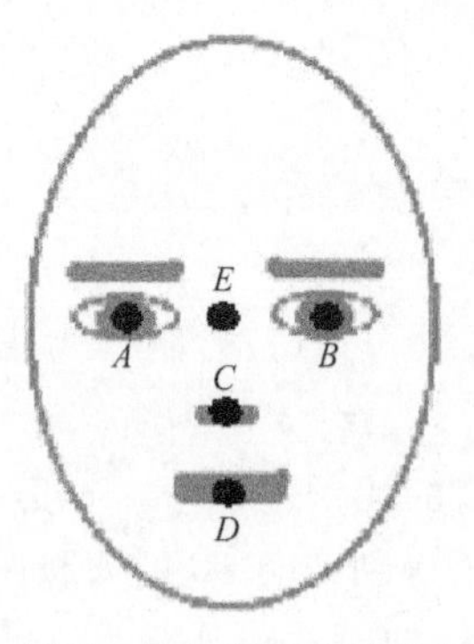

图 14.9 特征提取方法示意图

由此得到如图 14.9 所示的 A、B、C、D 和 E 五点。

⑥ 以图 14.9 中所示的 A、B、C、D 和 E 五点作为基点，进行特征提取，得到一个 512 维的特征向量代表该人脸。

⑦ 用差分处理减少环境光影响。

(2) 人脸识别模型

因为人脸从左至右（或从右到左）转过去的变化过程是一个连续变化的过

程，那么其映射到特征空间中的特征点的变化也必然是连续的。我们假定人脸只在左右方向上有变动，所以自由变量只有一个，其特征点组成的集合应该呈一维流形分布，某类人脸在特征空间中的覆盖形状应是一个与曲线段同胚的一维流形与 512 维超球的拓扑乘积，由此构成了该类型样本的封闭子空间。假设该曲线段为 A，超球半径为 R，则该类型样本子空间 P_a 为

$$P_a=\{x \mid \min[\rho(x,y)]<R, y\in A, x\in R^{512}\} \tag{14.14}$$

假设每个人脸采集的训练样本数为 K，训练样本集 S 表示如下：

$$S=\{x \mid x=s_1,s_2,s_3,\cdots,s_K\} \tag{14.15}$$

其中的样本 s_1，s_2，s_3，…，s_K 是顺序旋转不同的角度采集的。

为了用神经网络中有限的神经元实现对子空间 P_a 的覆盖，我们可以用若干直线段逼近曲线段 A，形成折线段 B，然后用 512 维半径为 R 的超球与 B 的拓扑乘积来近似地覆盖 P_a，得到的 P_b，P_b 即为实际得到的该类型样本的子空间。由于训练样本共有 K 个，所以可以用 $K-1$ 个线段逼近 A，每个直线段用 $B_i(i=1, 2, \cdots, K-1)$ 表示，则有：

$$B_i=\{x \mid x=\alpha s_i+(1-\alpha)s_{i+1}, \alpha\in[0, 1], s_i\in S, x\in R^{512}\}$$

$$B=\bigcup_{i=1}^{K-1} B_i \tag{14.16}$$

则每个神经元覆盖的范围为：

$$P_i=\{x \mid \min[\rho(x,y)]\leqslant R, y\in B_i, x\in R^{512}\} \tag{14.17}$$

为了实现对 P_i 的覆盖，采用了下面所示的神经元结构：

$$y_i=f[\Phi(s_i,s_{i+1},x)] \tag{14.18}$$

式中 s_i，s_{i+1} 为第 i 和 $i+1$ 个训练样本特征向量；x 为输入向量，即待识别的样本特征向量；y_i 为第 i 个神经元的输出。Φ 为由多权值矢量神经元决定的计算函数（多个矢量输入，一个标量输出），其表达式为：

$$\Phi(s_i,s_{i+1},x)=\min[\rho(x,y)], y\in\{z \mid z=\alpha s_i+(1-\alpha)s_{i+1}, \alpha\in[0,1]\} \tag{14.19}$$

f 为非线性转移函数，采用下列阶跃函数：

$$f(x)=\begin{cases}1 & \text{当 } x\leqslant R\\ 0 & \text{当 } x>R\end{cases} \tag{14.20}$$

全部 $K-1$ 个神经元覆盖形成的样本子空间为：

$$P_b=\bigcup_{i=1}^{K-1} P_i \tag{14.21}$$

(3) 样本训练

因为仿生模式识别的特点是基于本类型样本自身的关系确定自身的样本子空间，所以其训练过程只需要本类型的样本即可，而增加新的样本类型时，也不需

要对已训练好的各类型样本进行重新训练。对于某种（某特定人的人脸）类型样本，其训练过程如下：

• 对每副人脸进行特征提取得到 K 个特征向量。

• 从第一个特征向量与第二个特征向量组成的曲线段开始，在 512 维空间训练覆盖该段范围的神经元，直到完成所有 $K-1$ 个线段对应的 $K-1$ 个神经元的训练。

• 存储 $K-1$ 个神经元的参数，完成对该类型样本的训练。

(4) 样本识别

每种类型的人脸特征子空间由 $K-1$ 个神经元组成，该神经元结构如下［其各项参数意义同式(14.18) 的叙述］：

$$y_i = f[\Phi(s_i, s_{i+1}, x)] \tag{14.22}$$

则该类型判别函数为：

$$F_{\mathrm{m}}(x) = F(\sum_{i=1}^{K-1} y_i) \tag{14.23}$$

其中，m 为该类型的标识号，F 为阶跃函数，如下式：

$$F(x) = \begin{cases} 1, 当\ x > 0 \\ 0, 当\ x \leqslant 0 \end{cases} \tag{14.24}$$

所以，当 F_{m} (x) 输出为 1 时，样本 x 属于类型 m，否则就不属于类型 m。

参考文献

[1] 陈兵旗. 实用数字图像处理与分析 [M]. 第 2 版. 北京：中国农业大学出版社，2014.

第15章

神经网络[1]

15.1 人工神经网络

自古以来，关于人类智能本源的奥秘，一直吸引着无数哲学家和自然科学家的研究热情。生物学家、神经学家经过长期不懈的努力，通过对人脑的观察和认识，认为人脑的智能活动离不开脑的物质基础，包括它的实体结构和其中所发生的各种生物、化学、电学作用，并因此建立了神经网络理论和神经系统结构理论，而神经网络理论又是此后神经传导理论和大脑功能学说的基础。在这些理论基础之上，科学家们认为，可以从仿制人脑神经系统的结构和功能出发，研究人类智能活动和认识现象。另一方面，19 世纪之前，无论是以欧氏几何和微积分为代表的经典数学，还是以牛顿力学为代表的经典物理学，从总体上说，这些经典科学都是线性科学。然而，客观世界是如此纷繁复杂，非线性情况随处可见，人脑神经系统更是如此。复杂性和非线性是连接在一起的，因此，对非线性科学的研究也是我们认识复杂系统的关键。为了更好地认识客观世界，我们必须对非线性科学进行研究。人工神经网络作为一种非线性的、与大脑智能相似的网络模型，就这样应运而生了。所以，人工神经网络的创立不是偶然的，而是 20 世纪初科学技术充分发展的产物。

人工神经网络是一种模仿人类神经网络行为特征的分布式并行信息处理算法结构的动力学模型。它用接受多路输入刺激，按加权求和超过一定阈值时产生“兴奋”输出的部件，来模仿人类神经元的工作方式，并通过这些神经元部件相互连接的结构和反映关联强度的权系数，使其“集体行为”具有各种复杂的信息处理功能。特别是这种宏观上具有鲁棒、容错、抗干扰、适应性、自学习等灵活而强有力功能的形成，不是由于元部件性能不断改进，而是通过复杂的互联关系得以实现，因而人工神经网络是一种联接机制模型，具有复杂系统的许多重要特征。

人工神经网络的实质反映了输入转化为输出的一种数学表达式，这种数学关系是由网络的结构确定的，网络的结构必须根据具体问题进行设计和训练。而正因为神经网络的这些特点，使之在模式识别技术中得到了广泛的应用。所谓模式，从广义上说，就是事物的某种特性类属，如：图像、文字、声呐信号、动植物种类形态等信息。模式识别就是将所研究客体的特性类属映射成“类别号”，以实现对客体特定类别的识别。人工神经网络特别适宜解算这类问题，形成了新的模式信息处理技术。这方面的主要应用有：图形符号、符号、手写体及语音识别，雷达及声呐等目标的识别，机器人视觉、听觉，各种最近相邻模式聚类及识别分类等。

15.1.1 人工神经网络的生物学基础

人工神经网络（artificial neural network，ANN）是根据人们对生物神经网络的研究成果设计出来的，它由一系列的神经元及其相应的连接构成，具有良好的数学描述，不仅可以用适当的电子线路来实现，更可以方便地用计算机程序加以模拟。

人的大脑含有 10^{11} 个生物神经元，它们通过 10^{15} 个连接被连成一个系统。每个神经元具有独立的接受、处理和传递电化学（electrochemical）信号的能力。这种传递经由构成大脑通信系统的神经通路所完成，如图 15.1 所示。

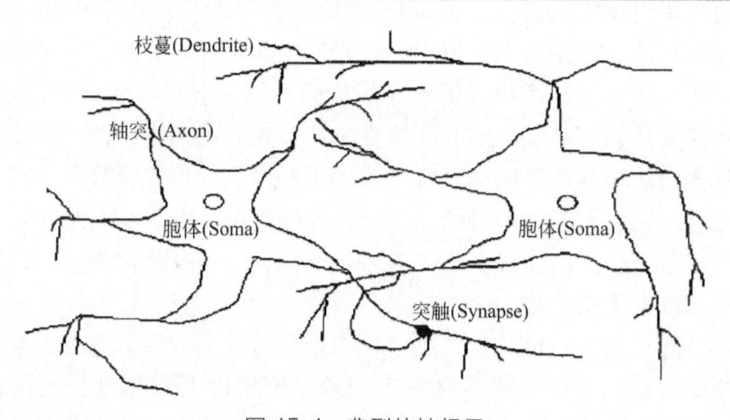

图 15.1 典型的神经元

在这个系统中，每一个神经元都通过突触与系统中很多其他的神经元相联系。研究认为，同一个神经元通过由其伸出的枝蔓发出的信号是相同的，而这个信号可能对接受它的不同神经元有不同的效果，这一效果主要由相应的突触决定。突触的“连接强度”越大，接收的信号就越强；反之，突触的“连接强度”越小，接收的信号就越弱。突触的“连接强度”可以随着系统受到的训练而改变。

总结起来，生物神经系统共有如下几个特点：

① 神经元及其连接；
② 神经元之间的连接强度是可以随训练而改变的；
③ 信号可以是起刺激作用的，也可以是起抑制作用的；
④ 一个神经元接收的信号的累计效果决定该神经元的状态；
⑤ 神经元之间的连接强度决定信号传递的强弱；
⑥ 每个神经元可以有一个“阈值”。

15.1.2 人工神经元

从上述可知，神经元是构成神经网络的最基本的单元。因此，要想构造一个人工神经网络模型，首要任务是构造人工神经元模型（如图 15.2 所示）。而且我们希望，这个模型不仅是简单容易实现的数学模型，它还应该具有上节所介绍的生物神经元的六个特征。

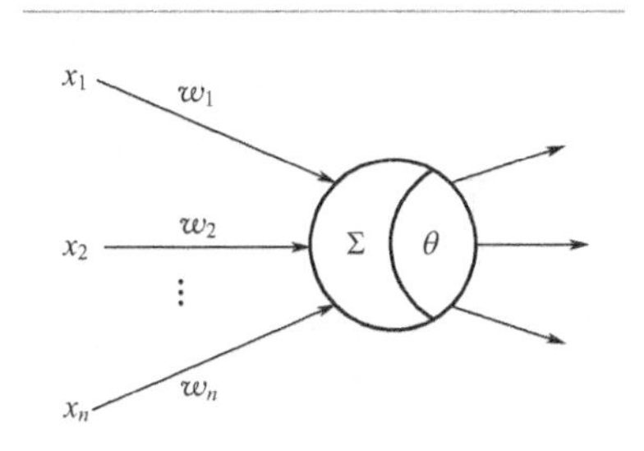

图 15.2 不带激活函数的神经元
x_1，x_2，…，x_n 是来自其他人工神经元的信息，把它们作为该人工神经元的输入 w_1，w_2，…，w_n 依次为它们对应的连接权值。

每个神经元都由一个细胞体、一个连接其他神经元的轴突和一些向外伸出的其他较短分支——树突组成。轴突的功能是将本神经元的输出信号（兴奋）传递给别的神经元。其末端的许多神经末梢使得兴奋可以同时传送给多个神经元。树突的功能是接受来自其他神经元的兴奋。神经元细胞体将接受到的所有信号进行简单地处理（如：加权求和，即对所有的输入信号都加以考虑且对每个信号的重视程度体现在权值上有所不同）后由轴突输出。神经元的树突与另外的神经元的神经末梢相连的部分称为突触。

15.1.3 人工神经元的学习

通过向环境学习获取知识并改进自身性能是人工神经元的一个重要特点。按环境所提供信息的多少，网络的学习方式可分为以下三种。

① 监督学习：这种学习方式需要外界存在一个“教师”，它可对一组给定输入提供应有的输出结果（正确答案）。学习系统可以根据已知输出与实际输出之间的差值（误差信号）来调节系统参数。

② 非监督学习：不存在外部“教师”，学习系统完全按照环境所提供数据的某些统计规律来调节自身参数或结构（这是一种自组织过程）。

③ 再励学习：这种学习介于上述两种情况之间，外部环境对系统输出结果只给出评价（奖或惩），而不是给出正确答案，学习系统通过强化那些受奖励的动作来改善自身的性能。

学习算法也可分为 3 种：

① 误差纠正学习：它的最终目的是使某一基于误差信号的目标函数达到最小，一是网络中每一输出单元的实际输出在某种统计意义上最逼近应有输出。一旦选定了目标函数形式，误差纠正学习就成为一个典型的最优化问题。最常用的目标函数是均方误差判据。

② 海伯（Hebb）学习：1949 年，加拿大心理学家 Hebb 提出了 Hebb 学习规则，他设想在学习过程中有关的突触发生变化，导致突触连接的增强和传递效能的提高。Hebb 学习规则成为连接学习的基础。他提出的学习规则可归结为“当某一突触两端的神经元的激活同步时，该连接的强度应增强，反之则应减弱”。

③ 竞争学习：在竞争学习时，网络多个输出单元相互竞争，最后达到只有一个最强激活者。

15.1.4 人工神经元的激活函数

人工神经元模型是由心理学家 Mcculloch 和数理逻辑学家 Pitts 合作提出的 M-P 模型（如图 15.3 所示），他们将人工神经元的基本模型和激活函数合在一起构成人工神经元，也可以称之为处理单元（PE）。

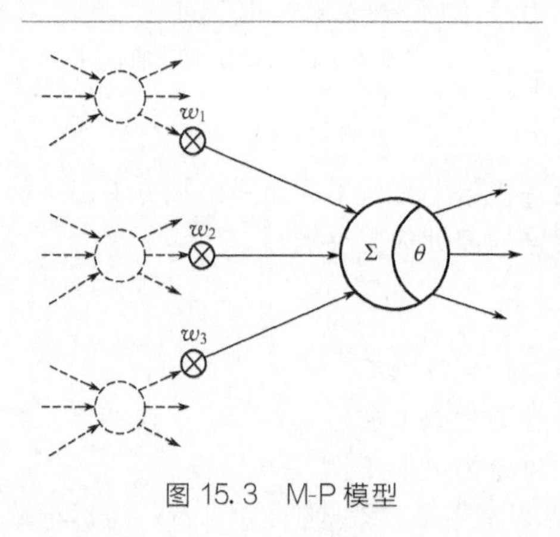

图 15.3 M-P 模型

激发函数

$$y=f\left(\sum_{i=0}^{n-1}\omega_i \chi_i-\theta\right) \tag{15.1}$$

f 称为激发函数或作用函数，该输出为 1 或 0 取决于其输入之和大于或小于内部阈值 θ。令

$$\sigma=\sum_{i=0}^{n-1}\omega_i \chi_i-\theta \tag{15.2}$$

f 函数的定义如下：

$$y=f(\sigma)=\begin{cases}1, \sigma>0 \\ 0, \sigma<0\end{cases} \tag{15.3}$$

即 $\sigma>0$ 时，该神经元被激活，进入兴奋状态，$f(\sigma)=1$；当 $\sigma<0$ 时，该神经元被抑制，$f(\sigma)=0$。激励函数具有非线性特性。常用的非线性激发函数有阶跃型、分段线性型、Sigmoid 型（S 型）和双曲正切型等，如图 15.4 所示。

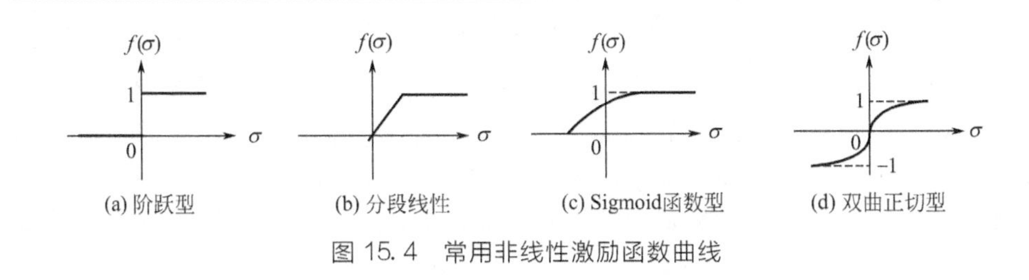

图 15.4　常用非线性激励函数曲线

① 阶跃函数：

$$f(\chi)=\begin{cases}1,\chi\geqslant 0\\0,\chi\leqslant 0\end{cases}\text{或 } f(\chi)=\begin{cases}1,\chi\geqslant 0\\-1,\chi\leqslant 0\end{cases}\tag{15.4}$$

② Sigmoid（S 型）函数：

$$f(\chi)=\frac{1}{(1+e^{-\chi})}\tag{15.5}$$

③ 双曲正切函数：

$$f(\chi)=\tanh(\chi)=\frac{(e^{\chi}-e^{-\chi})}{(e^{\chi}+e^{-\chi})}\tag{15.6}$$

④ 高斯型函数：

$$f(x)=\exp\left(-\frac{1}{2\sigma_i^2}\sum_j(x_j-w_{ji})^2\right)\tag{15.7}$$

其中，阶跃函数多用于离散型的神经网络，S 型函数常用于连续型的神经网络，而高斯型函数则用于径向基神经网络（radial basis function NN）。

15.1.5　人工神经网络的特点

人工神经网络是由大量的神经元广泛互连而成的系统，它的这一结构特点决定着人工神经网络具有高速信息处理的能力。虽然每个神经元的运算功能十分简单，且信号传输速率也较低（大约 100 次/s），但由于各神经元之间的极度并行互连功能，最终使得一个普通人的大脑在约 1s 内就能完成现行计算机至少需要数十亿次处理步骤才能完成的任务。

人工神经网络的知识存储容量很大。在神经网络中，知识与信息的存储表现为神经元之间分布式的物理联系。它分散地表示和存储于整个网络内的各神经元及其连线上。每个神经元及其连线只表示一部分信息，而不是一个完整具体的概念。只有通过各神经元的分布式综合效果才能表达出特定的概念和知识。

由于人工神经网络中神经元个数众多以及整个网络存储信息容量的巨大，使得它具有很强的不确定性信息处理能力。即使输入信息不完全、不准确或模糊不清，神经网络仍然能够联想思维存在于记忆中的事物的完整图像。只要输入的模式接近于训练样本，系统就能给出正确的推理结论。正是因为人工神经网络的结构特点和其信息存储的分布式特点，使得它相对于其他的判断识别系统，如专家系统等，具有另一个显著的优点：健壮性。生物神经网络不会因为个别神经元的损失而失去对原有模式的记忆。最有力的证明是，当一个人的大脑因意外事故受轻微损伤之后，并不会失去原有事物的全部记忆。人工神经网络也有类似的情况。因某些原因，无论是网络的硬件实现还是软件实现中的某个或某些神经元失效，整个网络仍然能继续工作。

人工神经网络同现行的计算机不同，是一种非线性的处理单元。只有当神经元对所有的输入信号的综合处理结果超过某一阈值后才输出一个信号。因此，神经网络是一种具有高度非线性的超大规模连续时间动力学系统。它突破了传统的以线性处理为基础的数字电子计算机的局限，标志着人们智能信息处理能力和模拟人脑智能行为能力的一大飞跃。神经网络的上述功能和特点，使其应用前途一片光明。

15.2 BP 神经网络

15.2.1 BP 神经网络简介

BP 神经网络（back-propagation neural network），又称误差逆传播神经网络，或多层前馈神经网络。它是单向传播的多层前向神经网络，第一层是输入节点，最后一层是输出节点，其间有一层或多层隐含层节点，隐层中的神经元均采用 Sigmoid 型变换函数，输出层的神经元采用纯线性变换函数。图 15.5 为三层前馈神经网络的拓扑结构。这种神经网络模型的特点是：各层神经元仅与相邻层神经元之间有连接，各层内神经元之间无任何连接，各层神经元之间无反馈连接。

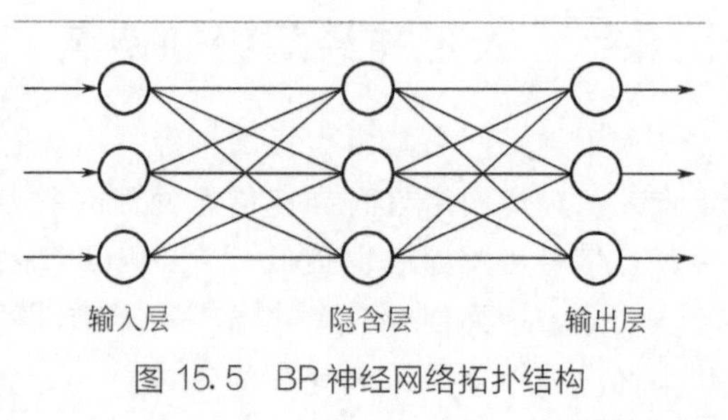

图 15.5 BP 神经网络拓扑结构

BP 神经网络的输入与输出关系是一个高度非线性映射关系，如果输入结点数为 n，输出结点数为 m，则网络是从 n 维欧氏空间到 m 维欧氏空间的映射（1989 年 Robert Hecht-Nielson 证明了对于闭区间内的任一连续函数都可以用一个含隐层的BP网络来逼近，因而一个三层的BP网可以完成任意的n维到m维的映照)。

关于BP网络已经证明了存在下面两个基本定理：

定理1（Kolmogrov定理)：给定任一连续函数f：$[0,1]^n \rightarrow R^m$，f可以用一个三层前向神经网络实现，第一层，即输入层有n个神经元；中间层有$2n+1$个神经元；第三层，即输出层有m个神经元。

定理2：给定任意$\varepsilon>0$，对于任意的L2型连续函数f：$[0,1]^n \rightarrow R^m$，存在一个三层BP网络，它可以在任意ε平方误差精度内逼近f。

通过定理1、2可知，BP神经网络具有以任意精度逼近任意非线性连续函数的特性。在确定了BP网络的结构后，利用输入输出样本集对其进行训练，也即对网络的权值和阈值进行学习和调整，以使网络实现给定的输入输出映射关系。

增大网络的层数可以降低误差、提高精度，但是增大网络层数的同时使网络结构变得复杂，网络权值的数目急剧增大，从而使网络的训练时间增大。精度的提高也可以通过调整隐层中的结点数目来实现，训练结果也更容易观察调整，所以通常优先考虑采用较少隐层的网络结构。

BP网络经常采用一个隐层的结构，网络训练能否收敛以及精度的提高，可以通过调整隐层的神经元个数的方法实现，这种方法与采用多个隐层的网络相比，学习时间和计算量都要减小许多。然而在具体问题中，采用多少个隐层、多少个隐层结点的问题，理论上并没有明确的规定和方法可供使用。近年来，已有很多针对BP神经网络结构优化问题的研究，这是网络的拓扑结构设计中非常重要的问题。网络中隐层结点过少，则学习过程可能不收敛；但是隐层结点数过多，则会出现长时间不收敛的现象，还会由于过拟合，造成网络的容错、泛化能力的下降。每个应用问题都需要适合它自己的网络结构，在一组给定的性能准则下的神经网络的结构优化问题是很复杂的。

BP神经网络的最终性能不仅由网络结构决定，还与初始点、训练数据的学习顺序等有关，因而选择网络的拓扑结构是否具有最佳的网络性能，是一个具有一定随机性的问题。隐层单元数的选择在神经网络的应用中一直是一个复杂的问题，事实上，ANN的应用往往转化为如何确定网络的结构参数和求取各个连接权值。隐层单元数过少可能训练不出网络或者网络不够“强壮”，不能识别以前没有看见过的样本，容错性差；但隐层单元数过多，又会使学习时间过长，误差也不一定最佳，因此存在一个如何确定合适的隐层单元数的问题。在具体设计时，比较实际的做法是通过对不同神经元数进行训练对比，然后适当地加上一点余量。经过训练的BP网络，对于不是样本集中的输入也能给出合适的输出，这种性质称为泛化（generalization）功能。从函数拟合的角度看，这说明BP网络具有插值功能。

15.2.2 BP神经网络的训练学习

假设BP网络每层有N个处理单元，则隐含层第i个神经元所接收的输入为：

$$net_i = x_1 w_{1i} + x_2 w_{2i} + \cdots + x_n w_{ni} \tag{15.8}$$

式中，x_i 表示输入层第i个神经元所接收的输入样本，w_{ni} 表示输入层第i个神经元与隐含层第n个神经元之间的连接权值。

激励函数通常选用Sigmoid函数（图15.6）或双曲正切函数，可以体现出生物神经元的非线性特性，而且满足BP算法所要求的激励函数可导条件，则输出为：

$$o = f(net) = \frac{1}{1+\mathrm{e}^{-net}} \tag{15.9}$$

式中，net 表示神经元的输入，o 表示神经元的输出。

$$f'(net) = -\frac{1}{(1+\mathrm{e}^{-net})^2}(-\mathrm{e}^{-net}) = o - o^2 = o(1-o) \tag{15.10}$$

（1）BP神经网络学习过程

① 向前传播阶段。

a. 从样本集中取一个样本（x_p，y_p），将 x_p 输入网络；

b. 计算相应的实际输出 o_p：

$$o_p = f_l(\cdots(f_2(f_1(x_p w_1) w_2)\cdots) w_l) \tag{15.11}$$

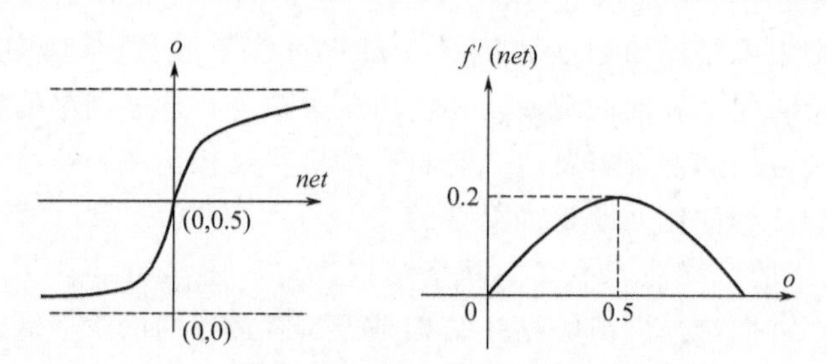

图15.6 Sigmoid函数

② 向后传播阶段——误差传播阶段。

a. 计算实际输出 o_p 与相应的理想输出 y_p 的差；

b. 按极小化误差的方式调整权矩阵；

c. 网络关于第p个样本的误差测度：

$$Ep = \frac{1}{2}\sum_{j=1}^{m}(y_{pj} - o_{pj})^2 \tag{15.12}$$

其中，y_{pj} 表示对第p个样本第j维的期望输出。o_{pj} 表示对第p个样本第

j 维的实际输出。

d. 网络关于整个样本集的误差测度：

$$E=\sum_{p} Ep \tag{15.13}$$

以下介绍 δ 学习规则，其实质是利用梯度最速下降法，使权值沿误差函数的负梯度方向改变。若权值 w_{ji} 的变化量记为 Δw_{ji}，则：

$$\Delta w_{ji} \propto -\frac{\partial E_p}{\partial w_{ji}} \tag{15.14}$$

因为：

$$\frac{\partial E_p}{\partial w_{ji}}=\frac{\partial E_p}{\partial \alpha_{pji}}\times\frac{\partial \alpha_{pji}}{\partial w_{ji}}=\frac{\partial E_p}{\partial \alpha_{pji}}o_{pj}=-\delta_{pj}o_{pj} \tag{15.15}$$

令：

$$\delta_{pj}=\frac{\partial E_p}{\partial \alpha_{pji}} \tag{15.16}$$

于是：

$$w_{ji}=\eta\delta_{pj}o_{pj}, \eta>0 \tag{15.17}$$

这就是常说的 δ 学习规则。

(2) 误差传播分析

① 输出层权的调整（图 15.7）。

$$w_{pq}=w_{pq}+\Delta w_{pq} \tag{15.18}$$

式中，w_{pq} 表示输出层第 q 个神经元与隐含层第 p 个神经元之间的连接权值。

$$\begin{aligned}\Delta w_{pq}&=\alpha\delta_q o_p\\&=\alpha f_n'(net_q)(y_q-o_q)o_p\\&=\alpha o_q(1-o_q)(y_q-o_q)o_p\end{aligned} \tag{15.19}$$

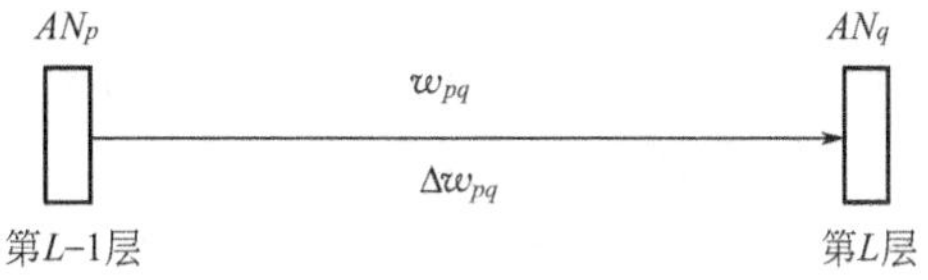

AN_p AN_q w_{pq} Δw_{pq} 第L-1层 第L层

图 15.7 输出层权值调节

② 隐含层权值的调整（图 15.8）。

$$v_{hp}=v_{hp}+\Delta v_{hp} \tag{15.20}$$

式中，v_{hp} 表示第 $k-2$ 层第 h 个神经元与第 $k-1$ 层第 p 个神经元之间的连接权值。

$$\begin{aligned}\Delta v_{hp}&=\alpha\delta p_{k-1}o_{hk-2}\\&=\alpha f'_{k-1}(net_p)(w_{p1}\delta_{1k}+w_{p2}\delta_{2k}+\cdots+w_{pm}\delta_{mk})oh_{k-2}\\&=\alpha o_{pk-1}(1-o_{pk-1})(w_{p1}\delta_{1k}+w_{p2}\delta_{2k}+\cdots+w_{pm}\delta_{mk})oh_{k-2}\end{aligned} \tag{15.21}$$

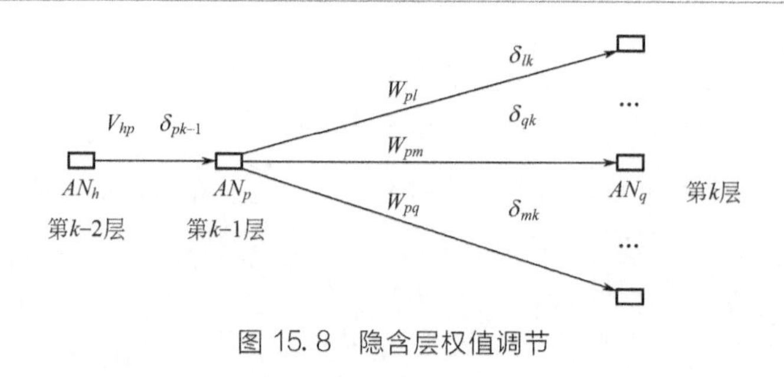

图 15.8 隐含层权值调节

15.2.3 改进型 BP 神经网络

输出层和隐含层间连接权重的调整量取决于 3 个因素：α、d_l^k 和 y_j^k，隐含层和输入层间的权重调整量也取决于 3 个因素：β、e_j^k 和 x_i^k。很明显，调整量与校正误差成正比，也与隐含层的输出值或输入信号值成正比。即神经元的激活值越高，则它在这次学习过程中就越活跃，与其相连的权值调整幅度也大。但阈值的调整在形式上只与校正误差成正比。学习系数 α 和 β 越大，学习速度越快，但可能引起学习过程的振荡。

利用 BP 网络进行目标值预测时，常会发现所谓的“过拟合”现象，即经过训练的 BP 网络与学习样本拟合很好，而对不参加学习的样本的预报值则有较大的偏差。当学习样本集的大小与网络的复杂程度比较不够大时，“过拟合”往往比较严重。这应在神经网络模型的应用中予以注意。

BP 算法的缺点：

① 收敛速度慢，需要成千上万次的迭代，而且随着训练样例维数的增加，网络性能会变差；

② 网络中隐结点个数的选取尚无理论上的指导；

③ 从数学角度看，BP 算法是一种梯度最速下降法，这就可能出现局部极小的问题。

当出现局部极小时，表面上看误差符合要求，但这时所得到的解并不一定是问题的真正解，所以 BP 算法是不完备的，因此出现了许多的改进算法，例如，用自适应变步长加速 BP 算法改善收敛速度，用模拟退火（simulated annealing，SA）改进 BP 算法以避免局部极小值问题等。

BP 神经网络模型在进行神经网络的训练时，为了防止网络陷入局部极小值，采用了附加动量法。附加动量法使网络在修正其权值时，不仅考虑误差在梯度上的作用，而且考虑在误差曲面上变化趋势的影响。其作用如同一个低通滤波器，它允许网络忽略网络上的微小变化特性。在没有附加动量时，网络可能陷入浅的局部极小值，利用附加动量的作用则有可能滑过这些极小值。附加动量法降低了网络对于误差曲面局部细节的敏感性，可以有效地抑制网络陷于局部极小。该方法是在反向传播法的基础上在每一个权值的变化上加上一项正比于前次权值变化量的值，并根据反向传播法来产生新的权值变化。带有附加动量因子的权值调节公式为：

$$\Delta w_{ij}(k+1)=(1-mc)\eta\delta_i x_j+mc\Delta w_{ij}k \tag{15.22}$$

其中，k 为训练次数；Δw 为权值的增量；η 为学习速度；δ 为误差；x 为网络输入；mc 为动量因子，一般取 0.9 左右。

BP 网络的信息分散存储于相邻层次神经元的连接权上。网络的进化训练过程，也就是网络对样本数据的学习中不断调整联接权值的过程。在 BP 算法中，我们试图调整一个神经网络的权值，使得训练集的实际输出能与目标输出尽可能地靠近。当输入输出之间是非线性关系，而且训练样本充足的情况下，该算法非常有效。但在实践中，基于梯度的 BP 算法暴露了自身的弱点，那就是收敛速度慢、全局搜索能力差等问题。因此，学习规则、学习速率的调整和改进，也是 BP 网络设计的一个重要方面。

对于一个特定的问题，要选择适当的学习速率比较困难。因为小的学习速率会导致较长的训练时间，而大的学习速率可能导致系统的不稳定。并且，对训练开始初期功效较好的学习速率，不见得对后来的训练合适。为了解决这个问题，在网络训练中采用自动调整学习速率法，即自适应学习速率法。自适应学习速率法的准则是：检查权值的修正值是否真正降低了误差函数，如果确实如此，则说明所选取的学习速率值小了，可以对其增加一个量；若不是这样，而产生了过调，那么就应该减小学习速率的值。下面给出了一种自适应学习速率的调整公式。

$$\eta(k+1)=\begin{cases}1.05\eta(k), SSE(k+1)<SSE(k)\\0.7\eta(k), SSE(k+1)>1.04SSE(k)\end{cases} \tag{15.23}$$

$$SSE=\sum_{i=1}^{n}(y_i-y'_i)^2 \tag{15.24}$$

其中，η 为学习速度；k 为训练次数；SSE 为误差函数；y_i 为学习样本的输出值；y'_i 为网络训练后 y_i 的实际输出值；n 为学习样本的个数。

15.3 BP 神经网络在数字字符识别中的应用

数字字符识别在现代日常生活的应用越来越广泛，比如，车辆牌照自动识别系统、联机手写识别系统、办公自动化等。随着办公自动化的发展，印刷体数字字符识别技术已经越来越受到人们的重视。印刷体数字字符识别在不同领域有着广泛的应用。若利用机器来识别银行的签字，那么，它就能在相同的时间内做更多的工作，既节省了时间，又节约了人力物力资源，提高工作效率，有效地降低了成本。随着我国社会经济、公路运输的高速发展，以及汽车拥有量的急剧增加。采用先进、高效、准确的智能交通管理系统迫在眉睫。车辆监控和管理的自动化、智能化在交通系统中具有十分重要的意义。车辆自动识别系统能广泛应用于公路和桥梁收费站、城市交通监控系统、港口、机场和停车场等车牌认证的实际交通系统中，以提高交通系统的车辆监控和管理的自动化程度。汽车牌照自动识别是智能交通管理系统中的关键技术之一，而汽车牌照的识别又主要是数字字符的识别，采用机器视觉技术进行车牌识别已经得到普及。利用 BP 神经网络来实现数字字符识别，是常用方法之一。在神经网络的实际应用中，80%～90%的人工神经网络模型是采用 BP 网络或其变化形式。

15.3.1 BP 神经网络数字字符识别系统原理

一般神经网络数字字符识别系统由预处理、特征提取和神经网络分类器组成。预处理就是将原始数据中的无用信息删除，去除噪声等干扰因素，一般采用梯度锐化、平滑、二值化、字符分割和幅度归一化等方法对原始数据图像进行预处理，以提取有用信息。神经网络数字字符识别系统中的特征提取部分不一定存在，这样就分为两大类：①有特征提取部分：这一类系统实际上是传统方法与神经网络方法技术的结合，这种方法可以充分利用人的经验来获取模式特征以及神经网络分类能力来识别字符。特征提取必须能反映整个字符的特征，但它的抗干扰能力不如第②类。②无特征提取部分：省去特征提取，整个字符直接作为神经网络的输入（有人称此种方式是使用字符网格特征），在这种方式下，系统的神经网络结构的复杂度大大增加了，输入模式维数的增加导致了网络规模的庞大。此外，神经网络结构需要完全自己消除模式变形的影响，但是网络的抗干扰性能好，识别率高。

BP 神经网络模型的输入就是数字字符的特征向量，神经网络模型的输出节点是字符数。10 个数字字符，输出层就有 10 个神经元，每个神经元代表一个数字。隐层数要选好，每层神经元数要合适。然后要选择适当的学习算法，这样才会有很好的识别效果。

在学习阶段应该用大量的样本进行训练学习，通过样本的大量学习对神经网络的各层网络的连接权值进行修正，使其对样本有正确的识别结果，这就像人记数字一样，网络中的神经元就像是人脑细胞，连接权值的改变就像是人脑细胞的相互作用的改变，神经网络在样本学习中就像人记数字一样，学习样本时的网络权值调整就相当于人记住各个数字的形象，网络权值就是网络记住的内容，网络学习阶段就像人由不认识数字到认识数字反复学习的过程。神经网络是由特征向量的整体来记忆数字的，只要大多数特征符合学习过的样本就可识别为同一字符，所以当样本存在较大噪声时神经网络模型仍可正确识别。在数字字符识别阶段，只要将输入进行预处理后的特征向量作为神经网络模型的输入，经过网络的计算，模型的输出就是识别结果。可以利用这一原理建立网络模型用以进行数字字符的识别。

15.3.2 网络模型的建立

首先，设计训练一个神经网络能够识别10数字，意味着每当给训练过的网络一个表示某一数字的输入时，网络能够正确地在输出端指出该数字，那么很显然，该网络记忆住了所有10个数字。神经网络的训练应当是有监督地训练出输入端的10组分别表示数字0到9的数组，能够对应出输出端1到10的具体的位置。因此必须先将每个数字的位图进行数字化处理，以便构造输入样本。经过灰度图像二值化、梯度锐化、倾斜调整、噪声滤波、图像分割、尺寸标准归一化等处理后，每个训练样本数字字符被转化成一个8×16矩阵的布尔值表示，例如数字0可以用0，1矩阵表示为：

```
Letter0= [0  0  1  1  1  1  1  0
          0  0  1  0  0  0  1  0
          0  0  1  0  0  0  1  0
          0  0  1  0  0  0  1  0
          0  0  1  0  0  0  1  0
          0  0  1  0  0  0  1  0
          0  0  1  0  0  0  1  0
          0  0  1  0  0  0  1  0
          0  0  1  0  0  0  1  0
          0  0  1  0  0  0  1  0
          0  0  1  0  0  0  1  0
          0  0  1  0  0  0  1  0
          0  0  1  0  0  0  1  0
          0  0  1  0  0  0  1  0
          0  0  1  0  0  0  1  0
          0  0  1  1  1  1  1  0]
```

此外，网络还必须具有容错能力。因为在实际情况下，网络不可能接受到一个理想的布尔向量作为输入。对噪声进行数字化处理以后，当噪声均值为 0，标准差小于等于 0.2 时，系统能够做到正确识别输入向量，这就是网络的容错能力。

对于辨识数字的要求，神经网络被设计成两层 BP 网络，具有 $8\times16=128$ 个输入端，输出层有 10 个神经元。训练网络就是要使其输出向量正确代表数字向量。但是，由于噪声信号的存在，网络可能会产生不精确的输出，而通过竞争传递函数训练后，就能够保证正确识别带有噪声的数字向量。网络模型的建立步骤如下。

初始化：首先生成输入样本数据和输出向量，然后建立一个两层神经网络。

网络训练：为了使产生的网络对输入向量有一定的容错能力，最好的办法就是既使用理想信号，又使用带有噪声的信号对网络进行训练。训练的目的是获得一个好的权值数据，使得它能够辨认足够多的从来没有学习过的样本。即采用一部分样本输入到 BP 网络中，经过多次调整形成一个权值文件。

训练的基本流程如下所述。

① 将输入层和隐含层之间的连接权值 w_{ij}，隐含层与输出层的连接权 v_{il}，阈值 θ_j 赋予 [0,1] 之间的随机值；并指定学习系数 α、β 以及神经元的激励函数。

② 将含有 $n\times n$ 个像素数据的图像作为网络的输入模式 $X_k=(x_{1k}, x_{2k}, \cdots x_{nn})$ 提供给网络，随机产生输出模式对 $Z_k=(z_{1k}, z_{2k}, \cdots, x_{\mathrm{nn}})$。

③ 用网络的设置计算隐含层各神经元的输出 y_j：

$$\begin{cases} s_j=\sum_{i=1}^{n} w_{ij}x_i-\theta_j \\ y_j=f(s_j) \end{cases} \tag{15.25}$$

④ 用网络的设置计算输出层神经元的响应 C_l：

$$\begin{cases} u_l=\sum_{j=1}^{p} v_{jl}y_j-\gamma_l \\ C_l=f(u_l) \end{cases} \tag{15.26}$$

⑤ 利用给定的输出数据计算输出层神经元的一般化误差 d_l^k：

$$d_t^k=(z_l^k-C_l^k)f'(u_l) \tag{15.27}$$

⑥ 计算隐含层各神经元的一般化误差 e_j^k：

$$e_j^k=\left(\sum_{l=1}^{q} v_{jl}d_l^k\right)f'(s_j^k) \tag{15.28}$$

⑦ 利用输出层神经元的一般化误差 d_l^k、隐含层各神经元输出 y_j，修正隐含

层与输出层的连接权重 v_{jl} 和神经元阈值 γ_l：

$$\begin{cases}\Delta v_{jl}=\alpha d_l^k y_j^k,(0<\alpha<1)\\ \Delta\gamma_l=-\alpha d_l^k\end{cases} \tag{15.29}$$

⑧ 利用隐含层神经元的一般化误差 e_j^k、输入层各神经元输入 X^k，修正输入层与隐含层的连接权重 w_{ij} 和神经元阈值 θ_j：

$$\begin{cases}\Delta w_{ij}=\beta e_j^k x_i^k,(0<\beta<1)\\ \Delta\theta_j=-\beta e_j^k\end{cases} \tag{15.30}$$

⑨ 随机选取另一个输入－输出数据组，返回③进行学习；重复利用全部数据组进行学习。这时网络利用样本集完成一次学习过程。

⑩ 重复下一次学习过程，直至网络全局误差小于设定值，或学习次数达到设定次数为止。

⑪ 对经过训练的网络进行性能测试，检查其是否符合要求。

上述步骤中的③、④是正向传播过程，⑤～⑧是误差逆向传播过程，在反复的训练和修正中，神经网络最后收敛到能正确反映客观过程的权重因子数值。应用理想的输入信号对网络进行训练，直到其均方差达到精度为止。

15.3.3 数字字符识别演示

对于一幅要识别的图像，需要进行彩色转灰度、二值分割、去噪处理、倾斜调整、文字分割、文字宽度调整、文字规整排列、提取特征向量、BP网络训练、读取各层结点数目、文字识别等处理过程。实际应用过程中，对规格为如图15.9所示的数字图像进行训练，来验证BP神经网络在图像文字识别中的应用。

0123456789 *0123456789* **0123456789** 0123456789

图 15.9 训练样本

(1) 网络训练

以下是网络训练的具体操作步骤。

第一步：首先将图15.9读入系统。

第二步：打开2值化窗口，低阈值设定为200，选择“以上”，进行2值化处理，如图15.10所示。

第三步：关闭2值化处理窗口，中值滤波3次，对图像进行去噪处理。

第四步：打开“基于BP神经网络的文字识别”窗口，如图15.11所示。

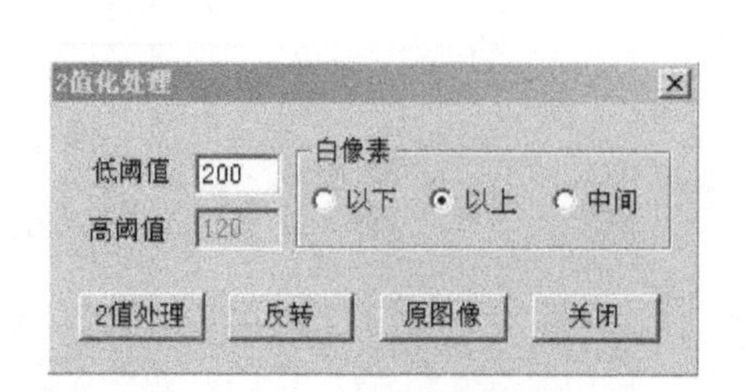

图 15.10　2 值化处理窗口

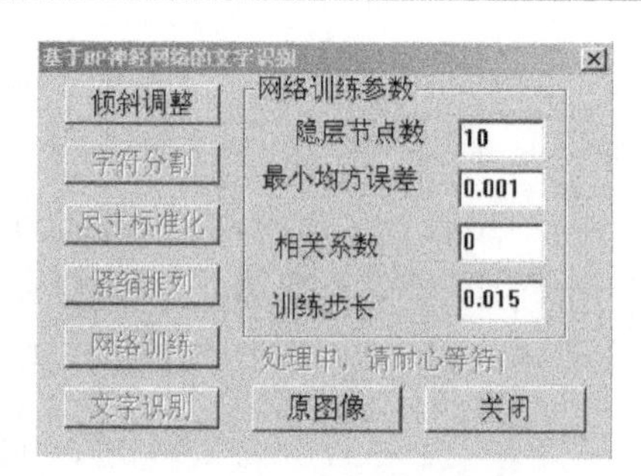

图 15.11　文字识别窗口

第五步：执行“倾斜调整”，调整文字的倾斜度。执行后，“字符分割”键有效。

第六步：执行“字符分割”，分割每个字符。执行后，“尺寸标准化”键有效。

第七步：执行“尺寸标准化”，生成标准尺寸的字符。执行后，“紧缩排列”键有效。本系统将标准化尺寸固定为高 8 像素、宽 16 像素。

第八步：执行“紧缩排列”，将标准化后的字符顺序排列。执行后，“网络训练”和“文字识别”键有效。图 15.12 是经过以上各步处理后得到的文字样本图像。

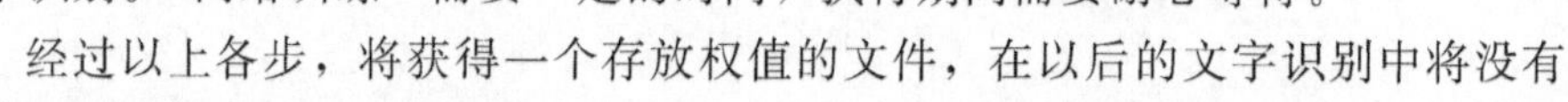

0123456789012345678901234567890123456789

图 15.12　预处理过后的训练样本

第九步：执行“网络训练”，在内部生成一个存放权值的文件，用于以后的文字识别。“网络训练”需要一定的时间，执行期间需要耐心等待。

经过以上各步，将获得一个存放权值的文件，在以后的文字识别中将没有必要再进行训练。如果对训练结果不满意，可以在改变网络训练参数或者改变训练图像后，重新进行训练。

由于预处理后所得的对象是 8×16 像素的字符，因此，输入端采用 128 个神经元，每个输入神经元分别代表所处理图像的一个像素值。输出层采用 10 个神经元，分别对应 16 个数字。隐含层和输出层的神经元传递函数均应用 Sigmoid，这是因为该函数输出量在［0，1］区间内，恰好满足输出为布尔值的要求。神经网络的参数设定如图 15.11 所示，隐层节点数为 10 个，最小均方误差为 0.001，训练步长为 0.015。神经网络训练的过程就是要使其输出向量正确代表数字向量。

（2）文字识别

图 15.13 是要识别的文字图像，该图像是彩色图像。以下介绍对该图像进行文字识别的具体步骤。

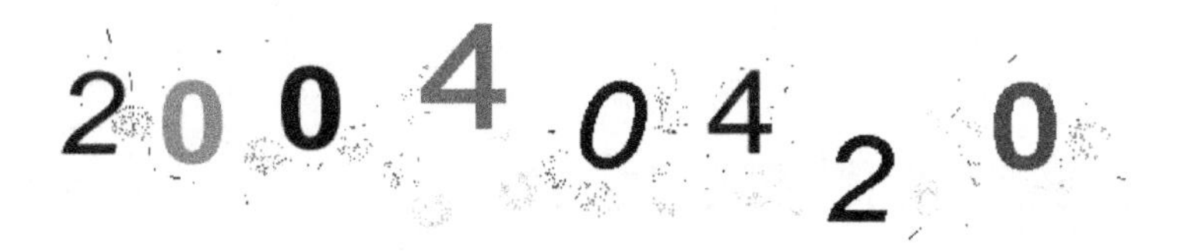

图 15.13 测试样本

第一步：读入图像，将彩色图像转化为灰度图像。

第二步～第八步：与“网络训练”的第二步～第八步完全相同。图 15.14 是经过以上各步处理后的测试样本图像。

第九步：执行“文字识别”命令，输出图 15.15 的识别结果。注意，该输出结果是比较理想的识别结果。一般情况下，识别的准确率在 80%以上。

20040420

图 15.14 预处理过后的测试样本

图 15.15 识别结果

参考文献

[1] 陈兵旗. 实用数字图像处理与分析 [M]. 第 2 版. 北京：中国农业大学出版社，2014.

第16章

深度学习

16.1 深度学习的发展历程

2012 年 6 月，《纽约时报》披露了 Google Brain 项目，吸引了公众的广泛关注。这个项目是由著名的斯坦福大学的机器学习教授 Andrew Ng 和在大规模计算机系统方面的世界顶尖专家 JeffDean 共同主导，用 16000 个 CPU Core 的并行计算平台，训练一种称为“深度神经网络”（deep neural networks，DNN）的机器学习模型，在语音识别和图像识别等领域获得了巨大的成功。该机器学习模型内部共有 10 亿个节点。尽管如此，这一网络也不能跟具有 150 多亿个神经元的人类神经网络相提并论的。

2012 年 11 月，微软在中国天津的一次活动上公开演示了一个全自动的同声传译系统，讲演者用英文演讲，后台的计算机一气呵成自动完成语音识别、英中机器翻译和中文语音合成，效果非常流畅。据报道，后面支撑的关键技术也是 DNN，或者深度学习（deep learning，DL）。

2013 年 1 月，在百度年会上，创始人兼 CEO 李彦宏高调宣布要成立百度研究院，其中第一个成立的就是“深度学习研究所”（institute of deep learning，IDL）。

为什么拥有大数据的互联网公司争相投入大量资源研发深度学习技术。什么是深度学习？为什么有深度学习？它是怎么来的？又能干什么呢？目前存在哪些困难呢？本节就上述问题进行说明。

机器学习（machine learning）是一门专门研究计算机怎样模拟或实现人类的学习行为，以获取新的知识或技能，重新组织已有的知识结构使之不断改善自身的性能的学科。[1] 机器能否像人类一样能具有学习能力呢？1959 年美国的塞缪尔（Samuel）设计了一个下棋程序，这个程序具有学习能力，它可以在不断地对弈中改善自己的棋艺。4 年后，这个程序战胜了设计者本人。又过了 3 年，这个程序战胜了美国一个保持 8 年之久的冠军。这个程序向人们展示了机器学习的能力，提出了许多令人深思的社会问题与哲学问题。例如，图像识别、语音识别、自然语言理解、天气预测、基因表达、内容推荐等。目前我们通过机器学习去解决这些问题的思路都是这样的（以视觉感知为例子）：从开始的通过传感器（摄像头）来获得数据；然后经过预处理、特征提取、特征选择，再到推理、预测或者识别；最后一个部分，也就是机器学习的部分，绝大部分的工作是在这方面做的，也存在很多的研究。而中间的三部分，概括起来就是特征表达。良好的特征表达对最终算法的准确性起了非常关键的作用，而且系统主要的计算和测试工作都耗在这一大部分。手工选取特征非常费力，能不能选取好，很大程度上靠经验和运气。深度学习就是通过学习一些特征，然后实现自动选取特征的目的。它的一个别名 unsupervised feature learning，意思就是不要人参与特征的选取过程。

机器学习是一门专门研究计算机怎样模拟或实现人类的学习行为的学科。人的视觉机理如下，从原始信号摄入开始，接着做初步处理（大脑皮层某些细胞发现边缘和方向），然后抽象（大脑判定，眼前的物体的形状，例如是圆形的），然后进一步抽象（大脑进一步判定该物体是具体的什么物体，例如是只气球）。

总的来说，人的视觉系统的信息处理是分级的。高层的特征是低层特征的组合，从低层到高层的特征表示越来越抽象，越来越能表现语义或者意图。而抽象层面越高，存在的可能猜测就越少，就越利于分类。例如，单词集合和句子的对应是多对一的，句子和语义的对应又是多对一的，语义和意图的对应还是多对一的，这是个层级体系。Deep learning 的 deep 就是表示这种分层体系。那 deep learning 是如何借鉴这个过程的呢？毕竟是归于计算机来处理，面对的一个问题就是怎么对这个过程建模？

特征是机器学习系统的原材料，对最终模型的影响是毋庸置疑的。如果数据被很好地表达成了特征，通常线性模型就能达到满意的精度。那对于特征，我们需要考虑什么呢？

学习算法在一个什么粒度上的特征表示，才有可能发挥作用？就一个图像来说，像素级的特征根本没有价值。例如，一辆汽车的照片，从像素级别，根本得不到任何信息，其无法进行汽车和非汽车的区分。而如果特征是一个具有结构性（或者说有含义）的时候，比如是否具有车灯、是否具有轮胎，就很容易把汽车和非汽车区分开，学习算法才能发挥作用。复杂图形往往由一些基本结构组成。不仅图像存在这个规律，声音也存在。

小块的图形可以由基本边缘构成，更结构化、更复杂、具有概念性的图形，就需要更高层次的特征表示。深度学习就是找到表述各个层次特征的小块，逐步将其组合成上一层次的特征。那么，每一层该有多少个特征呢？特征越多，给出的参考信息就越多，准确性会得到提升。但是特征多，意味着计算复杂、探索的空间大，可以用来训练的数据在每个特征上就会稀疏，会带来各种问题，并不一定特征越多越好。还有，多少层才合适呢？用什么架构来建模呢？怎么进行非监督训练？这些需要有个整体的设计。

16.2 深度学习的基本思想

假设有一个系统 S，它有 n 层（S_1，…，S_n），它的输入是 I，输出是 O，形象地表示为：$I \rightarrow S_1 \rightarrow S_2 \rightarrow \cdots \rightarrow S_n \rightarrow O$，如果输出 O 等于输入 I，即输入 I 经过这个系统变化之后没有任何的信息损失，保持了不变，这意味着输入 I 经过每一层 S_i 都没有任何的信息损失，即在任何一层 S_i，它都是原有信息（即输入 I）的另外一种表示。深度学习需要自动地学习特征，假设有一堆输入 I（如一堆图像或者文本），设计了一个系统 S（有 n 层），通过调整系统中参数，使得它的输出仍然是输入 I，那么就可以自动地获取到输入 I 的一系列层次特征，即 S_1，…，S_n。对于深度学习来说，其思想就是设计多个层，每一层的输出都是下一层的输入，通过这种方式，实现对输入信息的分级表达。

上面假设输出严格等于输入，这实际上是不可能的，信息处理不会增加信息，大部分处理会丢失信息。可以略微地放松这个限制，例如，只要使得输入与输出的差别尽可能小即可，这个放松会导致另外一类不同的深度学习方法。

16.3 浅层学习和深度学习

（1）浅层学习是机器学习的第一次浪潮

前面介绍的 BP 神经网络，发明于 20 世纪 80 年代末期，带来的机器学习热潮，一直持续到今天。人们发现，利用 BP 算法可以让一个人工神经网络模型从大量训练样本中学习统计规律，从而对未知事件做预测。这种基于统计的机器学习方法比起过去基于人工规则的系统，在很多方面显出优越性。这个时候的人工神经网络，虽也被称作多层感知机（multi-layer perceptron），但实际是只含有一个隐层节点的浅层模型，因此也被称为浅层学习（shallow learning）。

20 世纪 90 年代，各种各样的浅层机器学习模型相继被提出，例如，支撑向量机（support vector machines，SVM）、Boosting、最大熵方法（logistic regression，LR）等。这些模型的结构基本上可以看成带有一个隐层节点（如 SVM、Boosting），或没有隐层节点（如 LR）。这些模型无论是在理论分析还是应用中都获得了巨大的成功。相比之下，由于理论分析的难度大，训练方法又需要很多经验和技巧，这个时期浅层人工神经网络反而相对沉寂。

（2）深度学习是机器学习的第二次浪潮

2006年，加拿大多伦多大学教授、机器学习领域的泰斗 Geoffrey Hinton 和他的学生 Ruslan Salakhutdinov 在《科学》上发表了一篇文章，开启了深度学习在学术界和工业界的浪潮。这篇文章有两个主要观点：①多隐层的人工神经网络具有优异的特征学习能力，学习得到的特征对数据有更本质的刻画，从而有利于可视化或分类；②深度神经网络在训练上的难度，可以通过“逐层初始化”（layer-wise pre-training）来有效克服，在这篇文章中，逐层初始化是通过无监督学习实现的。

当前多数分类、回归等学习方法为浅层结构算法，其局限性在于有限样本和计算单元情况下对复杂函数的表示能力有限，针对复杂分类问题其泛化能力受到一定制约。深度学习可通过学习一种深层非线性网络结构，实现复杂函数逼近，表征输入数据分布式表示，并展现了强大的从少数样本集中学习数据集本质特征的能力。也就是说，多层的好处是可以用较少的参数表示复杂的函数。

深度学习的实质是通过构建具有很多隐层的机器学习模型和海量的训练数据，来学习更有用的特征，从而最终提升分类或预测的准确性。因此，“深度模型”是手段，“特征学习”是目的。区别于传统的浅层学习，深度学习的不同在于：①强调了模型结构的深度，通常有5层、6层，甚至10多层的隐层节点；②明确突出了特征学习的重要性，也就是说，通过逐层特征变换，将样本在原空间的特征表示变换到一个新特征空间，从而使分类或预测更加容易。与人工规则构造特征的方法相比，利用大数据来学习特征，更能够刻画数据的丰富内在信息。

16.4 深度学习与神经网络

深度学习是机器学习研究中的一个新的领域，其动机在于建立、模拟人脑进行分析学习的神经网络，它模仿人脑的机制来解释数据，例如，图像、声音和文本。深度学习是无监督学习的一种。

深度学习的概念源于人工神经网络的研究。含多隐层的多层感知器就是一种深度学习结构。深度学习通过组合低层特征，形成更加抽象的高层表示属性类别或特征，以发现数据的分布式特征表示。深度学习是机器学习的一个分支，简单可以理解为神经网络的发展。大约二、三十年前，神经网络曾经是 ML 领域特别火热的一个方向，但是后来确慢慢淡出了，原因包括以下两个方面：

① 比较容易过拟合，参数比较难调整（tune），而且需要很多训练（trick）。

② 训练速度比较慢，在层次比较少（$\leqslant 3$）的情况下效果并不比其他方法

更优。

所以中间有 20 多年的时间，神经网络被关注很少，这段时间基本上是 SVM 和 boosting 算法的天下。但是，一位痴心的老先生 Hinton，他坚持了下来，并最终和其他人（Bengio、Yann. lecun 等）一起提出了一个实际可行的深度学习框架。

深度学习与传统的神经网络之间既有相同的地方也有很多不同之处。相同之处在于深度学习采用了与神经网络相似的分层结构，系统由包括输入层、隐层（多层）、输出层组成的多层网络，只有相邻层节点之间有连接，同一层以及跨层节点之间相互无连接，每一层可以看作是一个逻辑回归（logistic regression）模型；这种分层结构，是比较接近人类大脑的结构的。

为了克服神经网络训练中的问题，DL 采用了与神经网络很不同的训练机制。传统神经网络中，采用的是反向传播（back propagation）的方式进行，简单来讲就是采用迭代的算法来训练整个网络，随机设定初值，计算当前网络的输出，然后根据当前输出和标记（label）之间的差去改变前面各层的参数，直到收敛（整体是一个梯度下降法）。而深度学习整体上是一个逐层（layer-wise）训练机制。这样做的原因是因为，如果采用反向传播机制，对于一个深层网络（7 层以上），残差传播到最前面的层已经变得太小，会出现所谓的梯度扩散（gradient diffusion）。

16.5 深度学习训练过程

如果对所有层同时训练，复杂度会很高。如果每次训练一层，偏差就会逐层传递。这会面临跟上面监督学习中相反的问题，因为深度网络的神经元和参数太多，会严重欠拟合。

2006 年，Hinton 提出了在非监督数据上建立多层神经网络的一个有效方法，简单地说可分为两步：

① 首先逐层构建单层神经元，这样每次都是训练一个单层网络。

② 当所有层训练完后，使用 wake-sleep 算法进行调优。

将除最顶层的其他层间的权重变为双向的，这样最顶层仍然是一个单层神经网络，而其他层则变为了图模型。向上的权重用于“认知”，向下的权重用于“生成”。然后使用 wake-sleep 算法调整所有的权重。让认知和生成达成一致，也就是保证生成的最顶层表示能够尽可能正确地复原底层的结点。比如，顶层的一个结点表示人脸，那么所有人脸的图像应该激活这个结点，并且这个结果向下生成的图像应该能够表现为一个大概的人脸图像。wake-sleep 算法分为醒

(wake）和睡（sleep）两个部分。

① Wake 阶段：认知过程，通过外界的特征和向上的权重（认知权重）产生每一层的抽象表示（结点状态），并且使用梯度下降修改层间的下行权重（生成权重）。也就是“如果现实跟我想象的不一样，改变我的权重使得我想象的东西就是这样的”。

② Sleep 阶段：生成过程，通过顶层表示（醒时学得的概念）和向下权重，生成底层的状态，同时修改层间向上的权重。也就是“如果梦中的景象不是我脑中的相应概念，改变我的认知权重使得这种景象在我看来就是这个概念”。

深度学习具体训练过程如下：

① 使用自下而上的非监督学习。从底层开始，一层一层地往顶层训练。采用无标定数据（有标定数据也可）分层训练各层参数，这一步可以看作是一个无监督训练过程，是和传统神经网络区别最大的部分。这个过程可以看作是特征学习（feature learning）过程。首先用无标定数据训练第一层，训练时先学习第一层的参数（这一层可以看作是得到一个使得输出和输入差别最小的三层神经网络的隐层），由于模型容量（capacity）的限制以及稀疏性约束，使得得到的模型能够学习到数据本身的结构，从而得到比输入更具有表示能力的特征；在学习得到第 $n-1$ 层后，将 $n-1$ 层的输出作为第 n 层的输入，训练第 n 层，由此分别得到各层的参数。

② 自顶向下的监督学习。通过带标签的数据去训练，误差自顶向下传输，对网络进行微调。基于第一步得到的各层参数进一步调整整个多层模型的参数，这一步是一个有监督训练过程。第一步类似神经网络的随机初始化初值过程，由于深度学习的第一步不是随机初始化，而是通过学习输入数据的结构得到的，因而这个初值更接近全局最优，从而能够取得更好的效果。所以，深度学习的效果好坏，很大程度上归功于第一步的特征学习过程。

16.6 深度学习的常用方法

16.6.1 自动编码器

深度学习最简单的一种方法是利用人工神经网络的特点，人工神经网络（ANN）本身就是具有层次结构的系统，如果给定一个神经网络，我们假设其输出与输入是相同的，然后训练调整其参数，得到每一层中的权重。自然就得到了输入 I 的几种不同表示（每一层代表一种表示），这些表示就是特征。自动编码器（auto encoder）就是一种尽可能复现输入信号的神经网络。为了实现这种复现，自动编码器就必须捕捉可以代表输入数据的最重要的因素，找到可以代表原信息的主要成分。

具体过程简单说明如下。

（1）给定无标签数据，用非监督学习特征

在之前的神经网络中，如图 16.1(a）所示，输入的样本是有标签的，即（输入，目标），这样根据当前输出和目标（标签）之间的差去改变前面各层的参数，直到收敛。但现在只有无标签数据，也就是右边的图。那么这个误差怎么得到呢？

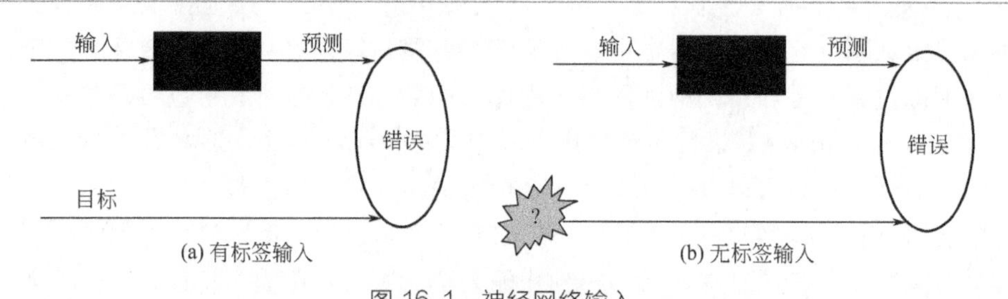

图 16.1 神经网络输入

如图 16.2 所示，输入经编码器后，就会得到一个编码，这个编码也就是输入的一个表示，那么怎么知道这个编码表示的就是输入呢？再加一个解码器，这时候解码器就会输出一个信息，那么如果输出的这个信息和一开始的输入信号是很像的（理想情况下就是一样的），那很明显，就有理由相信这个编码是靠谱的。所以，就通过调整编码器和解码器的参数，使得重构误差最小，这时候就得到了输入信号的第一个表示了，也就是编码了。因为是无标签数据，所以误差的来源就是直接重构后与原输入相比得到。

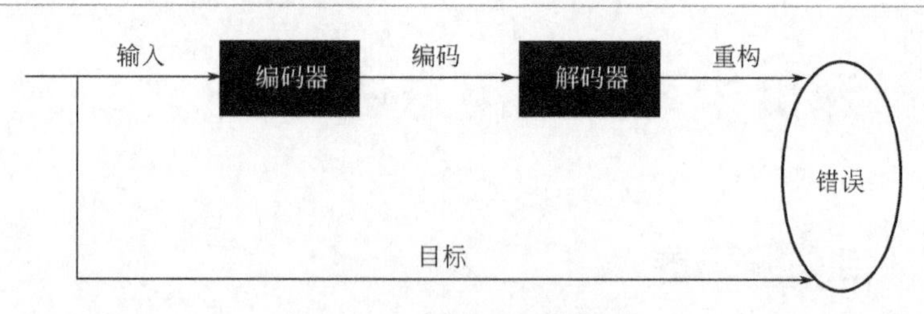

图 16.2 编码器与解码器

（2）通过编码器产生特征，然后逐层训练下一层

上面得到了第一层的编码，根据重构误差最小说明这个编码就是原输入信号

的良好表达，或者说它和原信号是一模一样的（表达不一样，反映的是一个东西）。第二层和第一层的训练方式一样，将第一层输出的编码当成第二层的输入信号，同样最小化重构误差，就会得到第二层的参数，并且得到第二层输入的编码，也就是原输入信息的第二个表达。其他层如法炮制就行了（训练这一层，前面层的参数都是固定的，并且他们的解码器已经没用了，都不需要了）。图 16.3 为逐层训练模型。

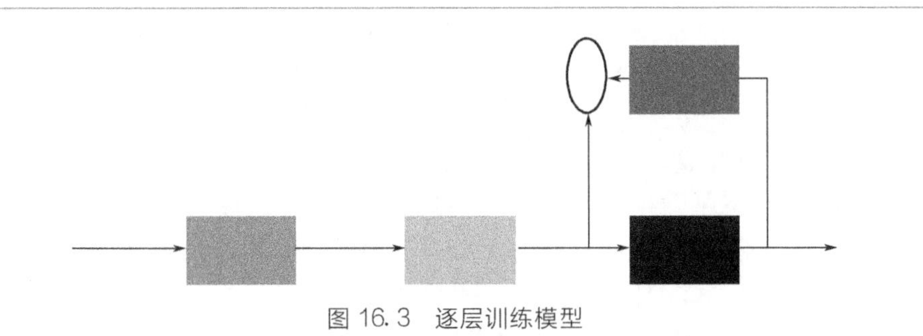

图 16.3 逐层训练模型

（3）有监督微调

经过上面的方法，可以得到很多层。至于需要多少层（或者深度需要多少，目前没有一个科学的评价方法）需要自己试验。每一层都会得到原始输入的不同的表达。当然，越抽象越好，就像人的视觉系统一样。

到这里，这个 auto encoder 还不能用来分类数据，因为它还没有学习如何去连结一个输入和一个类。它只是学会了如何去重构或者复现它的输入而已。或者说，它只是学习获得了一个可以良好代表输入的特征，这个特征可以最大程度代表原输入信号。为了实现分类，可以在 auto encoder 最顶的编码层添加一个分类器（例如，罗杰斯特回归、SVM 等），然后通过标准的多层神经网络的监督训练方法（梯度下降法）去训练。也就是说，这时候，需要将最后层的特征编码输入到最后的分类器，通过有标签样本，通过监督学习进行微调，这也分两种，一个是只调整分类器，如图 16.4 的黑色部分。

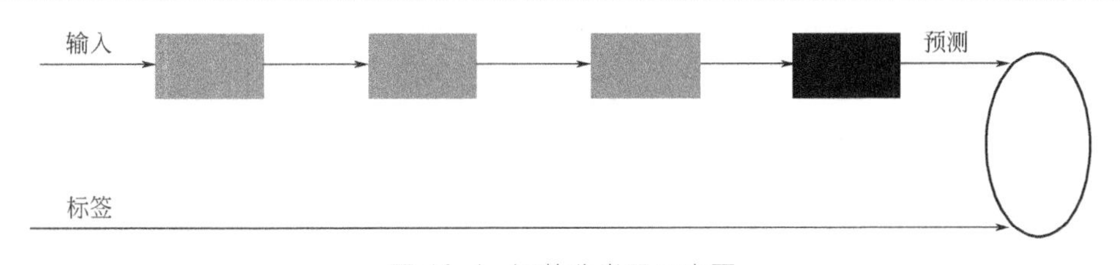

图 16.4 调整分类器示意图

另一种是如图 16.5 所示，通过有标签样本，微调整个系统。如果有足够多的数据，这种方法最好，可以端对端学习（end-to-end learning）。

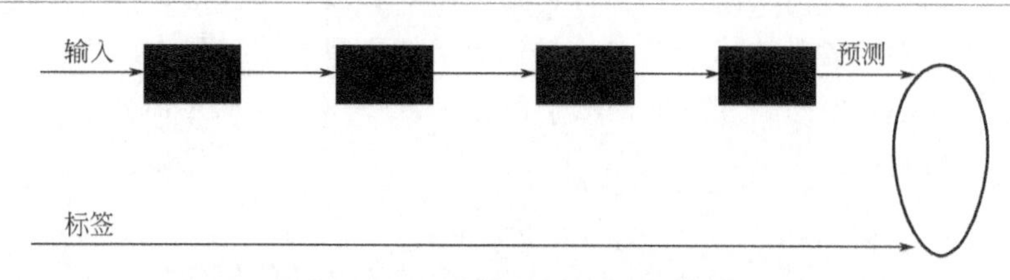

图 16.5 微调整个系统示意图

一旦监督训练完成，这个网络就可以用来分类了。神经网络的最顶层可以作为一个线性分类器，然后可以用一个更好性能的分类器去取代它。在研究中可以发现，如果在原有的特征中加入这些自动学习得到的特征可以大大提高精确度。Auto encoder 存在一些变体，这里简要介绍以下两个。

（1）稀疏自动编码器。可以继续加上一些约束条件得到新的 deep learning 方法，例如，如果在 auto encoder 的基础上加上 L1 的 regularity 限制（L1 主要是约束每一层中的节点中大部分都要为 0，只有少数不为 0，这就是 sparse 名字的来源），就可以得到稀疏自动编码器（sparse autoencoder）法。其实就是限制每次得到的表达编码尽量稀疏。因为稀疏的表达往往比其他的表达要有效。人脑好像也是这样的，某个输入只是刺激某些神经元，其他的大部分的神经元是受到抑制的。

（2）降噪自动编码器。降噪自动编码器（denoising auto encoders，DA）是在自动编码器的基础上，训练数据加入噪声，所以自动编码器必须学习去除这种噪声而获得真正的没有被噪声污染过的输入。因此，这就迫使编码器去学习输入信号的更加鲁棒的表达，这也是它的泛化能力比一般编码器强的原因。DA 可以通过梯度下降算法来训练。

16.6.2 稀疏编码

如果把输出必须和输入相等的限制放松，同时利用线性代数中基的概念，即：

$$O=a_1\Phi_1+a_2\Phi_2+\cdots+a_n\Phi_n \tag{16.1}$$

其中，Φ_i 是基，a_i 是系数。

由此可以得到这样一个优化问题：$\min|I-O|$，其中 I 表示输入，O 表示输出。通过求解这个最优化式子，可以求得系数 a_i 和基 Φ_i。

如果在上述式子上加上 L1 的 regularity 限制，得到：

$$\mathrm{Min}|I-O|+u(|a_1|+|a_2|+\cdots+|a_n|) \tag{16.2}$$

这种方法被称为稀疏编码（sparse coding）。通俗地说，就是将一个信号表示为一组基的线性组合，而且要求只需要较少的几个基就可以将信号表示出来。“稀疏性”定义为：只有很少的几个非零元素或只有很少的几个远大于零的元素。要求系数 a_i 是稀疏的意思就是说，对于一组输入向量，只有尽可能少的几个系数远大于零。选择使用具有稀疏性的分量来表示输入数据，是因为绝大多数的感官数据，比如自然图像，可以被表示成少量基本元素的叠加，在图像中这些基本元素可以是面或者线。人脑有大量的神经元，但对于某些图像或者边缘只有很少的神经元兴奋，其他都处于抑制状态。

稀疏编码算法是一种无监督学习方法，它用来寻找一组“超完备”基向量来更高效地表示样本数据。虽然形如主成分分析技术（PCA）能方便地找到一组“完备”基向量，但是这里想要做的是找到一组“超完备”基向量来表示输入向量（也就是说，基向量的个数比输入向量的维数要大）。超完备基的好处是它们能更有效地找出隐含在输入数据内部的结构与模式。然而，对于超完备基来说，系数 a_i 不再由输入向量唯一确定。因此，在稀疏编码算法中，另加了一个评判标准“稀疏性”来解决因超完备而导致的退化（degeneracy）问题。比如，在图像的特征提取（feature extraction）的最底层，要生成边缘检测器（edge detector），这里的工作就是从原图像中随机（randomly）选取一些小块（patch），通过这些小块生成能够描述他们的“基”，然后给定一个测试小块（test patch）。之所以生成边缘检测器是因为不同方向的边缘就能够描述出整幅图像，所以不同方向的边缘自然就是图像的基了。稀疏编码分为两个部分：

① 训练（training）阶段：给定一系列的样本图片 $[x_1,x_2,\cdots]$，通过学习得到一组基 $[\Phi_1,\Phi_2,\cdots]$，也就是字典。

稀疏编码是聚类算法（k-means）的变体，其训练过程也差不多，就是一个重复迭代的过程。其基本的思想如下：如果要优化的目标函数包含两个变量，如 L（W,B），那么可以先固定 W，调整 B 使得 L 最小，然后再固定 B，调整 W 使 L 最小，这样迭代交替，不断将 L 推向最小值。按上面方法，交替更改 a 和 Φ 使得下面这个目标函数最小。

$$\min_{\boxed{a,\phi}}\sum_{i=1}^{m}\left\|x_i-\sum_{j=1}^{k}a_{i,j}\phi_j\right\|^2+\lambda\sum_{i=1}^{m}\sum_{j=1}^{k}|a_{i,j}| \tag{16.3}$$

每次迭代分两步：

a. 固定字典 Φ [k]，然后调整 a [k]，使得上式，即目标函数最小，即解 LASSO（least absolute shrinkage and selectionator operator）问题。

b. 然后固定住 a [k]，调整 Φ [k]，使得上式，即目标函数最小，即解凸

QP（quadratic programming，凸二次规划）问题。

不断迭代，直至收敛。这样就可以得到一组可以良好表示这一系列 x 的基，也就是字典。

② 编码（coding）阶段：给定一个新的图片 x，由上面得到的字典，通过解一个 LASSO 问题得到稀疏向量 a。这个稀疏向量就是这个输入向量 x 的一个稀疏表达了，如式(16.4) 所示。

$$\min_{a}\sum_{i=1}^{m}\left\|x_i-\sum_{j=1}^{k}a_{i,j}\phi_j\right\|^2+\lambda\sum_{i=1}^{m}\sum_{j=1}^{k}|a_{i,j}| \tag{16.4}$$

如图 16.6 所示。

≈0.8×

+0.3×

+0.5×

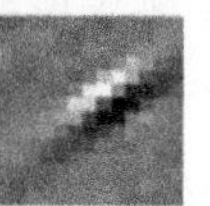

Represent x_i as: a_i =[0,0,…,0,0.8,0,…,0,0.3,0,…,0,0.5,…]

图 16.6 编码示例

16.6.3 限制波尔兹曼机

假设有一个二层图，如图 16.7 所示，每一层的节点之间没有链接，一层是可视层，即输入数据层（v），另一层是隐藏层（h），如果假设所有的节点都是随机二值变量节点（只能取 0 或者 1 值），同时假设全概率分布 $p(v,h)$ 满足 Boltzmann 分布，我们称这个模型是限制波尔兹曼机（restricted Boltzmann machine，RBM）。

由于该模型是二层图，所以在已知 v 的情况下，所有的隐藏节点之间是条件独立的（因为节点之间不存在连接），即 $p(h|v)=p(h_1|v)\cdots p(h_n|v)$。同理，在已知隐藏层 h 的情况下，所有的可视节点都是条件独立的。同时又由于所有的 v 和 h 满足 Boltzmann 分布，因此，当输入 v 的时候，通过 $p(h|v)$ 可以得到隐藏层 h，而得到隐藏层 h 之后，通过 $p(v|h)$ 又能得到可视层。如果通过调整参数，可以使从隐藏层得到的可

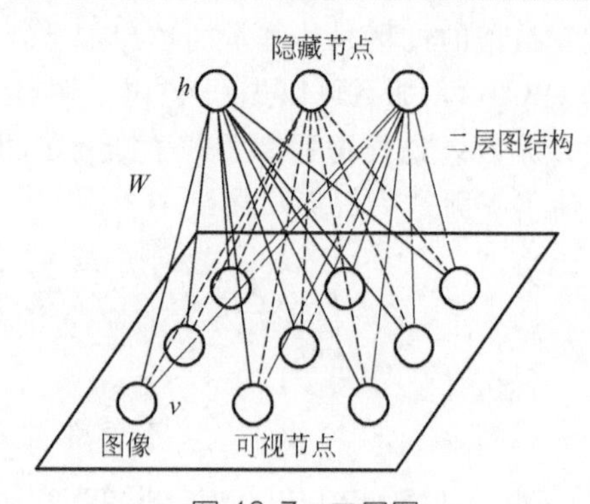

图 16.7 二层图

视层 v_1 与原来的可视层 v 一样，那么得到的隐藏层就是可视层另外一种表达，因此隐藏层可以作为可视层输入数据的特征，所以它就是一种 deep learning 方法。

如何训练，也就是可视层节点和隐节点间的权值怎么确定？需要做一些数学分析，也就是建立模型。

联合组态（joint configuration）的能量可以表示为式(16.5)。

$$E(v,h;\theta)=-\sum_{ij}W_{ij}v_ih_j-\sum_i b_iv_i-\sum_j a_jh_j$$
$$\theta=\{W,a,b\}\ \text{模型参数} \tag{16.5}$$

而某个组态的联合概率分布可以通过 Boltzmann 分布（和这个组态的能量）来确定，见式(16.6)。

$$P_\theta(v,h)=\frac{1}{Z(\theta)}\exp[-E(v,h;\theta)]=\underbrace{\frac{1}{Z(\theta)}}\prod_{ij}\underbrace{e^{W_{ij}v_ih_j}}\prod_i e^{b_iv_i}\prod_j e^{a_jh_j}$$
$$Z(\theta)=\sum_{h,v}\exp[-E(v,h;\theta)] \qquad \text{配分函数}\quad \text{势函数} \tag{16.6}$$

因为隐藏节点之间是条件独立的（因为节点之间不存在连接），即：

$$P(h|v)=\prod_j P(h_j|v) \tag{16.7}$$

可以比较容易［对上式进行因子分解（factorizes）］得到在给定可视层 v 的基础上，隐层第 j 个节点为 1 或者为 0 的概率：

$$P(h_j=1|v)=\frac{1}{1+\exp(-\sum_i W_{ij}v_i-a_j)} \tag{16.8}$$

同理，在给定隐层 h 的基础上，可视层第 i 个节点为 1 或者为 0 的概率也可以容易得到：

$$P(v|h)=\prod_i P(v_i|h)P(v_i=1|h)=\frac{1}{1+\exp(-\sum_j W_{ij}h_j-b_i)} \tag{16.9}$$

给定一个满足独立同分布的样本集：$D=\{v^{(1)},v^{(2)},\cdots,v^{(N)}\}$，需要学习参数 $\theta=\{W,a,b\}$。

最大化以下对数似然函数（最大似然估计：对于某个概率模型，需要选择一个参数，让当前的观测样本的概率最大）：

$$L(\theta)=\frac{1}{N}\sum_{n=1}^{N}\log P_\theta[v^{(n)}]-\frac{\lambda}{N}\|W\|_F^2 \tag{16.10}$$

也就是对最大对数似然函数求导，就可以得到 L 最大时对应的参数 W 了，如式(16.11)。

$$\frac{\partial L(\theta)}{\partial W_{ij}}=E_{P_{data}}[v_ih_j]-E_{P_\theta}[v_ih_j]-\frac{2\lambda}{N}W_{ij} \tag{16.11}$$

如果把隐藏层的层数增加，就可以得到深度波尔茨曼机（deep Boltzmann machine，DBM）；如果在靠近可视层的部分使用贝叶斯信念网络（即有向图模型，这里依然限制层中节点之间没有连接），而在最远离可视层的部分使用限制波尔茨曼机（restricted Boltzmann machine），可以得到深度信念网（deep belief net，DBN），如图 16.8 所示。

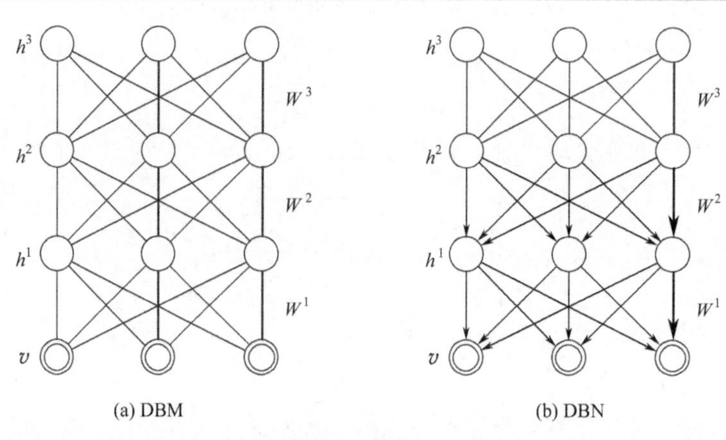

图 16.8 DBM 与 DBN

16.6.4 深信度网络

如图 16.9 所示，深信度网络（deep belief networks，DBNs）是一个概率生成模型，与传统的判别模型的神经网络相对，生成模型是建立一个观察数据和标签之间的联合分布，对 P(Observation | Label）和 P(Label | Observation）都做了评估，而判别模型仅仅评估了后者而已，也就是 P(Label | Observation)。对于在深度神经网络应用传统的 BP 算法的时候，DBNs 遇到了以下问题：

① 需要为训练提供一个有标签的样本集；

② 学习过程较慢；

③ 不适当的参数选择会导致学习收敛于局部最优解。

DBNs 由多个限制玻尔兹曼机层组成，一个典型的神经网络类型如图 16.10 所示。这些网络被“限制”为一个可视层和一个隐层，层间存在连接，但层内的单元间不存在连接。隐层单元被训练去捕捉在可视层表现出来的高阶数据的相关性。

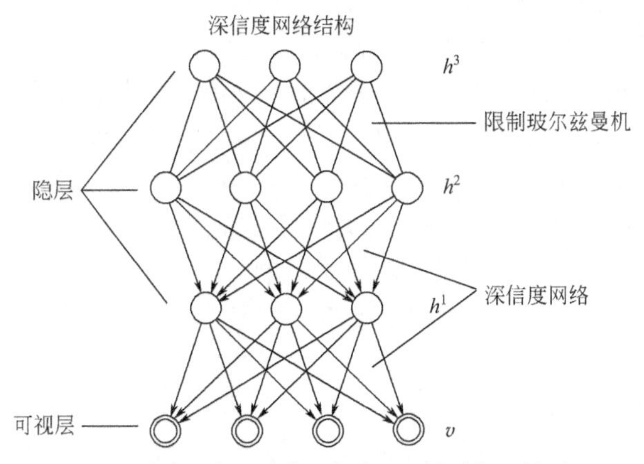

图 16.9 DBNs 模型

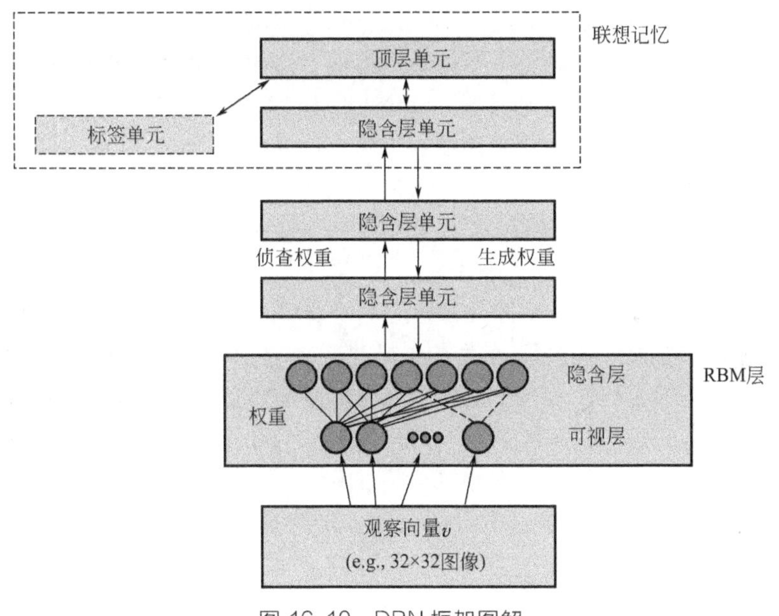

图 16.10 DBN 框架图解

首先，先不考虑最顶构成一个联想记忆（associative memory）的两层，一个 DBN 的连接是通过自顶向下的生成权值来指导确定的，RBMs 就像一个建筑块一样，相比传统和深度分层的 sigmoid 信念网络，它能易于连接权值的学习。

开始，通过一个非监督贪婪逐层方法去预训练获得生成模型的权值，非监督贪婪逐层方法被 Hinton 证明是有效的，并被其称为对比分歧（contrastive divergence)。在这个训练阶段，在可视层会产生一个向量 v，通过它将值传递到隐层。反过来，可视层的输入会被随机的选择，以尝试去重构原始的输入信号。最后，这些新的可视的神经元激活单元将前向传递重构隐层激活单元，获得 h。这些后退和前进的步骤就是常用的吉布斯（Gibbs）采样，而隐层激活单元和可视层输入之间的相关性差别就作为权值更新的主要依据。

这样训练时间会显著地减少，因为只需要单个步骤就可以接近最大似然学习。增加进网络的每一层都会改进训练数据的对数概率，可以理解为越来越接近能量的真实表达。这个有意义的拓展和无标签数据的使用，是任何一个深度学习应用的决定性的因素。

在最高两层，权值被连接到一起，这样更低层的输出将会提供一个参考的线索或者关联给顶层，这样顶层就会将其联系到它的记忆内容。而最后想得到的就是判别性能。

在预训练后，DBN 可以通过利用带标签数据用 BP 算法去对判别性能做调整。在这里，一个标签集将被附加到顶层（推广联想记忆），通过一个自下向上的，学习到的识别权值获得一个网络的分类面。这个性能会比单纯的 BP 算法训练的网络好。这可以很直观地解释，DBNs 的 BP 算法只需要对权值参数空间进行一个局部的搜索，这相比前向神经网络来说，训练是要快的，而且收敛的时间也少。

DBNs 的灵活性使得它的拓展比较容易。一个拓展就是卷积 DBNs（convolutional deep belief networks，CDBNs）。DBNs 并没有考虑到图像的二维结构信息，因为输入是简单地将一个图像矩阵进行一维向量化。而 CDBNs 考虑到了这个问题，它利用邻域像素的空域关系，通过一个称为卷积 RBMs 的模型区达到生成模型的变换不变性，而且可以容易地变换到高维图像。DBNs 并没有明确地处理对观察变量的时间联系的学习上，虽然目前已经有这方面的研究，例如，堆叠时间 RBMs，以此为推广，有序列学习的颞叶卷积机（dubbed temporal convolution machines），这种序列学习的应用，给语音信号处理问题带来了一个让人激动的未来研究方向。

目前，和 DBNs 有关的研究包括堆叠自动编码器，它是通过用堆叠自动编码器来替换传统 DBNs 里面的 RBMs。这就使得可以通过同样的规则来训练产生深度多层神经网络架构，但它缺少层的参数化的严格要求。与 DBNs 不同，自动编码器使用判别模型，这样这个结构就很难采样输入采样空间，这就使得网络更难捕捉它的内部表达。但是，降噪自动编码器却能很好地避免这个问题，并且比传统的 DBNs 更优。它通过在训练过程添加随机的污染并堆叠产生场泛化性能。训练单一的降噪自动编码器的过程和 RBMs 训练生成模型的过程一样。

16.6.5 卷积神经网络

卷积神经网络（convolutional neural networks，CNN）是人工神经网络的一种，已成为当前语音分析和图像识别领域的研究热点。它的权值共享网络结构使之更类似于生物神经网络，降低了网络模型的复杂度，减少了权值的数量。该优点在网络的输入是多维图像时表现得更为明显，使图像可以直接作为网络的输入，避免了传统识别算法中复杂的特征提取和数据重建过程。卷积网络是为识别二维形状而特殊设计的一个多层感知器，这种网络结构对平移、比例缩放、倾斜或者共他形式的变形具有高度不变性。

CNNs是受早期的延时神经网络（TDNN）的影响。延时神经网络通过在时间维度上共享权值降低学习复杂度，适用于语音和时间序列信号的处理。

CNNs是第一个真正成功训练多层网络结构的学习算法。它利用空间关系减少需要学习的参数数目以提高一般前向BP算法的训练性能。CNNs作为一个深度学习架构提出是为了最小化数据的预处理要求。在CNN中，图像的一小部分(局部感受区域）作为层级结构的最底层的输入，信息再依次传输到不同的层，每层通过一个数字滤波器去获得观测数据的最显著的特征。这个方法能够获取对平移、缩放和旋转不变的观测数据的显著特征，因为图像的局部感受区域允许神经元或者处理单元可以访问到最基础的特征，例如，定向边缘或者角点。

（1）卷积神经网络的历史

1962年Hubel和Wiesel通过对猫视觉皮层细胞的研究，提出了感受野（receptive field）的概念，1984年日本学者Fukushima基于感受野概念提出的神经认知机（neocognitron）可以看作是卷积神经网络的第一个实现网络，也是感受野概念在人工神经网络领域的首次应用。神经认知机将一个视觉模式分解成许多子模式（特征），然后进入分层递阶式相连的特征平面进行处理，它试图将视觉系统模型化，使其能够在即使物体有位移或轻微变形的时候，也能完成识别。

通常神经认知机包含两类神经元，即承担特征抽取的S-元和抗变形的C-元。S-元中涉及两个重要参数，即感受野与阈值参数，前者确定输入连接的数目，后者则控制对特征子模式的反应程度。许多学者一直致力于提高神经认知机性能的研究，在传统的神经认知机中，每个S-元的感光区中由C-元带来的视觉模糊量呈正态分布。如果感光区的边缘所产生的模糊效果要比中央来得大，S-元将会接受这种非正态模糊所导致的更大的变形容忍性。一般希望得到的是训练模式与变形刺激模式在感受野的边缘与其中心所产生的效果之间的差异变得越来越大。为了有效地形成这种非正态模糊，Fukushima提出了带双C-元层的改进型神经认知机。

Van Ooyen 和 Niehuis 为提高神经认知机的区别能力引入了一个新的参数。事实上，该参数作为一种抑制信号，抑制了神经元对重复激励特征的激励。多数神经网络在权值中记忆训练信息。根据 Hebb 学习规则，某种特征训练的次数越多，在以后的识别过程中就越容易被检测。也有学者将进化计算理论与神经认知机结合，通过减弱对重复性激励特征的训练学习，而使得网络注意那些不同的特征以助于提高区分能力。上述都是神经认知机的发展过程，而卷积神经网络可看作是神经认知机的推广形式，神经认知机是卷积神经网络的一种特例。

（2）卷积神经网络的网络结构

如图 16.11 所示，卷积神经网络是一个多层的神经网络，每层由多个二维平面组成，而每个平面由多个独立神经元组成。

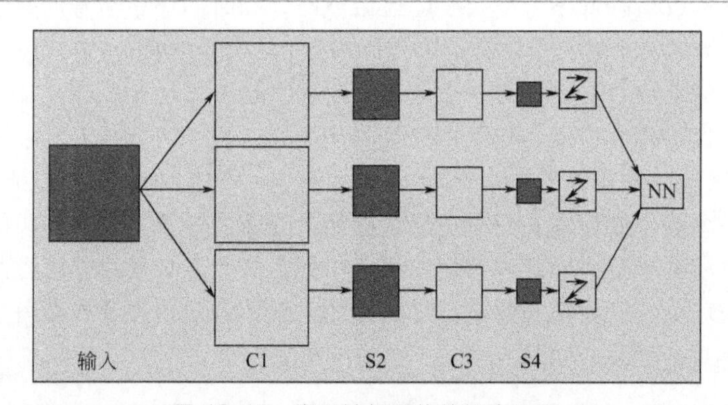

图 16.11 卷积神经网络的概念示图

输入图像通过和三个可训练的滤波器和可加偏置进行卷积，滤波过程如图 16.11 所示，卷积后在 C1 层产生三个特征映射图，然后特征映射图中每组的四个像素再进行求和，加权值，加偏置，通过一个 Sigmoid 函数得到三个 S2 层的特征映射图。这些映射图再进过滤波得到 C3 层。这个层级结构再和 S2 一样产生 S4。最终，这些像素值被光栅化，并连接成一个向量输入到传统的神经网络，得到输出。

一般地，C 层为特征提取层，每个神经元的输入与前一层的局部感受野相连，并提取该局部的特征，一旦该局部特征被提取后，它与其他特征间的位置关系也随之确定下来；S 层是特征映射层，网络的每个计算层由多个特征映射组成，每个特征映射为一个平面，平面上所有神经元的权值相等。特征映射结构采用影响函数核小的 Sigmoid 函数作为卷积网络的激活函数，使得特征映射具有位移不变性。

此外，由于一个映射面上的神经元共享权值，因而减少了网络自由参数的个数，降低了网络参数选择的复杂度。卷积神经网络中的每一个特征提取层（C层）都紧跟着一个用来求局部平均与二次提取的计算层（S层），这种特有的两次特征提取结构使网络在识别时对输入样本有较高的畸变容忍能力。

(3) 关于参数减少与权值共享

上面提到，CNN的一个重要特性就在于通过感受野和权值共享减少了神经网络需要训练的参数的个数。如图16.12(a)所示，如果有1000×1000像素的图像，有1百万个隐层神经元，那么它们全连接的话（每个隐层神经元都连接图像的每一个像素点），就有 $1000\times1000\times1000000=10^{12}$ 个连接，也就是 10^{12} 个权值参数。然而图像的空间联系是局部的，就像人是通过一个局部的感受野去感受外界图像一样，每一个神经元都不需要对全局图像做感受，每个神经元只感受局部的图像区域，然后在更高层，将这些感受不同局部的神经元综合起来就可以得到全局的信息了。这样就可以减少连接的数目，也就是减少神经网络需要训练的权值参数的个数。如图16.12(b)所示，假如局部感受野是10×10，隐层每个感受野只需要和这10×10的局部图像相连接，所以1百万个隐层神经元就只有一亿个连接，即 10^8 个参数。比原来减少了四个0（数量级），这样训练起来就没那么费力了，但还是感觉很多。

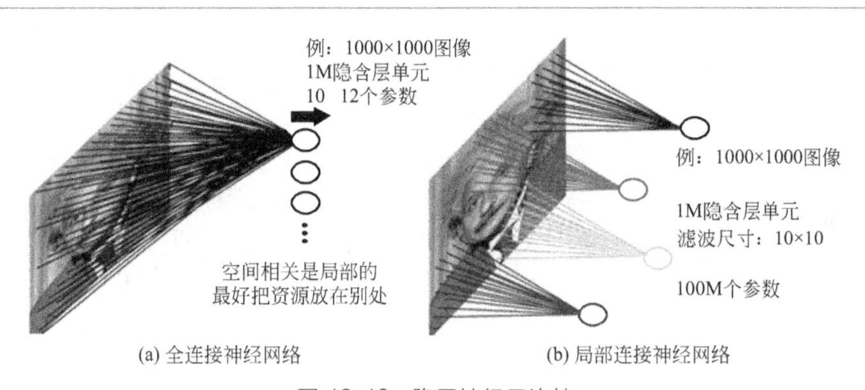

图16.12 隐层神经元连接

隐含层的每一个神经元都连接10×10个图像区域，也就是说每一个神经元存在10×10=100个连接权值参数。如果每个神经元这100个参数是相同的，也就是说每个神经元用的是同一个卷积核去卷积图像，这样就只有100个参数了。不管隐层的神经元个数有多少，两层间的连接只有100个参数，这就是权值共享，也是卷积神经网络的重要特征。

假如一种滤波器，也就是一种卷积核，提出图像的一种特征，如果需要提取多种特征，就加多种滤波器，每种滤波器的参数不一样，表示它提出输入图像的不同特征，例如，不同的边缘。这样每种滤波器去卷积图像就得到对图像的不同特征的放映，称之为特征匹配（feature map）。所以 100 种卷积核就有 100 个特征匹配，这 100 个特征匹配就组成了一层神经元。

隐层的神经元个数与输入图像的大小、滤波器的大小及滤波器在图像中的滑动步长都有关。例如，输入图像是 1000×1000 像素，而滤波器大小是 10×10，假设滤波器没有重叠，也就是步长为 10，这样隐层的神经元个数就是（1000×1000）/（10×10）=100×100 个神经元了，假设步长是 8，也就是卷积核会重叠两个像素，那么神经元个数就不同了。这只是一种滤波器，也就是一个特征匹配的神经元个数，如果 100 个特征匹配就是 100 倍了。由此可见，图像越大，神经元个数和需要训练的权值参数个数的贫富差距就越大。

总之，卷积网络的核心思想是，将局部感受野、权值共享（或者权值复制）以及时间或空间亚采样这三种结构思想结合起来获得了某种程度的位移、尺度、形变不变性。

16.7 基于卷积神经网络的手写体字识别

上节介绍了 CNN 的基本原理，本节介绍 CNN 在手写字识别方面的应用。CNN 的权值共享网络结构使之更类似于生物神经网络，降低了网络模型的复杂度，减少了权值的数量。在网络的输入是多维图像使 NN 的优点表现得更为明显，使图像可以直接作为网络的输入，避免了传统识别算法中复杂的特征提取和数据重建过程。CNN 在二维图像处理上有众多优势，如网络能自行抽取图像特征，包括颜色、纹理、形状及图像的拓扑结构，特别是在识别位移、缩放及其他形式扭曲不变性的应用上，具有良好的鲁棒性和运算效率等。CNN 的泛化能力要显著优于其他方法，卷积神经网络已被应用于模式分类、物体检测和物体识别等方面。

16.7.1 手写字识别的卷积神经网络结构

前面介绍过 CNN 通常至少有两个非线性可训练的卷积层，两个非线性的固定卷积层（pooling layer 或降采样层）和一个全连接层，一共至少 5 个隐含层，如图 16.11 所示。

下面介绍基于 Minist 数据库的用于手写数字识别的经典卷积神经网络 LeNet-5 结构功能，如图 16.13 所示。LeNet-5 手写数字识别的网络结构有 8 层，分别是输入层、第一次卷积（C1 层）、第一次降采样（S2 层）、第二次卷积（C3 层）、第二次降采样（S4 层）、第三次卷积（C5 层）、全连接（F6 层）和输出层。每一层的操作规程如下。

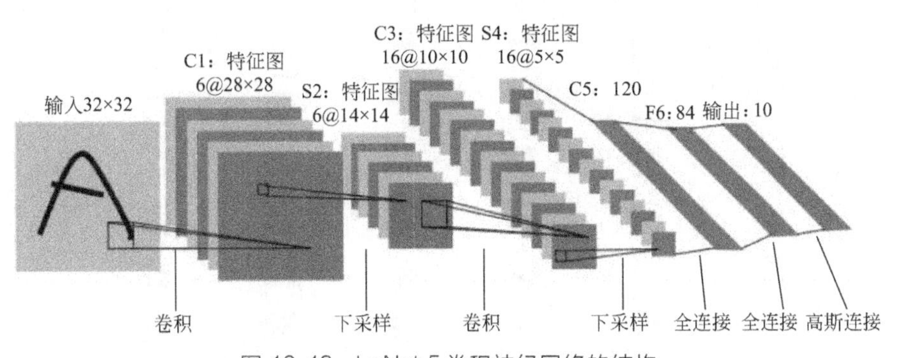

图 16.13 LeNet-5卷积神经网络的结构

（1）输入层

如图 16.14 所示，输入层使用 Minis 数据库。该数据库训练集有 60000 张手写数字图像，测试集有 10000 张图像。把输入图像处理成 32×32 的大小，从而使潜在的明显特征，如笔画断点或角点，能够出现在最高层特征监测子感受野的中心。

（2）C1 层

C1 层是一个卷积层，由 6 个特征图构成。用 6 个 5×5 的过滤器进行卷积，结果是在卷积层 C1 中得到 6 张特征图，特征图的每个神经元与输入图像中的 5×5 的邻域相连，即用 5×5 的卷积核去卷积输入层，由卷积运算可得 C1 层输出的特征图大小为 (32－5＋1)×(32－5＋1)＝28×28。每个滤波器有 5×5＝25 个参数和 1 个 bias 参数，一共 6 个滤波器，故该层共 (5×5＋1)×6＝156 个可训练参数，神经元数量为 (28×28)×6＝4707 个，共 156×(28×28)＝122304 个连接。

（3）S2 层

S2 层是一个降采样层。所谓降采样，是利用图像局部相关性的原理，对图像进行子抽样，可以减少数据处理量，同时保留有用信息。该层输入为 (28×28)×6，输出 6 个 14×14 的特征图。特征图中的每个单元与 C1 中相对应特征图的 2×2 邻域相连接。S2 层每个单元的 4 个输入相加，乘以一个可训练参数，再加上 1 个可训练偏置。结果通过 Sigmoid 函数计算。可训练系数和偏置控制着 Sigmoid 函数的非线性程度。如果系数比较小，那么运算近似于线性运算，亚采样相当于模糊图像。如果系数比较大，根据偏置的大小，亚采样可以被看成是有噪声的“或”运算或者有噪声的“与”运算。每个单元的 2×2 感受野并不重叠，因此 S2 中每个特征图的大小是 C1 大小的 1/4（行和列各 1/2）。S2 层有 1×6＋6＝12 个可训练参数，神经元数量为 (14×14)×6＝1176，共 2×2×14×14×6＋14×14×6＝5880 个连接。

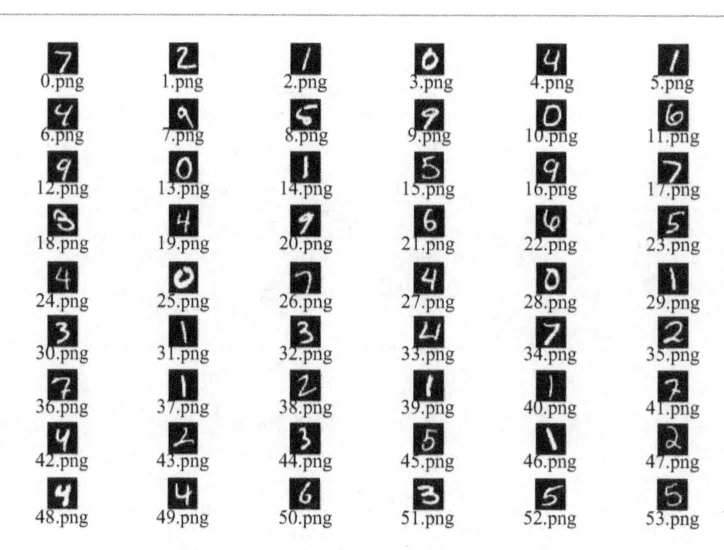

图 16.14 输入的图像样本

（4）C3 层

C3 层也是一个卷积层，它同样通过 5×5 的卷积核去卷积层 S2，然后得到的特征图输出特征图尺寸为 10×10，卷积核为 16 个，所以就存在 16 个特征图。神经元数量为 (10×10)×16=1600 个；可训练参数为 6×(3×25+1)+6×(4×25+1)+3×(4×25+1)+1×(6×25+1)=1516 个；连接数为 1516×10×10=151600。

（5）S4 层

S4 层是一个降采样层，输入为 16 个 10×10 的图像，输出为 16 个 5×5 大小的特征图。特征图中的每个单元与 C3 中相应特征图的 2×2 邻域相连接，跟 C1 和 S2 之间的连接一样。S4 层每个特征图 1 个因子和 1 个偏置，故有 (1+1)×16=32 个可训练参数，神经元数量为 (5×5)×16=400 个，连接有 (2×2×5×5×16)+(5×5×16) =2000 个。

（6）C5 层

C5 层是一个卷积层，有 120 个特征图。每个单元与 S4 层的全部 16 个单元的 5×5 邻域相连。由于 S4 层特征图的大小也为 5×5，故 C5 特征图的大小为 1×1，这构成了 S4 和 C5 之间的全连接。C5 层有 48120 个可训练连接。

（7）F6 层

F6 层输入 120 个大小 1×1 的，有 84 个神经元，与 C5 层全相连。如同经典神经网络，F6 层计算输入向量和权重向量之间的点积，再加上一个偏置，共有

120×84+84=10164 个连接和可训练参数。

（8）输出层

这是整个网络的最后一层，每类一个单元，每个有 84 个输入，输出为 1×10 的特征向量。

16.7.2 卷积神经网络文字识别的实现

在北京现代富博科技有限公司的 Image-Sys 通用图像处理系统中集成了用 CNN 进行手写字符识别的功能，如图 16.15 所示。先打开“文件”菜单，输入需要识别的手写数字，在图像处理窗口即可显示该数字。

图 16.15 输入待识别的数字

然后点击“数字识别菜单”，弹出如图 16.16 所示的窗口，该窗口实现了用 CNN 识别手写数字的分阶段功能。点击“训练”按钮，可以按照前文的流程进行训练。训练结束后，点击“保存参数”按钮，把训练的结果保存在本地计算机中。需要使用该训练结果来识别数字时，可以在打开图像后，直接点击“读取参数”按钮读入已经训练好的参数，然后点击“识别”按钮得到识别结果。

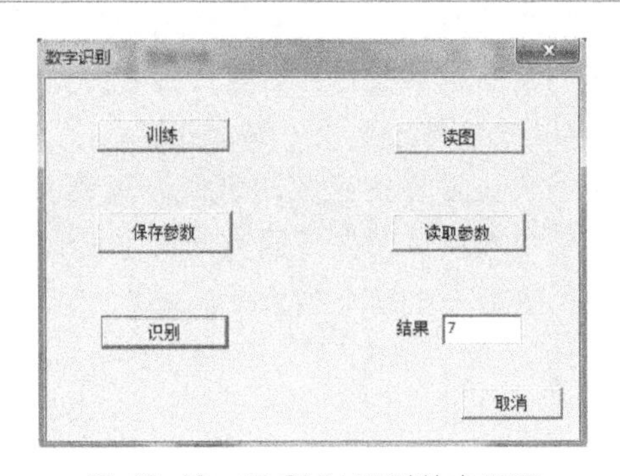

图 16.16 用 CNN 识别数字界面

参考文献

[1] 叶韵. 深度学习与计算机视觉 [M]. 北京: 机械工业出版社, 2017.

第17章

遗传算法[1,2]

17.1 遗传算法概述

遗传算法（genetic algorithm，GA）是由美国密执安大学的 Holland（1969）提出，后经由 De Jong（1975）、Goldberg（1989）等归纳总结所形成的一类模拟进化算法。GA 是基于生物的遗传变异与自然选择原理的达尔文进化论的理想化的随机搜索方法。它通过一些个体（individual）之间的选择（selection）、交叉（crossover）、变异（mutation）等遗传操作，相互作用而获取最优解。GA 是从被称为种群（population）的一组解开始的，而这组解就是经过基因（gene）编码的一定数目代表染色体（chromosome）的个体所组成的。取一个种群用于形成新的种群，这是出于希望新的种群优于旧的种群的动机。被选为用于形成子代（即新的解）的亲代是按照它们的适应度（fitness）来选定的，即它们适应能力越强，它们越有机会被选择。这一过程通过世代交替直到某些条件（如进化代数、最大适应度或平均适应度）被满足。

问题的求解经常能够表达为寻找函数的极值。观察图 17.1 所示的 GA 实行结果的例子，在这个例子中 GA 试图发现函数的最小值。这个曲线代表着某个搜索空间，垂直方向的线代表着一些解（搜索空间的点），其中粗线代表着最优解，细线代表着一些其他解。

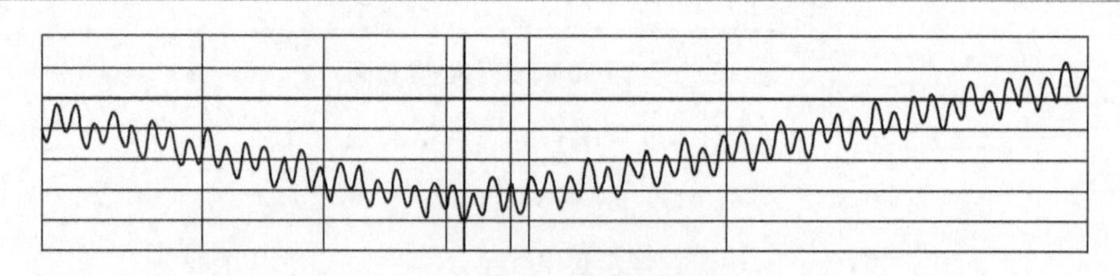

图 17.1 GA 实行结果

依 GA 的标准形式，它使用二进制遗传编码，即等位基因 $\Gamma=\{0,1\}$、个体空间 $H_L=\{0,1\}^L$，且繁殖分为交叉与变异两个独立的步骤进行。如图 17.2 所示，

GA 的运算过程如下：

① 初始化。确定种群规模 N、交叉概率 P_c、变异概率 P_m；设置终止进化准则；随机生成 N 个个体（对问题适当的解）作为初始种群 P（0）；置代数 $t=0$。

② 个体评价。计算或估价第 t 代种群 $P(t)$ 中各个个体的适应度。

③ 种群进化。由世代交替下面的遗传操作步骤直到产生一个新种群。

a. 选择。按照适应度从 $P(t)$ 中运用选择算子选择出 $M/2$ 对亲代（适应度越好，选择机会越大）。

b. 交叉。对所选择的 $M/2$ 对亲代，以概率 P_c 执行交叉，形成 M 个中间个体，如果 P_c 为 0，中间个体仅是精确地拷贝亲代。

c. 变异。对 M 个中间个体分别独立以概率 P_m 在其每个基因座（在个体的染色体的位置）上执行变异，形成 M 个候选个体。从 M 个候选个体和/或旧一代种群中以适应度选择 N 个个体（子代）重新组成新一代种群 $P(t+1)$。

④ 终止检验。如果已满足终止准则，则输出 $P(t+1)$ 中具有最大适应度的个体作为最优解，终止计算；否则置 $t=t+1$ 并返回到步骤②。

此外，GA 还有各种推广和变形。GA 代替单点搜索方式而通过个体的种群发挥作用，这样搜索是按并行方式进行。

由上可见，GA 的基本操作流程是很普通的，根据不同的问题需采用不同的执行方式，关键需要解决如下两个问题。

第一个问题是如何创建个体（染色体），选择什么样的遗传表示（representation）形式？与其有关的是交叉和变异两个基本遗传算子。

第二个问题是如何选择用于交叉的亲代（parents），有许多方式可以考虑，但是主要想法是选择较好的亲代，希望更好的亲代能够产生更好的子代（offsprings）。你也许认为，仅把新的子代作为新一代种群可能引起最优个体（染色体）从上一个种群中丢失，这完全是可能的。为此，一个所谓的精英法（elitism）经常被采用。这意味着至少最优解被无变化地拷贝到新种群中，这样所找到的最优解能够被保持到运算的结束。

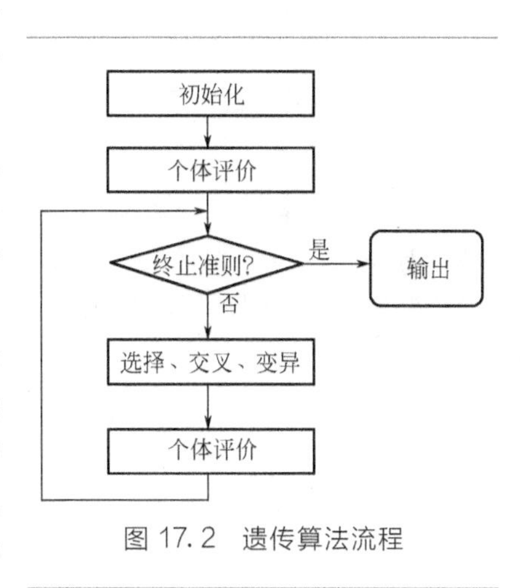

图 17.2 遗传算法流程

对于一些所关心的问题将在后面介绍，也许你还是对 GA 为什么会起作用有些困惑，这个可以部分由模式定理（schema theorem）来解释，不过这个理论还是有其不完善之处。

17.2 简单遗传算法

Holland的最原始GA就是用简单遗传算法（simple genetic algorithm，SGA），简单GA是最基本且最重要的GA。与其他GA的不同之处就在于遗传表示、选择机制、交叉、变异的不同。归纳简单GA的技术特点如表17.1所示。下面将分别予以介绍。

表17.1　简单GA技术特点

遗传表达	二进制字符串
重组	N点交叉、均匀交叉
变异	以固定概率的比特反转
亲代选择	与适应度成比例
生存选择	所有子代取代亲代
特色	强调交叉

17.2.1 遗传表达

当开始用GA求解问题时，就需要考虑遗传表达问题，染色体应该以某种方式包含所表示的解的信息。遗传表达也被称为遗传编码或染色体编码（encoding）。最常用的遗传表达方式是采用二进制字符串（binary strings），那么，染色体能被表达成如下形式：

染色体1：*1101100100110110*

染色体2：*1101111000011110*

如图17.3所示，每个染色体有一个二进制字符串，在这个字符串中的每个位（Bit，比特）能代表解的某个特征。或者整个字符串代表一个数字，即每个

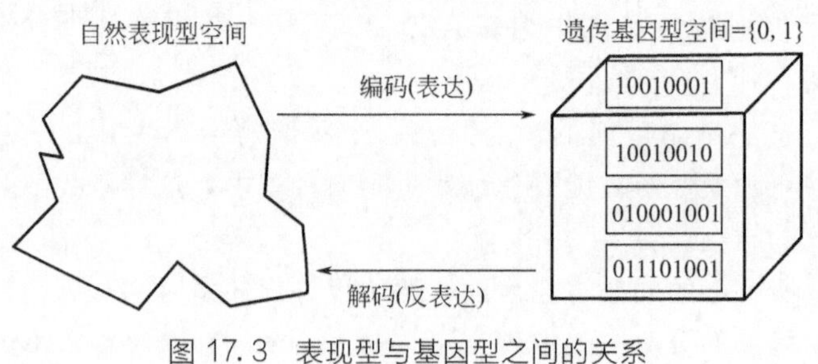

图17.3　表现型与基因型之间的关系

表现型（phenotype）可以由基因型（genotype）来表达。当然，也有许多其他的编码方式，这主要依赖于所求解的问题本身，例如，能够以整数或者实数编码，有时用排列编码是很有用的。

17.2.2 遗传算子

由17.1节可知，选择、交叉和变异是GA的最重要部分，GA的性能主要受这三个遗传操作的影响。下面将解释交叉、变异、选择这三个遗传算子（operators of GA）。

（1）交叉

在确定了所用的编码之后，我们能够进行重组（recombination）的步骤。在生物学中，重组的最一般形式就是交叉。交叉从亲代的染色体中选择基因，创造一个中间个体。最简单的交叉方式是随机地选择某个交叉点，这点之前的部分从第一个亲代中拷贝，这点之后的部分从第二个亲代中拷贝。

交叉能被表示成如下形式：

亲代1的染色体：*11011* | *00100110110*

亲代2的染色体：11011 | 11000011110

中间个体1的染色体：*11011* | 11000011110

中间个体2的染色体：11011 | *00100110110*

其中，| 为交叉点。

这种交叉方法被称为单点交叉。还有其他方式来进行交叉，如我们能够选择更多的交叉点，交叉可以说是相当复杂，这主要依赖于染色体的编码。对特定问题所做的特别交叉能够改善GA的性能。

下面介绍对二进制编码如何实现交叉。

① 单点交叉：这就是上面所介绍的交叉方法，如图17.4所示。但是对于一点交叉，一个染色体的头部和尾部是不能一起传给中间个体的。如果一个染色体的头部和尾部两者都含有好的遗传信息，那么由一点交叉所得到的中间个体中不会出现能共享这两个好的特征的中间个体。

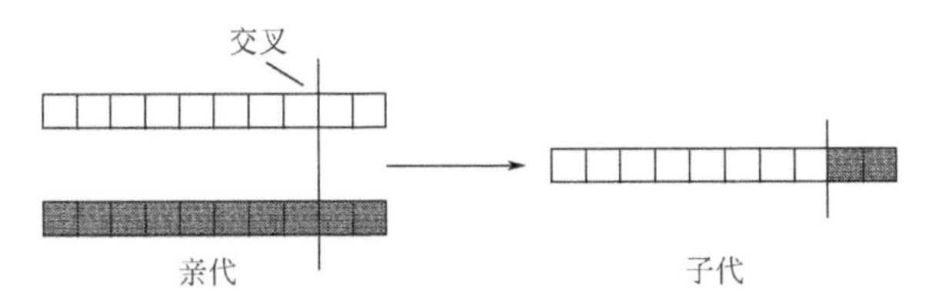

图17.4 单点交叉（例：**1101100**101+1011101**111**=**11011001111**）

② 两点交叉：选择两个交叉点，从染色体的起始点到第一个交叉点部分的二进制字符串从第一个亲代拷贝，从第一个交叉点到第二个交叉点部分从第二个亲代拷贝，其余部分又从第一个亲代拷贝。如图 17.5 所示。可见采用两点交叉就可避免上述缺陷，因此，一般可以认为两点交叉优于一点交叉。

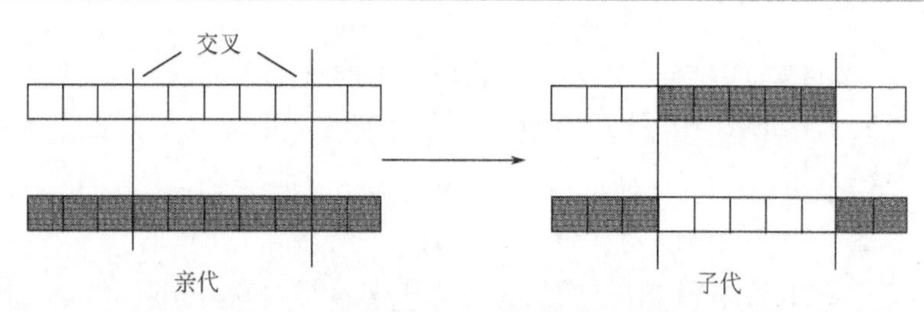

图 17.5 两点交叉（例：**011**00010**11**＋111**10111**10＝**0111011111**）

③ N 点交叉：事实上，通过染色体上的每个基因位置可以使问题一般化。染色体上相邻的基因会有更多的机会被一起传给由 N 点交叉所得到的中间个体，这将带来相邻基因间不希望的相关性问题。因此，N 点交叉的有效性将取决于染色体基因的位置。具有相关特性的解的基因应该被编码在一起。

④ 均匀交叉：从第一个亲代或者从第二个亲代随机地拷贝各个位（比特），如图 17.6 所示。图中采用了一个交叉掩模，掩模的数值为 1 时，从第一个亲代拷贝基因；掩模的数值为 0 时，从第二个亲代拷贝基因。因此，这个重组算子可以避免基因座问题。

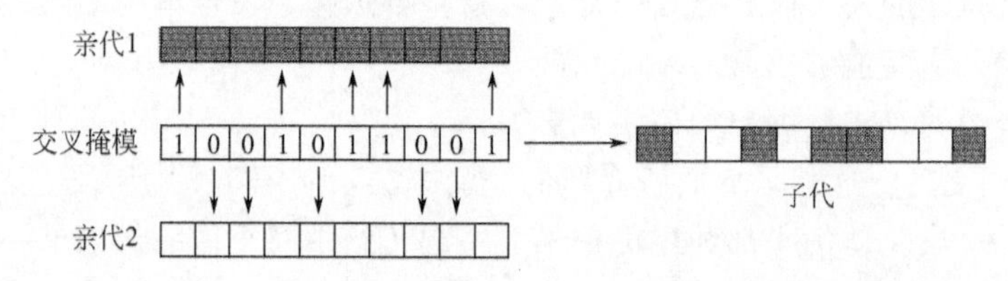

图 17.6 均匀交叉（例：1100101110＋1101110101＝**1101111100**）

⑤ 算术交叉：通过某种算术运算来产生中间个体，例如，11001011＋11011101(AND)＝11001001。

（2）变异

在交叉后，变异将发生。这是为了防止种群中的所有解陷入所求解问题的局部最优解。变异是随机地改变中间个体。对于二进制编码，我们能够随机地把所选的比特从 1 转换为 0 或者从 0 转换为 1，如图 17.7 所示。

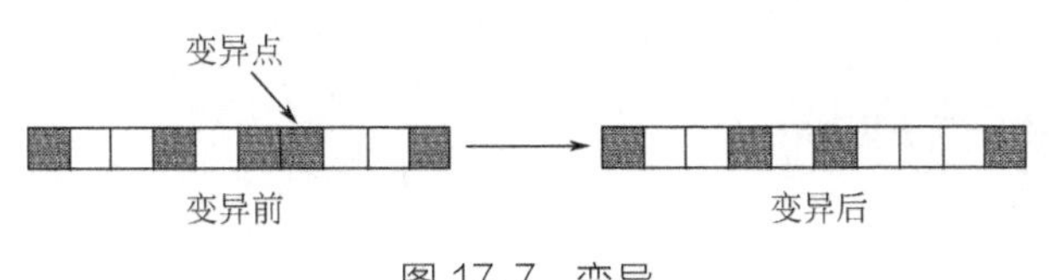

图 17.7 变异

下面是对两个中间个体的染色体进行变异的例子：

中间个体 1 的染色体：110***1***111000011110

中间个体 2 的染色体：110110***0***10011011***1***0

候选个体 1 的染色体：110***0***111000011110

候选个体 2 的染色体：110110***1***10011010***0***0

(3) 选择

从以上介绍中所了解的那样，染色体从用于繁殖的亲代的种群中选取。问题是如何选取这些染色体。按照达尔文的进化论，最好的个体应该生存并创造新的子代（子女）。如何选择（复制 reproduction）最好的染色体有许多方法，如轮盘赌选择法、局部选择法、锦标赛选择法、截断选择法、稳态选择法等。我们在此仅介绍一种常用的选择方法——轮盘赌选择法。

轮盘赌选择法是按照适应度选择亲代（父母）。染色体越好，被选择的机会将越多。想象一下，把种群中的所有染色体放在轮盘赌上，其中每个个体的染色体依照适应度函数有它存在的位置，如图 17.8 所示。那么，当扔一个弹球来选择染色体时，具有较大适应度的染色体将会多次被选择。

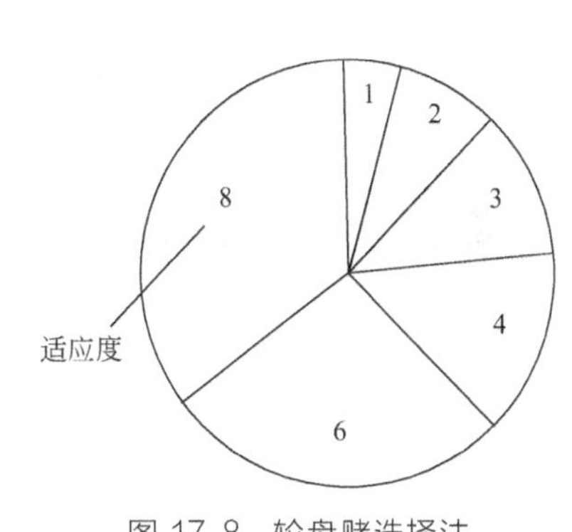

图 17.8 轮盘赌选择法

可以采用以下的算法进行模拟。

① 总和。计算种群中所有染色体适应度的总和，记为 S；

② 选择。从间隙 $(0,S)$ 之间产生随机数记为 r；

③ 循环。在种群中从 0 开始累加适应度，记为 s。当 s 大于 r，那么停止并返回所在的那个染色体。

当然，对于每个种群，步骤①仅进行一次。

另外，通过交叉和变异生成的新的子代完全取代旧的亲代作为新一代种群，进入下一轮遗传操作的世代交替过程，直到满足终止准则。简单遗传算法中交叉起着主要的作用。

17.3 遗传参数

17.3.1 交叉率和变异率

GA 中有两个基本参数——交叉率和变异率。

交叉率是表示交叉所进行的频度。如果没有交叉，中间个体将精确地拷贝亲代。如果有交叉，中间个体是从亲代的染色体的各个部分产生。如果交叉率是100%，那么，所有的中间个体都是由交叉形成的。如果交叉率是 0，全部新一代种群是由精确地拷贝旧一代种群的染色体而形成的，但这并不意味着新一代种群都是相同的。交叉是希望新的染色体具有旧的染色体好的部分，也许新的染色体会更好。把种群中的一些部分残留到下一个种群是有利的。

变异率是表示染色体部分被变异的频度。如果没有变异，候选个体没有任何变化地由交叉（或复制）后产生。如果有变异被进行，部分染色体被改变。如果变异率是 100%，全部染色体将改变，如果它为 0，则无改变。

变异是为了防止 GA 搜索收敛于局部最优解，起到恢复个体的多样性的作用。但变异不应该发生过于频繁，否则会使 GA 变成事实上的随机搜索。

17.3.2 其他参数

还有其他一些的 GA 参数，如种群大小 pop _ size（population size）也是一个重要的参数。

种群大小是表示在一代种群中有多少个体的染色体。如果有太少的染色体，GA 没有太多的机会进行交叉，只有少量的搜索空间被探测。换句话说，如果染色体过多，GA 的执行将很缓慢。研究表明，当超过某个限制（这主要取决于编码和问题本身），增加种群大小没有用处，因为这并不能使求解问题加快。

17.3.3 遗传参数的确定

在此将给出确定遗传参数的参考建议。但这里只是一般意义上的建议，如果你已经考虑执行 GA 时，你也许需要用 GA 进行特殊问题的实验，因为到现在为止还没有对任何问题都适用的一般理论来描述 GA 参数。因此，这里的建议只是实验研究的结果总结，而且这些实验往往是采用二进制编码进行的。

① 交叉率 P_c：交叉概率一般应高一些，在 80%～90%之间。但是实验结果

也表明，对有一些问题，交叉率在60%左右最佳。

② 变异率 P_m：变异率应该低一些，最好的变异率在0.5～1%之间，也可按照种群大小 pop _ size 和染色体长度 1/chromosome _ length 来选取，典型的变异率在 1/pop _ size 和 1/chromosome _ length 之间。

③ 种群大小：可能难以置信，很大的种群规模通常并不能改善 GA 的性能(即找到最优解的速度)。优良的种群规模大约在20～30之间。然而，也曾经报道过使用50～100为最佳的实例。一些研究也表明了最佳种群规模取决于编码以及被编码的字符串大小，这就意味着如果你有32比特的染色体，那么种群规模也应该是32。但是，这无疑是17比特染色体的最佳种群规模的2倍。

17.4 适应度函数

GA 在进化搜索中基本上不用外部信息，仅以目标函数，即适应度函数(fitness function)为依据，利用种群中每个个体（染色体）的适应度值来进行搜索。GA 的目标函数不受连续可微的约束，而且定义域可以为任意集合。对目标函数的唯一要求是，针对输入可计算出能加以比较的非负结果。

在具体应用中，适应度函数的设计要结合求解问题本身的要求而定。需要指出的是，适应度函数评价是选择操作的依据，适应度函数设计直接影响到 GA 的性能。在此，只介绍适应度函数设计的基本准则和要点，重点讨论适应度函数对 GA 性能的影响并给出相应的对策。

17.4.1 目标函数映射为适应度函数

在许多问题求解中，其目标是求取函数 $g(x)$ 的最小值。由于在 GA 中适应度函数要比较排序，并在此基础上计算选择概率，所以适应度函数的值要取正值。由此可见，在不少场合将目标函数映射为求最大值形式且函数值非负的适应度函数是必要的。

在通常搜索方法下，为了把一个最小化问题转化为最大化问题，只需要简单地把函数乘以－1即可，但是对于 GA 而言，这种方法还不足以保证在各种情况下的非负值。对此，可采用以下方法进行转换：

$$f(x)=\begin{cases}C_{\max}-g(x) & g(x)<C_{\max}\\0 & \text{others}\end{cases} \tag{17.1}$$

显然，存在多种方式来选择系数 $C_{\max}$。$C_{\max}$ 可以采用进化过程中 $g(x)$ 的最大值或者当前种群中 $g(x)$ 的最大值，当然也可以是前 K 代中 $g(x)$ 的最大值。C_{max} 最好是与种群无关的适当的输入值。

如果目标函数为最大化问题，为了保证其非负性，可用如下变换式：

$$f(x)=\begin{cases}u(x)+C_{min} & u(x)+C_{min}>0\\0 & \text{others}\end{cases} \tag{17.2}$$

其中，C_{min} 可以取当前一代或者前 K 代中 $g(x)$ 的最小值，也可以是种群方差的函数。

上述由目标函数映射为适应度的方法被称为界限构造法。但是这种方法有时存在界限值预先估计困难、无法精确的问题。

17.4.2 适应度函数的尺度变换

应用GA时，尤其通过它来处理小规模种群时，常常会出现以下问题：

① 在遗传进化的初期通常会产生一些超常个体。如果按照比例选择法，这些异常个体因竞争力太突出而会控制选择进程，从而影响算法的全局优化性能。

② 在遗传进化过程中，虽然种群中个体的多样性尚存在，但往往会出现种群的平均适应度已接近最佳个体的适应度，造成个体间竞争力减弱。从而使有目标的优化过程趋于无目标的随机漫游过程。

我们通常称上述问题为GA的欺骗问题。为了克服上述的第一种欺骗问题，应设法降低某些异常个体的竞争力，这可以通过缩小相应的适应度函数值来实现。对于第二种欺骗问题，应设法提高个体之间的竞争力，这可以通过放大相应的适应度函数值来实现。这种对适应度的缩放调整称为适应度函数的尺度变换(fitness scaling)，它是保持进化过程中竞争水平的重要技术。

常用的尺度变换方法有以下几种：

(1) 线性变换 (linear scaling)

设原始适应度函数为 f，变换后的适应度函数为 f'，则线性变换可用下式表示：

$$f'=af+b \tag{17.3}$$

式中的系数 a 和 b 可以有多种确定方法，但要满足以下两个条件：

① 原始适应度平均值 f_{avg} 要等于变换后的适应度平均值 f'_{avg}，以保证适应度为平均值的个体在下一代的期望复制数为1，即

$$f'_{avg}=f_{avg} \tag{17.4}$$

② 变换后的适应度最大值 f'_{max} 要等于原始适应度平均值 f_{avg} 的指定倍数，以控制适应度最大的个体在下一代的复制数，即

$$f'_{max}=C_{mult}f_{avg} \tag{17.5}$$

其中，C_{mult} 是为了得到所期望的种群中的最优个体的复制数。实验表明，

对于一个典型的种群（种群大小 50～100），C_{mult} 可在 1.2～2.0 范围内。

必须指出，使用线性变换有可能出现负值适应度。原因是在算法运行后期，有可能对原始适应度函数进行过分的缩放，导致种群中某些个体由于其原始适应度远远低于平均值而变换成负值。解决的方法很多，当不能调整 C_{mult} 系数时，可以简单地把原始适应度最小值 f_{min} 映射到变换后适应度最小值 f'_{min}，且使 $f'_{min}=0$。但此时仍需要保持 $f'_{avg}=f_{avg}$。

(2) σ 截断

σ 截断是使用上述线性变换前的一个预处理方法，其主要是利用种群标准方差 σ 信息。目的在于更有效地保证变换后的适应度不出现负值。相应的表达式如下：

$$f'=f-(f_{avg}-c\sigma) \tag{17.6}$$

其中，c 为常数。

(3) 幂函数变换

变换公式如下：

$$f'=f^k \tag{17.7}$$

式中，幂指数 k 与所求问题有关，而且可按需要修正。在机器视觉的一个实验实例中，k 取 1.005。

(4) 指数变换

变换公式如下：

$$f'=e^{-af} \tag{17.8}$$

这种变换方法的基本思想来源于模拟退火法（simulated annealing），其中系数 a 决定了复制的强制性，其数值越小，复制的强制就越趋向于那些具有较大适应度的个体。

17.4.3 适应度函数设计对 GA 的影响

除了上述的适应度函数的尺度变换可以克服 GA 的欺骗问题外，适应度函数的设计与 GA 的选择操作直接相关，所以它对 GA 的影响还表现在其他方面。

(1) 适应度函数影响 GA 的迭代停止条件

严格地讲，GA 的迭代停止条件目前尚无定论。当适应度函数的最大值已知或者准最优解的适应度的下限可以确定时，一般以发现满足最大值或者准最优解作为 GA 迭代停止条件。但是，许多组合优化问题中，适应度最大值并不清楚，其本身就是搜索对象，因此适应度下限很难确定。所以在许多应用事例中，如果发现种群中个体的进化已趋于稳定状态，换句话说，如果发现占种群一定比例的个体已完全是同一个体，则终止迭代过程。

(2) 适应度函数与问题约束条件

GA 仅靠适应度来评价和引导搜索，求解问题所固有的约束条件则不能明确地表示出来。因此，我们可以在进化过程中每迭代一次就检测一下新的个体是否违背约束条件，如果检测出违背约束条件，则作为无效个体被除去。这种方法对于弱约束问题求解是有效的，但是对于强约束问题的求解效果不佳。这是因为在这种场合，寻找一个无效个体的难度不亚于寻找最优个体。

作为对策，可采用一种惩罚方法（penalty method)。该方法的基本思想是设法对个体违背约束条件的情况给予惩罚，并将此惩罚体现在适应度函数设计中。这样一个约束优化问题就转化为一个附加代价（cost）或者惩罚（penalty）的非约束优化问题。

例如，一个约束最小化问题：

最小化：$g(x)$

满足：$b_i(x)\geqslant 0 \quad i=1, 2, \cdots, n$

通过惩罚方法，上述问题可转化为下面的非约束问题。

最小化：
$$g(x)+r\sum_{i=1}^{M}\Phi[b_i(x)] \tag{17.9}$$

其中，Φ 为惩罚函数，r 为惩罚系数。

惩罚函数有许多确定方法，在此对所有的违背约束条件的个体作如下设定。

$$\Phi[b_i(x)]=b_i^2(x) \tag{17.10}$$

在一定条件下，当惩罚系数 r 的取值接近无穷大时，非约束解可收敛到约束解。在实际应用中，GA 中 r 通常对各类约束分别取值，这样可使对约束违背的惩罚分量将是适当的。把惩罚加到适应度函数中的思想是简单而直观，但是惩罚函数值在约束边界处会发生急剧变化，常常引起问题，应加以注意。另外，用 GA 求解约束问题还可以在编码和遗传操作等方面的设计上采取措施。

17.5 模式定理

GA 的执行过程中包含着大量的随机性操作，因此有必要对其数学机理进行分析，为此首先引入模式（schema）的概念。

模式，也称相似模板（similarity template)，是采用三个字符集 {0,1,*} 的字符串，模式的例子如：010*1、*110*、*****、10101，…

符号 * 是一个无关字符。对于二进制字符串，在 {0, 1} 字符串中间加入无关字符 * 即可生成所有可能模式。因此用 {0, 1, *} 可以构造出任意一种模式。我们称一个模式与一个特定的字符串相匹配是指：该模式中的 1 与字符串中的 1 相匹配，模式中的 0 与字符串中的 0 相匹配，模式中的 * 可以是字符串中的 0 或 1。因此，一个模式能够代表几个字符串，如：* 10 * 1 代表 01001、01011、11001、11011。可以看出，定义模式的好处是使我们容易描述字符串的相似性。

我们引入两个模式的属性定义：模式的阶和定义长度。

非 * 字符的数字被称为模式的阶 O(order)，即确定位置（0 或 1 所在的位置）的个数。如表 17.2 所示。

表 17.2 模式的阶

模式	阶 O	所代表的字符串
* * *	0	000 001 010 011 100 101 110 111
1	1	010 011 110 111
*10	2	010 110
1*1	2	101 111
101	3	101

一个阶为 O 的模式代表长度 N 的 2^{N-O} 个不同的字符串。

最远的两个非 * 字符之间的距离被称为模式的定义长度 δ（defining length），即第一个和最后一个确定位置之间的距离，如表 17.3 所示。例如，其中模式 $H=1*1*$，其第一个确定位置是 1，最后一个确定位置是 3，所以 $\delta(H)=3-1=2$。

表 17.3 模式的定义长度

模式	定义长度 δ
* * * * *1* *	0
10 10* *	1
1*1*	2
1*11 0* *1 1001	3

由一个模式所代表的一个字符串（如一个染色体）被称为包含该模式，如表 17.4 所示。

表 17.4 所包含的模式

模式	所包含的模式
1	1 *
00	00 0* *0 * *

续表

模式	所包含的模式
110	110 11* 1*0 1** *10 *1* **0 ***
1011	1011 101* 10*1 10** 1*11 1*1* 1**1 1***
	*011 *01* *0*1 *0** **11 **1* ***1 ****

长度 N 的字符串包含 2^N 个模式。

长度为 N 的字符串共包含 3^N 个不同的模式。

一个长度为 N 的 P 个字符串的种群包含在 2^N 和 min（$P\times2^N$，3^N）模式之间，所以相对种群规模来讲 GA 对模式的数量起的作用更大，如表 17.5 所示。

表 17.5 GA 对模式数量的作用

N	P	模式数量
6	20	64～729
20	50	1048576～52428800
40	100	1.099511×10^{12}～1.099511×10^{14}
100	300	1.267650×10^{30}～3.802951×10^{32}

17.5.1 模式的几何解释

长度 N 的染色体（字符串）在离散 N 维搜索空间中可看作点（超立方体的顶点），如图 17.9 所示。

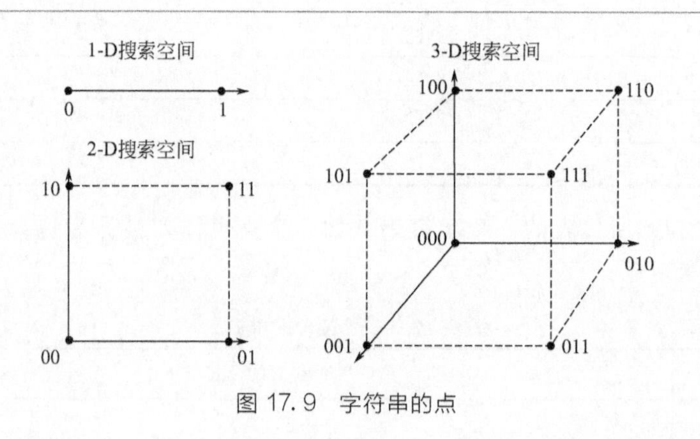

图 17.9 字符串的点

模式在搜索空间中可看作超平面（也就是超立方体的超边缘或超表面），如

图 17.10 所示。

低阶超平面包括更多的顶点 (2^{N-O})。

(1) 模式/超平面的适应度

定义模式（超平面）的适应度 f 作为包含一个模式（超平面）的染色体（顶点）的平均适应度。根据包括 J 种群的染色体的适应度，估计包含在这个种群中的模式的适应度是可能的。如表 17.6 所示。

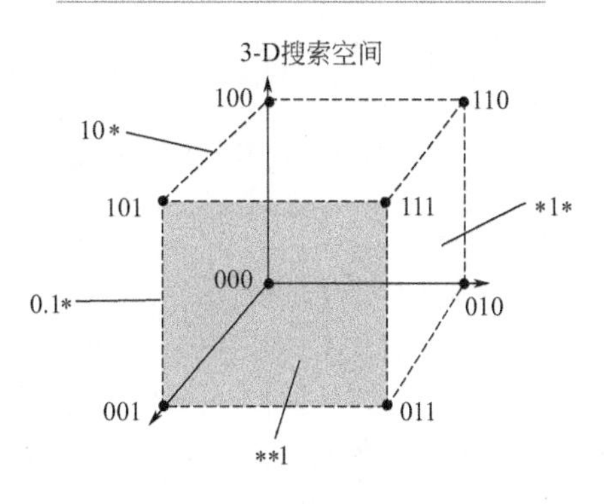

图 17.10 超平面

表 17.6 模式的适应度

种群	f	模式	f
101	5	* * *	(5+1+2+3)/4=2.75
100	1	* * 0	(1+2+3)/3=2
010	2	* * 1	5/1=5
110	3	* 0 *	(5+1)/2=3
		* 00	1/1=1
		* 01	5/1=5
		* 1 *	(2+3)/2=2.5
		…	…

当模式包含更多染色体时，适应度的估计对于低阶模式平均来说更精确，如 0 阶模式“* *… *”包含每个字符串。

(2) 对模式的观察

如果仅仅应用按比例的适应度分配的方法（无交叉或变异），由增加（或减少）染色体的数目，一代接一代地对平均适应度以上（或以下）的模式采样，则：

a. 带有较长的定义长度 δ 的模式具有较高的被交叉破坏的概率；

b. 带有较高阶的模式具有较高的被变异破坏的概率；

c. 带有低阶和短定义长度的模式被称为积木块（building block），积木块以最低的混乱进行 GA 运算，从而 GA 使用相对高的适应度的积木块来得到全局最优解。

17.5.2 模式定理

下面我们来分析 GA 的几个重要操作对模式的影响。

(1) 复制对模式的影响

设在给定的时间 t，种群 $A(t)$ 包含有 m 个特定模式 H，记为：

$$m=m(H,t) \tag{17.11}$$

在复制过程中，$A(t)$ 中的任何一个字符串 A_i（$i=1,2,\cdots,n$）以概率 $f_i/\sum f_i$ 被选中进行复制。因此可以期望在复制完成以后，在 $t+1$ 时刻，特定模式 H 的数量将变为：

$$m(H,t+1)=m(H,t)nf(H)/\sum f_i=m(H,t)f(H)/\overline{f} \tag{17.12}$$

或写成：

$$\frac{m(H,t+1)}{m(H,t)}=\frac{f(H)}{\overline{f}} \tag{17.13}$$

其中，n 为种群大小（个体的总数），$f(H)$ 表示在时刻 t 时对应于模式 H 的字符串的平均适应度，$\overline{f}=\sum f_i/n$ 是整个种群的平均适应度。

可见，经过复制操作后，特定模式的数量将按照该模式的平均适应度与整个种群的平均适应度的比值成比例地改变。换句话说，适应度高于整个种群的平均适应度的模式在下一代的数量将增加，而低于平均适应度的模式在下一代中的数量将减少。另外，种群 A 的所有模式 H 的处理都是并行的，即所有模式经复制操作后，均同时按照其平均适应度占总体平均适应度的比例进行增减。所以概括地说，复制操作对模式的影响是使得高于平均适应度的模式数量将增加，低于平均适应度的模式的数量将减少。

为了进一步分析高于平均适应度的模式数量增长，设：

$$f(H)=(1+c)\overline{f} \qquad c>0 \tag{17.14}$$

则上面的方程可改写为如下的差分方程：

$$m(H,t+1)=m(H,t)(1+c) \tag{17.15}$$

假定 c 为常数时可得：

$$m(H,t)=m(H,0)(1+c)^t \tag{17.16}$$

可见，对于高于平均适应度的模式数量将呈指数形式增长。

从对复制过程的分析可以看到，虽然复制过程成功地以并行方式控制着模式数量以指数形式增减，但由于复制只是将某些高适应度个体全盘复制，或是丢弃某些低适应度个体，而决不产生新的模式结构，因而其对性能的改进是有限的。

(2) 交叉对模式的影响

交叉过程是字符串之间的有组织的而又随机的信息交换，它在创建新结构的同时，最低限度地破坏复制过程所选择的高适应度模式。为了观察交叉对模式的影响，下面考察一个 $N=7$ 的字符串以及此字符串所包含的两个代表模式。

$$A=0111000$$

$$H_1=*1****0$$

$$H_2=***10**$$

首先回顾一下一点交叉过程，先随机地选择匹配对象，再随机选取一个交叉点，然后互换相对应的片断。假定对上面给定的字符串，随机选取的交叉点为 3，则很容易看出它对两个模式 H_1 和 H_2 的影响。下面用分隔符"|"标记交叉点。

$$A=011|1000$$

$$H_1=*1*|***0$$

$$H_2=***|10**$$

除非字符串 A 的匹配对象在模式的固定位置与 A 相同（我们忽略这种可能），模式 H_1 将被破坏，因为在位置 2 的"1"和在位置 7 的"0"将被分配至不同的后代个体中（这两个固定位置由代表交叉点的分隔符分在两边）。同样可以明显地看出，模式 H_2 将继续存在，因为位置 4 的"1"和位置 5 的"0"原封不动地进入到下一代的个体。虽然该例中的交叉点是随机选取的，但不难看出，模式 H_1 比模式 H_2 更易破坏。因为平均看来，交叉点更容易落在两个头尾确定点之间。若定量地分析，模式 H_1 的定义长度为 5，如果交叉点始终是随机地从 $N-1=7-1=6$ 个可能的位置选取，那么很显然模式 H_1 被破坏的概率为：

$$p_d=\delta(H_1)/(N-1)=5/6 \tag{17.17}$$

它存活的概率为：

$$p_s=1-p_d=1/6 \tag{17.18}$$

类似地，模式 H_2 的定义长度为 $\delta(H_2)=1$，它被破坏的概率 $p_d=1/6$，存活的概率为 $p_s=1-p_d=5/6$。推广到一般情况，可以计算出任何模式的交叉存活概率的下限为：

$$p_s\geqslant 1-\frac{\delta(H)}{N-1} \tag{17.19}$$

其中，大于号表示当交叉点落入定义长度内时也存在模式不被破坏的可能性。

在前面的讨论中我们均假设交叉的概率为 1，一般情况若设交叉的概率为 p_c，则上式变为：

$$p_s\geqslant 1-p_c\frac{\delta(H)}{N-1} \tag{17.20}$$

若综合考虑复制和交叉的影响，特定模式 H 在下一代中的数量可用下式来估计：

$$m(H,t+1) \geqslant m(H,t)\frac{f(H)}{\overline{f}}\left[1-p_c\frac{\delta(H)}{N-1}\right] \tag{17.21}$$

可见，对于那些高于平均适应度且具有短的定义长度的模式将更多地出现在下一代中。

(3) 变异对模式的影响

变异是对字符串中的单个位置以概率 p_m 进行随机替换，因而它可能破坏特定的模式。一个模式 H 要存活，意味着它所有的确定位置都存活。因此，由于单个位置的基因值存活的概率为 $(1-p_m)$，而且每个变异的发生是统计独立的，所以一个特定模式仅当它的 $O(H)$ 个确定位置都存活时才存活。其中，$O(H)$ 为模式 H 的阶。从而得到经变异后，特定模式的存活率为：

$$(1-p_m)^{O(H)} \tag{17.22}$$

由于 $p_m \leqslant 1$，所以上式也可近似表示为：

$$(1-p_m)^{O(H)} \approx 1-O(H)p_m \tag{17.23}$$

综合考虑上述复制、交叉及变异操作，可得特定模式 H 的数量改变为：

$$m(H,t+1) \geqslant m(H,t)\frac{f(H)}{\overline{f}}\left[1-p_c\frac{\delta(H)}{N-1}\right]\left[1-O(H)p_m\right] \tag{17.24}$$

上式也可近似表示为：

$$m(H,t+1) \geqslant m(H,t)\frac{f(H)}{\overline{f}}\left[1-p_c\frac{\delta(H)}{N-1}-O(H)p_m\right] \tag{17.25}$$

其中忽略了一项较小的交叉相乘项。

变异的加入则需对前面的分析结论略加改进。从而完整的结论为：对于那些短定义长度、低阶、高于平均适应度的模式将在后代中呈指数级增长。这个结论十分重要，通常称它为 GA 的模式定理（schema theorem）。

根据模式定理，随着 GA 的一代一代地进行，那些短的、低阶、高适应度的模式将越来越多，最后得到的字符串即这些模式的组合，因而可期望性能越来越得到改善，并最终趋向全局的最优点。

17.6 遗传算法在模式识别中的应用

17.6.1 问题的设定

模式识别是指我们日常生活中经常无意进行一些图形的特征对应，比如，“请从图 17.11 的（b）～（f）中找出与（a）相似的图形”的一类模板匹配问题，我们很容易能判断出图（c）是正确解。

如果用计算机进行与此相同的事情就不会这样容易。例如，图 17.11 所示图形分别以二值图像（各点要么是白要么是黑，中间亮色没有的图形）输入，旋转各图形让它们相互重叠，这时必须查看它们之间的重合程度有多大，或者设定圆弧的个数、角的个数等一些特征量，依据比较各图形的特征量来决定它们的对应程度。

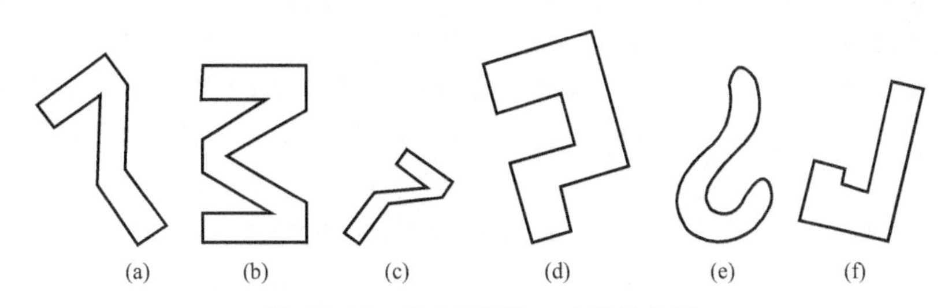

图 17.11　模式识别的一个简单实例

如果所给各图形的种类多且不固定时，这种处理会更加困难，如要处理问题是“从图 17.12(b) 中确定与图 17.12(a) 所给的模板图形相似的图形”。此问题由人来做也是很容易的，但对于计算机来说，要比图 17.11 的问题更加困难。图像中的相似图形的自由度，也就是位置、大小和旋转角度等不明确的因素很多，还有图像中其他的图形越多，处理就越困难。对于人来讲，从图像中对构成图形的线的端点间的连接关系等局部特征，以及图形整体形状的全局特征两方面都能瞬时把握。因为计算机没有这样的概念，人必须事先教计算机那些求解方法。但是现在人还是缺乏如何认识图形的那些生物学或者信息处理的知识，所以让计算机进行处理也是一件很困难的事情。

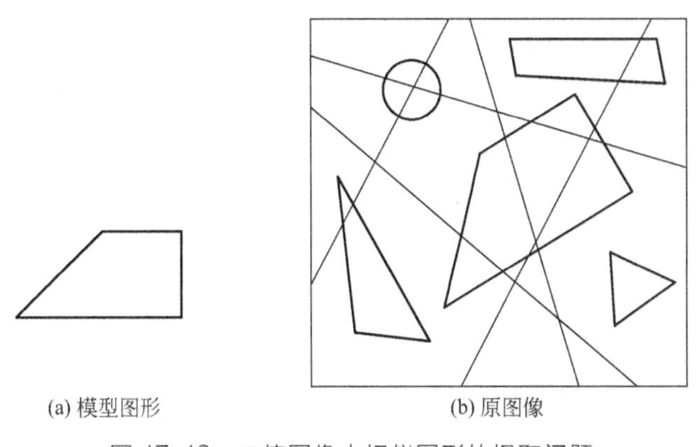

图 17.12　二值图像中相似图形的提取问题

如图 17.11 或者图 17.12 所示的图形模式识别问题对计算机来说是困难的问题，一方面从计算机的实际应用的观点出发又是重要的问题。比如，在工厂内自动工作机械的视觉设计中，用机械手从传送带上传来的部品中只取出现在需要的部品的问题。还有，近年来重要性逐年提高的汽车智能化研究中从驾驶室座位看前方时的图像中提取交通标示牌以及道路指示板上的文字等图形的处理也是有必要的。在此，将讲述如何把 GA 应用到这种图形的模式识别问题中。

此处提出的应该解决的工程方面的课题是：二值相似图形的位置检测问题。

例如，假设给出图 17.12 中那样的二值模板图形以及与此图形相似的图形包含在内的二值图像，此时求与模板图形相似的二值图像中的图形的位置、大小和旋转角度。

对于此问题，为了适用简单 GA，有必要记述它的数学性。在此，作为选出对象的模板图形，假定 xy 二维平面上的 n 个点的点序列 P 如下所示：

$$P=\{p_1(x_1,y_1),p_2(x_2,y_2),\cdots,p_n(x_n,y_n)\} \tag{17.26}$$

其中，各点 $p_i(i=1,2,\cdots,n)$ 的坐标 (x_i,y_i) 是以 p 的重心 p_c 作为原点表示的相对坐标。让模板的重心 p_c 重合 xy 的绝对坐标 (x_c,y_c)，只旋转 θ 后再扩大 M 倍，此时的点序列 Q 采用下面的式子表示。

$$Q=\{q_1(x_1^*,y_1^*),q_2(x_2^*,y_2^*),\cdots,q_n(x_n^*,y_n^*)\} \tag{17.27}$$

其中，(x_j^*,y_j^*) $(j=1,2,\cdots,n)$ 是变换后的各点绝对坐标，用下式表示。

$$\begin{pmatrix} x_j^* \\ y_j^* \end{pmatrix}=M\begin{pmatrix} \cos\theta & -\sin\theta \\ \sin\theta & \cos\theta \end{pmatrix}\begin{pmatrix} x_j \\ y_j \end{pmatrix}+\begin{pmatrix} x_c \\ y_c \end{pmatrix} \tag{17.28}$$

给出一个背景为白色，图形是黑色的二值图像，设式(17.27) 的点序列 Q 的各点是黑色的点的个数为 n_b，此时的模板与图像中的图形的匹配率 R 可以由下式定义。

$$R=\frac{n_b}{n} \tag{17.29}$$

给出了模板 P 的点序列和二值图像时，把点序列 P 在图像上的各个位置以不同大小和旋转角度重叠，求取式(17.29) 所示的匹配率，定义获取最大 R 时的点序列 P 的重心 p_c 的坐标 (x_c,y_c)、放大倍数 M 和旋转角度 θ 的问题，为二值相似图形的位置检测问题。把各坐标轴设为 x_c、y_c、M、θ 的 4 维空间，则必然成为以式(17.29) 所示的匹配率作为评价值时的最大值搜索问题，所以能够有效地使用探索算法的 GA 来解决。

17.6.2 GA 的应用方法

（1）基因型和表现型的设定

在应用遗传算法时，首先必须设定各个个体的基因型和表现型。在此，假设各

个个体 $I_k(k=1,2,\cdots\cdots)$ 具有下面的基因型（在此称为染色体）G_k：

$$G_k=(x_{ck},y_{ck},M_k,\theta_k) \tag{17.30}$$

这表示探索对象的4维空间中的一点。此时各个个体 I_k 的表现型 H_k，把式(17.26) 表示的模板点序列 P，依据式(17.30) 所示的参数变换后作为图形，由式(17.31) 表示。

$$H_k=\{h_{k1}(x_{k1}^*,y_{k1}^*),h_{k2}(x_{k2}^*,y_{k2}^*),\cdots,h_{kn}(x_{kn}^*,y_{kn}^*)\} \tag{17.31}$$

其中，(x_{kj}^*,y_{kj}^*) $(j=1,2,\cdots,n)$ 用下式表示。

$$\begin{pmatrix} x_{kj}^* \\ y_{kj}^* \end{pmatrix}=M_k\begin{pmatrix} \cos\theta_k & -\sin\theta_k \\ \sin\theta_k & \cos\theta_k \end{pmatrix}\begin{pmatrix} x_j \\ y_j \end{pmatrix}+\begin{pmatrix} x_{ck} \\ y_{ck} \end{pmatrix} \tag{17.32}$$

在此，为了使问题容易，对原始图像中的相似图形的自由度作了一些限制。具体包括：原始图像中相似图形的大小与模板相同，也就是式(17.30) 中的 M 总是为1，并且旋转角度 θ 以45°为单位，即固定为0°、45°、90°、…、315°中的一个。式(17.30) 中的各个参数范围为：

$$\begin{aligned} &x_{ck},y_{ck}\in[0,63]\text{中整数；}\\ &M=1；\\ &k=45n,n\in[0,7]\text{中整数。} \end{aligned} \tag{17.33}$$

这样染色体 G_k 在计算机内以共计15比特长度的比特序列表示如下。

$$G_k=\underbrace{\overbrace{001\cdots0}^{x_{ck}}}_{6\text{bits}}\underbrace{\overbrace{101\cdots1}^{y_{ck}}}_{6\text{bits}}\underbrace{\overbrace{0\cdots1}^{\theta_k}}_{3\text{bits}} \tag{17.34}$$

由于 M_k 是常数，可以从染色体中除外。如果不设定上述条件，所有的参数都是未知的且任意取值，那么相似图形的自由度过多，换句话说搜索空间过大而使搜索变得困难。

(2) 适应度的定义

各个个体对环境的适应度，可以使用式(17.29) 给出的匹配率。可是，图形只偏差一点就会引起该匹配率很大变化。还有，当两个图形相互没有充分重合的话，这个值将不会很大。在此，为了避免这个问题，需要对原始图像进行如下的模糊处理。也就是原图像中黑色点的亮度设为 L，白色点的亮度设为0，如图17.13所示的那样，对图像进行 L 阶模糊处理，L 为整数常数。

接下来，具有式(17.33) 形式的染色 I_k 的适应度 $f(I_k)$ 可由下式求得。

$$f(I_k)=\frac{\sum_{j=1}^{n}f(x_{kj}^*,y_{kj}^*)}{Ln} \tag{17.35}$$

其中，n 为构成模板的点的总数。

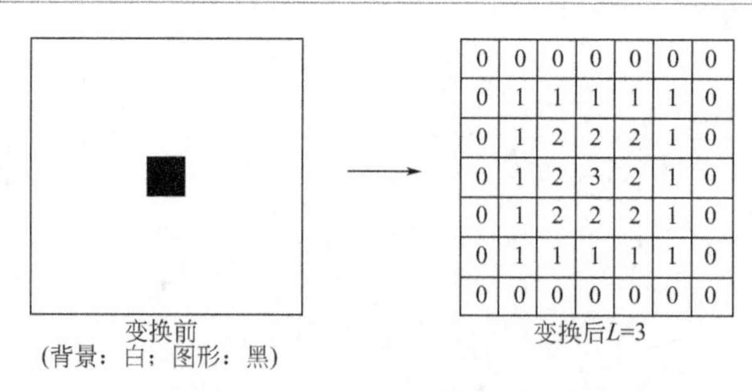

图 17.13 对原始图像进行模糊处理

由此，模板图形重合于原始图像中的相似图形时，即使有一点偏差的情况下，还是能够得到一定大小的适应度，搜索就比较容易了。

（3）遗传算子的设定

接下来要对世代交替中用于生成新个体的遗传算子进行设定。到目前为止已经讲述了许多有关淘汰某一代的个体及选择或生成下一代的个体的方法，此处决定使用如下方法：即将某一代中各个个体的适应度按由大到小的顺序重新排列，按一定比例将下位的个体无条件地淘汰掉，然后从上位的个体中随机地选取几组配对进行交叉，分别生成一对一对的新个体，保持种群大小（个体总数）不变。

17.2 节讲述的简单遗传算法中，最基本交叉方式为一点交叉，在此决定采用二点交叉。

另外，依据小概率发生变异，对各个个体基因进行由 0 至 1 或由 1 至 0 的随机反转处理。

依据上述遗传算子进行的世代交替，高适应度的个体可能持续生存几代，相反，低适应度的个体被淘汰的可能性很高。为此，生物种群有向优秀个体收敛的趋势，适应度递增顺利时，能快速发现最优解，但是陷入局部最优解的可能性也变得很高，有必要引起注意。

17.6.3 基于 GA 的双目视觉匹配

双目视觉是恢复场景深度信息的一种常用方法，但求解对应问题又是双目视觉最困难的一步。下面以苹果树图像为例，介绍基于 GA 的双目视觉匹配方法。

图 17.14 中表示了用双目体视觉对一个苹果三维位置测量的示意图，在双目视觉中，左右摄像机的光轴是平行的。一个苹果的三维位置可以由其重心 C 来表示，重心 C 在左右图像平面上的投影分别为 C_l 和 C_r。重心 C 的三维位置 C（x_c，y_c，z_c）可以由 C_l 和 C_r 之间的位移计算，而 C_l 和 C_r 之间的位移在右图

像的 C_r 和苹果重心 C 所组成的世界坐标系 xyz 上被称为视差，即

$$x_c = x_r B/d$$
$$y_c = y_r B/d$$
$$z_c = FB/d \tag{17.36}$$

其中，x_r、y_r 为 C_r 的坐标；$d = x_l - x_r$ 为视差；x_l、y_l 为相对于世界坐标系 xyz 苹果重心 C 在左图像上的投影坐标；F 为摄像机的焦距；B 为左右摄像机之间的距离，被称为基线。

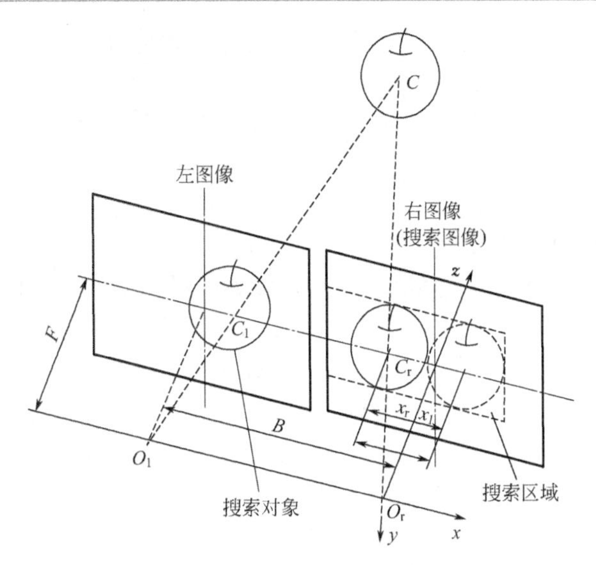

图 17.14　基于双目视觉的苹果三维位置测量示意图

一组（左右 2 幅）苹果图像的对应点借助于基于轮廓的模板匹配算法来确定。因此，定义从左图像中提取的每个苹果轮廓为一个模板；从右图像中提取的含有苹果轮廓的二值线图像为搜索图像。利用 17.6.2 节介绍的方法，基于轮廓模板匹配过程就是对左图像中选定的模板在搜索图像中试图寻找同一苹果的轮廓。

如图 17.15 所示，图像采集装置由两个滑棒及安装其上的摄像机所构成。该摄像机在滑棒上可水平左右移动，拍摄一对（左右两幅）图像。为了基于双目视觉获取三维位置，在测量视差 d 时，式(17.36) 中的基线 B 起着很大作用。如果设定一个比较长的基线，所估算的三维位置将更精确。然而，比较长的基线将导致从左右摄像机中可观察的三维空间狭窄。因此，在选择基线时存在着测量精度和可视空间之间的平衡。由于从摄像机到苹果所处地点之间的实际距离范围可以认为是 50～200cm，那么，分别确定 B 为 10cm、15cm 和 20cm。

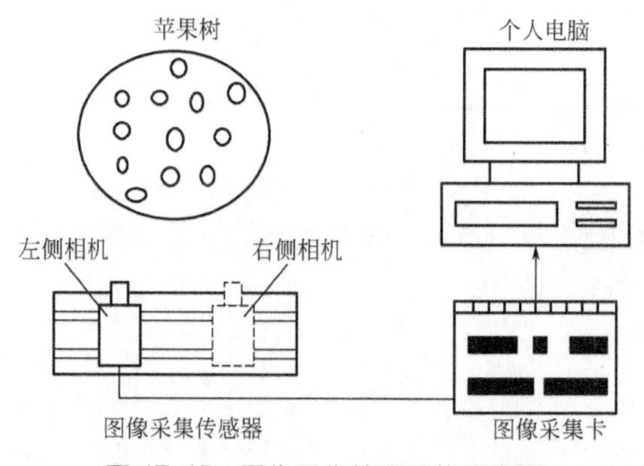

图 17.15 图像采集处理系统示意图

图像处理算法如下。

第一步，对所拍摄的红色苹果（富士）的两幅彩色图像（左右图像）通过色差 G-Y 法取阈值－5 进行二值化，得到区域分割后的两幅二值图像，再对其进行消除小区域的噪声的处理。第二步，对于右图像，通过轮廓跟踪处理提取整个轮廓线作为搜索图像。对于左图像，进行区域分割，然后由中心区域矩、圆形度和面积等参数所组成的线性判别函数，把苹果区域分成单个苹果和复合苹果（多个苹果重叠在一起的情况）。当为复合苹果时，使用距离变换和膨胀的分离处理方法提取各个单个苹果。左图像中的苹果轮廓分别作为模板被提取出来。最后，使用 GA 模板匹配方法来寻找与从左图像中逐一选择的模板同一的苹果轮廓。在左右图像中，被匹配的苹果的三维位置就能借助重心坐标计算得到。重复迭代这个搜索操作直到左图像中的所有苹果，即模板被处理完为止。

图 17.16(a) 和 (b) 分别是苹果树的彩色立体图像对。它们是在从摄像机到苹果所处地点的距离 100cm 处拍摄的。图 17.17(a) 和 (b) 表示了由彩色区域分割处理获得的各个二值图像。左图像中具有标记“1”～“8”的八个苹果分别对应

(a) 左图像　　(b) 右图像

图 17.16 彩色双目图像对

右图像中具有标记“a”～“h”的苹果。除了最上面的一个苹果由于叶子的遮挡，在分离处理中变得过小而不能作为模板外，其余8个苹果都正确地匹配上了，如图17.18所示。本实验在各种光照条件下设定基线10cm、15cm、20cm各拍摄了36组图像，实验结果95%以上的苹果都正确地得到了匹配。

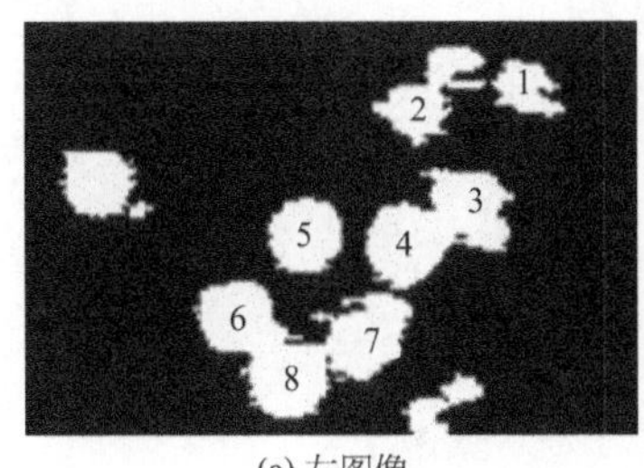

(a) 左图像

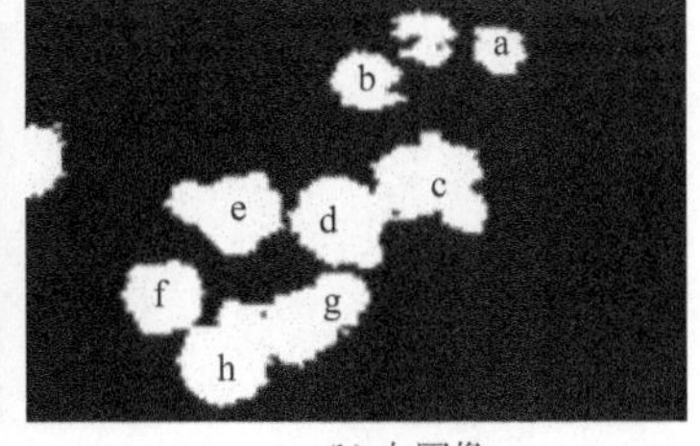

(b) 右图像

图17.17 二值双目图像对

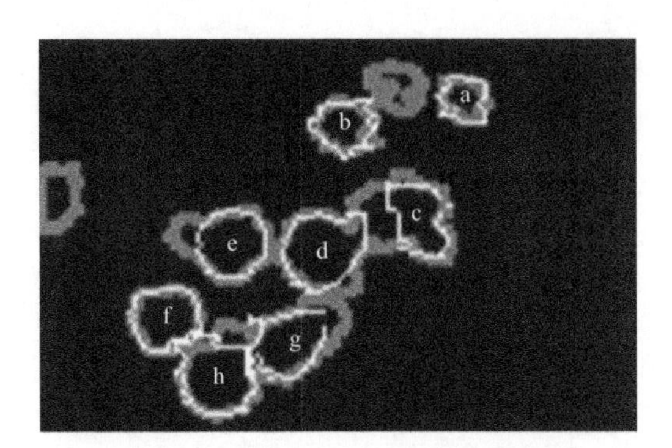

图17.18 基于GA的模板匹配结果

参考文献

[1] Sun M, Takahashi T, Zhang S, Bekki E. Matching Binocular Stereo Images of Apples by Genetic Algorithm [J]. Agricultural Engineering Journal, 1999, 8(2): 101-117.

[2] 孫明.画像処理によるリンゴ果実の識別と位置検出[D].盛岡:岩手大学,1999.

下篇

机器视觉应用系统

第18章

通用图像处理系统 ImageSys[1]

18.1 系统简介

ImageSys 是一个大型图像处理系统，主要功能包括图像/多媒体文件处理、图像/视频捕捉、图像滤波、图像变换、图像分割、特征测量与统计、开发平台等。可处理彩色、灰度、静态和动态图像。可处理文件类型包括：位图文件（bmp)、TIFF 图像文件（tif、tiff)、JPEG 图像文件（jpg、jpeg）等、文档图像文件（txt）和多媒体视频图像文件（avi、dat、mpg、mpeg、mov、vob、flv、mp4、wmv、rm 等）。图像/视频捕捉采用国际标准的 USB 接口和 IEEE1394 接口，适用于台式计算机和笔记本计算机，可支持一般民用 CCD 数码摄像机（IEEE1394 接口）和 PC 相机（USB 接口）。

ImageSys 以其广泛丰富的多种功能，以及伴随这些功能提供给用户的大量可利用的函数，使本系统能够适应不同专业、不同层次的需要。用于教学可以向学生展示现代图像处理技术的多种功能；在实际应用上可以代替使用者自动计算测量多种数学数据；可以利用提供的函数组合各种功能用于机器人视觉判断；特别是对于利用图像处理的科学研究，可以用本系统提供的丰富功能简单地进行各种试验，快速找到最佳方案，用提供的函数库简单地编出自己的处理程序。

图 18.1 ImageSys 操作界面

ImageSys 还提供了一个框架源程序，包括图像文件的读入、保存、图像捕捉、视窗程序的基本系统设定等与图像处理无关、令人头疼但不得不做的繁杂程序，也包括部分图像处理程序，可以简单地将自己的程序写入框架程序，不仅能节省大量宝贵的时间，还能参考函数的使用方法。图 18.1 是 ImageSys 的操作界面。

18.2 状态窗

如图 18.2 所示，状态窗用于显示模式、帧模式以及处理区域的设定。

（1）显示模式

可以选择灰色、彩色、假彩色等表示方式，也可以表示 R 分量、G 分量和 B 分量的灰度图像。

（2）帧模式

可以显示当前帧，也可以从开始帧到结束帧连续、循环显示。连续显示需设定开始帧、结束帧、等待时间间隔等。图像处理结果可表示在下帧，原图像保留；也可写在原帧上。

（3）处理区域

可以通过对起点、终点坐标的设置来设定处理区域，交替选择预先设定的最大处理区域和中间 1/2 处理区域。也可对处理区域自由设定：移动鼠标到要设定区域的起点，按下“Shift”键后按下鼠标左键，移动鼠标到要设定区域的终点位置，抬起“Shift”键和鼠标左键即可。

图 18.2 状态窗

18.3 图像采集

这里只介绍 DirectX 直接采集、VFW PC 相机采集和 A/D 图像卡采集，可以选配。其他还有独立的高速相机图像采集，这里不做介绍。

18.3.1 DirectX 直接采集

直接采集是基于 DirectX 的图像采集软件系统。该系统可支持一般民用 CCD 数码摄像机（IEEE1394 接口）和 PC 相机（USB 接口）。

使用 CCD 摄像机 IEEE1394 接口时，采集到硬盘时的捕捉速度与摄像机的制式有关，通常 PAL 制式 25 帧/秒，NTSC 制式 30 帧/秒；采集到系统帧（内存）时的捕捉速度与计算机的处理速度有关。

使用 USB 接口捕捉时，采集到硬盘、内存的捕捉速度都与计算机处理速度有关。

捕捉速度默认为 15 帧/秒，也可自行设定。通过对捕捉方式的设定，可将图像捕捉到系统帧上，或将图像采集到硬盘上。图 18.3 为 DirectX 图像采集功能界面。

18.3.2 VFW PC 相机采集

PC 相机采集是基于摄像窗口 VFW（Video For Windows）的图像捕捉工具，用于 PC 相机（USB 接口）。

捕捉速度默认为 15 帧/秒，也可自行设定。通过对捕捉方式的设定可将图像捕捉到系统帧上，或将图像采集到硬盘上。图 18.4 为 VFW 图像采集功能界面。

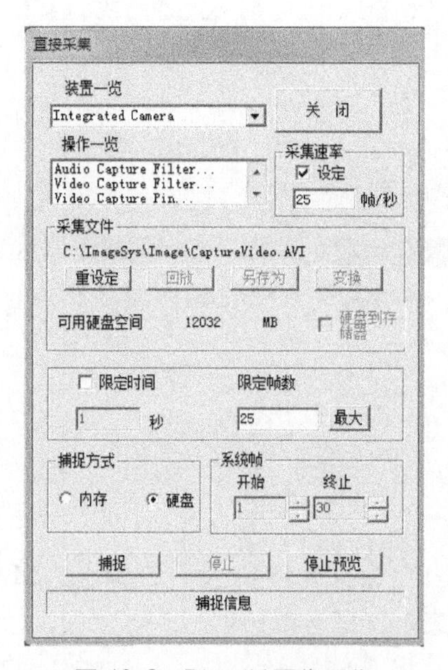

图 18.3 DirectX 图像采集

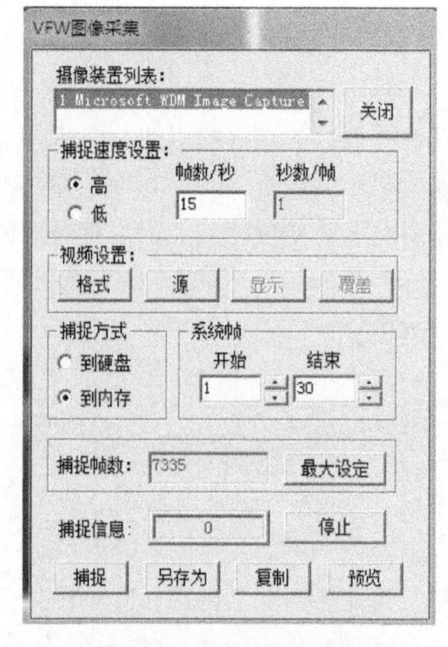

图 18.4 VFW 图像采集

18.3.3 A/D 图像卡采集

采图模式：彩色，灰度。

采图方式：硬盘，内存。

采图文件：AVI，连续 BMP。

适用环境：Windows 系列。

支持一机多卡，支持多相机切换采图。

一台计算机上可以同时安装多个图像采集卡、连接多个相机。设备制式可选“PAL”或“NTSC”。通过对捕捉方式的设定可将图像捕捉到系统帧上，或将图像采集到硬盘上。图 18.5 为 A/D 图像卡采集功能界面。

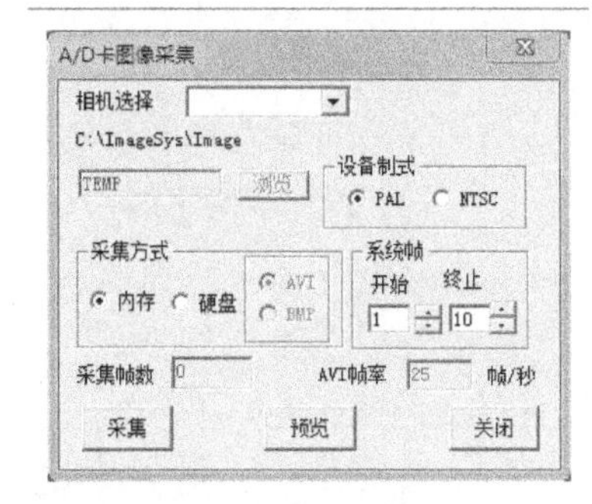

图 18.5 A/D 图像卡采集

18.4 直方图处理

18.4.1 直方图

可以选择直方图的类型：灰度，彩色 RGB、*R* 分量、*G* 分量、*B* 分量，彩色 HSI、*H* 分量、*S* 分量、*I* 分量。

可以依次显示所选类型的像素区域分布直方图的最小值、最大值、平均值、标准差、总像素等。显示所选类型的像素区域分布直方图。可以剪切和打印直方图。

可以查看直方图上数据的分布情况。可以读出以前保存的数据、保存当前数据、打印当前数据。保存的数据可以用 Microsoft Excel 将其打开，重新做分布图。

图 18.6 为直方图功能界面。

18.4.2 线剖面

线剖面表示鼠标所画直线上的像素值分布。可选择线剖面的分布图类型包括：灰度，彩色 RGB、*R* 分量、*G* 分量、*B* 分量，彩色 HSI、*H* 分量、*S* 分量、*I* 分量等。

选择单个分量时，在窗口左侧会显示该分量线剖面信息的平均值和标准偏差。可以对线剖面进行移动平滑和小波平滑。移动平滑可以设定平滑距离。小波平滑可以设定平滑系数、平滑次数、去高频和去低频。去高频是将高频信号置零，留下低频信号，即平滑信号。去低频是将低频信号置零，留下高频信号，是为了观察高频信号。图 18.7 为线剖面的功能界面。线剖面是很有用的图像解析工具。

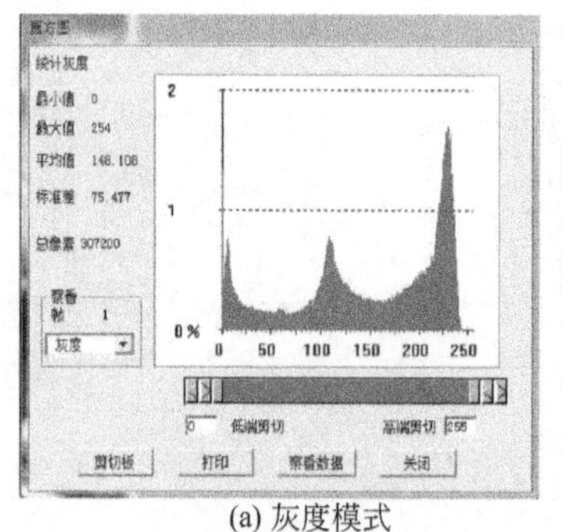

(a) 灰度模式

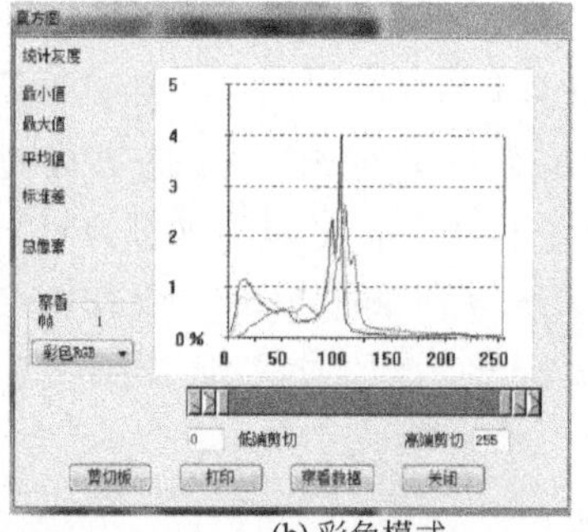

(b) 彩色模式

图 18.6 直方图功能界面

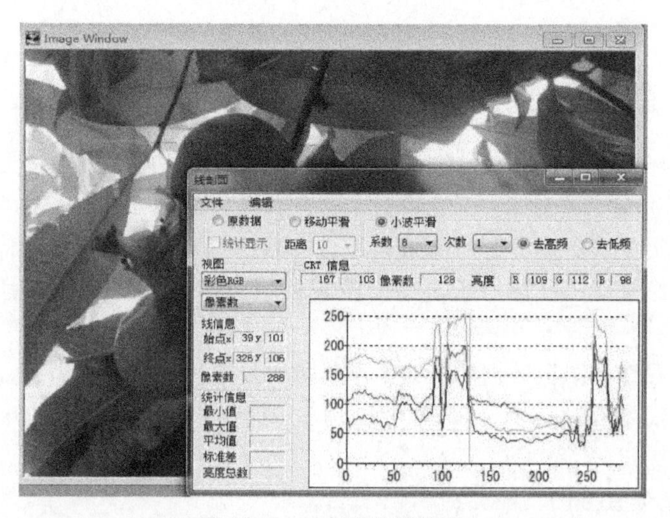

图 18.7 线剖面功能界面

18.4.3 3D 剖面

X 轴表示图像的 x 坐标，Y 轴表示图像的 y 坐标，Z 轴表示像素的灰度值。可以采用自定义表示和 OpenGL 三维显示。可以设定采样空间、反色。可设定分布图的 Z 轴高度尺度、最大亮度、基亮度、涂抹颜色、背景颜色等。图 18.8 是 3D 剖面示例图。

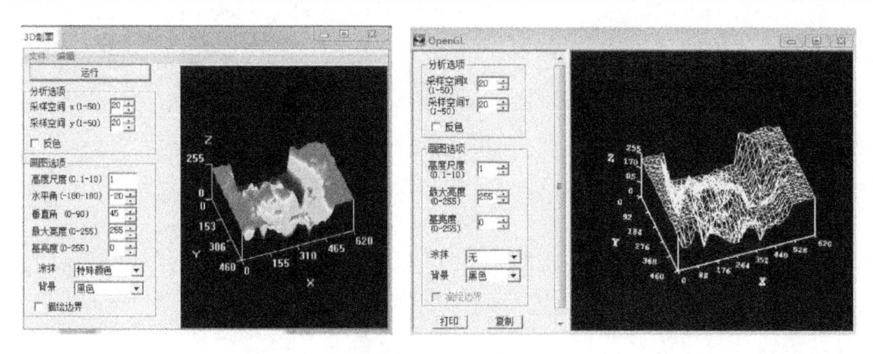

图 18.8　3D 剖面

18.4.4　累计分布图

累计分布图是指垂直方向或者水平方向的像素值累加曲线。打开功能窗口即显示处理窗口内像素的累计分布情况，若未选择处理窗口，显示的则是整幅图内像素的累计分布情况。

可选择的累计分布图类型有：灰度，彩色 RGB、*R* 分量、*G* 分量、*B* 分量，彩色 HSI、*H* 分量、*S* 分量、*I* 分量等。选择单个分量时，显示所选类型累计分布图的最小值、最大值、平均值、标准差、总像素等。图 18.9 显示了图像上虚线窗口区域彩色 RGB 的垂直方向累计分布图，横坐标表示处理窗口的横坐标，纵坐标表示像素的累加值。

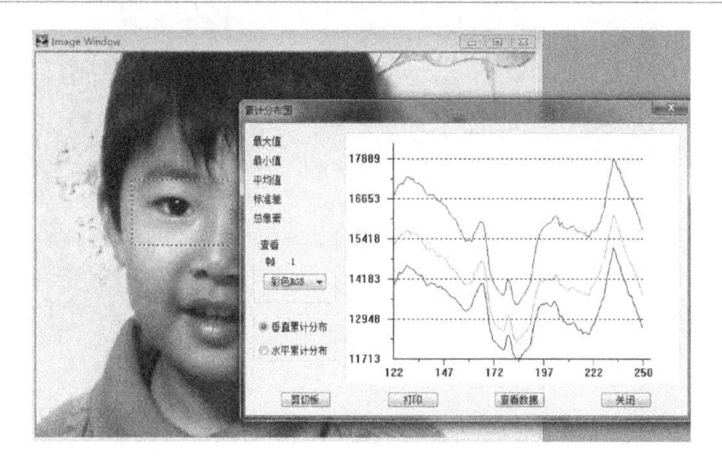

图 18.9　窗口区域垂直方向累计分布图

可以剪切和打印累计分布图。可以查看数据，打开数据窗口“文件”菜单，可以读取以前保存的数据、保存当前数据、打印当前数据。保存的数据可以用 Microsoft Excel 将其打开，重新做分布图。

18.5 颜色测量

颜色测量是根据 R、G、B 的亮度值以及国际照明委员会（CIE）倡导的 XYZ 颜色系统、HSI 颜色系统进行坐标变换、测量色差等。

可以图像及数字表示基准色、测量颜色及色差。内容包括：R、G、B 的亮度值，HSI 颜色系统下的取值，变换到 CIE XYZ 颜色系统时的 3 刺激值，3 刺激值在 XYZ 颜色系统的色度图上的色度坐标 x、y，在 CIE 的 $L^*a^*b^*$ 色空间值，以及变换成 CIE UCS 颜色空间时的坐标 u^*、v^*。

可选择摄影时的光源。A 光源：相关色温度为 2856K 左右的钨丝灯；B 光源：可见光波长域的直射太阳光；C 光源：可见光波长域的平均光；D65 光源：包含紫外域的平均自然光。图 18.10 是颜色测量功能界面。

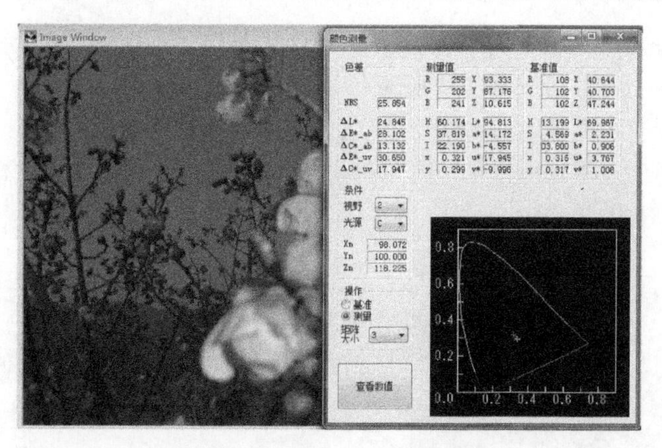

图 18.10 颜色测量功能界面

18.6 颜色变换

18.6.1 颜色亮度变换

用于彩色或灰度图像的亮度变换。可选择线性恢复、像素提取、范围移动、

N 值化、L（朗格）变换、γ（伽马）变换、动态范围变换等亮度变换的方法。

图 18.11 颜色亮度变换功能界面

可对图像进行反色处理，将图像的浓淡信息反转。可通过均衡化像素分布，使图像变得鲜明。可对雾霾图像进行清晰化处理。

可根据变换类型分别设定相应的参数。“像素提取”的背景选定：可选“黑色”和“白色”；“范围移动”的位移量的可设定“位移量 Y”和“位移量 X”；“N 值化”可选择：“2、4、8、16、32、64、128、256”；“γ（伽马）变换”的 γ 系数可在 0～1.0 之间设定，初始值为 0.5；灰度值的设定，可通过输入灰度值或灰度调节柄来实现。图 18.11 是颜色亮度变换的功能界面。

18.6.2 HSI 表示变换

可将图像的 RGB 颜色值转换成 HSI 颜色值的图像表示。可以分别表示色相 H、饱和度 S、亮度 I、色差 R-I 和 B-I 的图像。自由调节 HSI 各个分量后，改变图像颜色。如图 18.12 所示。

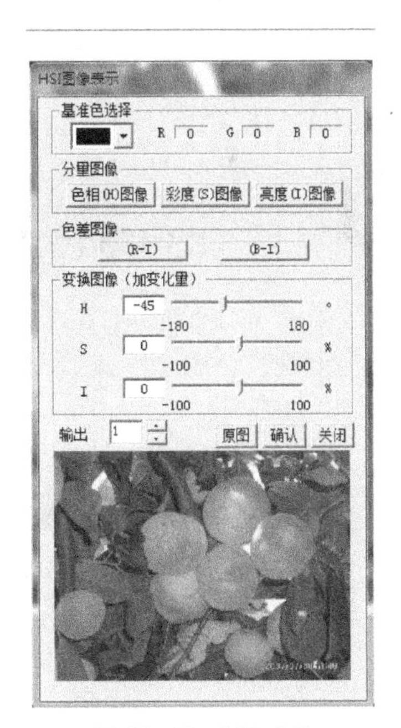

图 18.12 HIS 变换

18.6.3 自由变换

如图 18.13 所示，可对图像进行平移、90°旋转、亮度轮廓线、马赛克、窗口涂抹、积分平均等处理。

① 平移：执行图像的滚动或移动。

② 亮度轮廓线：画出各个亮度范围的轮

廓线。可设定亮度范围的下限和上限，也可设定把亮度范围分割成等份的除数，设定轮廓线的亮度值，设定轮廓线以外的背景的亮度。

③ 马赛克：计算设定范围内像素的亮度平均值，画出马赛克图像。可设定水平方向像素范围和垂直方向像素范围。

④ 窗口涂抹：以任意的亮度涂抹处理窗口内或处理窗口外。

设定涂抹亮度方法：a. 帧平均，处理窗口周围的像素的平均亮度；b. 区域平均，处理窗口内的像素的平均亮度；c. 指定，指定亮度。

⑤ 积分平均：设定多帧图像，计算出平均图像。用于除去随机噪声，改善图像。

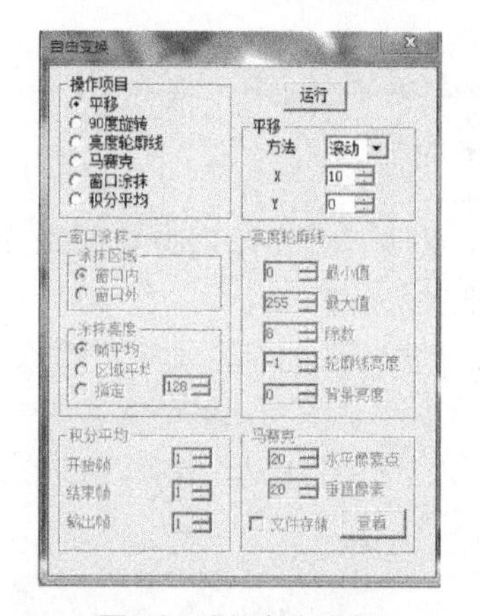

图 18.13 自由变换

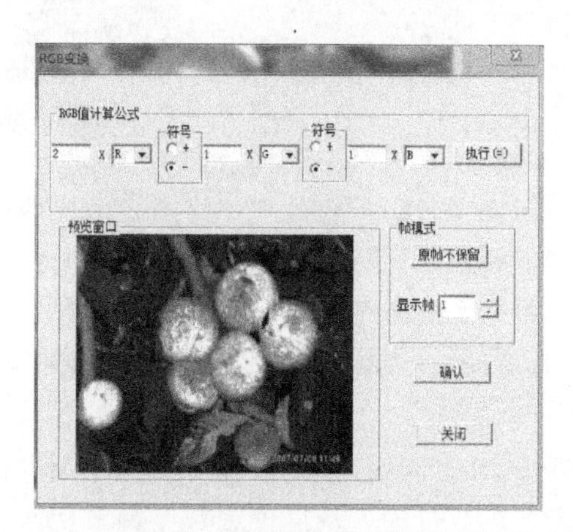

图 18.14 RGB 颜色变换

18.6.4 RGB 颜色变换

如图 18.14 所示，用于彩色图像 R、G、B 三分量之间的加减运算。可以方便地提取彩色图像中 R、G、B 上的分量图，强化某些分量。

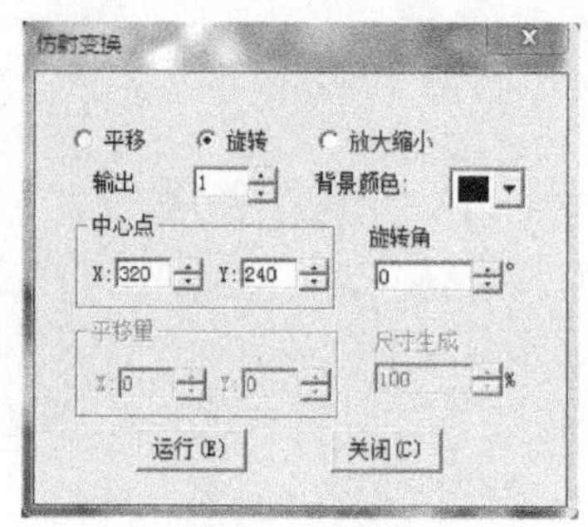

图 18.15 仿射变换

18.7 几何变换

18.7.1 仿射变换

如图 18.15 所示，可选平移、旋转、放大缩小等变换项目。

选择旋转或放大缩小时，可设定旋转或放大缩小的 x、y 方向的中心坐标。默认值为图像中心的 x、y 坐标。

选择“旋转”时，设定旋转角后，窗口上自动表示旋转后的图像。

选择“平移”时，设定平移量后，窗口上自动表示平移后的图像。

选择“放大缩小”时，按照所设定的比例，窗口上自动表示尺寸生成后的图像。

18.7.2 透视变换

可以设定：扩大率，视点位置，屏幕位置，X、Y、Z 方向的移动量，以 X、Y、Z 轴为旋转轴的旋转角度。

图 18.16 为透视变换的界面和预览图。设定参数如下：扩大率 $X=1.2$，$Y=1.2$；视点位置 $Z=50$；屏幕位置 $Z=50$；移动量 $X=1$，$Y=1$，$Z=1$；回转度 $X=10°$，$Y=10°$，$Z=10°$。点击“确定”后，预览图显示到图像界面。

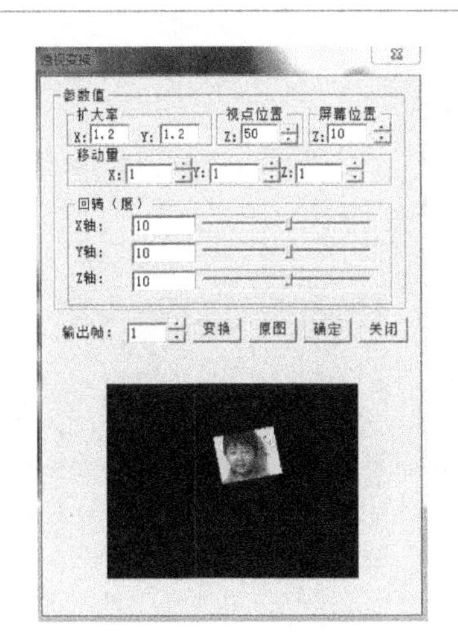

图 18.16 透视变换

18.8 频率域变换

18.8.1 小波变换

图 18.17 是小波变换界面，可以进行一维行变换、一维列变换和二维小波变

换，小波变换时可以消除任意分量后进行逆变换，可以对选择区域进行小波放大处理。

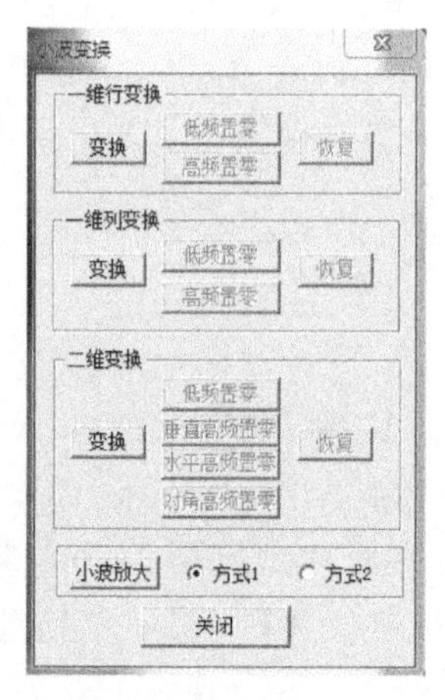

图 18.17　小波变换

（1）一维列变换处理例

对原图像进行连续三次列“变换”以后，将垂直方向“低频置零”，再进行三次列“恢复”，结果如图 18.18 所示。

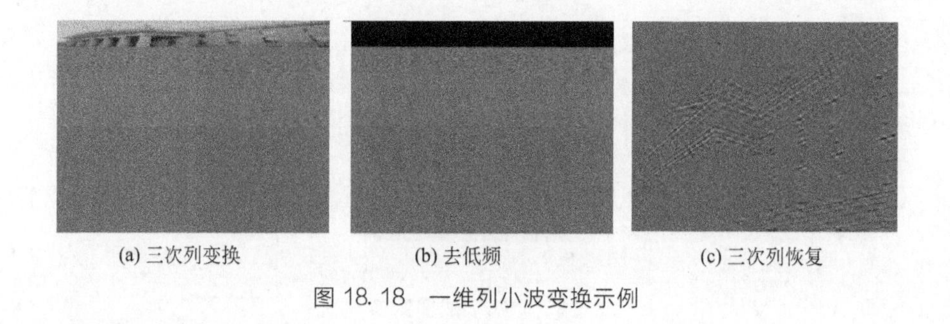

(a) 三次列变换　(b) 去低频　(c) 三次列恢复

图 18.18　一维列小波变换示例

（2）二维变换处理例

对原图像进行连续三次二维小波“变换”以后，将“低频置零”，再进行三次“恢复”处理，如图 18.19 所示。

18.8.2　傅里叶变换

快速傅里叶变换只能对长和宽都是 2 的次方大小的图像进行变换。如果图像处理区域的大小不是 2 的次方，将会自动缩小到 2 的次方大小进行处理。

(a) 三次二维变换　(b) 去低频　(c) 三次二维恢复

图 18.19　二维列小波变换示例

如图 18.20 所示，对变换后的傅里叶图像可以选择各种类型的滤波器进行滤波处理，然后进行图像恢复。滤波器的种类包括：用户自定义、理想低通滤波器、梯形低通滤波器、布特沃斯低通滤波器、指数低通滤波器、理想高通滤波器、梯形高通滤波器、布特沃斯高通滤波器、指数高通滤波器等。可以设定各个滤波器的参数。

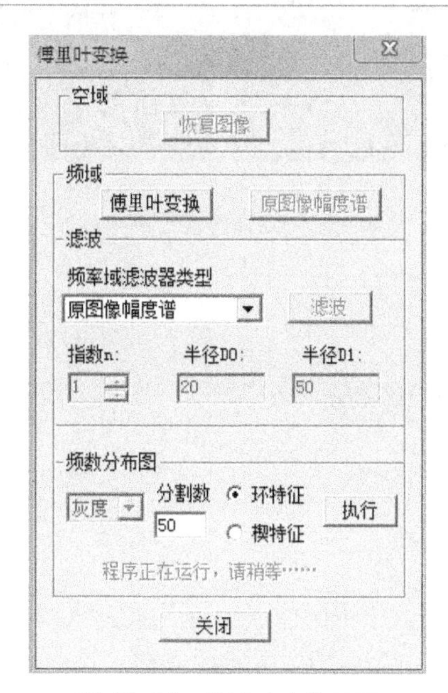

图 18.20　傅里叶变换界面

可以查看频率图像的环特征和楔特征。环特征是指频率图像在极坐标系中沿极半径方向划分为若干同心环状区域，分别计算每个同心环状区域上的能量总和。楔特征是指频率图像在极坐标系中沿极角方向划分为若干楔状区域，分别计算每个楔状区域上的能量总和。

处理示例如图 18.21 所示。

图 18.21 傅里叶变换示例

18.9 图像间变换

18.9.1 图像间演算

如图 18.22 所示，进行图像间的加、减、乘、除运算和逻辑运算，逻辑算子包括：AND、OR、XOR、XNOR。算术运算时，可以任意指定运算系数。可进行多帧图像的连续处理。

18.9.2 运动图像校正

(1) 场变换

由摄像装置摄取的一幅图像是由奇数扫描场和偶数扫描场构成的，也就是说，由奇数扫描场和偶数扫描场的像素可以合成一帧图像。该功能是将奇数场和偶数场分别做成一帧图像，可以进行多帧的连续处理。

（2）模糊校正

矫正摄像时因扫描交错而产生的模糊。可以选择奇数场和偶数场，用选择的场做成一帧图像，来替代原来帧的图像。

图 18.23 为运动图像校正的功能示意。

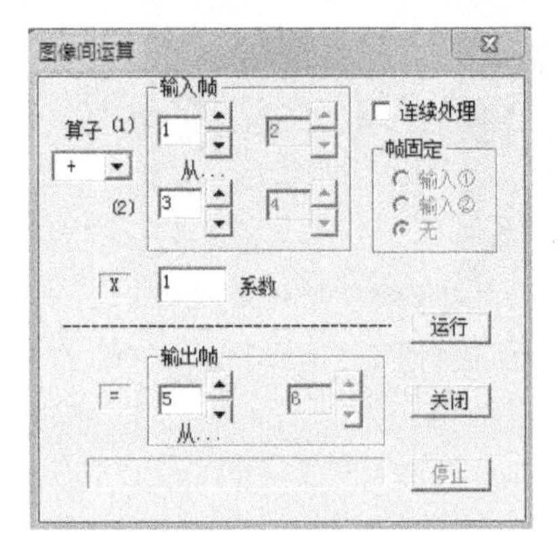

图 18.22 图像间运算

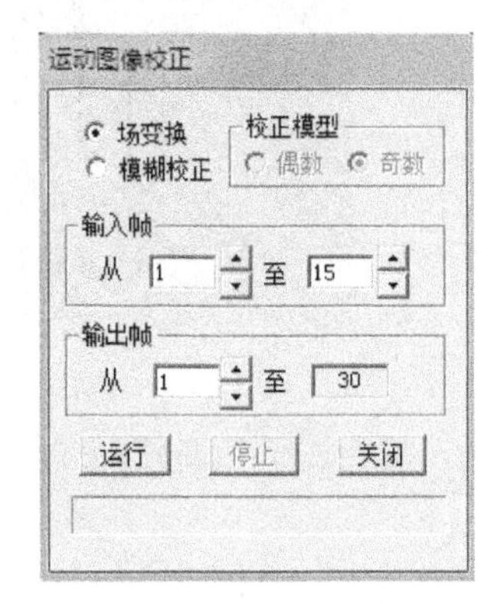

图 18.23 运动图像校正

18.10 滤波增强

18.10.1 单模板滤波增强

滤波增强是对图像的各个像素及其周围的像素乘一个系数列（滤波算子），得出的和数再除某一个系数（除数），将最后结果作为该像素的值。通过上述处理，达到增强图像的某一特征或改善图像质量的目的。

可选的滤波器类型包括：简单均值、加权均值、4 方向锐化、8 方向锐化、4 方向增强、8 方向增强、平滑增强、中值滤波、排序、高斯滤波、自定义。选择以上几种滤波算子时，滤波算子和除数的数据将自动在窗口表示。

滤波器算子的大小可以选择：3×3、5×5、7×7、9×9 等。

图 18.24 是单模板滤波增强的功能界面和处理示例，对一帧彩色图像进行了 3×3 区域的 8 方向锐化处理。

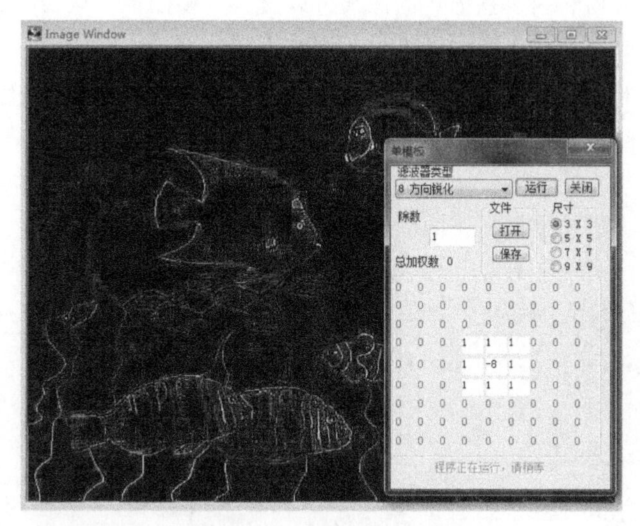

图 18.24 单模板滤波增强

18.10.2 多模板滤波增强

如图 18.25 所示，可选的滤波器类型有：Prewitt 算子、Kirsch 算子、Robinson 算子、一般差分、Roberts 算子、Sobel 算子、拉普拉斯运算：算子 1、算子 2、算子 3、用户自定义等。

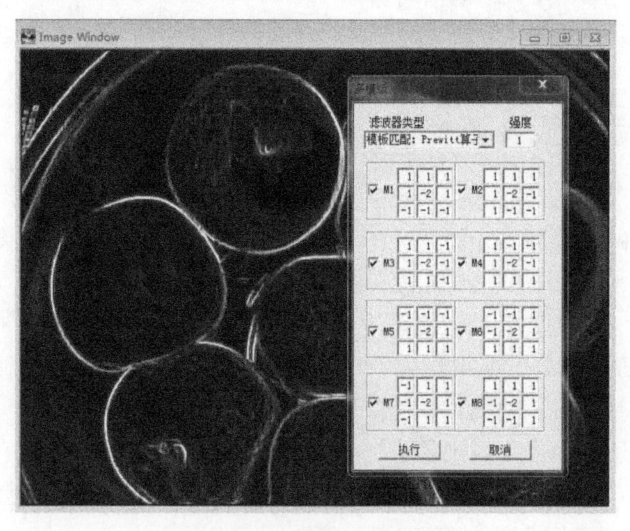

图 18.25 多模板滤波增强

以上算子中，Prewitt 算子，Kirsch 算子，Robinson 算子是基于模板匹配的边缘检测与提取算子，它们各自有 9 个模板可供用户选择。一般差分、Roberts 算子、Sobel 算子以及 3 种拉普拉斯算子是基于微分的边缘检测与提取算子。用户选定滤波器种类后，对于基于模板匹配的算子，可同时选择其对应的多个模板，以达到最好效果，而对于基于拉普拉斯算子的运算则为单模板。

18.10.3 Canny 边缘检测

如图 18.26 所示，Canny 边缘检测可以选择分步检测和一键检测。分步检测时，按顺序一步一步执行，显示各步处理结果图像。一键检测时，点击“Canny 检测”键，只显示最终检测结果。选择滤波器尺寸后，自动采用默认平滑尺度，也可以手动设定平滑尺度。高阈值（占比）和低阈值（占比）可以根据检测效果设定。

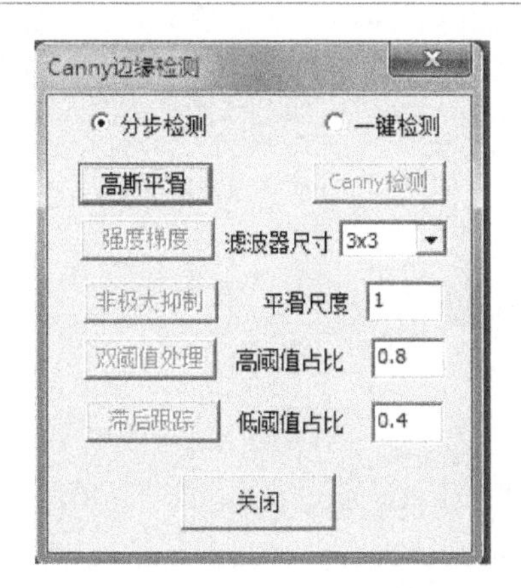

图 18.26　Canny 边缘检测

18.11 图像分割

灰度图像或以灰度模式显示的彩色图像的二值化处理，可以人工自由设定阈值，也可以由系统自动求出阈值将图像二值化。可选择的自动二值化方法包括：模态法，p 参数法和大津法。

基于 RGB 颜色系统的彩色图像二值化处理，可以分别设定 R、G、B 的有效、无效及阈值范围；基于 HSI 颜色系统的彩色图像二值化处理，可以分别设定 H、S、I 的有效、无效及阈值范围。两种彩色二值化处理的阈值还可以通过鼠标在图像上点击要提取部位，自动获得阈值范围，可以设定鼠标点击区域大小。图 18.27 是二值化处理的功能界面。

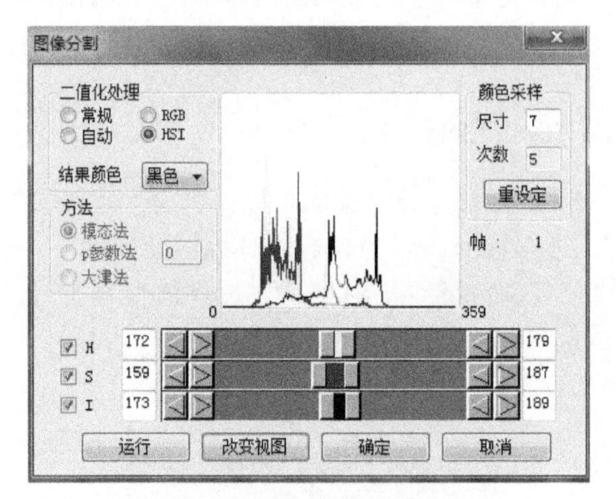

图 18.27　二值化处理的功能界面

18.12 二值运算

18.12.1 基本运算

如图 18.28 所示，可以选择处理的目标对象为“黑色”或者“白色”，可以选择“8 邻域”或者“4 邻域”处理，处理的项目包括：去噪声、补洞、膨胀、腐蚀、排他膨胀、细线化、去毛刺、清除窗口、轮廓提取等。

① 去噪声处理。可在参数项设定去噪声的像素数，选择小于或大于该像素数作为噪声去除。

② 膨胀或者腐蚀处理。执行一次，根据邻域设定（8 邻域或 4 邻域）膨胀或者腐蚀一圈，反复执行膨胀和腐蚀命令，可以有效地修补图像的表面、断裂、孔洞等。

③ 排他膨胀。膨胀后，对象物的个数不变，可以用于修补图像，而不改变对象物个数。执行一次，根据邻域设定（8 邻域或 4 邻域）膨胀一次，靠近其他对象物的部位不膨胀。

④ 细线化。一个像素一个像素地缩小对象物的轮廓，直到缩小为一个像素

宽（细线）的“骨架”为止。可以设定“细线化次数”，设定值为“0”时（默认的情况），表示执行到细线为止。本细线化处理，只将线条变细，而不变短。

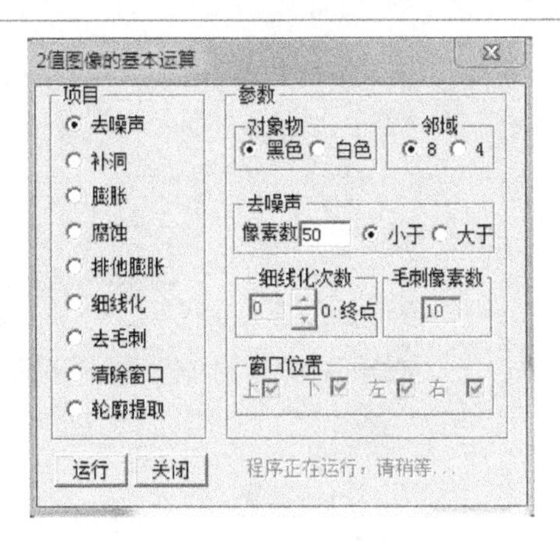

图 18.28　多模板滤波增强

⑤ 去毛刺。修正细线化后的图像，可以设定毛刺的长度（毛刺像素数）。

⑥ 清除窗口。清除窗口上的不想处理的对象物。可以设定清除方向：上、下、左、右。

18.12.2　特殊提取

可测定对象物的26项几何数据，根据最多4个“与”或“或”的条件提取对象物。

设定项目包括：面积、周长、周长/面积、面积比、孔洞数、孔洞面积、圆形度、等价圆直径、重心（X）、重心（Y）、水平投影径、垂直投影径、投影径比、最大径、长径、短径、长径/短径、投影径起点X、投影径起点Y、投影径终点X、投影径终点Y、图形起点X（扫描初接触点的x坐标）、图形起点Y（扫描初接触点的y坐标）、椭圆长轴、椭圆短轴、长轴/短轴。

选择两个以上项目时有效。表示提取对象物时所选项目之间的逻辑关系，可选择“与”或者“或”。

鼠标点击目标后，自动获得目标的选定几何参数，可以参考这些参数设定提取阈值。设定范围包括：大于阈值、小于阈值和取两阈值之间。

可以打开和保存设定的处理条件。

图18.29是特殊提取的操作界面及一个提取示例，该示例是提取面积大于500像素和周长大于80像素的黑色目标。

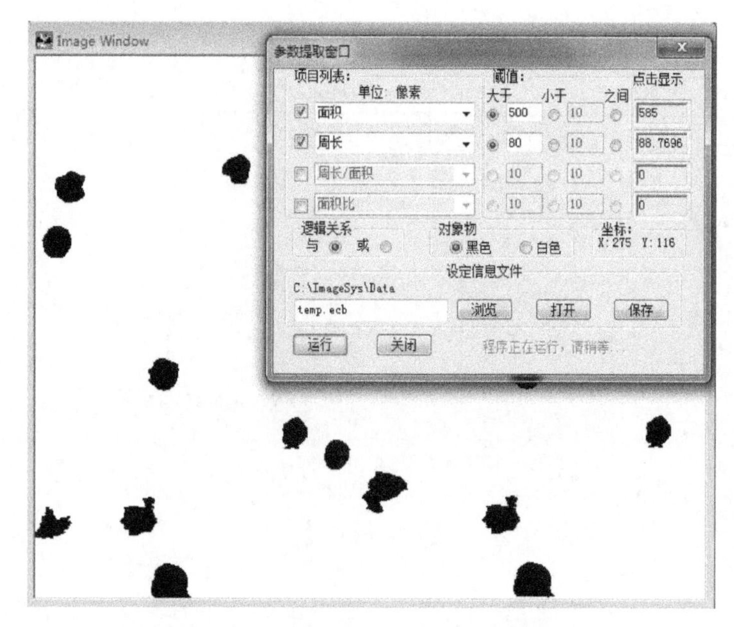

图 18.29 特殊提取的操作界面及提取示例

18.13 二值图像测量

包括几何参数测量、直线参数测量、圆形分离和轮廓测量等内容，以下分别介绍各项内容。

18.13.1 几何参数测量

可以选择一般处理和手动处理。一般自动参数测量共有 49 个项目；手动测量可测量两点间距离、连续距离、3 点间角度、两线间夹角等。

在测量之前，可以通过鼠标设定比例尺，设定比例尺之后，测量的就是实际数据，如果不设定比例尺，默认测量的单位是像素数。比例尺的单位有 pm、nm、um、mm、cm、m、km 等。图 18.30 是几何参数测量的功能界面。

(1) 一般自动参数测量

可以选择处理对象为“黑色”或者“白色”，可以选择“8 邻域”或者“4 邻域”处理，可以设定岛处理和非岛处理，可以设定处理结果上标注序号或者不标注序号。岛处理时，“岛”被作为单独的一个对象物；非岛处理时，“岛”与其外测的对象物作为一体进行处理。

① 测量项目。共有以下 39 个可选择项目（实际测量项目为 49 个）。

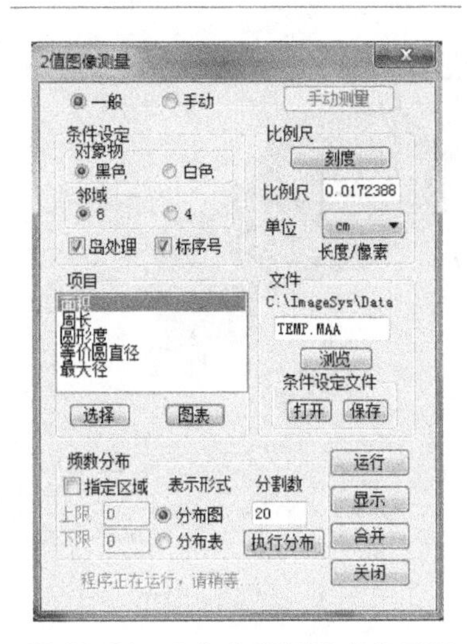

图 18.30 几何参数测量功能界面

面积、周长类：

• 面积：可用对象物所占区域中像素的个数进行计算，不包括孔洞面积。

• 周长：对象物所占区域中相邻边缘像素间的距离之和。

• 周长 2：对象物所占区域中相邻边缘像素间的距离之和，不包括处理窗口边界上的像素。

• 孔洞数：对象物领域内洞的个数。

• 孔洞面积：对象物所占区域中所有孔洞的像素的个数。

• 总面积：对象物面积和孔洞面积的总和。

• 面积比：对象物面积（不含孔洞）除以处理窗口的总面积。

• 周长/面积。

• NCI 比：周长÷(总面积)$^{1/2}$。

• 圆形度（D）：$D=4\pi\times$(总面积)÷(周长)^2。$D\leqslant 1$，圆的圆形度为 1（最大）。

• 等价圆直径：与对象物的面积相等的圆的直径。

• 球体体积：以等价圆的直径为直径的球体的体积。

• 圆的形状系数（C）：圆形度的倒数，表示圆的凹凸程度，数值越大凹凸程度越大。

$C=1/D=$(周长)$\times 2\div[4\pi\times$(总面积)$]$。

• 线长（细线化图像）：(周长)÷2。

重心、投影径类：

• 重心：重心的横坐标（X）、纵坐标（Y）。

$X=(1/n)\sum x$；$Y=(1/n)\sum y$。

（n=像素数；x=各个像素的坐标值 x；y=各个像素的坐标值 y。）

• 水平投影径：投影到 x 坐标轴的水平径。

• 垂直投影径：投影到 y 坐标轴的垂直径。

• 投影径角：由投影径构成的长方形（与坐标轴平行的外接长方形）的对角线与 x 轴的夹角。

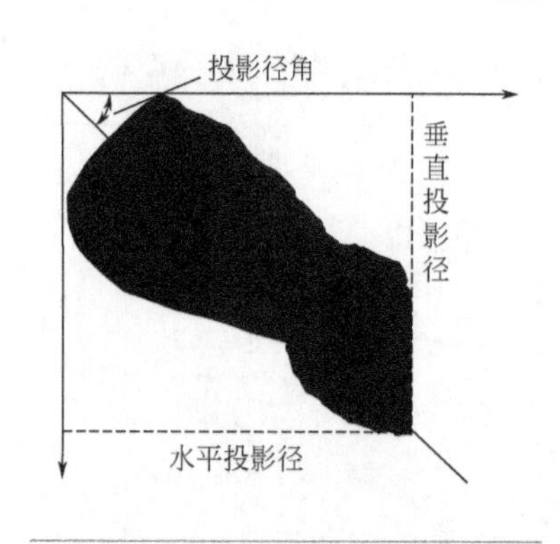

arctan（垂直投影径/水平投影径）。

• 占有率：在投影径构成的长方形内，对象物所占的比例。

（总面积）÷（水平投影径×垂直投影径）。

最大径类：

• 最大径：对象物内最长的直线。除了最大径的长度以外，选择最大径后，还自动测量以下4项（最大径端点 x_1、最大径端点 y_1、最大径端点 x_2、最大径端点 y_2）。

• 最大径角：最大径与 x 轴的夹角。

• 直径的形状系数：（π/4）×[（最大径）2÷总面积]。

最小为1（圆），数值越大离圆越远。

• 长径：对象物外接长方形中面积最小的长方形的长边。椭圆时相当于长径。

• 短径：对象物外接长方形中面积最小的长方形的短边。椭圆时相当于短径。

• 长径角：长径与 x 轴所成的夹角。

帧上的坐标类：

• 水平投影径坐标

选择该项后，将测量以下4项内容［参考下图（左）］：水平投影径起点 X、垂直投影径起点 Y、水平投影径终点 X、垂直投影径终点 Y。

• 图形起点坐标

选择后将测量下列两项内容［参考下图（右）］：图形起点 X、图形起点 Y。

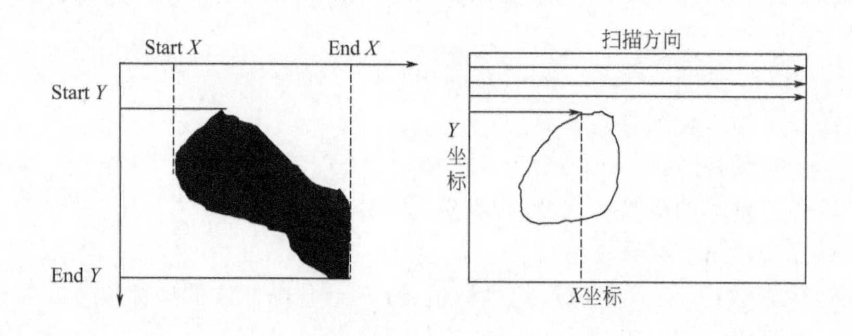

椭圆类：

• 椭圆长轴：假定的惯性椭圆体的长轴。

$$m_{\theta\max}=\{0.5(Mx2+My2)\pm0.5[(Mx2-My2)^2+4(Mxy)^2]^{1/2}\}_{\max}$$

$m_{\theta max}$：对椭圆长轴的惯性矩；$Mx2$、$My2$、Mxy：分别为对 x 轴的 2 阶矩、对 y 轴的 2 阶矩和对 x、y 轴的 2 阶矩，请参考下面的“区域矩”部分。

$$椭圆长轴=(1/m_{\theta max})^{1/2}$$

• 椭圆短轴：假定的惯性椭圆体的短轴。

$m_{\theta min}=\{0.5(Mx2+My2)\pm0.5[(Mx2-My2)^2+4(Mxy)2]^{1/2}\}_{min}$

$m_{\theta min}$：对椭圆短轴的惯性矩。

$$椭圆短轴=(1/m_{\theta min})^{1/2}$$

• 椭圆方向角：椭圆长轴与 x 轴的夹角 θ。

$\theta=0.5\arctan[2Mxy\div(My2-Mx2)]$。

• 椭圆长短轴比。

• 椭圆体体积：以惯性椭圆体的长轴为中心轴回转所得到的体积。

$(4/3)\pi\times(长轴/2)\times(短轴/2)^2$。

• 椭圆的形状系数：表示与圆的近似程度。

$\pi\times(长轴+短轴)\div(2\times周长)(=a)$。

圆或椭圆$=1$，不规则形状<1，$0<a<1$。

区域矩类：

图像的坐标系如下：

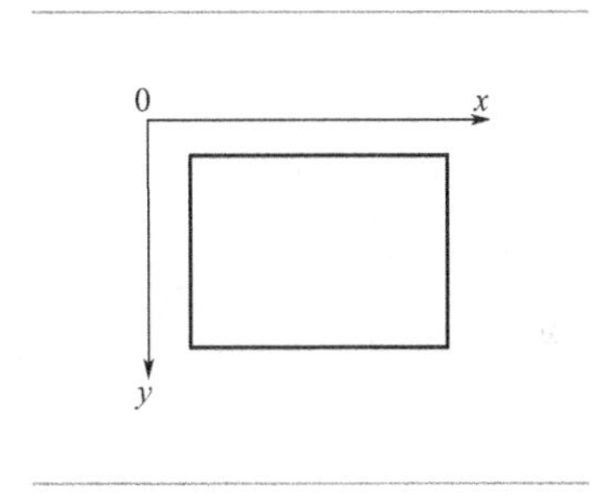

• 0 阶矩（$M0$）：$M0$=对象物的面积。

• 1 阶矩 $X(Mx1)$：对 x 轴的一阶矩。

$Mx1=\sum y$。

• 1 阶矩 $Y(My1)$：对 y 轴的一阶矩。

$My1=\sum x$。

• 2 阶矩 $X(Mx2)$：对 x 轴的 2 阶矩。

$Mx2=\sum(y-y0)^2$；$y0$：重心的 y 坐标。

• 2 阶矩 $Y(My2)$：对 y 轴的 2 阶矩。

$My2=\sum(x-x0)^2$；$x0$：重心的 x 坐标。

• 2 阶矩 $XY(Mxy)$：对 x、y 轴的 2 阶矩。

$Mxy=\sum\sum(x-x0)(y-y0)$。

• 极惯性矩（Mo）：$Mo=Mx2+My2$。

注：上述公式只对二值图像有效。

可以文档表示测量结果，打开表示文档后，可以保存测量结果，保存数据可以用其他软件读取、做表。可以对多次测量结果进行合并处理。

② 频数分布。可以对不同的测量项目进行频数分布表示，可以选择分布图或者分布表表示，这些图表都可以保存、拷贝和打印。图 18.31 是对面积测量结果的频数分布图和分布表的表示实例。

（2）手动测量

测量鼠标指定的距离、角度等。

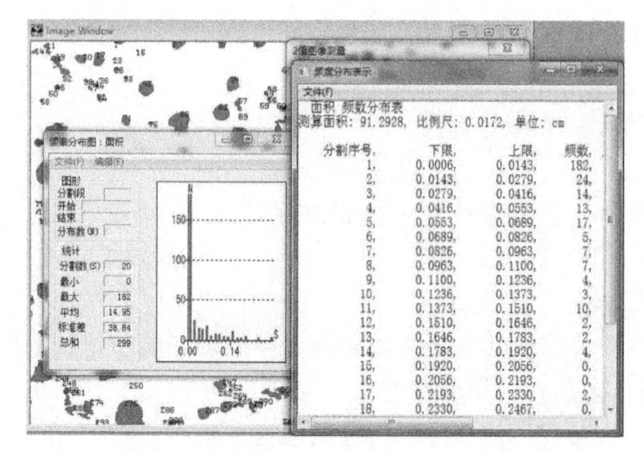

图 18.31　面积测量结果的频数分布图和分布表

• 两点间距离：在图像上先后点击两点，将在两点间自动画出直线，在后一点处标出测量序号，测量结果表示在窗口上。

• 连续测量两点间距离：连续显示鼠标点击位置的距离。

• 3 点间的角度：点击 3 个点后，再点击要测量的角度，自动表示角度和测量序号，测量结果表示在窗口上。

• 两线间的夹角：分别点击两条线的起点和终点，然后点击要测量的角度，自动表示两条线和测量序号，测量结果表示在窗口上。

图 18.32 是手动测量界面及测量实例。

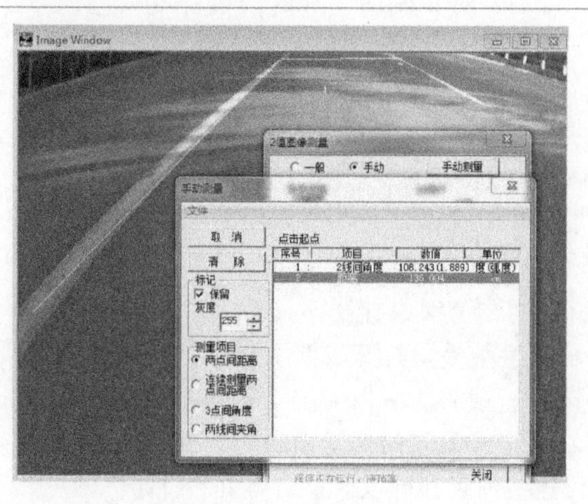

图 18.32　手动测量

18.13.2　直线参数测量

如图 18.33 所示，在 2 值图像中，利用不同的方法对目标区域进行直线检测，并显示检测结果和参数。可以选择以下测量方法：

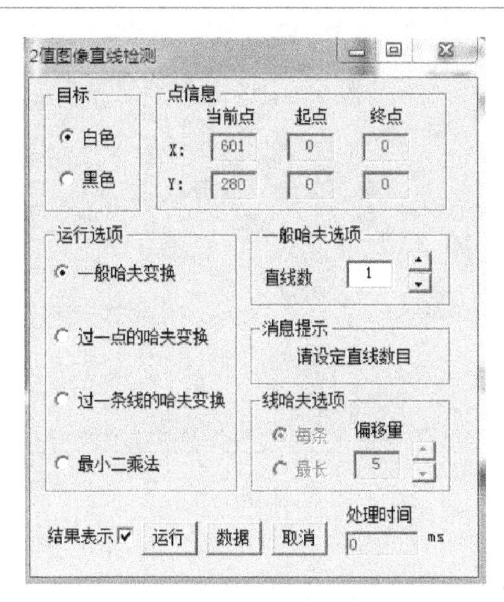

图 18.33　直线参数测量

① 一般哈夫变换。利用一般哈夫变换检测图像中的直线要素。
② 过一点的哈夫变换。检测过设定点的直线要素。
③ 过一条线的哈夫变换。检测过基准线与目标像素群相交点的直线要素。
④ 最小二乘法。利用最小二乘法检测图像中的直线要素。

18.13.3　圆形分离

如图 18.34 所示，圆形分离是用来分离圆形物体，并测量其直径、面积和圆心坐标。对于非圆形物体，以其内切圆的方式进行测量分离。还可表示处理结果的频数分布情况。

18.13.4　轮廓测量

如图 18.35 所示，测量对象物的个数、各个对象物轮廓线长度（像素数）及轮廓线上各个像素的坐标。测量数据可以文档表示和保存。

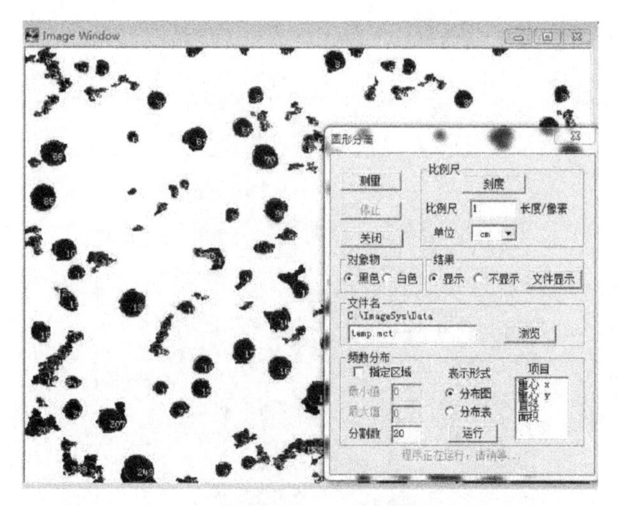

图 18.34　圆形分离

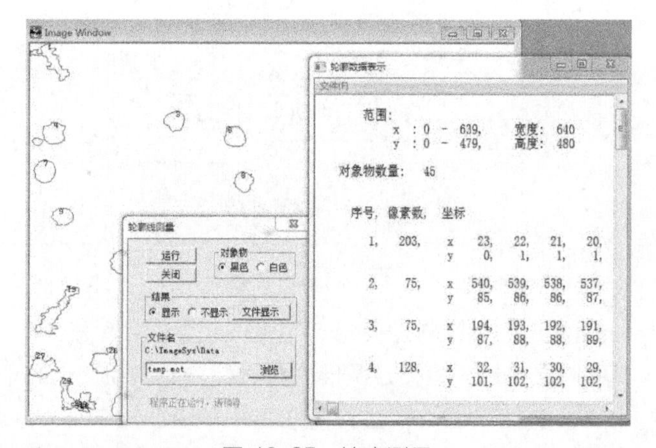

图 18.35　轮廓测量

18.14　帧编辑

如图 18.36 所示，可进行帧复制，复制方式：1vs N：将一帧图像复制为多帧图像、N vs N：将多帧图像复制到多帧图像。还可进行帧清除，将各个像素值设为 0（黑）。

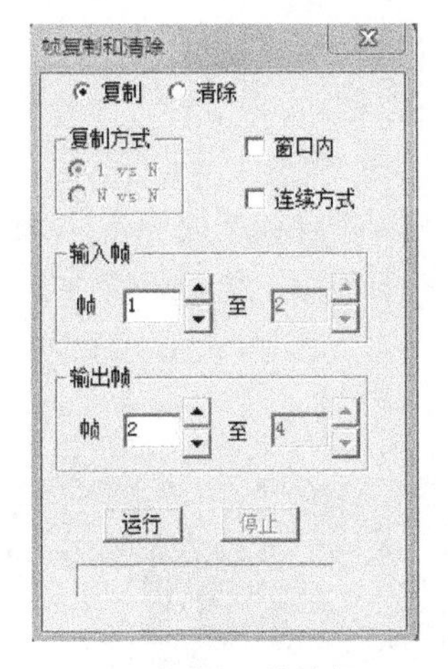

图 18.36　帧编辑

18.15 画图

如图 18.37 所示，可以在图像上直接描绘自由线、折线、直线、矩形、圆、涂抹（填充）等，用于修正或自由绘制图像。具备悔步功能。圆的绘制分为中心/半径画圆和 3 点画圆。在彩色模式下，可进行颜色及 RGB 各分量的选取。

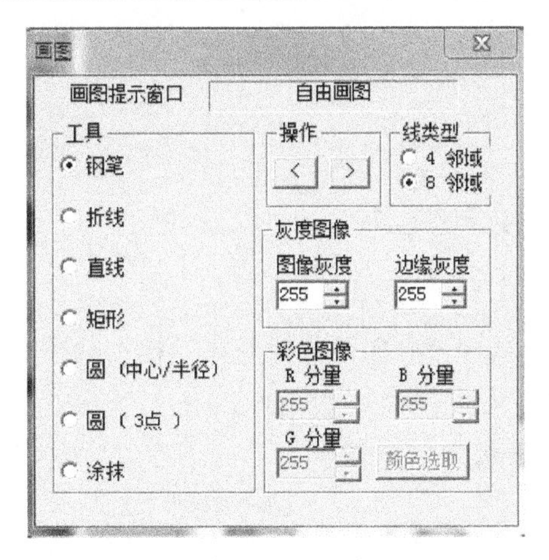

图 18.37　画图功能

18.16 查看

如图 18.38 所示，可以实时查看鼠标周围 7×7 区域的彩色 RGB 或者灰度的像素值。可以放大、缩小表示的图像，可以保存放大、缩小的图像。可以打开或者关闭状态窗口。

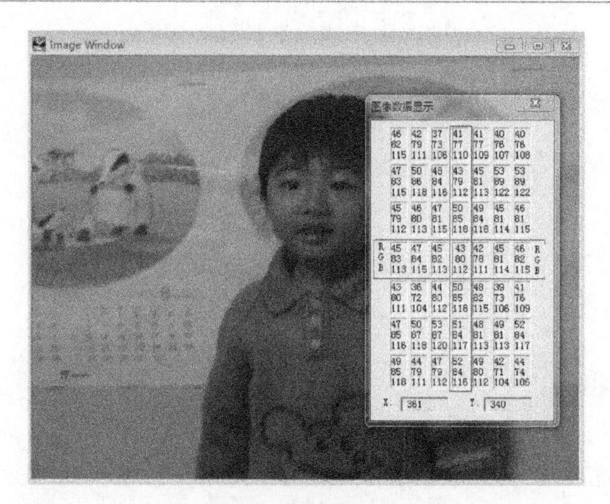

图 18.38 像素值显示功能

18.17 文件

18.17.1 图像文件

（1）功能介绍

图 18.39 是图像文件操作界面，可以载入、保存和删除图像文件，可以通过点击“信息”查看要读入文件的属性。可以载入和保存 bmp、jpg、jpeg、tif、tiff 等流行格式的绝大多数图像文件，也可以读入和保存本系统特设的 txt 图像文件。可以读入单个文件，也可以读入连续图像文件，即具有相同名称加 4 位连续序号的图像文件组。当选择连续文件时，文件 1 表示连续文件的开始文件，文件 2 表示连续文件的结束文件。

① 点击“浏览”，打开文件浏览窗口，选择要读入的图像文件。初期设定的

打开位置为C：\ImageSys\Image。选择连续文件时，先用鼠标点击带4位连号的开始文件，然后按着键盘的"Ctrl"键用鼠标点击带4位连号的结束文件，然后打开文件即可。

② 窗口内，非选择：操作处理整帧图像；选择：操作处理窗口内的图像。处理窗口的设定请查看"状态窗"的说明。

③ 文件的"起始X"和"起始Y"，用于设定读入图像文件的起始位置。

④ 帧的"开始"与"结束"，选择设定"连续文件"时有效，用于设定连续图像的开始帧和结束帧。

⑤"存储操作"在选择连续保存时（存储，连续文件）有效。

• 帧单位：以整帧图像为单位保存。

• 场单位：以扫描场为单位保存。选择后，可进一步选择"从奇数场开始"或"从偶数领域开始"。一幅图像由奇数扫描场和偶数扫描场构成。以场单位连续保存后，图像数量将增加一倍。

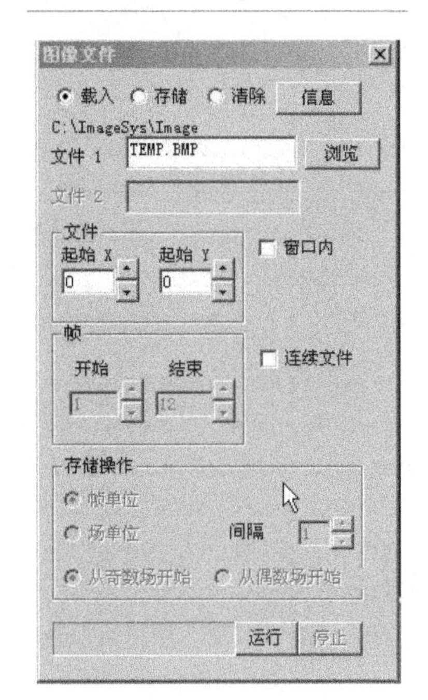

图18.39 图像文件功能界面

• 间隔：从开始帧到结束帧间隔的图像数。

⑥ 运行：开始执行位图文件的操作处理。

⑦ 停止：停止正在进行的运行命令。

(2) 载入的使用方法

① 在"状态窗"选择"载入"的模式：灰度或彩色。

(以下各项在本窗口"图像文件"中进行)

② 选择"载入"。

③ 输入或选择文件名（浏览）。读入连续文件时选择连续文件名。

④ 只读入窗口部分时，设定"窗口内"。

⑤ 不想从文件的开始位置（左上角）读入图像时，设定读入的起始点（起始X，起始Y）。

⑥ 读入连续文件时，设定"连续文件"。

⑦ 读入连续文件时，设定读入开始帧和结束帧（开始，结束）。

⑧ 运行。

（3）存储当前显示的一帧图像方法

① 选择“存储”。

② 输入或浏览保存的文件名称。输入文件名时，需加扩展名，例如，TEMP、BMP、ABC.JPG、ABC.TIF等。

③ 只保存处理窗口内的图像时选择“窗口内”。

④ 设定“连续文件”为非选择状态（方框中没有对号）。

⑤ 运行。

（4）连续存储的使用方法

①“存储”。

② 输入或浏览文件名。输入文件名时，文件名后面需要输入一个数字或者4位数的序号，并且需加扩展名，例如，TEMP1.BMP、ABC0001.JPG等。连续存储时系统自动递增文件名的序号，例如，连续存储3帧的文件，输入存储文件名TEMP1.BMP，系统存储结果：TEMP1.BMP、TEMP2.BMP、TEMP2.BMP；输入存储文件名ABC0001.JPG，系统存储结果：ABC0001.JPG、ABC0002.JPG、ABC0003.JPG。

③ 只保存处理窗口内的图像时，选择“窗口内”。

④ 设定“连续文件”为选择状态（方框中有对号）。

⑤ 设定连续保存的开始帧（开始）。

⑥ 设定连续保存的结束帧（结束）。

⑦ 设定存储方式（存储操作）：

a. 以整帧图像为单位保存时，选择“帧单位”。

b. 以扫描场为单位保存时，选择“场单位”。

c. 选择“场单位”后，进一步选择“从奇数场开始”或“从偶数场开始”。

d. 设定图像的间隔数（间隔）。

⑧ 开始保存时，执行“运行”。

⑨ 想停止正在进行的保存时，执行“停止”。

（5）清除位图文件的方法

① 选择“清除”。

② 输入或浏览文件名。清除连续文件时，选择连续文件名。

③ 运行。

18.17.2 多媒体文件

（1）读入功能介绍

图18.40是多媒体文件的读入界面，可以读入avi、mp4、wmv、mkv、flv、

rm、dat、mov、vob、mpg、mpeg 等多种视频文件格式。

① 载入。选择视频图像文件的读入。

② 文件。显示读入的文件名称。

③ 浏览。载入文件选择窗口，选择要读入的多媒体文件。当选择的图像大小与系统设定大小不同时，会弹出填入要读入图像大小的系统设定窗口。执行确定后，自动关闭系统，按设定图像大小和系统帧数重新启动系统。执行取消时，保持原系统设定。

④ 播放。预览要读入的多媒体文件。

⑤ 窗口内。非选择：读入整帧画面；选择：读入所选定的处理窗口内画面。处理窗口的设定请查看“状态窗”的说明。

⑥ 系统帧。开始帧：设定读入 ImageSys 系统的开始帧；结束帧：设定读入 ImageSys 系统的结束帧。

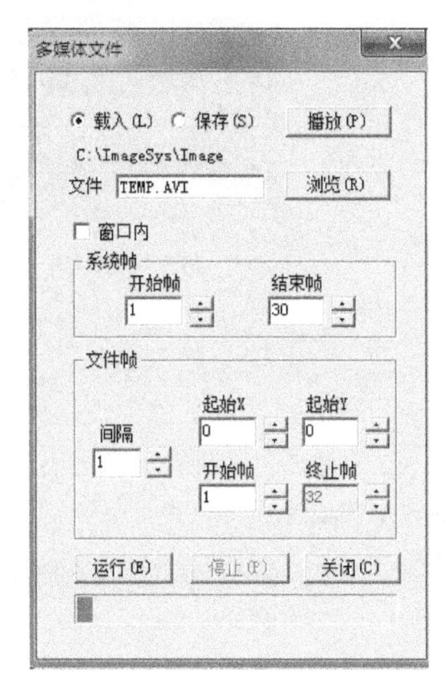

图 18.40 多媒体文件读入界面

⑦ 文件帧。间隔：设定视频图像文件的读入间隔；起点 X：设定要读入的视频文件的图面上起点 x 坐标；起点 Y：设定要读入的视频文件的图面上起点 y 坐标；开始帧：设定要读入的视频图像文件的开始帧；终止帧：自动显示所载入视频文件的最后一帧。

⑧ 运行。开始读入图像。

⑨ 停止。停止正在执行的读入操作。

⑩ 关闭。关闭窗口。

(2) 多媒体文件的读入方法

① 选择“载入（L）”。

② 选择或浏览读入文件。

③ 选择文件后，想预览文件时，可以执行“播放”。播放控制面板如图 18.41 所示。

④ 如需读入到指定的处理窗口内图像时，选择“窗口内”。

⑤ 设定读入系统帧的开始帧和结束帧。

⑥ 设定文件的读入方法（视频帧），内容有：图像“间隔”、图面上的起点（起始 X，起始 Y）和图像开始帧。

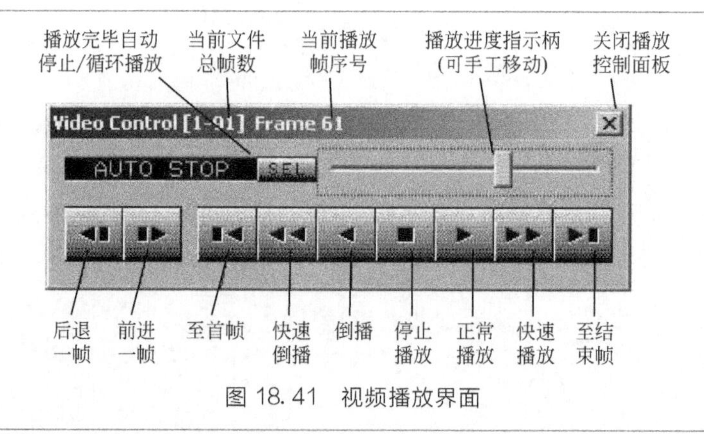

图 18.41 视频播放界面

⑦ 运行。

⑧ 想停止正在进行的读入时，执行“停止”。

(3) 保存功能介绍

图 18.42 是多媒体文件的保存界面，可以保存成 avi 和 mov 视频文件格式，可以选择多种压缩模式。

① 保存。选择多媒体文件的保存。

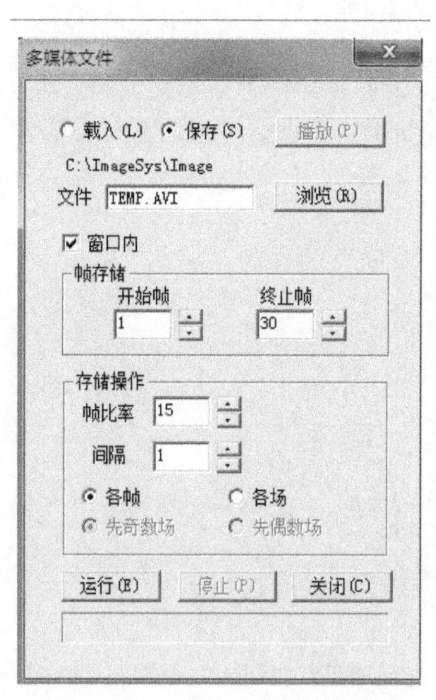

图 18.42 多媒体文件保存界面

② 文件。可输入或浏览多媒体文件名。

③ 浏览。选择保存位置和设定保存文件名。

④ 窗口内。非选择：保存整帧图像；选择：保存处理窗口内的图像。处理窗口的设定请查看“状态窗”的说明。

⑤ 帧存储。起始帧：设定要保存的系统的起始帧；终止帧：设定要保存的系统的终止帧。

⑥ 存储操作。帧比率：设定视频文件的播放速度，一般播放速度为每秒 30 或 15 帧图像；间隔：从系统的起始帧到终止帧的间隔数；各帧：以整帧图像为单位保存；各场：以扫描场为单位保存，选择后，可进一步选择“先奇数场”或“先偶数场”。先奇数场：从奇数场开始保存图像；先偶数场：从偶数场开始保存图像。

⑦ 运行。开始保存多媒体文件。保存

彩色图像时，会出现压缩方式的选择窗口，可以选择多种压缩格式，默认为非压缩模式。

⑧ 停止。停止正在执行的保存操作。

⑨ 关闭。关闭窗口。

(4) 多媒体文件的保存方法

① 选择“保存”。

② 输入或浏览要保存的多媒体文件名。

③ 只保存处理窗口内的图像时，选择“窗口内”。

④ 选择要保存图像的起始帧和终止帧。

⑤ 设定保存方式（存储操作）：

a. 设定文件的播放速度（帧比率）。

b. 设定要保存图像的间隔（间隔）。

c. 以整帧图像为单位保存时，选择帧单位（各帧）。

d. 以扫描场为单位保存时，选择场单位（各场）。

e. 选择场单位后，进一步选择“先奇数场”或“先偶数场”。

⑥ 运行保存。出现压缩选择窗口时，选择压缩方式。

⑦ 想停止正在进行的保存时，执行“停止”。

18.17.3 多媒体文件编辑

多媒体文件编辑功能可以进行 1 个或 2 个视频（图像）文件的编辑，载入两个视频文件时可以两个视频文件进行穿插编辑。可以把单个图像文件插入视频中或者可以从视频中截取单个图像文件。多媒体文件编辑的优点在于内存的大小对其没有限制，可以对所要获取的视频帧数任意设置进行编辑。能够编辑的多媒体文件格式包括：avi、mp4、wmv、mkv、flv、rm、dat、mov、vob、mpg、mpeg 等多种。图 18.43 是多媒体文件编辑界面。

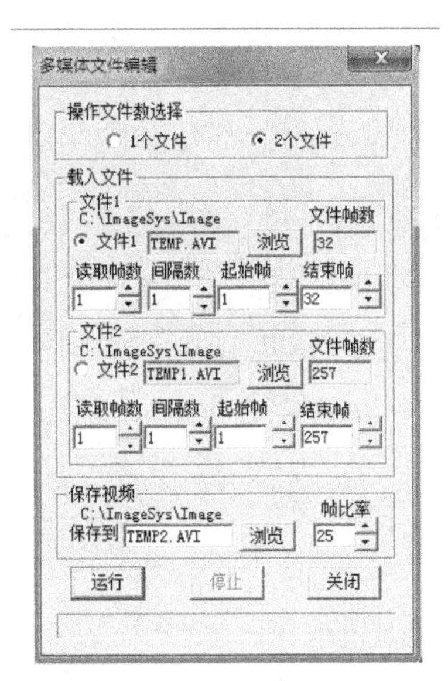

图 18.43　多媒体文件编辑界面

① 操作文件数选择。选择对 1 个文件或 2 个文件进行编辑。

② 文件 1。选择载入第一个多媒体文件。

③ 文件 2。选择载入第二个多媒体文件。

④ 浏览。载入文件选择窗口，选择要读入的多媒体文件。

⑤ 文件帧数。显示所载入的多媒体文件的帧数。

⑥ 读取帧数。设定连续读取帧数。

⑦ 间隔数。设定读入间隔数。

⑧ 起始帧。设定要读入视频文件的起始帧。

⑨ 结束帧。设定要读入视频文件的结束帧。

⑩ 保存到。设置保存的文件路径和文件名字。

⑪ 运行。开始按设置编辑图像。

⑫ 停止。停止正在执行的编辑操作。

⑬ 关闭。关闭窗口。

18.17.4 添加水印

主要功能是对多媒体文件或者图像文件添加水印，可以对单帧的多媒体文件或者图像文件添加单条水印或者多条水印，也可以多帧视频文件添加水印。其主要优点在于操作简便，灵活自由。图 18.44 是添加水印的界面及实例。下面说明界面功能。

图 18.44 添加水印功能界面及实例

① 输入文字。在输入文字编辑框内输入水印文字。

② 字体。设置水印文字的属性，单击后弹出字体设置窗口。

③ 颜色。设置水印颜色，单击颜色后弹出颜色选择窗口。

④ 显示。按照“字体”以及“颜色”设置，将编辑窗口内的水印文字显示

在屏幕上。

⑤ 确定。将显示在处理屏幕上的水印文字保存至当前显示帧图像中。

⑥ 清屏。清除已显示在屏幕上的水印文字。

⑦ 删除。添加多条水印时，选择“删除”从尾到首逐条删除已确定在屏幕上的水印文字。

⑧ 原文件。显示读入的文件名称。可以通过其后的“浏览”选择要读入的多媒体文件。单击浏览选择视频文件后，自动弹出播放器，可以通过播放器观看选择的视频文件。

⑨ 保存到。输入或者浏览保存的多媒体文件名。

⑩ 帧比率。设定保存视频文件的播放速度。例如，该数为 15 时，表示播放速度为每秒 15 帧图像。

⑪ 保存。执行添加水印操作。

⑫ 停止。停止正在执行的操作。

⑬ 关闭。关闭窗口。

18.18 系统设置

18.18.1 系统帧设置

(1) 初始设置

如图 18.45 所示，系统帧默认设置为 640×480 像素，4 个彩色帧。可以关闭图像窗口后，点击文件菜单中“系统帧设置”，打开图 18.45 的设置窗口，设定后确定，然后重新启动 ImageSys，设定有效。

启动 ImageSys 以后，可以根据需要增加或减少结束帧数，随时设定图像帧数，参考图 18.2 状态窗。通过状态窗设置的系统帧个数在系统关闭后失效。

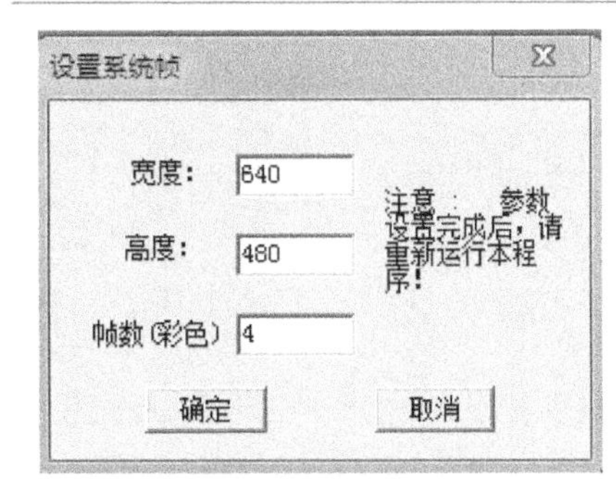

图 18.45 系统帧设置界面

最大帧数的设定与计算机内存的大小有关，如果过多地占用内存将影响计算机的运行速度。

(2) 读文件时的重启设定

当打开图像文件或者多媒体文件时，如果选择的图像文件或者多媒体文件的图像大小与目前系统的图像大小不同时，会弹出填入要读入图像大小的系统设定窗口，选择“确定”后，会自动关闭系统，按设定图像大小和系统帧数重新启动系统，如图 18.46 所示。

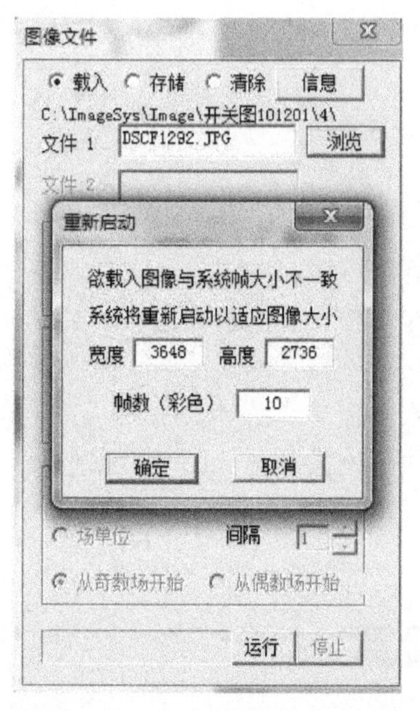

图 18.46 打开文件时自动设置

18.18.2 系统语言设置

本系统默认是汉语界面，也可以选择英语界面。关闭图像窗口后，点击文件菜单中“系统语言设置”，打开图 18.47 的系统语言设置窗口，设定后确定，然后重新启动 ImageSys，设定有效。

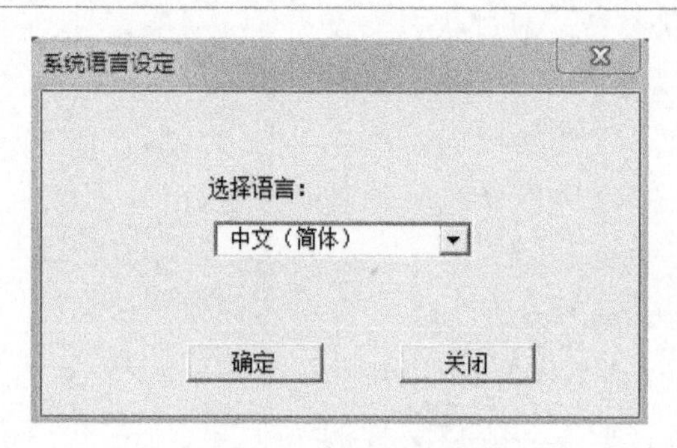

图 18.47 系统语言设置

18.19 系统开发平台 Sample

ImageSys 提供了一个框架源程序的开发平台，图像文件、多媒体文件、查看、状态窗、系统帧设定等完全采用 ImageSys 的功能模块，并且提供了灰度图像处理和彩色图像处理的例程序。在该平台上，可以轻松地添加自己的菜单和对话框，不需要考虑图像的表示以及文件操作等繁杂的辅助功能，使用户能够专注于自己的图像处理算法研究。

如图 18.48 所示，ImageSys 向用户提供了总计 350 多条图像处理、图像显示和图像存取的函数，把几乎所有的功能都以函数的形式提供给了用户，从而奠定了本系统作为图像处理开发平台的地位。用户可以用 ImageSys 来寻找解决方案，用提供的函数来编写自己的程序，可以大大提高研究和开发效率。

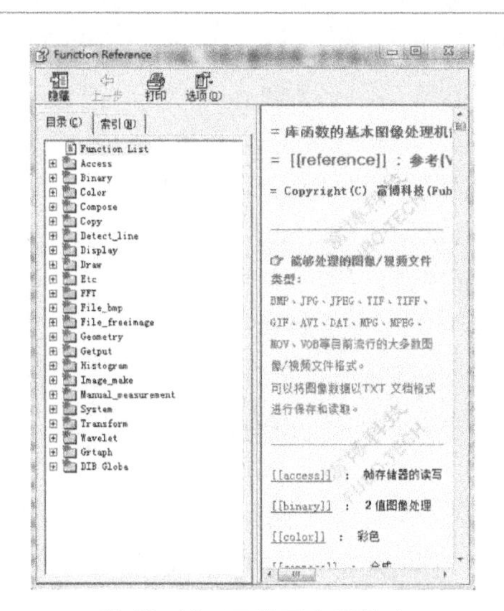

图 18.48 开发平台函数库

参考文献

[1] 陈兵旗. 机器视觉技术及应用实例详解[M]. 北京: 化学工业出版社, 2014.

第19章

二维运动图像测量分析系统 MIAS[1]

19.1 系统概述

二维运动图像测量分析系统 MIAS 主要对选定目标进行运动轨迹的追踪、测量和表示。测量项目包括：坐标位置、速度、加速度、角度、角速度、角加速度、移动距离等多组数据，并能根据需要采取自动、手动和标识跟踪的方式进行测量。追踪轨迹可以与图像进行同步表示，测量数据可以以图表等易于理解直观的方式进行表示等。

本系统可应用于以下领域：人体动作的解析；物体运动解析；动物、昆虫、微生物等的行为解析；应力变形量的解析；浮游物体的振动、冲击解析；下落物体的速度解析；机器人视觉反馈等。

本系统的主要功能及特征包括：

① 多种测量及追踪方式。通过对颜色、形状、亮度等信息的自动跟踪，测量运动点的移动轨迹。追踪方式有：全自动、半自动、手动和标识点跟踪。

② 多个目标设定功能。在同一帧内，最多可以对 4096 个目标进行跟踪测量。

③ 丰富的测量和表示功能。可测量位置、距离、速度、加速度、角度、角速度、角加速度、两点间的距离、两线间夹角（三点间角度）、角变量、位移量、相对坐标位置等十余个项目，并可以图表或数据形式表示出来，也可对指定的表示画面单帧或连续帧（动态）存储，同时还具有强大的动态表示功能：动态表示轨迹线图、矢量图等各种计测结果以及与数据的同期表示。

④ 便捷实用的修正功能。对指定的目标轨迹进行修改校正。可进行平滑化处理，对目标运动轨迹去掉棱角噪声，更趋向曲线化。可以进行内插补间修正，消除图像（轨迹）外观的锯齿。还可以进行数据合并，将两个结果文件（轨迹）进行连接。亦可设置对象轨迹的基准帧，添加或删除目标帧等。

图 19.1 是二维运动图像测量分析系统 MIAS 的初始界面。

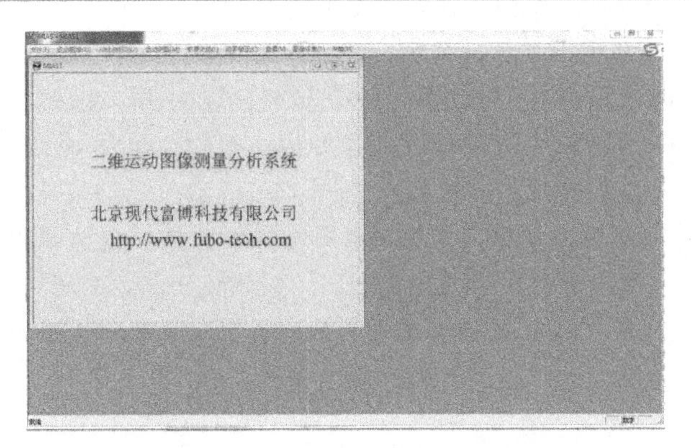

图 19.1 二维运动测量分析系统 MIAS

19.2 文件

MIAS 系统可对 2D 结果文件进行多项操作，具体包括：打开以前保存的 2D 结果轨迹文件，供后续查看或处理；合并多个 2D 结果文件，有帧合并和目标合并两种方式；保存当前“结果修正”后的轨迹文件；保存当前的图像为.BMP 类型文件；打印当前显示的图像，打印前还可设定打印机及预览图像效果。

图 19.2 是 2D 结果文件合并界面，以下介绍其功能。

图 19.2 2D 结果文件合并界面

① 帧合并。以帧为单位，将两个或两个以上的2D结果文件中相同帧号上的目标合并到一个序列图像上。

② 目标合并。以目标为单位，将两个或两个以上的2D结果文件进行连接。每个2D文件的目标数必须相同。该合并方式主要用于同一场合下多个2D结果文件的合并。

③ 第一个2D文件。选择一个2D测量文件，以该文件测量结果为基准进行合并。选择“帧合并”时，合并后浏览时，播放的为该文件所对应的视频图像。选择“目标合并”时，该文件的图像和目标在合并后文件中首先出现。

④ 其他2D文件。打开其他2D测量文件。

⑤ 合并。执行合并。

⑥ 关闭窗口。

⑦ 合并结果文件。设定合并结果文件的保存路径及文件名。

⑧ AVI文件。选择“目标合并”方式时有效。是指将两个或两个以上的2D结果文件进行合并后，将结果图像保存为AVI格式。

19.3 运动图像及2D比例标定

点击“运动图像”菜单，可读入连续图像文件和视频图像文件。连续图像文件是指相同名字加连续序号的图像文件，文件类型包括：bmp、jpg、tif等。视频文件包括avi、flv、mp4、wmv、mpeg、rm、mov等。

点击“2D比例标定”菜单，弹出图19.3所示的2D标定界面，可对距离比例、坐标方位、拍摄帧率、图像帧读取间隔等参数进行计算或设定。以下介绍界面功能。

① 刻度。选择刻度标定。刻度标定包括以下内容。

a. 距离。

- 图像距离：图像上比例尺的像素距离。
- 实际距离：设定比例尺的图像距离所表示的实际距离。
- 单位：选择实际距离的单位。包括：pm、nm、um、mm、cm、m、km。
- 计算比例：根据设定的图像距离和实际表示的距离计算出比例尺。

b. 时间。

- 拍摄帧数/单位：设定单位时间内拍摄的帧数。
- 读取间隔：设定图像帧读入的间隔数。

② 坐标变换。选择坐标变换，具体内容如下。

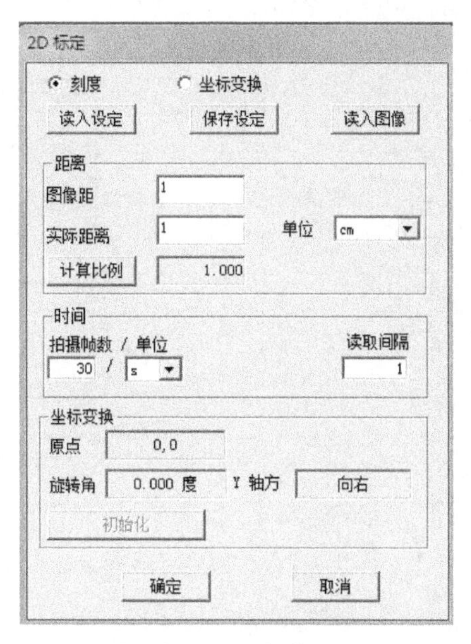

图 19.3 2D 标定界面

a. 固定坐标设置。

• 原点：表示实际坐标原点在图像上的位置。默认左上角为原点（0,0）。

• 旋转角：表示坐标 X 轴逆时针旋转角度。X 轴水平向右为 0°。

• Y 轴方向：表示坐标的 Y 轴方向。以 X 轴为基准，面向 X 轴方向时，Y 轴的方向表示为"向左"或"向右"。具体看以下说明。

初始表示为"初始化"，点击后依次表示"原点在左上""原点在左下""原点在右下""原点在右上"等，原点、旋转角、Y 轴方向等随着设置健表示内容的变化相应地自动改变，如图 19.4 所示。

b. 自由设定坐标方位的方法。

• 选择"坐标变换"。

• 设定 X 轴方向：鼠标左击图像上两点，前后两点的连线方向即为 X 轴方向。右击鼠标可以取消设定。

• 设定原点：设定完 X 轴方向后，移动鼠标到原点位置，左击即可。右击鼠标可以取消设定。设定后相关参数显示在坐标变换栏目内。

③ 读入设定。读入以前保存的标定设置条件。

④ 保存设定。保存当前设置的标定条件。

⑤ 读入图像。读入标定用的图像。

⑥ 确定。标定有效，关闭标定窗口。

⑦ 取消。取消标定，关闭标定窗口。

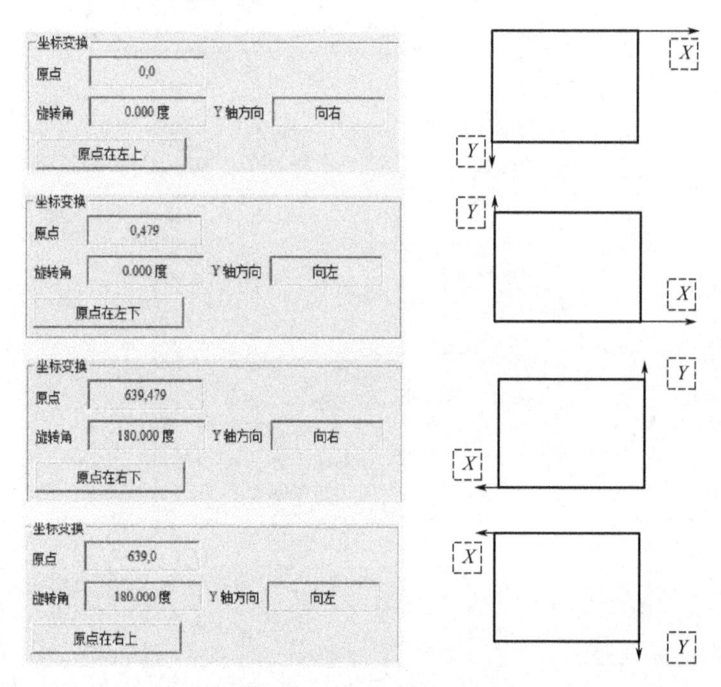

图 19.4 原点位置设置

19.4 运动测量

对在运动图像上选定的目标进行轨迹追踪，MIAS 系统提供了自动测量、手动测量和标识测量三种方式。

19.4.1 自动测量

自动测量是对设定的目标自动追踪其运行轨迹并测量运动参数。一般来说，自动测量方法适用于待测运动目标有良好的“识别环境”，如目标的 RGB 值或灰度值与其周边背景色有较好的对比度，比较容易分辨，环境噪声值较小时。

读入运动图像之后，对图像执行测量处理之前，需先设定测量目标，该系统提供了两种目标设定方法：手工和自动。其中，手动设定目标的方法是通过拖动鼠标选择目标范围，然后点击要抽取目标的中心位置，而自动设定目标的方法是按用户设定的阈值提取目标，并自动测量每个目标的中心位置。同时，系统提供了两种追踪方式：半自动和自动，半自动方式在追踪过程中，当不能自动跟踪时，辅以手工点击表示帧上的目标点，而自动方式全程追踪不需要任何手工操作。图 19.5 是自动测量界面，以下介绍其功能。

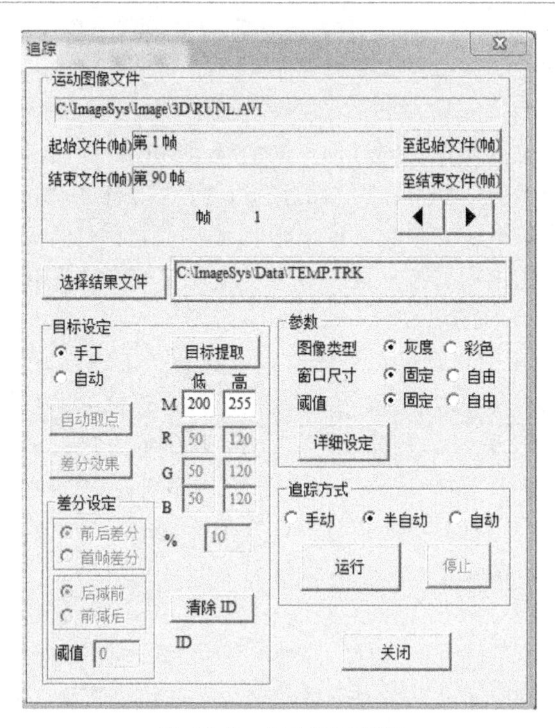

图 19.5 自动测量界面

(1) 运动图像文件

图 19.5 所示窗口内表示测量文件的路径。

① 起始文件（帧）。表示被测量运动图像的起始文件（连续文件）或者起始帧（视频文件）。

② 结束文件（帧）。表示被测量运动图像的结束文件（连续文件）或者结束帧（视频文件）。

③ 至起始文件（帧）。显示被测量运动图像的起始文件（连续文件）或者起始帧（视频文件）。

④ 至结束文件（帧）。显示被测量运动图像的结束文件（连续文件）或者结束帧（视频文件）。

⑤ 帧。显示当前窗口表示帧。点击右侧的翻转键可以改变表示图像。

（2）选择结果文件

设定测量结果文件的保存路径及文件名。

（3）目标设定

① 手工。手动设定测量目标点的中心位置。手工目标的设定方法：选择“手工”后，按住“Shift”键，再按住鼠标左键，拖动鼠标选择目标范围，然后点击要抽取目标的中心位置。如果有多个目标，要多次点击，点击的目标个数显示在“ID”后面。如果每次点击目标前都设定一次范围大小，且在窗口尺寸中选择自由格式，则可以实现不同目标不同测量范围大小的设定。在目标设定的过程中，若目标设定错误，则可在图像的任意位置点击右键，取消最近一次目标范围的设定，可多次取消。点击的目标个数将被显示在“ID”后面。执行“运行”时，在设定的目标范围内，按“详细设定”中设定的方法提取目标，并自动进行目标跟踪。

② 自动。选择后“自动取点”键有效，执行“自动取点”命令，将按“详细设定”中设定的方法提取目标，并自动测量每个目标的中心位置。

自动目标的设定方法：选择“自动”后，按①的方法设定自动测量范围（默认为整幅图像），执行“自动取点”键，将按“详细设定”中设定的方法提取目标，并自动测量每个目标的中心位置，并提示测量的目标个数询问是否正确，如果正确，再按①的方法设定目标的跟踪区域大小，然后执行“运行”键进行跟踪测量。

③ 自动取点。当目标设定选择“自动”后，该键有效，请参考②的说明。

④ 差分效果。“详细设定”中选择“差分”时该键有效。将运动图像向后走1帧以上，执行该键后，显示差分效果。

⑤ 差分设定。设定差分方法和差分后的二值化阈值。设定以后，可以执行“差分效果”，如果差分效果不好，可以改变参数设定。

⑥ 目标提取。对设定的目标进行提取，执行后，弹出与第18章图18.27相同的图像分割窗口。在目标提取窗口执行“确定”后，分割阈值自动表示在各个阈值窗口。图像分割窗口内项目的具体使用方法，请参考第18章。

（4）参数

① 图像类型。读取图像后，系统自动判断图像是彩色还是灰度，并自动设定。如果读取的是彩色图像，人为选择了灰度图像，系统将把彩色图像的 R 分量作为灰度图像进行测量。

② 窗口尺寸。选择提取目标窗口尺寸的格式：固定或自由。固定：在追踪执行时，目标窗口尺寸自动统一为最后一个目标所设定的尺寸大小；自由：在追踪执行时，目标窗口尺寸仍保持为原有设定的尺寸大小。

③ 阈值。选择目标提取时阈值的设定格式：固定或自动。一般选择固定。

④ 详细设定。执行后出现图 19.6 所示的参数明细窗口，设定“2 值化方法”等参数。设定后执行“确定”，关闭窗口，设定有效。

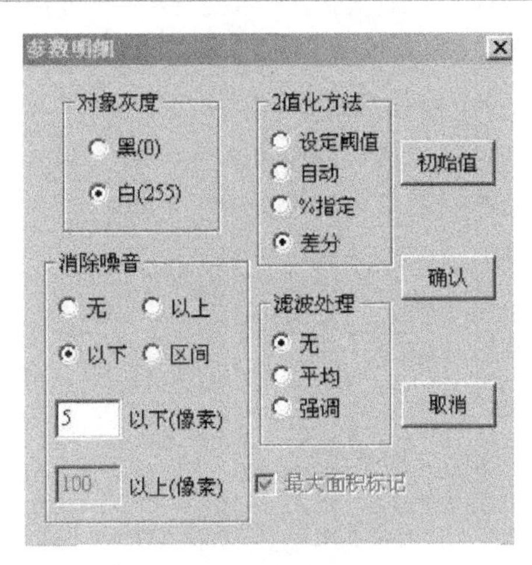

图 19.6　参数明细窗口

19.4.2　手动测量

手动测量是对设定的目标通过手工操作追踪其运行轨迹。手动测量一般适用于待测运动目标有较复杂的“识别环境”，不太容易与周边背景区分，通过手工操作的方式逐帧对目标的运动轨迹进行追踪。

追踪时，手工点击追踪目标在每一帧的相应位置。若在追踪过程中，点击了错误位置，可返回到上一点的追踪，并可多次返回，返回之后，需要重新追踪当前点和当前点之后的所有点。图 19.7 是手动测量的操作界面，窗口内项目及功能说明如下。

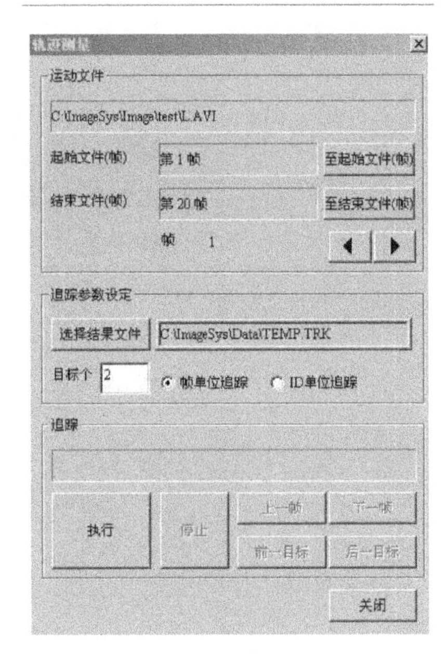

图 19.7　手动测量界面

① 运动文件和选择结果文件。请参

考“19.4.1 自动测量”一节。

② 设定目标个数。设定目标的数量。

③ 帧单位追踪。以帧为单位，在执行手动测量的过程中，每一帧的每一个ID目标都要逐一进行追踪，然后再进行下一帧的各个目标的相应追踪。

④ ID单位追踪。以目标为单位，单个追踪ID目标在所有的帧数中的整个轨迹，完成后再进行下一个目标的追踪。

⑤ 执行。运行以上设置，执行追踪。

⑥ 状态条窗口。显示当前表示的帧和ID。

⑦ 停止。中断执行。

⑧ 上一帧。返回至前一帧。

⑨ 下一帧。翻转至后一帧。

⑩ 前一目标。翻转至上一目标。

⑪ 后一目标。翻转至下一目标。

⑫ 关闭。退出手动测量窗口。

19.4.3 标识测量

标识测量是对设定的标识进行追踪。追踪之前，需在测量对象上贴上彩色标识点。包括可控追踪和快速追踪两种追踪方式。图19.8是标识检测的操作界面。

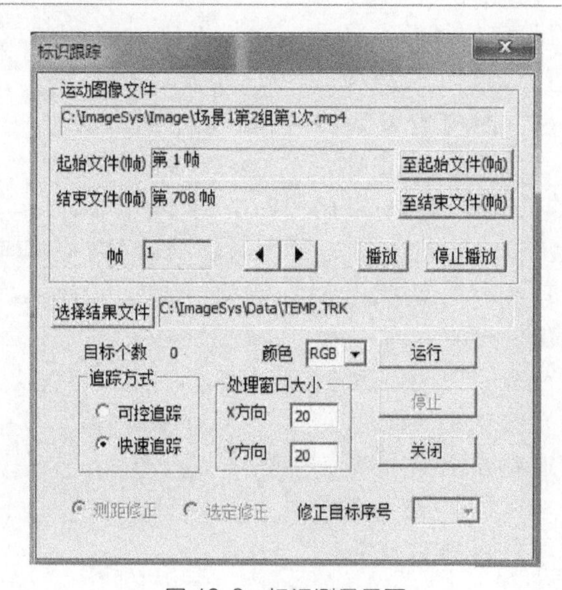

图 19.8 标识测量界面

① 运动文件和选择结果文件。多数功能请参考“19.4.1 自动测量”一节。

a. 播放：播放对连续图像文件或者视频文件。

b. 停止播放：停止播放对连续图像文件或者视频文件。

② 追踪方式：分为“可控追踪”和“快速追踪”。

a. 可控追踪：通过播放器控制追踪的速度，并且可通过点击鼠标调整各个点在追踪过程中的位置；选择“可控追踪”时，“测距修正”“选定修正”和“修正目标序号”选项有效。

• 测距修正：选择修正位置后，自动将本帧上距离点击位置最近的目标移到点击位置。用于分散目标的情况。

• 选定修正：在修正目标序号一栏中选择要修正的目标，鼠标点击后，将选择目标移动到点击位置。用于集中目标的情况。

b. 快速追踪：以最快的方式完全自动的追踪。

③ 处理窗口大小：设定追踪窗口的大小。

④ 颜色：分为RGB、R、G、B四类模式。根据标识目标颜色和背景颜色合理选择其中之一。

图19.9～图19.11是3个跟踪测量实例。

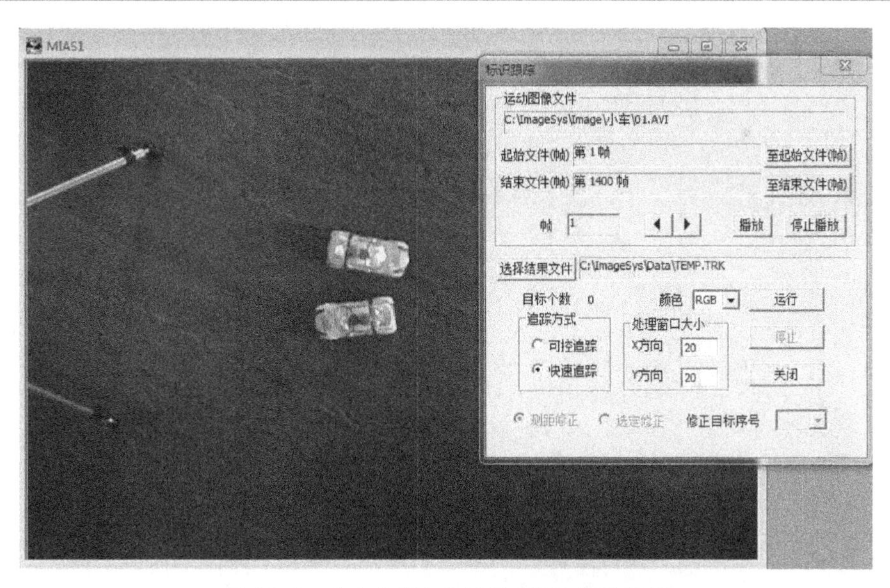

图19.9 小车上蓝色标识的RGB跟踪测量

图 19.10 人体上红色标识点的 R 跟踪测量

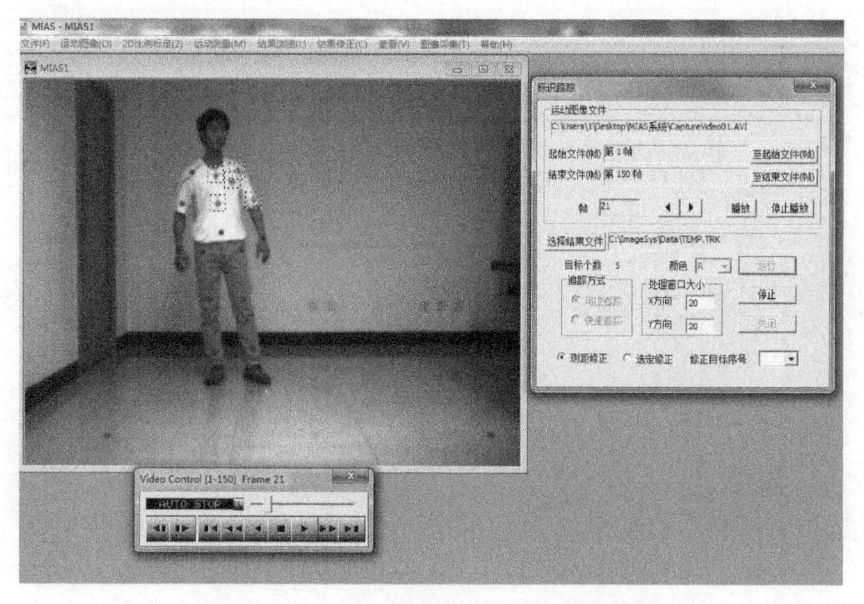

图 19.11 人体上蓝色标识点的 R 跟踪测量

19.5 结果浏览

对目标完成运动测量之后，可对十余个项目的测量结果以图表、数据等形式进行浏览。

19.5.1 结果视频表示

结果视频表示主要对测量的结果进行图表表示、数据查看、复制、打印等，并且可以更改显示的颜色、线型等视觉效果。图 19.12 是结果视频表示的界面，下面介绍其功能。

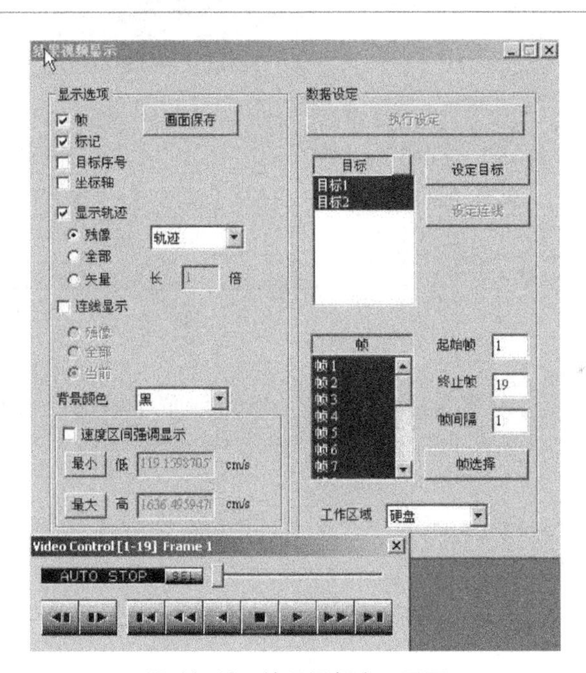

图 19.12 结果视频表示界面

（1）数据设定

① 设定目标。选择“显示轨迹”时有效，设置目标的运动轨迹颜色及线型。执行后弹出图 19.13 所示窗口。

a. 窗口中左上部为目标列表显示框。

b. 窗口中右上部第一个选项框表示当前的对象目标序号。

c. 窗口中右上部第二个选项框表示当前选择的颜色。颜色选项包括：红、绿、蓝、紫、黄、青、灰。

d. 窗口中右上部第三个选项框表示当前线型。线型选项包括：实线、断线、点线、一点断线、两点断线。

e. 单色初始化：将所有对象目标轨迹的颜色及线型统一成选定目标的颜色和线型。

f. 自动初始化：自动设定每个目标轨迹的颜色。

g. 确定：执行设定的项目。

h. 取消：不执行设定的项目，退出窗口。

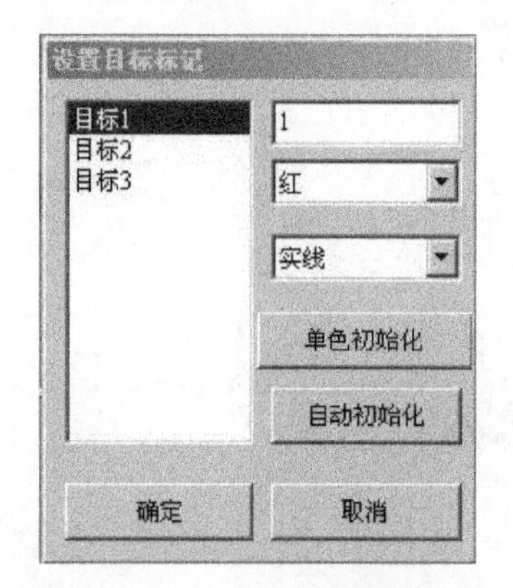

图 19.13 设定目标

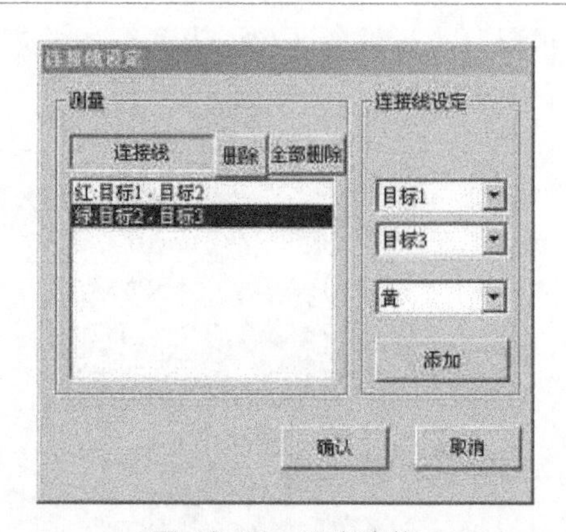

图 19.14 设定连线

② 设定连线。选择“连线显示”时有效，设置、添加、删除任意两个目标间的连线。执行后弹出图 19.14 窗口。

a. 测量。

• 连接线：目标与目标的连线，下方是目标连线列表框。

• 删除：删除目标连线列表框指定的目标连线。

• 全部删除：删除目标连线列表框全部的目标连线。

b. 连接线设定。

上方与中间的两个选项框表示用来设定要添加的两个对象目标。下边选项框表示设定连线的颜色。连线颜色选项包括：红、绿、蓝、紫、黄、青、灰。

• 添加：执行以上三个选项框的设定，添加目标连线。

c. 确认：执行连接线窗口的设定。

d. 取消：退出连接线窗口。

③ 目标。显示目标列表。图 19.12 中方框内容为 2 个目标的显示列表，当前操作对象是目标 1 和目标 2。

④ 起始帧。设定要表示的开始帧。图 19.12 中表示的起始帧是第 1 帧。

⑤ 终止帧。设定要表示的结束帧。图 19.12 中表示的终止帧是第 19 帧。

⑥ 帧间隔。设定要表示的帧与帧之间的间隔帧数。图 19.12 中表示的帧间隔是 1。

⑦ 帧选择。执行以上④、⑤、⑥项的帧设定。

⑧ 帧。显示帧列表。图 19.12 中方框内容为执行“帧选择”后的帧列表。

⑨ 工作区域。选项：硬盘或内存。

⑩ 执行设定。运行“数据设定”范围内的项目设置。

(2) 显示选项

① 帧。表示当前窗口内读入的连续图像画面。点击单选框设定是否显示“帧”。

② 标记。表示目标的记号。点击单选框设定是否显示“标记”。

③ 目标序号。表示目标的顺序标号。点击单选框设定是否显示“目标序号”。

④ 坐标轴。点击单选框设定是否显示“坐标轴”。

⑤ 显示轨迹。

a. 残像。显示当前帧之前的运动轨迹。选项：轨迹、轨迹加矢量、连续矢量。

b. 全部。显示目标所有的运动轨迹。

c. 矢量。表示目标运动轨迹的方向。右边的小方框是用来设定矢量的长度倍数。图 19.12 中所示的设定为矢量显示 1 倍长度。

⑥ 连线显示。

a. 残像。显示运动过的帧上的连线。

b. 全部。显示从指定的起始帧至终止帧上的连线。

c. 当前。显示当前帧上的连线。

⑦ 背景颜色。当前表示窗口的背景颜色，黑或白。注：“帧”选择为显示的状态下，背景颜色的选择无效。

⑧ 速度区间高亮显示。选择感兴趣的速度区间，目标在此区间的轨迹将以粗实线表示。选择“速度区间高亮显示”后，最小、最大设定有效。“最小”：设定目标的最小速度，“最大”：设定目标的最大速度。“最小”默认的低值为所有目标速度的最低值，“最大”默认的高值为所有目标速度的最高值。

⑨ 画面保存。保存当前图像窗口内的表示画面（连续），可保存为连续的 bmp 类型的文件和 avi 视频类型的文件。

保存为 bmp 图像类型时，设定文件名执行保存，系统自动将连续的运动画面从首帧至尾帧逐帧按序号递增存储。

保存为 avi 视频类型时，设定文件名执行保存，系统提示选择压缩程序，可根据实际需要选择，如对保存的结果质量要求较高时，最好选择“（全帧）非压缩”的方式；反之，对图像质量要求较低时（存储占用空间相对较小），可选择其他的压缩方式及其压缩率。点击“确定”后，系统将连续的运动画面从首帧至尾帧存储为视频文件。

在执行存储处理过程中，如需中断存储任务，可点击处理进程界面的“停止”。保存的 bmp 或 avi 的结果文件，其具体图像内容与当前所设定的“显示选项”和“数据设定”表示结果一致。

图 19.15 列出了上述显示方法中的几种效果。其中，图 19.15(a) 是以连续矢量显示方式显示全部运动轨迹；图 19.15(b) 为显示全部标记、目标序号、坐标轴以及全部轨迹、全部连线的结果，在该图中，窗口背景被设置成白色；图 19.15(c) 表示的是感兴趣速度区间高亮显示，左图为任意选择的感兴趣速度区间，右图粗实线部分为目标在该区间的运动轨迹。

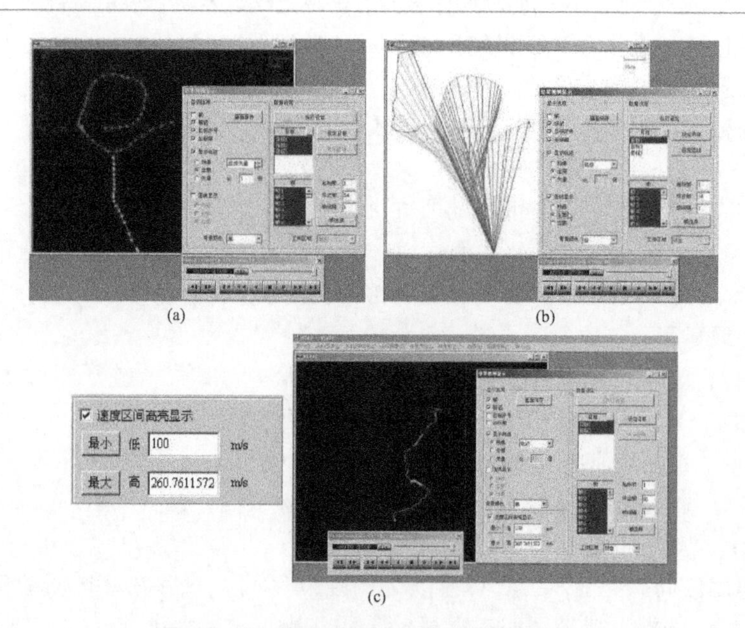

(a) (b) (c)

图 19.15 轨迹追踪结果的几种显示方法

19.5.2 位置速率

位置速率指目标轨迹在不同帧的位置和速率。在该栏目中，可查看、复制、打印各参数的图表、数据，以及更改显示的颜色、线型等视觉效果。显示的参数具体为目标的坐标 X、坐标 Y、移动距离、速度和加速度 5 个结果数据，有图表和数据两种查看方式。图 19.16 是位置速度的操作界面。

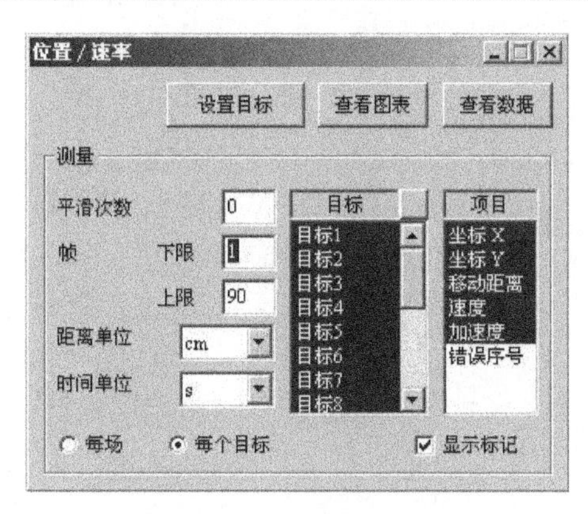

图 19.16 位置速度界面

① 设置目标。设定目标标记及其运动轨迹线的显示颜色和线型。点击后弹出图 19.13 的设置窗口。

② 查看图表。查看测量参数设定范围的目标和项目的图形表示。图 19.17 是已经打开的某个 2D 结果文件执行“查看图表”后的结果窗口。图中的红、绿和蓝色曲线分别表示 3 个目标的相应数值，该图表可以保存和拷贝。

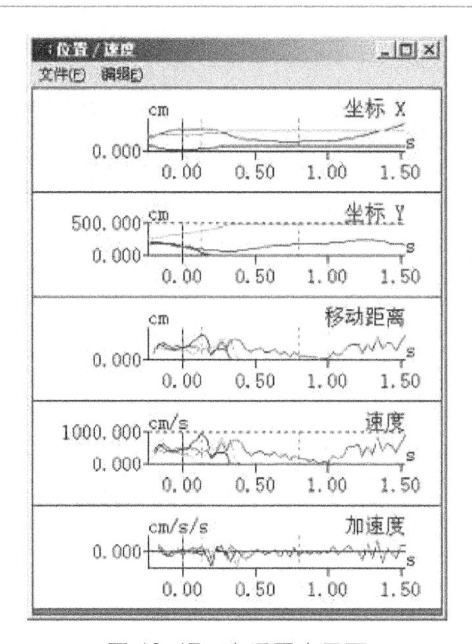

图 19.17 查看图表界面

③ 查看数据。查看测量参数设定范围的目标和项目的数值。图 19.18 是执行“查看数据”的界面，数据可以保存成 txt 文件。

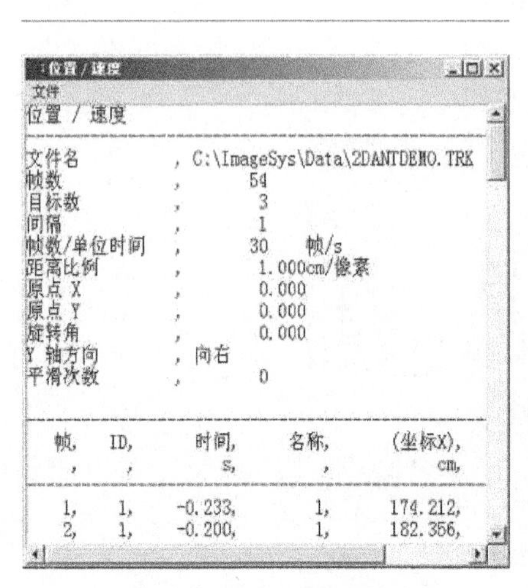

图 19.18 查看数据界面

④ 测量。

a. 目标：表示目标列表。可点击选择对象目标。

b. 项目：表示项目列表。选项：坐标 X、坐标 Y、移动距离、速度、加速度。可点击选择对象项目。

错误序号：1、2、3、4。（详见后面【结果修正】→【内插补间】界面的错误提示信息介绍）。

c. 每场：以场为单位。

d. 每个目标：以目标为单位。

e. 显示标记：显示各个目标的记号。

f. 平滑次数：设定平滑化修正的次数。

g. 帧：表示设置或查看对象的帧数范围。上限：表示起始帧。下限：表示结束帧。

h. 距离单位：选择距离的单位：pm、nm、um、cm、m、km。

i. 时间单位：选择时间的单位：ps、ns、us、ms、s、m、h。

19.5.3 偏移量

偏移量反映目标轨迹在不同帧的位置变化，在该栏目，可查看指定目标相对于设定基准的 X 方向偏移、Y 方向偏移以及绝对值偏移，有图表和数据两种查看方式。图 19.19 是其操作界面，其中设置目标、查看图表、查看数据以及测量的各项功能与图 19.16 相同。基准位置功能说明如下。

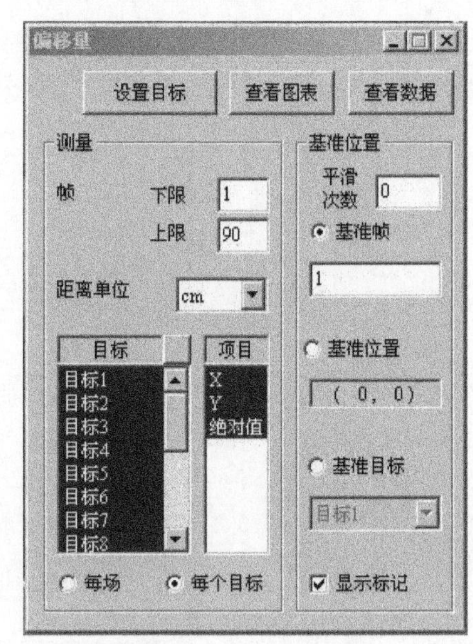

图 19.19 偏移量界面

① 平滑次数。设定执行平滑修正的次数。

② 基准帧。选择以后，以设定的帧为基准，计算各个目标的偏移量。

③ 基准位置。选择以后，以设定的位置为基准，计算各个目标的偏移量。

④ 基准目标。选择以后，以设定的目标为基准，计算各个目标的偏移量。

19.5.4 2点间距离

2点间距离指目标与目标间的直线间隔，用户在操作界面可添加多条目标直线，设置成不同的颜色和线型，以便区分。图19.20是其操作界面，界面上各项功能与前面各操作界面基本一样，不再详细说明。

图19.20 2点间距离界面

19.5.5 2线间夹角

即两个以上目标组成的连线之间的角度，包括3点间角度、2线间夹角、X轴夹角和Y轴夹角4种类型。图19.21是其操作界面，界面功能大多和前面项目相同，这里只说明与前面不相同的栏目。

① 3点间角度。表示3点之间顺侧或逆侧的角度。

② 2线间夹角。表示3个或4个点组成的2条连线之间的夹角角度。

③ X轴夹角。表示2点组成的连线与X轴的夹角角度。

④ Y轴夹角。表示2点组成的连线与Y轴的夹角角度。

选定要查看的角度类型之后，可查看角度、角变异量、角速度及角加速度4

个相关项目。

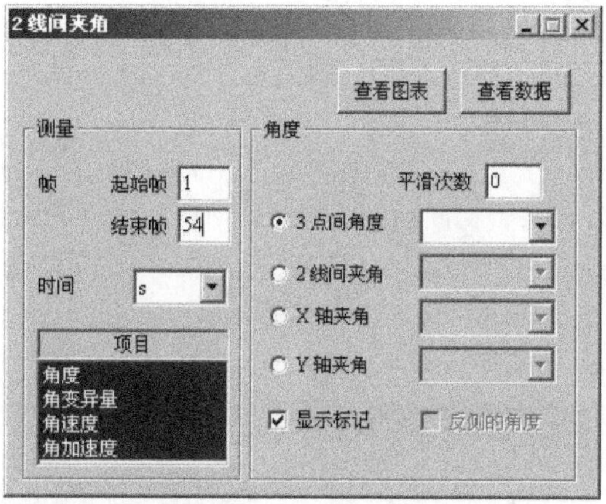

图 19.21　2 线间夹角界面

19.5.6　连接线图一览

该栏目可添加多个目标之间的连线；设置目标连线的颜色；设定 X 方向和 Y 方向连线的分布间隔（像素数）、放大倍数、背景颜色及帧间隔等参数。图 19.22 是其操作界面。

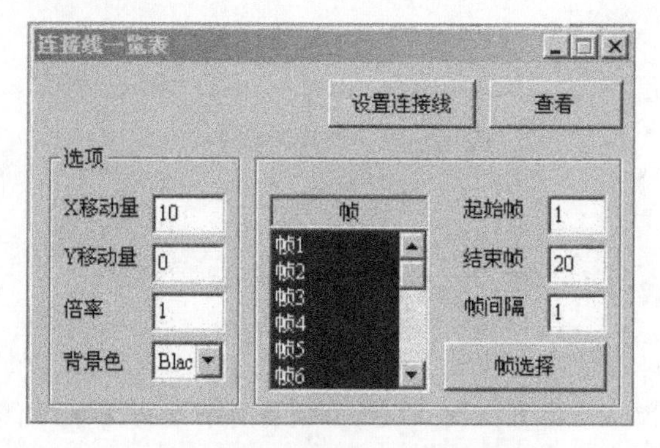

图 19.22　连接线一览表界面

① 设置连接线。设定目标连线。可以参考【结果浏览】→【结果视频表示】的“设定连线”。

② 查看。执行设定的参数，浏览连接线表示图。

③ 选项。

- *X* 移动量：设定 *X* 移动量。
- *Y* 移动量：设定 *Y* 移动量。
- 倍率：设定放大倍数。
- 背景色：设定背景颜色，黑或白。

④ 帧。

- 帧：显示帧列表。
- 起始帧：设定开始帧。
- 结束帧：设定终止帧。
- 帧间隔：设定帧间隔。
- 帧选择：执行以上的帧设定。

19.6 结果修正

本系统提供了多种对测量结果进行修正的方式，具体包括：手动修正，对指定的目标轨迹进行修改校正；平滑化，对目标运动轨迹去掉棱角噪声，使轨迹更趋向曲线化；内插补间，样条曲线插值，消除图像（轨迹）外观的锯齿；帧坐标变换，改变帧的基准坐标；人体重心，测量人体重心所在；设置事项，可设定基准帧、添加或删除目标帧。

19.6.1 手动修正

点击“手动修正”菜单，弹出图 19.23 所示的手动修正界面。

① 放大倍数。选定放大倍数：2 倍、4 倍、8 倍、16 倍。

② 移动目标。将对象目标移至视频窗口内中心位置。

③ 目标设定框。选择对象目标。

④ 修正。执行以上设定。

⑤ 取消。取消以上设定，关闭窗口。

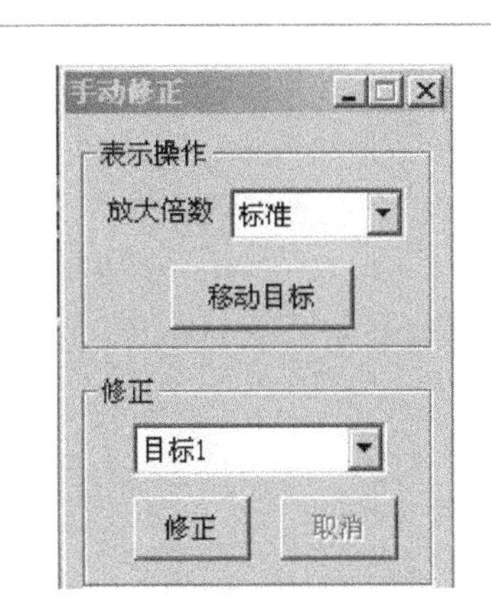

图 19.23 手动修正界面

19.6.2 平滑化

每点击一次“平滑化”菜单，对每个目标都执行一次 3 步长的轨迹数据平滑。

可以根据需要，多次执行平滑处理。

19.6.3 内插补间

执行后弹出图 19.24 所示窗口。内插补间可修正以下 4 项错误：

① 可能有错误（自动检出窗口内出现了 2 个以上对象物）。

② 错误可能性很大（自动检出窗口内的噪声大于 60 个）。

③ 错误可能性很大（自动检出窗口内没有对象物）。

④ 错误（手动、半自动跟踪时没有指定）。

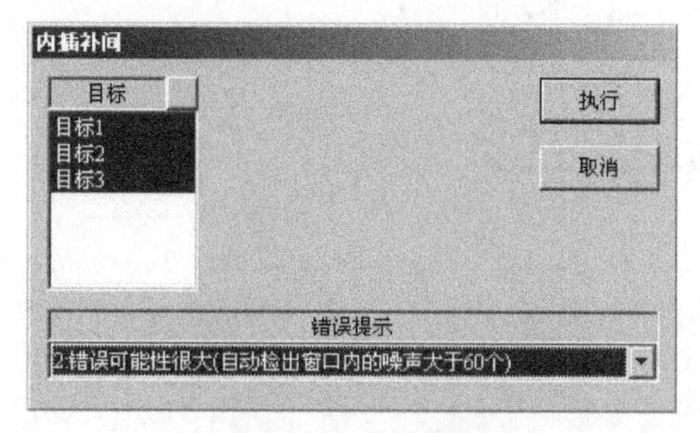

图 19.24 内插补间界面

在执行内插补间修正时，如果当前要修正的迹线存在该 4 项错误中的某项错误，在执行修正所选定的错误类型时有效；反之，则原迹线及相关数据保持原状。

19.6.4 帧坐标变换

该项目可设置标准帧（要变换坐标的帧序号）、基准位置、基准轴等参数，实现帧坐标变换。图 19.25 是坐标变换界面。图中项目参数设置，标准帧：5，基准位置：目标 1，基准轴：目标 2 与目标 3 的连线。

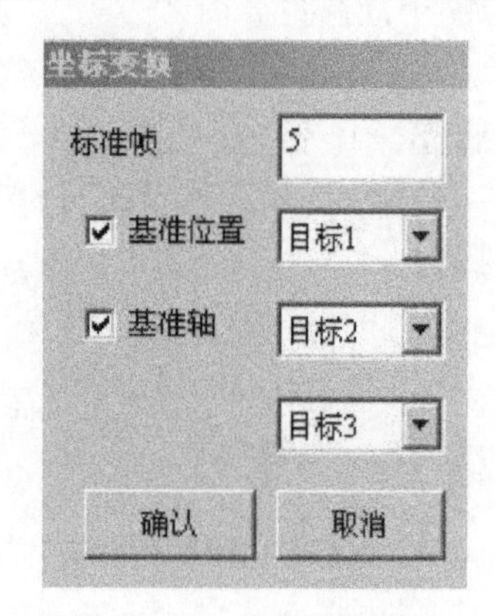

图 19.25 坐标变换界面

19.6.5 人体重心测量

人体重心测量项目可同时测量人体多个

部位的重心，如全身、上肢、右大臂、左小腿等。图 19.26 是人体重心测量界面。选择部位的重心轨迹和运动轨迹一起表示出来。

19.6.6 设置事项

设置事项项目可设置基准帧、添加目标帧以及删除目标帧。操作“Video Control”改变当前显示帧，根据需要设定当前显示帧为基准帧，或者添加当前显示帧为目标帧。在此设定的基准帧，将作为整个测算的基准帧，显示在各项数据分布和图表中；设定的目标帧，将在各项数据分布的画面上，在该目标帧前面增加标识号“+”。

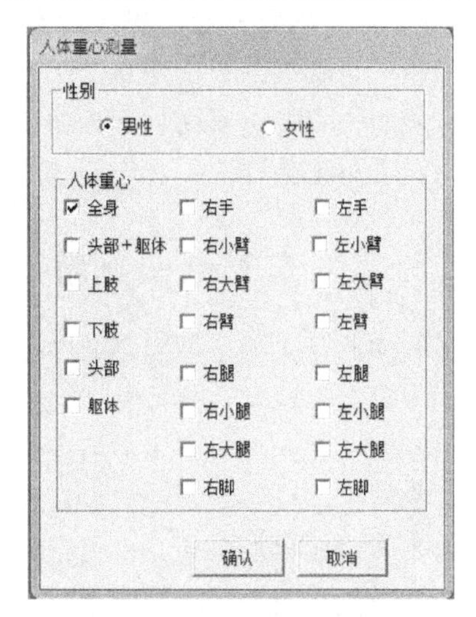

图 19.26 人体重心测量界面

19.7 查看

包括：像素值、图像缩放、状态栏 3 个项目。

① 像素值。显示以鼠标位置为中心的 7×7 范围内的像素值。彩色显示模式时为 RGB 值，灰度表示模式时为亮度值。

② 图像缩放。画面的放大缩小表示。从 50%～500%六个比例表示倍率，即：1/2 倍、1 倍、2 倍、3 倍、4 倍、5 倍。

③ 状态栏。控制状态窗的开关。

19.8 实时测量

在 MIAS 系统的基础上，开发了运动目标实时跟踪测量系统 RTTS。与 MIAS 相比，该系统主要增加了实时目标测量和实时标识测量两项功能。

19.8.1 实时目标测量

操作界面上显示与计算机相连接的有效摄像装置，以供用户选择，并且，用户可设置摄像装置的功能。视频图像输入之后，可在窗口上预览动态图像，也可停止预览，窗口上保留最后一帧图像，在图像上进行追踪设定。执行追踪之前，需对背景和追踪目标类型进行设定。

① 背景设定。当非动态显示图像时，通过在背景上画一条线，获得背景信息。

② 目标类型设定。当非动态显示图像时，通过在目标上画一个“+”字，来获取一种类型的目标信息。

设定完背景信息和目标类型信息后，开始执行目标追踪，可同时选中多个目标进行无标识追踪。

19.8.2 实时标识测量

与实时目标测量不同之处在于，实时标识测量在测量之前，需在跟踪的目标上贴上彩色标识点，然后对标识点进行追踪。而其他功能及跟踪过程与实时目标测量相似，在此不再赘述。另外，对于实时标识测量，用户可设定是否显示目标序号。若想增减跟踪目标的数量，可设定目标，利用左右键添加或删除目标；若暂时不再增减目标个数，可锁定目标，即鼠标在视图窗口中的任何操作将不影响目标的数量。图 19.27 是对小车上的颜色标识点进行实时跟踪测量的结果。

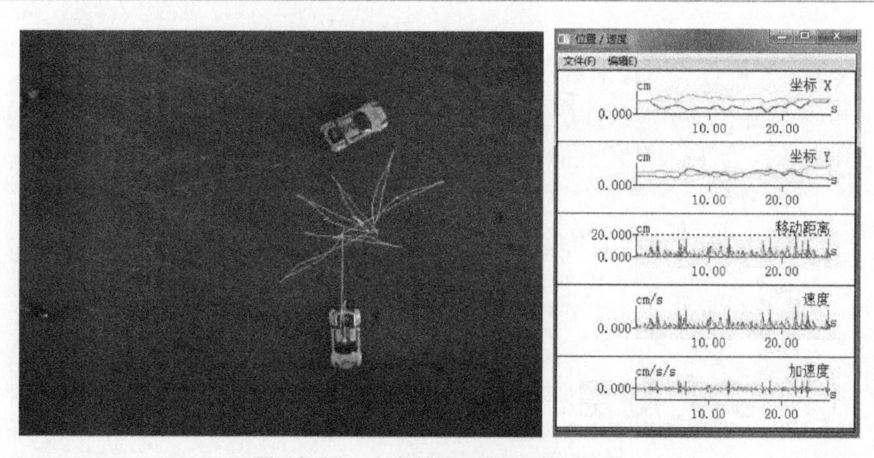

图 19.27 小车的实时跟踪测量结果

19.9 开发平台 MSSample

MIAS 系统提供了一个框架源程序的开发平台 MSSample。该框架平台具有保存当前图像等各种文件操作功能，并提供了一个 avi 视频文件的差分处理演示，以供用户更直观地了解此开发平台。用户在该平台上可任意添加自己的图像处理界面以及处理函数，以实现更多的功能。另外，MSSample 与系统配备的大型图像处理函数库建立了默认连接，用户开发时可直接调用库里的函数。此平台提供的函数库与第 18 章通用系统开发平台 Sample 提供的函数库一样，库里封装了 350 多条实用的图像处理、图像显示及图像存取的函数，为用户开发提供了许多选择。

本系统的初始设置、系统语言设置、图像采集功能与通用图像处理系统 ImageSys 基本一样，这里不再重述。

参考文献

[1] 陈兵旗. 机器视觉技术及应用实例详解 [M]. 北京: 化学工业出版社, 2014.

第20章

三维运动测量分析系统 MIAS 3D[1]

20.1 MIAS 3D 系统简介

MIAS 3D 系统是一套集多通道同步图像采集、二维运动图像测量、三维数据重建、数据管理、三维轨迹联动表示等多种功能于一体的软件系统。

主要应用领域：人体动作解析、人体重心测量、动物昆虫行为解析、刚体姿态解析、浮游物体的振动冲击解析、机器人视觉的反馈、科研教学等。

主要功能特点：简体中文及英语界面，操作使用简单；多通道同步图像采集、单通道切换图像采集功能；全套的二维运动图像测量功能；三维的比例设定功能；二维测量数据的三维合成功能；多视觉动态表示三维运动轨迹及轨迹与图像联动表示功能；基于 OpenGL 的 3D 运动轨迹自由表示功能；强调表示指定速度区间轨迹功能；各种计测结果的图表和文档表示功能；人体各部位重心轨迹的三维、二维测量表示功能；多个三维测量结果数据的合并、连接功能。测量的二维、三维参数包括：位置、距离、速度、加速度、角度、角速度、角加速度、角变位、位移量、相对坐标位置等。

MIAS 3D 系统的图面窗口的初期默认设置为 640×480 像素，可以通过系统的初始设置来改变图面窗口的大小。当打开 3D 结果文件或者 2D 跟踪文件时，如果要读入的图像文件或者多媒体文件的图像大小与目前系统的图像大小不同时，会弹出填入要读入图像大小的系统设定窗口，选择确定后，会自动关闭系统，按设定图像大小和系统帧数重新启动系统。系统的初始界面如图 20.1 所示。

本系统包含了二维运动测了分析系统 MIAS（参考第 19 章）和一套独立的多通道同步图像采集，在此只介绍 MIAS 3D 的界面功能。

图 20.1 MIAS 3D 系统初始界面

20.2 文件

MIAS 3D 系统具有丰富的文件处理功能，可以对保存的结果文件及追踪文件进行进一步处理，具体功能有：读入以前保存的 3D 测量结果文件；改变指定相机的跟踪文件，改变 3D 测量数据与跟踪文件的连接路径；合并多个 3D 测量文件；导出 3DS 运动数据，使保存后的文件可以用 3DMax、AutoCAD 等软件读取；以位图文件格式保存当前显示的图像；打印前预览图像的效果，设置打印机及打印当前显示的图像；显示最近的历史工作文件等。

20.3 2D 结果导入、3D 标定及测量

MIAS 3D 系统由 2 个以上 2D 同步图像的测量结果（跟踪）文件和一个 3D 标定文件合成 3D 测量结果。在 3D 测量前，需要读入 2 个以上的 2D 测量结果文件，进行 3D 标定或者读入保存的 3D 标定文件。具体操作如下。

（1）打开 2D 跟踪文件

为了进行 3D 数据合成，需要读入两个以上的 2D 同步测量结果文件。

（2）3D 标定

在进行 3D 数据合成时，需要导入 3D 标定文件，3D 标定功能可以生成 3D

标定文件。读入各个相机标定图像的起始文件和结束文件，设定标定结果文件的存储路径及文件名，选定刻度单位，便可以以半自动或者手动的方式进行3D标定。标定完成后，系统会提示标定误差，对于标定误差大的点，可以重新进行标定。

图20.2是3D标定界面，以下说明其功能。

① 标定图像。选择首尾标定图像文件。

② 结果选项。设定标定结果文件的路径及文件名，文件类型.CLB。

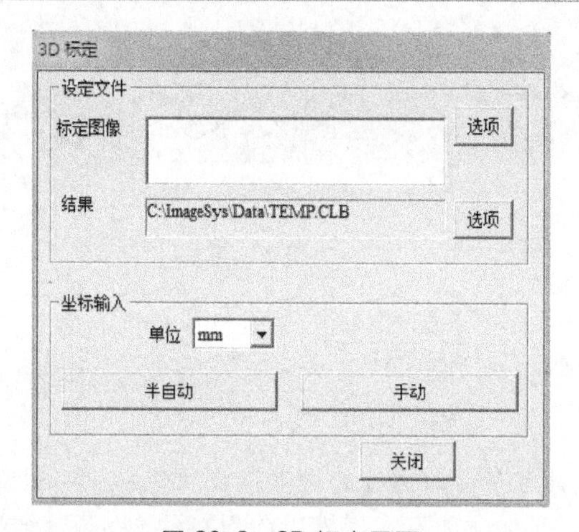

图20.2 3D标定界面

③ 单位。选定刻度单位：pm、nm、um、cm、m、km。

④ 手动。手工方式确定标定点的图像坐标并输入各点的空间坐标。

⑤ 半自动。在执行过程中辅以手工操作，利用图像分割的方法来确定标定点位置。

⑥ 关闭。退出3D标定窗口。

(3) 3D棋盘标定

棋盘标定一般用于标定小视场，例如室内的桌面等。操作方便，标定精度高。

对于棋盘的拍摄，需要注意以下事项。

① 两摄像头应保持平行；

② 棋盘在标定空间中的摆放位置应平均分布；

③ 棋盘平面与摄像机镜头平面之间的角度应保持在45°以内，角度太大会影响精度；

④ 如果采用打印的纸质棋盘，应粘贴在坚硬的物体上，保证棋盘的平整度。

图 20.3 是 3D 棋盘标定界面，下面介绍其功能。

① 标定图像。选择首尾标定图像文件。

② 结果选项。设定标定结果文件的路径及文件名，文件类型.CLB。

③ 棋盘参数设置。执行后，弹出图 20.4 所示的参数设置界面。

a. 棋盘行、列角点数：棋盘角点是指由四个方格（两个黑格两个白格）组成的角点。

图 20.3 3D 棋盘标定界面

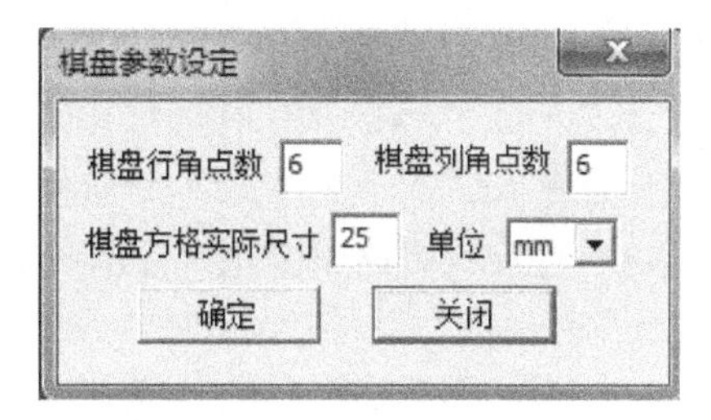

图 20.4 棋盘参数设定界面

b. 棋盘方格实际尺寸：每个棋盘方格的尺寸。

c. 棋盘方格尺寸的刻度单位：可选择的刻度包括 pm、nm、um、mm、cm、m。

④ 开始标定。系统开始进行摄像机标定。

⑤ 显示参数。在标定结束后，点击“显示参数”，可以查看摄像机内外参数。

⑥ 关闭。结束标定，关闭对话框。

执行“运动测量”，将读入的 2D 轨迹文件和 3D 标定文件进行 3D 数据合成，生成 3D 轨迹结果文件。

20.4 显示结果

通过运动测量后，MIAS 3D 系统的测量结果可以通过多种方式进行表示。如视频、点位速率、偏移量、点间距离、线间夹角、连接线图一览表示等。显示结果的各项操作界面与第 19 章的二维运动图像测量分析系统 MIAS 大致相同，只是由2D数据变成了3D数据，因此，下面将只介绍各种表示方法，不再对操作界面进行说明。

20.4.1 视频表示

（1）多方位3D表示

多方位3D表示可以对读入的3D结果文件进行上面、正面、旋转、侧面及任意角度的图表表示、数据查看、复制、打印等，可以更改显示的颜色、线型等视觉效果。其中，轨迹及目标点的连线可以以残像、矢量等方式进行显示。对于轨迹，可以选择感兴趣的速度区间，选择后，目标在此区间的轨迹将以粗实线表示。此外，在表示过程中可以通过控制播放操作面板实现结果的快进、快退、单帧等回放操作。

多方位3D表示结果示例如图20.5所示。图中测量的目标点共有20个，依次分布在人体各个关节处。测量结果分别以上面、正面、旋转、侧面图方式显示。通过控制播放操作面板可以观察人体各关节在各个时刻的运动情况。

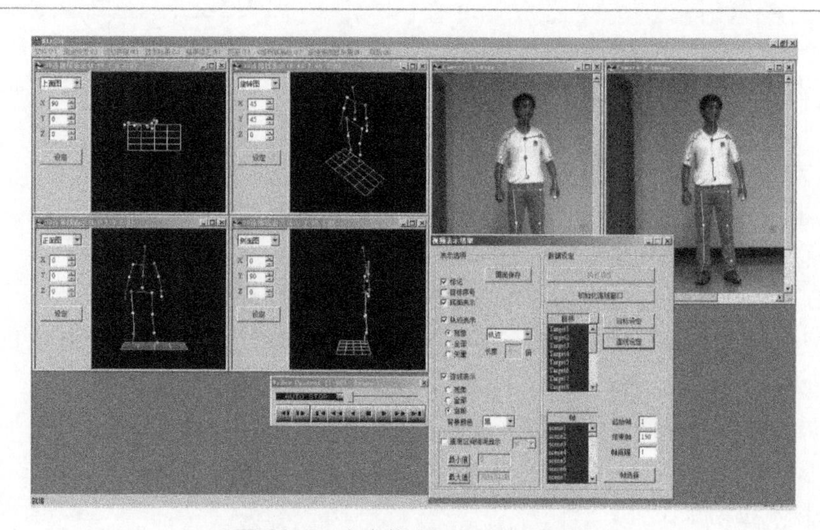

图20.5 多方位3D表示结果示例

（2）OpenGL 3D表示

OpenGL 3D表示可以对读入的3D结果文件进行OpenGL打开，可以导出3DS文件，导出后可以用3DMax、AutoCAD、ProE等软件读取。使用时，可以设定显示的颜色、线型、目标点球形大小等视觉效果。对于轨迹，可以选择感兴趣的速度区间，选择后目标在此区间的轨迹将以粗实线表示。此外，在表示过程中可以通过控制播放操作面板实现结果的快进、快退、单帧等回放操作。

OpenGL 3D 表示结果示例如图 20.6 所示，其中目标点球形大小为 3，背景为黑色。对于 OpenGL 窗口内显示的目标及轨迹，可以利用鼠标进行放大、缩小、任意旋转等多种灵活操作，从而实现对目标点及其运动轨迹的全方位观测。

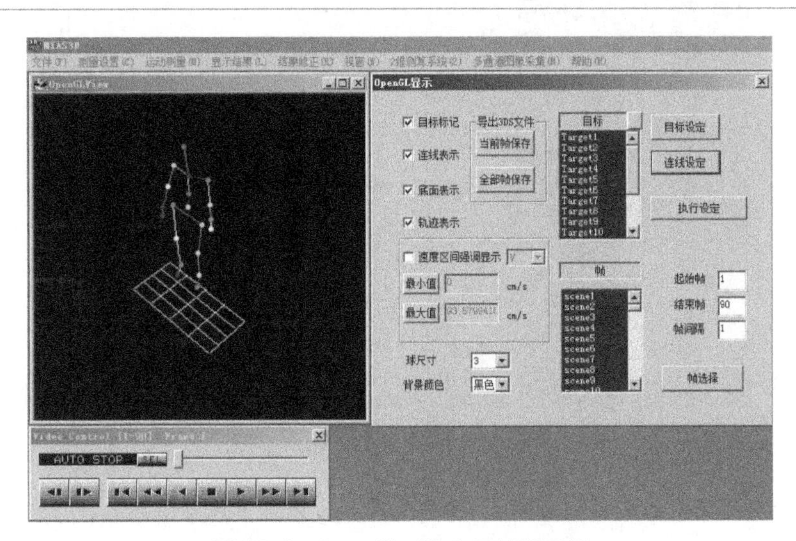

图 20.6　OpenGL 3D 表示结果示例

20.4.2　点位速率

点位速率功能可以获得目标在任意时刻的位置坐标、移动距离、速度、加速度等参数，结果数据不仅可以以文本的方式显示、保存及打印，还可以以分布曲线的形式进行直观的图形显示、复制及打印等。

点位速率测量结果示例如图 20.7 所示，图中表示了右腿 4 个目标点（右脚拇指、右脚、右膝、右胯关节）的移动距离、速度、加速度 3 个参数，测量结果数据分别以文本及分布曲线的形式进行显示。

20.4.3　位移量

位移量功能可以获得目标点在任意时刻相对于基准帧、基准点或基准目标的位移。测量结果数据可以以文本或者分布曲线的方式显示、保存、复制及打印等。

位移量测量结果示例如图 20.8 所示。图中分别测量右腿 4 个目标点（右脚拇指、右脚、右膝、右胯关节）相对于基准帧第一帧的 X、Y、Z 及绝对值的位移量，测量结果数据分别以文本及分布曲线的形式进行显示。

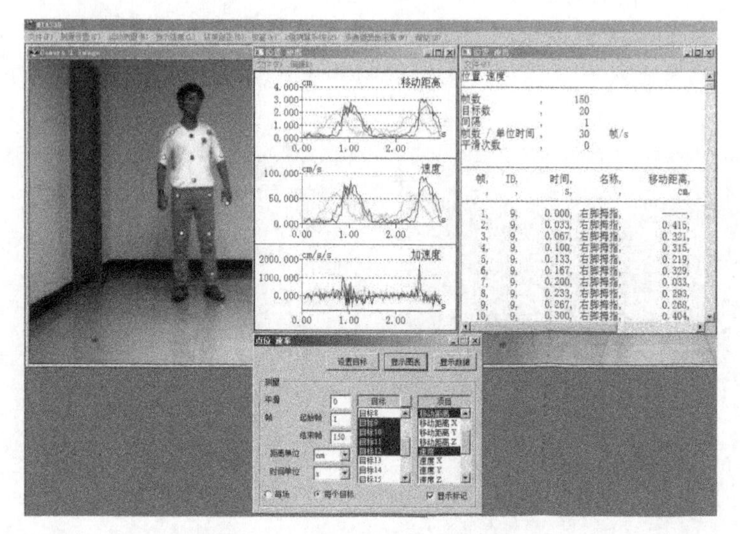

图 20.7　点位速率测量结果示例

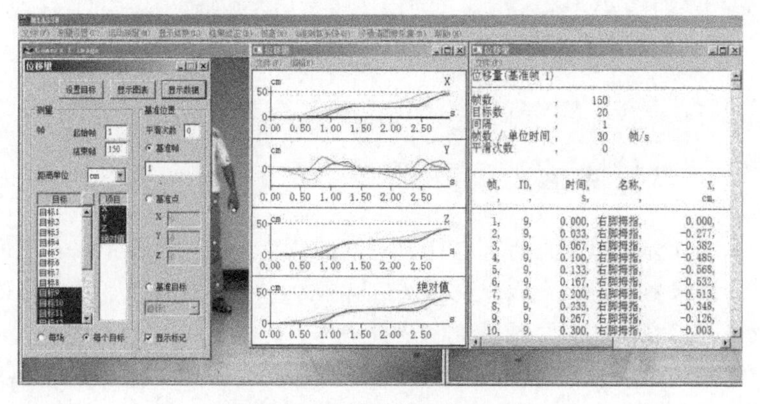

图 20.8　位移量测量结果示例

20.4.4　2点间距离

2点间距离功能可以获得指定的目标与目标间的距离，测量结果数据可以以文本或者分布曲线的方式显示、保存、复制及打印等。

2点间距离测量结果示例如图 20.9 所示，图中测量目标为左、右脚拇指间的距离，测量结果数据分别以文本及分布曲线的形式进行显示。

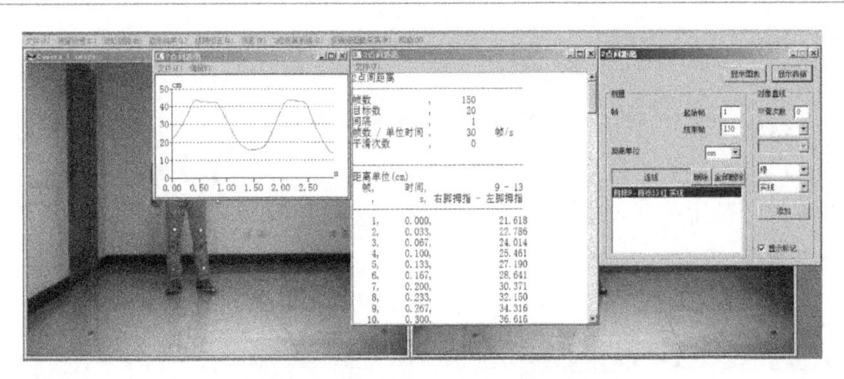

图 20.9　2 点间距离测量结果示例

20.4.5　2 线间夹角

2 线间夹角功能可以获得目标与目标间的夹角，其中可测量的夹角类型有 3 点间夹角、2 线间夹角、X 轴夹角、Y 轴夹角、Z 轴夹角等。此外，测量夹角时，可以选择不同的角度计算基准，如实际空间角度、XY 平面投影角度、ZY 平面投影角度和 XZ 平面投影角度等。

2 线间夹角测量结果示例如图 20.10 所示，图中测量目标为右腿上右脚拇指、右脚连线与右脚、右膝连线的夹角。其中，角度的计算基准为实际空间角度，测量的参数有角度、角变异量、角速度及角加速度。

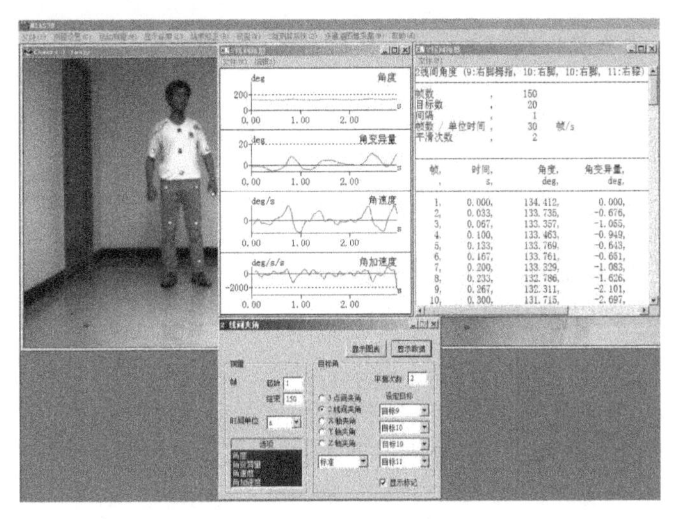

图 20.10　2 线间夹角测量结果示例

20.4.6 连接线一览图

连接线一览图功能可以一览表示目标间的连接线。表示时，可以设置不同的帧间隔，选择不同的投影面，如上面图、旋转图、正面图、侧面图等。

连接线一览图结果示例如图 20.11 所示，其中参数设置为正面图，黑色背景，帧间隔为 2。

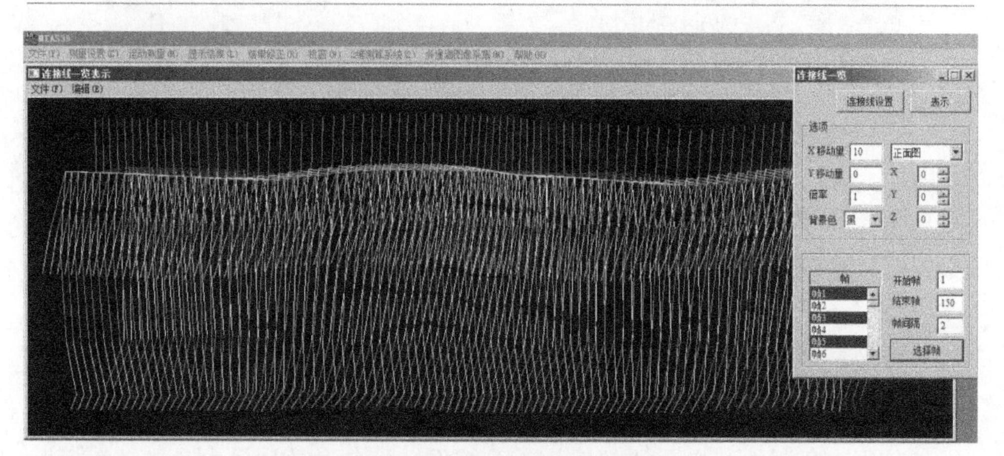

图 20.11 连接线一览图结果示例

20.5 结果修正

MIAS 3D 系统的结果修正功能包括事项设定和人体重心测量等，下面分别说明其功能。

(1) 事项设定

事项设定功能可以设定基准帧、添加事项帧、删除事项帧。所谓事项帧是指用户特别关注的帧。

(2) 人体重心

人体重心功能的测量点位与 MIAS 相同，只是由 MIAS 的 2D 数据变成了 3D 数据。图 20.12 表示了一个测量事例，图中 1、2 点即为所测得的重心点。通过结果回放可以获得重心点 1、2 的运动轨迹、点位速率、位移、距离等参数。

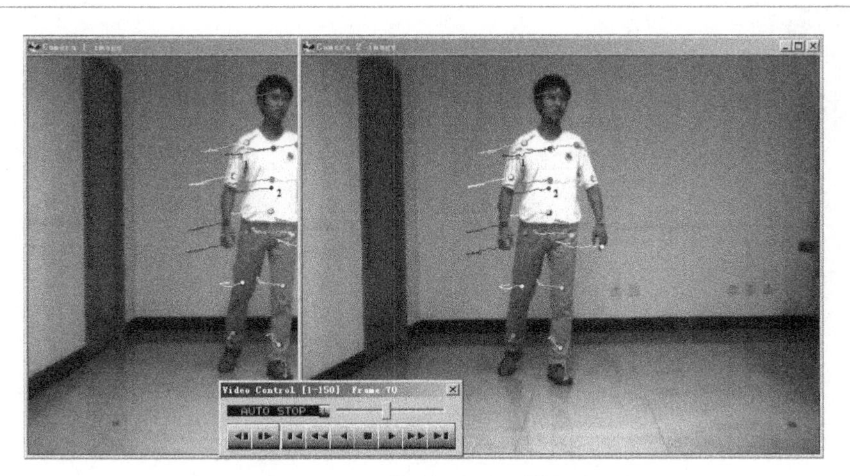

图20.12 人体重心测量示例结果图

20.6 其他功能

(1) 视窗

MIAS 3D系统的视窗菜单可以新建立一个3D连线的显示窗口。如果同时想观察4个以上立体侧面时，可以执行该命令。此外，它可以设定3D连线表示视窗的大小，可以设置显示比例，如1/4倍、1/2倍、1倍、2倍、8倍、16倍等。

(2) 2维测算系统

MIAS 3D系统的2维测算系统菜单可以打开2维运动图像测算系统MIAS。

(3) 多通道图像采集

MIAS 3D系统的多通道图像采集菜单可以打开多通道图像采集系统。

参考文献

[1] 陈兵旗.机器视觉技术及应用实例详解[M].北京：化学工业出版社，2014.

第21章

车辆视觉导航系统

21.1 车辆无人驾驶的发展历程及趋势

1925年8月，人类历史上第一辆有证可查的无人驾驶汽车正式亮相。美国陆军的电子工程师Francis P. Houdina坐在一辆汽车上，通过发射无线电波来控制前车的方向盘、离合器、制动器等部件。

1956年，美国通用汽车公司正式对外展出了Firebird Ⅱ概念车，这是世界上第一辆配备了汽车安全及自动导航系统的概念车。它使用了钛金属技术、电源盘式制动器、磁点火钥匙、独立控制的燃气涡轮动力等新概念，看上去像是一辆"火箭车"。1958年，第三代Firebird问世，并且BBC现场直播了通用在高速公路上对无人驾驶概念车的测试。通用使用了预埋式的线缆向安装了接收器的汽车发送电子脉冲信号。

1966年，美国斯坦福大学研究所的SRI人工智能研究中心开始研发一款名叫Shakey，拥有车轮结构的多功能机器，可以执行开关灯这样简单的动作。Shakey是在室内执行任务，其内置的传感器和软件系统开创了自主导航功能的先河。

1971年，英国道路研究实验室（RRL）测试了一辆与通用想法类似的自动驾驶汽车，并且公布了一段视频。车子的驾驶位置没有坐人，方向盘一直在自动"抖动"来调整方向。在车子的前保险杠位置，有一个特制的接收单元，电脑控制的电子脉冲信号通过这个单元传递给车子，以此达到控制转向的目的。

1977年，日本筑波工程研究实验室开发出了第一个基于摄像头来检测前方标记或者导航信息的自动驾驶汽车，而放弃了之前一直使用的脉冲信号控制方式。这辆车内配备了两个摄像头，并用模拟计算机技术进行信号处理。时速能达到30千米，但需要高架轨道的辅助。

1983年，美国国防部高级计划研究局（DARPA）开启了名为陆地自动巡航（ALV）的新计划，这个计划的研究目的就是让汽车拥有充分的自主权，通过摄像头来检测地形，通过计算机系统计算出导航和行驶路线等解决方案。

20世纪七八十年代，德国慕尼黑联邦国防军大学的航空航天教授Ernst

Dickmanns的团队开创了一系列“动态视觉计算”的研究项目，成功开发出了多辆自动驾驶汽车原型。1993年和1994年，该团队改装了一辆奔驰S500轿车，配备了摄像头和其他多种传感器，用来实时监测道路周围的环境和反应。当时，这辆奔驰S500在普通交通环境下成功地自动驾驶了超过1000公里的距离。

1986年，美国卡内基·梅隆大学开始进行无人驾驶的探索，项目名称叫NavLab。起初该团队改装了一辆雪佛兰车型，车身上加入了五辆便携计算设备，行驶速度仅为20km/h。1995年，该团队对一辆1990年款的Pontiac Trans Sport机型进行改装，通过在车辆上附加包括便携式计算机、挡风玻璃摄像头、GPS接收器以及其他一些辅助设备来控制方向盘和安全性能，并且成功地完成了从匹兹堡到洛杉矶的“不手动”驾驶之旅，整个过程大约有98.2%的里程是百分之百无人驾驶，只是在避障的时候人为进行了一点点帮助。卡内基·梅隆大学的研究成果对于现在的无人驾驶技术提供了非常高的借鉴意义。

1998年，意大利帕尔马大学视觉实验室VisLab在EUREKA资助下完成了ARGO项目。该项目通过立体视觉摄像头来检测周围环境，通过计算机制定导航路线，进行了2000千米的长距离实验，其中94%路程使用自主驾驶，平均时速为90千米，最高时速123千米。该系统的成功，证明了利用低成本的硬件和成像系统可以实现无人驾驶。

2004年，DARPA率先对无人驾驶汽车进行了有史以来最重要的挑战。当年，该团队成功地让无人驾驶汽车穿越了Mojave沙漠。3年后，DARPA将实验场地从沙漠换成了城市，并且在斯坦福拉力赛中取得了第二名、Tartan Racing中获得了第一名的好成绩。随后，通过NavLab项目在该领域声名鹊起的卡内基·梅隆大学也取得了不错的成绩，并且获得了通用、Continental和卡特彼勒等公司的支持。

2005年，斯坦福大学一辆改装的大众途锐更完美地进行了挑战DARPA穿越Mojave沙漠的试验。这辆车不仅携带了摄像头，同时还配备了激光测距仪、雷达远程视距、GPS传感器以及英特尔奔腾M处理器。

从那时开始，无人驾驶汽车的功能就开始变得越来越复杂，需要处理其他车辆、信号、障碍以及学会如何与人类驾驶员和睦相处。

2009年，谷歌在DARPA的支持下，开始了无人驾驶汽车项目研发。当年，谷歌通过一辆改装的丰田普锐斯在太平洋沿岸行驶了1.4万英里，历时一年多。许多从2005～2007年期间在DARPA研究的工程师都加入到了谷歌的团队，并且使用了视频系统、雷达和激光自动导航技术。谷歌的大计划就此开始。

2010年，VisLab团队，就是当初实验ARGO项目的团队，开启了自动驾驶汽车的洲际行驶。四辆自动驾驶汽车从意大利帕尔玛出发，穿越 9 个国家，最后成功到达了中国上海。整个期间，VisLab 团队面对了超过 1.3 万公里的日常驾驶环境挑战。值得一提的是，所有车载导航系统都是通过太阳能提供电量，是当时第一个将可持续能源融入到无人驾驶汽车的项目。

2013 年，百度无人驾驶车项目开始起步，由百度研究院主导研发，其技术核心是"百度汽车大脑"，包括高精度地图、定位、感知、智能决策与控制四大模块。其中，百度自主采集和制作的高精度地图记录完整的三维道路信息，能在厘米级精度实现车辆定位。同时，百度无人驾驶车依托国际领先的交通场景物体识别技术和环境感知技术，实现高精度车辆探测识别、跟踪、距离和速度估计、路面分割、车道线检测，为自动驾驶的智能决策提供依据。

2014 年，谷歌对外发布了自己完全自主设计的无人驾驶汽车。2015 年，第一辆原型汽车正式亮相，并且已经可以正式上路测试。在该车中，谷歌完全放弃了方向盘的设计，乘客只要坐在车中就可以享受到无人驾驶的方便和乐趣。

2016 年下半年，腾讯自动驾驶实验室成立。同年 12 月 15 日，腾讯公司宣布与上海国际汽车城签署战略合作框架协议，双方将在自动驾驶、高清地图和汽车智能网联标准等领域进行深层次合作。目前，腾讯自动驾驶实验室聚焦于自主驾驶车辆和地面自主机器人的核心技术研发。

视觉是人类观察、认识世界的重要功能手段，人类从外界获得的信息约 75%来自视觉系统，特别是驾驶员驾驶需要的信息 90%来自视觉。在目前汽车辅助驾驶所采用的环境感知手段中，视觉传感器比超声、激光雷达等可获得更高、更精确、更丰富的道路结构环境信息。从 20 世纪 70 年代开始，日本等发达国家开始了视觉导航的研究，特别是在农田作业车辆导航领域，视觉导航受到了科研人员的特别关注。与公路导航相比，农田导航目标的识别更复杂，要求精度更高，但是不需要特别关注周围环境。随着机器视觉技术的不断发展，视觉导航的软件处理能力越来越强，而硬件成本越来越低，无论是公路导航还是农田导航，视觉导航都将会成为车辆无人驾驶的主流技术。

21.2 视觉导航系统的硬件

本视觉导航系统的硬件包括车载工控机、触摸屏、角度传感器、信号采集卡、摄像头、电机驱动器、电机和方向盘旋转机构。图 21.1 是本视觉导航系统硬件构成示意图。图 21.2 是方向盘旋转机构 3D 图和安装在拖拉机上的实物图。

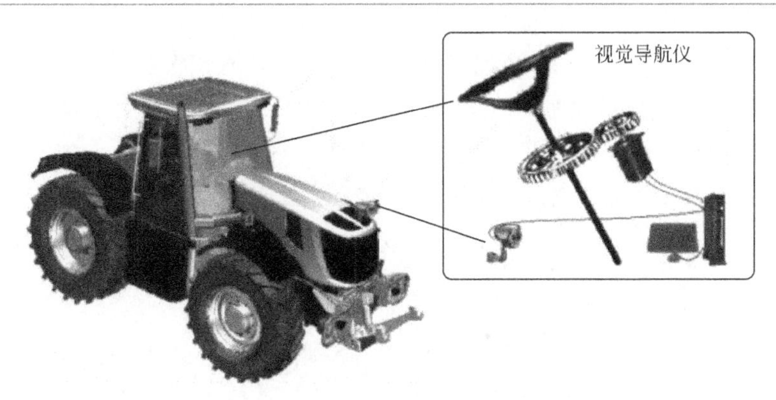

图 21.1 视觉导航系统示意图

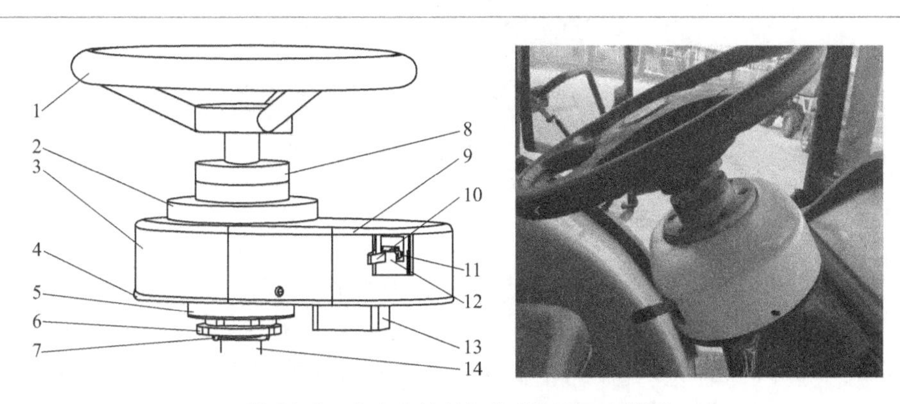

图 21.2 方向盘旋转机构 3D 图及实物图

1—方向盘；2—下法兰；3—上壳体；4—下壳体；5—开口套筒；6—心轴锁紧螺母；7—开口螺纹套筒；8—上法兰；9—壳体；10—拨杆；11—螺纹杆；12—小龙门；13—步进电机；14—方向盘转向柱管

21.3 视觉导航系统的软件

本系统软件包括图像信号采集与处理软件和方向盘旋转控制软件。

图像采集与处理主要以农田作业导航目标线的检测为对象。农田作业包括耕作、播种、插秧、施肥、收割、田间管理等。其中，耕作包括深耕、耙地、整地等；播种包括小麦播种、玉米播种、水田插秧、棉花播种、大豆播种等；收获包括小麦收获、玉米收获、大豆收获、棉花机采等；田间管理包括中耕除草、施肥、喷药等，每一种导航目标线的特性都不一样，因此，农田作业视觉导航目标线的图像检测比公路车道线图像检测复杂得多。上述农田作业的共同特点是作业车辆沿着已作业地与未作业地的分界线直线行走。图 21.3 是导航目标线图像采集示意图，摄像机处于导航目标的正上方或者车辆中间位置。

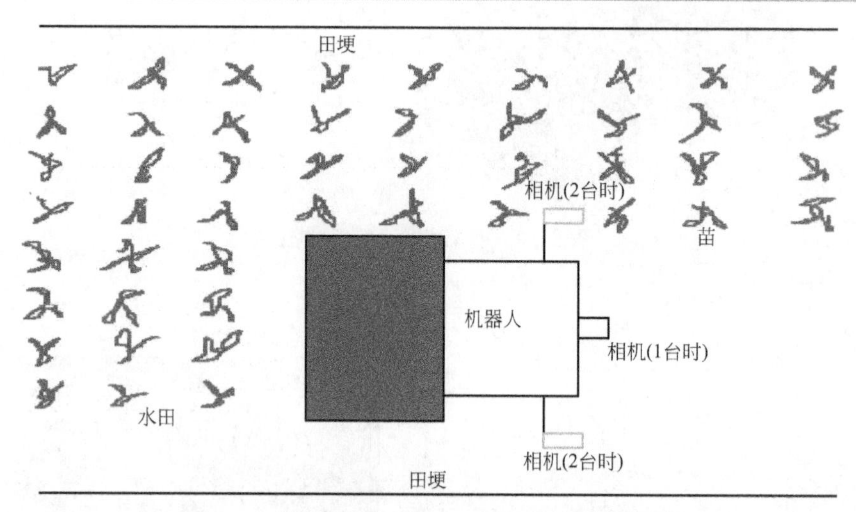

图 21.3　导航目标线图像采集示意图

本系统利用第 7 章介绍的过已知点哈夫变换进行导航目标线的图像检测，使得全局性直线检测转化成了目标直线候补点的检测和已知点的确定，实现了直线的快速检测。各个导航目标直线的具体检测方法可以参考本书作者的另一本书《机器视觉技术及应用实例详解》（化学工业出版社 2014 出版）。图 21.4～图 21.8 展示了不同农田作业导航目标直线的检测实例，导航目标线的图像检测结果用细直线表示。

(a) 苗列线　(b) 土田埂线　(c) 水泥田埂线

图 21.4　插秧机视觉导航目标直线检测实例

(a) 插秧后第2天 (b) 插秧后1周 (c) 插秧后2周
(d) 插秧后3周 (e) 插秧后5周 (f) 插秧后9周

图 21.5 不同生长期水田管理机视觉导航目标直线检测实例

(a) 耕地 (b) 玉米播种
(c) 小麦播种 (d) 棉花播种

图 21.6 耕地播种环境的视觉导航目标直线检测实例

(a) 玉米小苗 (b) 玉米大苗

图 21.7

(c) 棉花小苗

(d) 麦田中苗

图 21.7 各种管理环境导航线检测实例

(a) 小麦收获

(b) 棉花收获

图 21.8 收获环境导航目标线检测实例

除了导航目标线检测之外，本系统还通过角度传感器采集导向轮的旋转角度，通过组合导航目标直线的方向角、中心偏移量和前轮旋转角度，决策出控制电机转动方向和旋转量，然后通过电机控制方向盘的转向和转角大小。

21.4 导航试验及性能测试比较

图 21.9 是不同环境的导航试验图，其硬件设备完全相同，只是不同的导航环境选用了不同的导航线检测软件。导航试验视频可以查看网站 www.fubo-tech.com。

2015 年 7 月本视觉导航设备在新疆石河子市做棉花地喷药导航试验，经新疆建设兵团农业机械检测测试中心检测，车速 4.7km/h，路径跟踪误差 20mm。图 21.10 是性能检测报告。

(a) 公路车道实线　(b) 公路车道虚线
(c) 公路车道弯线　(d) 公路车道偏置线
(e) 耕地　(f) 小麦播种
(g) 棉花播种　(h) 棉田喷药
(i) 收割机地缝导航　(j) 激光导航

图 21.9　不同环境的视觉导航试验

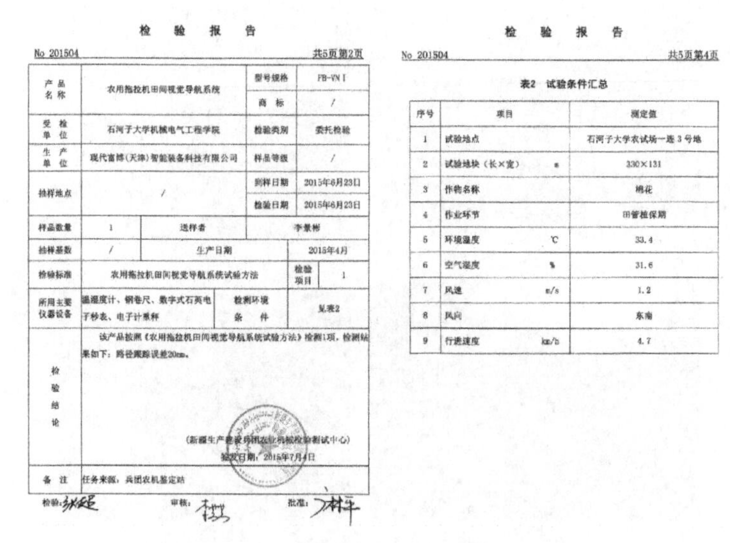

检　验　报　告

No 201504　　　　共5页第2页

产品名称	农用拖拉机田间视觉导航系统	型号规格	FB-VNⅠ
		商　标	/
受检单位	石河子大学机械电气工程学院	检验类别	委托检验
生产单位	现代富博(天津)智能装备科技有限公司	样品等级	/
抽样地点	/	到样日期	2015年6月23日
		检验日期	2015年6月23日
样品数量	1	送样者	李景彬
抽样基数	/	生产日期	2015年4月
检验标准	农用拖拉机田间视觉导航系统试验方法	检验项目	1
所用主要仪器设备	温湿度计、钢卷尺、数字式石英电子秒表、电子计乘秤	检测环境条件	见表2
检验结论	该产品按照《农用拖拉机田间视觉导航系统试验方法》检测1项，检测结果如下：路径跟踪误差20mm。 (新疆生产建设兵团农业机械检验测试中心) 签发日期：2015年7月4日		
备　注	任务来源：兵团农机鉴定站		

检验：[illegible]　　审核：[illegible]　　批准：[illegible]

检　验　报　告

No 201504　　　　共5页第4页

表2　试验条件汇总

序号	项目		测定值
1	试验地点		石河子大学农试场一连3号地
2	试验地块（长×宽）	m	330×131
3	作物名称		棉花
4	作业环节		田管植保期
5	环境温度	℃	33.4
6	空气湿度	%	31.6
7	风速	m/s	1.2
8	风向		东南
9	行进速度	km/h	4.7

图 21.10　本视觉导航系统性能检测报告

表 21.1 是本视觉导航与目前使用的精密 GPS 农田导航装置的性能比较。

表 21.1　本视觉导航与精密 GPS 导航比较

性能对比	本视觉导航	精密 GPS
导航特点	仿生驾驶员，可以走弯道，可以用于室内	室外按规划路径直线行走
适应范围	所有农田作业及公路	不适应苗田管理和公路
导航误差	2cm(实测精度)	5cm(GPS 定位精度)
辅助设施	没有	需要建基站
天气影响	无	有时信号不好
地理信息	不需要	需要获取和导入

索引

2维仿射变换 89
3维平移向量 91
BP神经网络 198
Canny边缘检测 273
Canny算法 48
Daubechies小波 168
Daubechies序列 173
Graham扫描法 114
Hough变换 77
N点交叉 236
p参数法 28
Sigmoid函数 197
σ截断 241

A

暗通道先验 66
暗通道先验法 65

B

背景差分 39
边缘检测 42
变分法 49
变异率 238
标定板 92
标定测量 129
标定尺 93
标定尺检测 98

C

采样 18
采样定理 160
采样频率 160
彩色图像 20
参考坐标系 94
惩罚方法 242
尺度变换 240
尺度函数 169
尺度系数 170
处理单元 196

D

大津法 29
单点交叉 235
单目视觉测量 92
单目视觉系统 92
单应矩阵 103
低阶超平面 245
对比分歧 223
多层感知机 212
多分辨率分析 172

E

二阶微分 44
二进分割 167
二进小波 167
二维离散小波变换 175
二值化处理 26，47
二值图像 67
二值运算 274

F

反向传播 214
仿生模式识别 187
非极大抑制 50
非监督学习 195
非线性可分 186
非线性滤波 54
非线性摄像机模型 95
分类决策 181
幅度特性 160
幅角排序 114
幅角扫描 114
复杂变形 88
傅里叶基 165
傅里叶频谱 157

G

概率统计分类法 187
高斯滤波 56
高斯型函数 197
固定卷积层 228
固态硬盘 4
光流法 136
光源 7

H

哈尔尺度函数 169
哈尔小波 167
海伯（Hebb）学习 196
函数族 170
灰度内插 85
灰度图像 20
汇聚式立体视觉模型 120
混合硬盘 4

J

机器视觉 2
机器学习 210
机械硬盘 4
激发函数 196
几何变换 82
几何参数测量 276
几何参数检测 70
几何分类法 184
计算机图形学 91
监督分类 181
监督学习 195
简单遗传算法 234
降采样 229
降噪自动编码器 218
交叉 235
交叉率 238
椒盐 53
阶跃函数 197
界限构造法 240
近似函数 168
精密测量 10
径向畸变估计 128
竞争学习 196
镜头 6
距离测量分析 110
距离法 184
聚类 182
卷积 45
卷积神经网络 225
卷积运算 163
均匀交叉 236
均值滤波器 54

K

空间域 157
空域滤波 53

L

拉普拉斯运算 44

蓝黄边界检测 100
离散傅里叶变换 159
离散小波变换 167
联合组态 221
两点交叉 236
量化 18
零阶内插 85
滤波处理 162
滤波器 162
滤波增强 271
轮盘赌选择法 237
逻辑回归 214

M

幂函数变换 241
面积测量算法 113
模板匹配 45，183
模糊校正 271
模拟退火 202
模拟退火法 241
模式定理 242，248
模式识别 180
模态法 28
目标提取 26

N

内存 5

P

频率变换 156
频率滤波 53
频率域 157
平面摄像机模型 96
平行式立体视觉模型 119
平移变换 87

Q

齐次坐标 90
浅层学习 212
强度梯度 50
区域标记 73
全连接层 228

R

人工神经网络 193
人工神经元 195
人脸识别模型 190

S

摄像机标定 97
摄像机坐标系 94
摄像装置 6
摄影测量 10
深度学习 210
深信度网络 222
神经网络 193
神经元 194
时空梯度函数 136
时空微分 136
世界坐标系 94
适应度 251
适应度函数 239
数字字符识别演示 207
双尺度关系 173
双目视觉测量 118
双目视觉匹配 252
双曲正切函数 197
双线性内插 85
双阈值 51
算术交叉 236
随机噪声 53

T

特征匹配 228
梯度扩散 214
梯度运算 44
同源连续性原理 188
统计模式识别 183
透视变换 82
透视畸变 110
凸包 114
图像编码 182
图像采集卡 6
图像采集设备 6
图像处理 12
图像分割 182，273
图像复原 182
图像平滑 49
图像物理坐标系 94
图像像素坐标系 94
图像压缩 182
图像增强 59，182

W

网络训练 206
微分法 136
无监督分类 182
误差传播分析 201
误差纠正学习 196

X

稀疏编码 219
稀疏自动编码器 218
细线化处理 48
显示器 5
限制波尔兹曼机 220
线性变换 240
线性可分 185
线性滤波 54
线性摄像机模型 95
相位方法 137
相位特性 160
小波 165
小波变换 164
小波变换编程 177
小波函数 166
小波族 167
小波系数 168
旋转变换 88
旋转矩阵 91
旋转图像 87

Y

延时神经网络 225
掩模图像 74
一阶微分 44
移动平均 54
遗传表达 234
遗传参数 238
遗传算法 232
遗传算子 235
隐参数 128
硬盘 4
预处理 181
阈值 27
阈值处理 26
运动测量 11，298

Z

再励学习 196
噪声 53
张正友标定法 124
针孔模型 95

帧间差分 38
支撑向量机 212
直方图均衡化 63
直接线性标定法 123
指数变换 241
滞后边界跟踪 51
中央处理器 4
中值滤波 54
自动编码器 215
最大熵方法 212
最大似然估计 127
最近邻点法 85